"十二五"普通高等教育本科国家级规划教材

U0149474

普·通·高·等·教·育
"十一五"国家级规划教材

面向21世纪课程教材

化工安全概论

第四版

李振花　王　虹　编

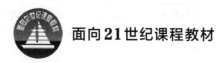

化学工业出版社

·北京·

内容简介

《化工安全概论》主要包括 11 章内容：绪论、国际化学品安全管理体系、中国化学品安全管理体系、化学品与化学工业的危险性、理化危险及其安全防范技术、健康危险及其安全防范技术、化学品泄漏与扩散模型、化工厂设计与装置安全、压力容器设计与使用安全、化工厂安全操作与维护、化工事故调查及案例分析与应急管理。全书内容丰富、针对性强，具有专业突出、与时俱进的特点。

本书既可作为高等院校化工、制药、安全工程等相关专业的本科教材，也可作为化工、制药、生物、冶金、机械等领域相关研究人员、工程技术人员、设计人员和管理人员的参考用书。

图书在版编目（CIP）数据

化工安全概论/李振花，王虹编. —4 版. —北京：化学
工业出版社，2023.3（2025.1重印）
"十二五"普通高等教育本科国家级规划教材
ISBN 978-7-122-42627-7

Ⅰ.①化… Ⅱ.①李… ②王… Ⅲ.①化工安全-高等
学校-教材 Ⅳ.①TQ086

中国版本图书馆 CIP 数据核字（2022）第 229040 号

责任编辑：徐雅妮　孙凤英　　　　　　　　　　装帧设计：关　飞
责任校对：宋　夏

出版发行：化学工业出版社（北京市东城区青年湖南街 13 号　邮政编码 100011）
印　　刷：北京云浩印刷有限责任公司
装　　订：三河市振勇印装有限公司
787mm×1092mm　1/16　印张 17　字数 422 千字　　2025 年 1 月北京第 4 版第 3 次印刷

购书咨询：010-64518888　　　　　　　售后服务：010-64518899
网　　址：http://www.cip.com.cn
凡购买本书，如有缺损质量问题，本社销售中心负责调换。

定　　价：49.00 元

前　言

在世界上很多国家，化学工业一直是国民经济的支柱产业。化学工业的规模和质量，一定程度上代表了一个国家的经济发展水平，成为展现其综合国力的具体象征。化工行业涵盖广阔，包括石油化工、轻工、塑料、肥料、制药、食品等，而安全与生产之间的密切关系也越来越被人们所认识和重视，化工安全逐渐成为全球性的课题，引起了广泛关注。

我国自 1978 年改革开放以来，在国家和社会的大力支持下，化学工业取得了长足的进步，为改善人民生活水平、促进社会物质文明建设做出了巨大的贡献。然而，化学工业具有产品多样化、装置设备大型化、工艺过程复杂化等行业特点，促使人们对其可能存在的事故风险、安全隐患和环境问题给予了极大的关注，相继出台了一系列更为严格，也更为科学的监管措施。近年来，随着国家对危险化学品管理制度的完善及化工企业对安全事故防范措施的加强，化工事故的发生率在逐年减少。通过科学技术与工程实践的不断发展和理论研究的持续创新来解决化学工业中的安全问题，已经成为所有化工从业者乃至全社会的共识。因此，有必要对各类相关化工院校的大专生、本科生开设化工安全课程并进行安全技术基础训练，使其在高等教育的起始阶段学习化学品安全知识及化工过程安全概念，确立基本的化工安全理论框架。希望学生在学习过程中深化对知识的理解，培养安全意识和社会责任感，使其成为具有家国情怀、德才兼备的高技能化工人才。使这些化学工业的未来管理者、工艺流程的设计者和相关从业人员，能够通过对本书的阅读和学习，较为全面地掌握化工安全知识，了解最新的化工过程安全理论、技术动态，做到未雨绸缪、防患于未然，以便能够在未来步入化工领域后，将其正确运用于实践环节，无论从事化工过程的设计、研究、生产，还是从事与化工相关的管理工作，都能够成为肩负化工安全生产重任的从业者，为我国化学工业的健康发展做出应有的贡献。本书也可供从事化工、冶金、制药、生物、机械等方面工作的研究学者、工程技术人员及管理人员参考使用。

编者在《化工安全概论》(第三版)的基础上，通过查阅国内外相关书籍、资料，结合化工过程发展所带来的安全问题及多年授课经验和教学感受，对《化工安全概论》(第三版)做了较大修改和补充，对其中部分章节内容进行了调整和更新。

1. 将引用的文献、国家标准、国际协定和国际文书等更换为最新版本。

2. 按照国际通行的 GHS 分类体系，重新梳理了各章节的叙述逻辑和组织架构，将原书中的燃烧、爆炸、腐蚀、职业中毒等内容分别归类于"理化危险及其安全防范技术"和"健康危险及其安全防范技术"两个章节，并对具体内容进行了重新组织和编写。本书没有将 GHS 中的"环境危险"单列出来，其原因是"危害臭氧层"条目涉及的内容已在第 2 章的《维也纳公约》进行了简单介绍，而"危害水生环境"条目则因内容偏离本书主旨未对其进行详细论述。

3. 第 1 章增加了事故案例、化工安全概述、化工安全风险的评估与管控方面的知识，通过实例介绍了绿色化学原理和本质安全理念在化工实践中的具体运用和已取得的进展。

4. 将原书第 4 章"化学品的性质特征及其危险性"更换为"化学品与化学工业的危险性"，在阐述化学品危险性的基础上，重点突出了生产制造环节相关的内容，如工业过程的危险、工艺过程的危险、规模与数量的危险及其判定方法等。

5. 第 8 章作了删减和调整，并增加了"化工过程本质安全设计"一节。

6. 第 9 章内容进行了调整，考虑篇幅删去了"高压工艺管道的安全技术管理"一节。

7. 第 11 章增加了"应急管理"等内容。

本书第 1 章～第 6 章由天津大学王虹副教授编写，主要讲述了化学品的危险性及安全管理体系，包括系统安全分析与评价、化学品安全管理体系、化学品与化学工业的危险性、理化危险及其安全防范技术、健康危险及其安全防范技术等内容；第 7 章～第 11 章由天津大学李振花教授编写，主要讲述了化学品生产过程安全，包括化学品泄漏与扩散模型、化工厂设计与装置安全、压力容器设计与使用安全、化工厂安全操作与维护、化工事故调查及案例分析与应急管理等内容。

本书被国内许多大学广泛使用，同行们认真、细致、及时的使用效果反馈和改进建议都为本书再版时的内容选取提供了有益的启发，促使编者去寻找更具特色、更为适宜的教学素材，对再版内容进行多方面的补充与更新，以满足读者的切实需求。值此再版之际，编者在此一并表示衷心的感谢！在本书编写过程中，化学工业出版社的编辑给予了具体的帮助与指导，编者在此谨致谢忱！

由于编者水平有限、时间仓促，书中难免存在疏漏和不当之处，恳请广大读者批评指正。

编者
2023 年 7 月于天津大学北洋园校区

目 录

第1章 绪论 / 1

第2章 国际化学品安全管理体系 / 15

第3章 中国化学品安全管理体系 / 29

第4章　化学品与化学工业的危险性 / 39

第5章　理化危险及其安全防范技术 / 58

第6章　健康危险及其安全防范技术 / 87

第7章 化学品泄漏与扩散模型 / 114

第8章 化工厂设计与装置安全 / 150

第9章 压力容器设计与使用安全 / 196

第 10 章　化工厂安全操作与维护 / 211

第 11 章　化工事故调查及案例分析与应急管理 / 248

参考文献 / 264

第1章 >>>
绪 论

 学习要点

1. 化学工业中的安全问题：由来、现状和发展
2. 化工安全风险的辨识与分析
3. 化工安全风险的评估与管控
4. 绿色化学目标与本质安全理念

1.1 导言

化学工业属于基础工业门类，在国民经济中占有极为重要的地位。在当今的激烈国际竞争中，化学工业的规模与质量，既是一国发达程度的标志性象征、综合国力的具体体现，也是构成其现代文明生活方式的根本物质基础。世界上几乎所有的工业发达国家，如美国、英国、德国、法国、日本、瑞士等，同时也都是当今的化学工业大国和强国。进入 21 世纪以来，随着国民经济的快速发展，我国在化学品的生产、销售和使用上，目前已超越美国而跃居世界第一，且呈现持续快速增长态势。国民经济中的石油、医药、农业、能源、电子、生物、通信、材料、航空航天乃至军工等产业和领域的发展，没有强大的化学工业作为支撑，是完全无法想象的。

同时在另一方面也应看到，高度发达的化学工业以及数目众多的化工产品，在为提高人类生活水平和促进文明进步做出重要贡献的同时，也给人类自身以及周边环境带来了日益严重的危害。化学工业各个环节不时出现的火灾、爆炸、中毒事故及其对环境造成的严重伤害，经互联网时代新兴媒体的不断报道和快速传播，持续强化了业已存在于大众心目中的化学工业的负面形象，为化学工业的健康和可持续发展蒙上了巨大阴影。

1.2 化学工业中的安全问题

在很大程度上，人们普遍关注的化学工业中的安全问题是与生产规模相关的，是伴随着

近现代化学工业的迅速发展及生产规模的不断扩大而来的。它们既可能出现于某个具体的化工生产过程中，也可能出现在由化学工业生产出来的制成品上，出现在化学品的储存、运输、使用乃至废弃、处置等环节里。近一百年来，不时发生的一些重大化工安全事故，在造成巨大的生命财产损失的同时，也给相关领域的从业者留下了极为惨痛的经验教训。通过案例学习来了解事故梗概，汲取宝贵的事故教训，有助于在未来面对类似情形时，能够采取正确的应对措施，避免类似灾害事故的再次发生。以下列出的，是对公众认知产生了重大影响，常常被引用且列入了许多教科书的几起典型化工安全事故。

① 1921 年 9 月 21 日上午，位于德国 Oppau 的 BASF 化学公司建成的世界上第一套合成氨装置发生了爆炸，酿成了德国工业史上最大的一起安全事故。这场灾难直接造成了数百人死亡、上千人严重烧伤、数千人无家可归，摧毁了当地近 80% 的房屋，并使其余的 20% 受到了严重破坏。附近几十公里内的路德维希港、奥格斯海姆、弗兰肯塔尔等地的建筑物也有不同程度的损毁。根据事后公布的调查结果，硝酸铵是这次事故的罪魁祸首，起因是工人采用少量炸药，对已经受潮板结了的、由硝酸铵和硫酸铵组成的数千吨化肥试图进行"爆破"松动而引起的。

② 1974 年 6 月 1 日下午，位于英国 Flixborough 的、隶属于 Nypro 公司的一家生产己内酰胺的化工厂发生了蒸气云爆炸，事故导致 28 人死亡、36 人受伤，整个厂区被夷为平地，附近 1821 栋房间、167 家商店以及一些工厂遭受不同程度的破坏，造成的直接经济损失达两亿多美元。事故引发的火灾在工厂内燃烧十多天才被扑灭。调查结果显示，涉事工艺过程由 6 个反应器串联而成，事发前 5 号反应器出现裂纹，发生泄漏，因此需要将其移走修理。企业为不耽误生产，临时在 4 号和 6 号反应器之间安装了一根旁路管道，并用柔性波纹管将其与两端的反应器连接。由于支撑力量不足，加之反应器内部的压力作用，使该波纹管发生了过量伸缩，导致临时安装的旁路管道出现破裂损坏，逾 30t 环己烷经该破裂处泄漏、蒸发，形成一个笼罩在工厂上方的巨大蒸气云，并在泄漏发生大约 45s 后被未知点火源点燃，引发剧烈的蒸气云爆炸事故。

③ 1976 年 7 月 10 日中午，意大利 Seveso 附近的一个小镇上，ICMESA 公司所属的一家化工厂发生安全事故，用于生产三氯苯酚的反应釜失去控制，发生了意外放热反应，使得包括反应原料、生成物以及二噁英等在内的化学物质冲破安全阀，通过泄放系统被释放到了大气中；其形成的污染云团在风力的作用下，飘散至位于下风口的大片临近地区、数个城镇，致使周边环境受到了严重污染。事故造成了两千多人中毒、数百人被迫转移。在随后的日子里，包括鸟、兔、鱼等在内的动物大量死亡，许多儿童和该厂工人的面部出现了氯痤疮等二噁英中毒的典型症状。事隔多年后，当地居民的畸形儿出生率依然居高不下。由于二噁英在自然界中消解缓慢，致使紧邻工厂的严重污染区域长久处于被封闭的状态。

④ 1984 年 12 月 3 日夜，位于印度 Bhopal 的美国 Union Carbide 公司的一家农药厂发生了异氰酸甲酯泄漏事故，导致 5000 余人死亡，12 万人中毒，5 万人失明，造成了迄今为止人类工业史最大的一场灾难。事故的直接原因是维修人员在清洗泄压阀管道上被堵塞的过滤器时，水穿过因被腐蚀而发生泄漏的阀门，进入储罐并与其中的异氰酸甲酯发生了化学反应。事故发生的具体过程是：水进入储罐后与其中的异氰酸甲酯发生放热反应，致使罐内温度、压力上升，而升高了的温度又使得反应以更加剧烈的方式进行，导致罐内压力持续增加，最终发生异氰酸甲酯冲出储罐、大量有毒气体向周边社区泄漏、扩散的严重事故。Bhopal 事故是包括法律法规、当地的行政管理、厂方的技术与组织部门、现场具体操作人

员的人为错误等在内的各方涉事因素综合作用的结果。其表面的、看似比较直观的原因是工人违规操作引发事故后，诸多事先设计的安全保护措施失效，未能发挥应有作用，最终导致了灾难和意外的发生；在更深的层次上，许多安全隐患其实早就存在于一些平时被忽略了的细节中，比如在设计、工艺方面的问题，管理层本应具有的安全意识问题，以及在任何危险化学品投入生产前就应建立的事故应急预案、事故发生后的紧急响应机制等等。

⑤ 2005 年 11 月 13 日下午，位于吉林市的中国石油公司吉化分公司双苯厂发生爆炸事故，造成 8 人死亡、60 人受伤，直接经济损失 6908 万元，并引发临近的松花江水污染事件。事故的直接原因是硝基苯精制岗位外操人员违反操作规程，在停止粗硝基苯进料后，未关闭预热器蒸汽阀门，导致预热器内物料汽化；恢复硝基苯精制单元生产时，再次违反操作规程，先打开了预热器蒸汽阀门加热，后启动粗硝基苯进料泵进料，引起进入预热器的物料突沸并发生剧烈振动，使预热器及管线的法兰松动、密封失效，空气吸入系统，由于摩擦、静电等原因，导致硝基苯精馏塔发生爆炸，并引发其他装置、设施连续爆炸。间接原因则包括安全生产管理制度存在漏洞、管理不严格、有章不循、对既往暴露出来的安全问题不够重视等。

事故还导致了松花江水污染事件，波及了下游诸多城、县、镇及乡村，致使哈尔滨市自来水供应中断 4 天，给城市的生产、生活带来了极大的不便和影响，给相关部门和企业造成了严重的损失。造成污染事件的直接原因是：工厂既没有事故状态下防止受污染的大量"废水"流入松花江的措施，也未能在爆炸事故发生后，及时采取有效措施临时对污染废水进行"截流"，导致泄漏出来的部分物料、循环水及抢救事故现场消防水与残余物料的混合物流入松花江，从而造成了大面积的流域污染，给下游地区造成了重大的经济损失。

⑥ 2014 年 8 月 2 日上午，位于江苏省苏州市昆山的中荣金属制品有限公司抛光二车间发生特别重大铝粉尘爆炸事故，造成 146 人死亡、114 人受伤，直接经济损失 3.51 亿元。事故的直接原因是车间里的除尘系统较长时间未按规定清理，铝粉尘集聚。除尘系统风机开启后，打磨过程产生的高温颗粒在集尘桶上方形成粉尘云。1 号除尘器集尘桶锈蚀破损，桶内铝粉受潮，发生氧化放热反应，达到粉尘云的引燃温度，引发除尘系统及车间的系列爆炸。因没有泄爆装置，爆炸产生的高温气体和燃烧物瞬间经除尘管道从各吸尘口喷出，导致车间所有工位操作人员均直接受到了爆炸作用的直接冲击，造成了群死群伤事故惨案。事故发生的主要原因是中荣金属制品有限公司无视国家法律，违法违规组织项目建设和生产，违法违规进行厂房设计与生产工艺布局，违规进行除尘系统设计、制造、安装、改造，车间铝粉尘集聚严重，安全生产管理混乱，安全防护措施不落实。

⑦ 2015 年 8 月 12 日夜，位于天津市滨海新区天津港的瑞海国际物流有限公司危险品仓库发生了特别重大火灾爆炸事故。根据官方最终公布的事故调查报告，事故共造成了 165 人遇难（参与救援处置的公安现役消防人员 24 人，天津港消防人员 75 人，公安民警 11 人，事故企业、周边企业员工和周边居民 55 人），8 人失踪（天津港消防人员 5 人，周边企业员工、天津港消防人员家属 3 人），798 人受伤住院治疗（伤情重及较重的伤员 58 人、轻伤员 740 人）；304 幢建筑物（其中办公楼宇、厂房及仓库等单位建筑 73 幢，居民 1 类住宅 91 幢、2 类住宅 129 幢、居民公寓 11 幢），12428 辆商品汽车、7533 个集装箱受损。截至 2015 年 12 月 10 日，事故调查组依据《企业职工伤亡事故经济损失统计标准》，核定直接经济损失已达 68.66 亿元人民币。事故造成的另一个严重后果是环境污染。通过分析事发时肇事公司储存的 111 种危险货物的化学组分，确定至少有 129 种化学物质发生爆炸燃烧或泄漏、扩

散；其中，氢氧化钠、硝酸钾、硝酸铵、氰化钠、金属镁和硫化钠这 6 种物质的重量占到总重量的 50%。同时，爆炸还引燃了周边建筑物以及大量汽车、焦炭等普通货物。本次事故残留的化学品与产生的二次污染物逾百种，对局部区域的大气环境、水环境和土壤环境造成了不同程度的污染。

1.3　化工安全概述

此处所说的"化工"，泛指化学工业；而"安全"一词，其实说的就是没有危险、没有伤害或者没有"不安全"，就是人们在日常交流时它所表达的那个惯常含义，表示的其实是一种状态。所谓的"化工安全"，指的就是与化学品制造工业有关的安全问题、安全理论、安全技术、安全法律与规章、安全案例以及围绕其展开的所有表述。其主要关注对象和叙事范畴，一是化学品安全，二是化学品的制造过程的安全，即所谓的化工过程安全。其中的化学品安全，是思考化工安全问题的出发点。因为讨论任何制造过程的安全问题时，产品的安全特征与自身性质，是构建整个安全生产流程、安全的工艺过程，建立相关理论表述的基础。

化工安全的本质，就是对化学品、化学品的制造过程所涉及的诸多危险的认知，对危险所进行的防范和处置。它既包括比较"软核"的部分，如理论、制度、规章规范和安全技术标准、守则等，也包含比较"硬核"的内容，比如符合安全技术规范的工艺设计、流程安排、设施、装置、连锁机构以及与安全相关的仪器仪表配置上的统筹考虑等。这种为了安全所采取的行动，即所谓的防范，从狭义上讲，仅限于事故发生前，即所谓的事前阶段，其目的就是防止灾害的酿成与发生，提前将可能发生的危险尽可能地消灭于"无形"、消灭于"萌芽阶段"，从而避免可能的灾害性后果；而从广义上看，则也包括事故发生后，所采取的旨在尽量减少事故损失，防止事故危害蔓延的种种手段、措施和安全技术处置。对上述这些内容成体系的、规范的理论表述，就是所谓的"化工安全理论"。许多书籍、文献或应用场合里，其经常出现的称谓是"化工安全工程"，或其简称"化工安全"。故此在本书语境下，"化工安全工程""化工安全"这两个表述会交替使用，其语义是等同的，没有区别。

1.4　化工安全风险的辨识与分析

以下介绍的几个常见化工风险辨识与分析方法，各有其优势和所长，企业或部门在运用时，可根据本领域的特点、被分析对象的具体情形，在满足自身需要的前提下，选择采用。

（1）安全检查表分析法（Safety Checklist Analysis，SCA）

为了查找工程、系统中各种设备设施、物料、工件、操作、管理和组织措施中的危险和有害因素，事先把检查对象加以分解，将大系统分割成若干小的子系统后，再将检查项目一一列表，通过打分的形式，逐项排查，以发现安全漏洞。这样通过问题表格进行分析的方式，称为安全检查表分析法。

安全检查表分析法广泛用于安全检查、潜在风险发现、安全规章及制度的实施检查等，是一个常用的、易于理解与掌握且行之有效的安全风险分析方法。

（2）**故障假设分析法**（What-If Analysis，WIA）

故障假设分析法是一种对系统工艺过程或操作过程的创造性分析方法。它要求参与分析的专业人员采用"What…if"（如果……怎样）作为开头的方式进行思考，发现潜在安全隐患。任何与工艺安全相关的问题、任何与装置有关的不正常生产条件等，都可提出并加以讨论，而不仅仅是设备故障或工艺参数变化。所有提出的问题和讨论的结果均需以表格的形式记录下来，旨在识别可能存在的危险情况，提出降低风险的建议，消除已有安全措施的漏洞，提高工艺过程的安全水平。

（3）**故障类型和影响分析法**（Failure Mode and Effects Analysis，FMEA）

故障类型和影响分析法起源于可靠性分析技术，故而有时也被称为失效模式与影响分析。该技术早期的应用领域主要是航空航天，而后才逐渐扩大应用范围，成为一种通用的安全分析手段。在运用故障类型和影响分析法时，需根据分析对象的特点，将其划分为系统、子系统、设备及元件等不同的分析层级，然后再分析这些层级上可能发生的故障模式及其产生的影响，以便采取相应的对策，提高系统的安全可靠性。

早期的故障类型和影响分析只能做定性分析，后来加入了故障发生难易程度的评价或概率的内容，进一步发展成为更加全面的故障类型、影响和危害度分析（Failure Mode，Effects and Criticality Analysis，FMECA）方法。这样的话，从基层开始，如果确定了个别元件的故障发生概率，就可逐层往上确定设备、子系统、系统的故障发生率，定量分析故障影响。

（4）**危险与可操作性分析法**（Hazard and Operability Analysis，HAZOP）

危险与可操作性分析法是帝国化学工业公司（Imperial Chemical Industries Ltd，ICI）蒙德分部于 20 世纪 70 年代发展起来的以引导词为核心的一种系统危险分析方法，广泛用于识别化工装置在设计和操作阶段的工艺危害，具有科学、系统的突出特点，近年来在风险分析领域备受推崇。危险与可操作性分析法的基本模式是，由一组具有不同专业背景人员组成的专家团队，采用会议的形式，通过引导词的带领，找出过程中工艺状态的变化以及其与设计工艺条件的偏差，分析偏差出现的原因、后果，寻求与制定可采取的对策。

危险与可操作性分析法尤其适用于化工、石油化工等生产装置，可以对处于设计、运行、报废等各阶段的全过程进行危险分析，既适合连续过程也适合间歇过程。自其提出以来，历经 40 多年的不断发展和完善，现已成为世界上各大化工生产企业用于确保其设计和运行安全的标准风险分析方法。

（5）**保护层分析法**（Layer of Protection Analysis，LOPA）

化工过程大都涉及危险化学品的使用，涉及非常规的操作条件，存在发生火灾、爆炸的危险，存在有毒有害物质泄漏、致人伤亡的可能性，因而几乎所有的化工作业，都是在层层防范措施的保护之下，才得以安全进行。这样的防范手段或保护措施，被称为保护层，其本质就是阻止始发事件演变为事故的一些过程设计、基本过程控制环节，以及一系列设备、系统、自动或人为干预措施。保护层分析法就是基于上述安全设计及结构而建立的一种系统分析方法，用于定量计算风险发生的概率，评估保护层的有效性和失效概率，推算系统的安全风险，为安防措施的改进和风险决策提供依据。

从用途这个角度来讲，保护层分析法不是用来辨识风险的，而是用来计算保护层失效的情况下，危险事件的发生频率，以及现有保护层在数量和质量上是否能够满足安全要求，从风险的角度对潜在的工艺危害进行管理的一种方法。

（6）**事故树分析法**（Fault Tree Analysis，FTA）

事故树分析也被称作故障树分析，是一种常用的系统安全分析方法。它使用带有逻辑关系的图形符号，把系统可能发生的事故与导致事故发生的各种因素联系起来，形成树状的、带有逻辑关联的事故图，并对事故树进行分析，以找出导致事故发生的原因，通过采取安全措施来降低事故发生概率。

事故树分析法在化工安全领域有着广泛的应用，既可用作定性分析，也可用作定量分析，尤其适用于复杂系统。

（7）**事件树分析法**（Event Tree Analysis，ETA）

事件树分析法是一种利用图形进行演绎的逻辑分析方法，常用于分析设备故障、工艺异常等事件导致事故发生的可能性。它按照事故发展的时间顺序，由初始事件开始推论可能的后果，进行安全风险辨识。事件树分析法在具体应用时，将系统可能发生的事故与导致事故发生的原因之间，以一种被称为事件树的图形关联起来，通过对事件树的定性与定量分析，寻找事故发生的主要原因，为确定安全对策提供依据，预防事故发生。

事件树分析法适用于多环节事件或多重保护系统的安全风险分析，用于建立导致事故事件与初始事件之间的逻辑关联，以期消除事故隐患，降低系统风险。

（8）**定量风险分析法**（Quantitative Risk Assessment，QRA）

现代化学工业的日益大型化、复杂化，导致安全事故的发生频率及后果严重程度也随之增加，这就迫切需要建立一种可靠的定量风险分析方法，为项目立项和决策制定提供依据，以降低风险、确保安全。其中，对项目、设施或作业活动中发生事故的频率和后果进行定量分析，并将分析结果与事先确定的可接受风险标准进行比较，进而对风险给出定量评价结果的系统方法，获得了普遍的认可和应用，成了许多部门制定决策时的一个极为重要的选择，这就是所谓的定量风险分析法。

方法的建立有赖于概率分析模型和事故后果模型的确立，需要对装置或场所内的所有设施进行危害辨识，分析得出所有潜在事故场景及其发生频率，确定各场景的计算参数，采用事故后果模型及人员伤亡估算理论对区域内的各个位置进行个体风险的累加计算，然后再从个体风险的计算结果及人员分布信息计算社会风险值，最后得出整个评价项目的定量风险分析结果。

这种以体系发生事故的概率和事故后果为基础计算出风险，再以风险的大小来衡量与评价体系的安全水平和可靠性，进而降低决策风险、辅助政策制定的方法，近年来在化工、航天、核电站等一些事关民生与区域安全的关键领域得到了广泛应用，为相关部门、企业的项目设计和决策，提供了极有价值的定量参考依据，有效地降低了项目实施的风险，取得了良好的经济效益和令人瞩目的安全效果。

1.5 化工安全风险的评估与管控

化工安全领域所说的危险（Hazard），一般指的是物质的某种可能导致损失或伤害的物理或化学特性，或是某一体系所处的一种潜在的不安全状态。将危险发生的可能性及其可能造成的后果进行组合，或曰统筹考虑，就是人们常说的风险（Risk）。危险是客观存在的事实或事物的某种自然属性，无法改变。而风险的大小则可通过人为干预加以更改，因而是可控的。通过采取适当的防范措施，降低危险出现的可能性，减弱后果的严重程度，就可改变风险的大小，将其降低至某个人们可接受的区间、范围以内，这就是所谓的风险管理（Risk Management）。广义的风险管理涵盖的面很广，包括营建有效的沟通与咨询渠道，建立环境风险辨识、风险分析、风险评价、风险监测与评审、风险应对等多项内容，泛指针对风险所采取的组织、应对以及实施管控等在内的整个活动过程。有鉴于此，人们也常将风险管理一词稍加延伸，在增加和强调了控制环节的内容后，将风险管理改之以风险管控（Risk Management and Control）的称谓。

事实上，人类的任何一项活动都存在一定的风险和不确定性。趋利避害、降低风险、获取最大收益，是所有有意识活动的根本目的。工业活动是人类活动的一种，自然也不例外。而制造化学品的化学工业，在其生产过程中，也会不可避免地遇到各种各样的风险；如果处置或应对不当，就有可能给人、设备、环境带来灾害，造成重大的人员及财产损失。因此，评估风险（Risk Assessment）、研究风险应对（Risk Treatment）策略，对存在的风险进行有效管控，具有极为重要的意义，也是化工行业在面对无处不在的、"不得不面对"的各种生产风险时，所采取的最惯常的做法。

风险应对的头一步，是建立一个客观的评判标准，即所谓的风险标准（Risk Criteria，有时也叫风险准则），用以作为衡量风险大小的评判依据。而这个风险标准，既可以是定性的，也可以是定量的，可视为风险大小的一个具象表现形式。实践中，为了方便起见，同时也是为了直观地表达风险状况，风险大小常用危险发生的可能性及其后果的严重程度这两个参数组成的风险矩阵（Risk Matrix）来表述。图 1-1 所示的是美国化学工程师协会（American Institute of Chemical Engineers，AIChE）的化工过程安全中心（Center for Chemical Process Safety，CCPS）推荐的一个风险矩阵。其中，横向代表的是风险发生的可能性，由 1 到 7，7 为可能性的最大等级，纵向表示的是后果的严重程度，分为 5 级，5 最严重，1 最轻。两者组合而成的矩阵，描述了 35 种可能场景，标示了 A、B、C、D 共 4 个不同的风险等级，A 最高，D 最低，B、C 的风险居中。

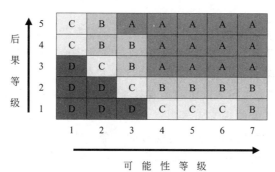

图 1-1　风险矩阵示例

其中，风险发生的可能性一般是用概率来表示的，为 0 到 1 之间的一个无量纲数。不过，由于其具体数值通常很难确定，故此作为替代，也常以某一段时间内，比如每年发生的事故数，即频率来代替。例如，可将发生频率小于 10^{-5} 次/年且行业内此前从未发生过的某一风险的等级定为 1 级，而将频率在 $10^{-5} \sim 10^{-4}$ 次/年的、国内没有先例而国外曾经发生过的某一风险定为 2 级，等等。以此类推，可以定出全部的 7 个等级。

而对于风险发生后可能带来的后果，最常用的表示方法就是伤亡人数或是货币化的某个金额。当然在广义上，后果严重程度的划分需要在综合考虑人员伤亡、经济损失、对环境的破坏程度以及可能造成的社会不良影响等诸多因素的复杂作用后，再给出具体且量化的等级划分。例如，可将只有若干人员受到轻微伤害、财产损失 10 万元以下、泄漏液体仅对设备周边较小面积的环境造成了有限污染的某一后果定为 1 级，而将有若干人重伤、财产损失在 10 万～30 万元之间、事故给厂区外的周边环境带来了轻微污染的某一后果定为 2 级，等等。以此类推，可以定出全部的 5 个等级。

有了可能性和后果这两个量化或半量化的具体指标后，风险矩阵图 1-1 中的标示为 A、B、C、D 的 4 个风险等级的"图像"也就清晰起来了。比如，矩阵中所有标记为 A 的，其对应的显然是"绝对不能容忍"的、"发现后需要立即整改"的某种"严重风险"，而矩阵中所有标记为 B 的，其对应的则是"难以容忍"的、"需要在一定的时间内通过强化或添加安全措施"予以应对的某种"高风险"，等等。以此类推，可以给出"有条件容忍"的中风险 C 和"可以容忍"的低风险 D 的相关表述。

将上述有关可能性、后果、风险等级的量化数据和文字叙述进行表格化处理，即可构造出某一项目、流程或是企业的具象化的风险矩阵。显然，目标不同、愿景不同，构造出的风险矩阵在内容上也就不一样，因而风险矩阵的编制必须由被评估者自己来完成，以作为制定风险管控及相关决策时的参照和依据。

风险应对接下来要做的，是采用科学的方法，例如上一节简单介绍过的 HAZOP 等方法对风险进行辨识（Risk Identification），以便发现和确认风险，对其发生可能性和后果进行定量分析（Risk Analysis），标定风险等级。得到这些结果后，再将其与已经建立起来了的风险标准（风险矩阵）进行对比，就能决定风险大小和所需的应对态度，这就是所谓的风险评价（Risk Evaluation）过程。最后，通过采取根除风险源、改变风险发生的频率、降低后果的严重程度等方法，消除"绝对不能容忍"的严重风险和"难以容忍"的高风险，努力降低"有条件容忍"的中风险和"可以容忍"的低风险，将所评估的化工行为置于安全、可控的风险区间内，即可实现有效的风险管控，此即为风险应对策略实施的整个过程。

现代化工生产属于典型的流程工业，规模大、流程复杂、生产条件苛刻、上下游装置关联密切，与汽车、电脑生产等以组装为特征的离散工业生产方式有着明显的不同。将化工过程置于安全、可控的风险状态，即实施所谓的过程安全管理（Process Safety Management，PSM），是对这类流程工业进行风险管控的有效手段。国家安全生产监督管理总局曾在 2010 年发布《化工企业工艺安全管理实施导则》（AQ/T 3034—2010），通过官方文本的方式，确立了标准化的化工过程安全管理办法。与通常的安全管理体系关注的是行为安全和作业安全不同，过程安全管理关注的是从设计开始的化工过程自身的安全，试图将过去的被动应对变为现在的主动干预、提前介入，期望从源头上减少甚至消除事故隐患，降低工业过程的安全风险。

实施导则中包含有 12 个相互关联的要素，为化工过程安全管理的具体落实提供切实的指导。这 12 个关联要素是：工艺安全信息、工艺危害分析、操作规程、培训、承包商管理、试生产前安全审查、机械完整性、作业许可、变更管理、应急管理、工艺事故/事件管理、符合性审核。对化工生产相关的整个过程实施的安全管理，即所谓的化工过程安全，其实就是根据 AQ/T 3034—2010 的要求和规范，按照其中列出的 PSM 的 12 个关联要素的次序，从源头开始对整个过程中可能存在的风险，进行逐一排查、逐项落实，然后在此基础上，再对化工厂内各相关功能区块内辨识出来的风险，采用前面提到的风险应对策略，有针对性地制定或完善相应的管控措施与预案，降低风险，以实现化工过程的安全可控。从这个意义上说，化工过程安全（管理）其实就是风险管理理论在化工生产过程中的一个具体应用和落实。两者无论是在内容、程序还是操作上，都很大程度地存在一一对应的关系。例如，PSM 中要求的工艺安全信息，可通过风险管理中的沟通和咨询环节来获得；PSM 的工艺危害分析，其实就是风险评估过程；PSM 列出的操作规程、培训、变更管理，则是建立（安全）环境努力的一部分；PSM 的试生产前安全审查、机械完整性、工艺事故/事件管理、符合性审核，就是风险监测与评审的具体实施；PSM 强调的应急管理、作业许可和承包商管理，则对应于风险应对中的特定管理措施。

1.6　化学工业中的绿色化学目标与本质安全理念

在现代化学工业蓬勃发展的近几十年中，出现了许多与化工安全有关的词汇、术语及表述。其中的两个，即绿色化学和本质安全概念，因其出现频率高、使用范围广，尤为引人关注。

1.6.1　绿色化学目标与本质安全理念

绿色化学的目标是安全、无污染和零排放，其涵盖范围涉及化学品的整个生命周期。在化学品制造这个环节，其具体实践在很大程度上如上所述，就是化工风险的应对和管控。以下是 4 个常见的应对策略。

① 被动（Passive）控制策略。它指的是有意识地通过工艺或设备的设计来降低事故发生频率或削减事故后果的一种风险控制策略。比如，对某一可能出现最高 10atm（1atm＝101325Pa，下同）的体系，可以将反应釜最大允许压力设计为 15atm，从而使反应釜具备更强的超压风险抵御能力。其好处是设计思想简单明了、"易于"实现；其缺点是应对措施相对被动，且在许多情况下，对材料提出了更高的要求，不必要地增加了设备成本。

② 主动（Active）控制策略。指的是将工艺过程检测出来的、可能造成危险事件发生的某个偏差，采用一定的控制系统对其予以及时纠正，以降低事件发生概率或后果严重程度的一种风险控制策略。这样的控制系统通常包括：基本过程控制系统（Basic Process Control System，BPCS）、自动报警系统、安全仪表系统（Safety Instrumented System，SIS）、自动喷淋系统等。例如，容器内液位过高时，自动停止泵料的紧急关断系统等。

③ 规程（Procedural）控制策略。它是指探知或预感有事故发生可能性时，按照一定的既定章程或步骤阻止事故发生或进一步发展，以降低事故发生频率或削减事故后果的一种风险应对策略。例如，为防止在检修期间出现安全事故，企业可以通过建立挂牌上锁（Lock out & Tag out，LOTO）制度的方式，消除可能的风险隐患。它是指在设备调整和维修时，

通过安装专用锁具将启动装置锁住并挂上安全警示牌，以防止机器突然启动而伤及作业人员所采取的一种安全措施。按照 LOTO 要求，这样的安全举措，必须至作业结束时，才能执行预定的"谁上锁谁开、移除锁具、摘除挂牌"程序，以解除对危险点位的封锁与管控，确保检修、施工人员的作业安全。

④ 本质安全设计（Inherently Safer Design，ISD）策略。所谓的本质安全（Inherent Safety），指的是通过避免使用危险方案、危险物料、危险操作或危险工艺，而不是依靠增加控制的方法，来实现化工过程安全。换言之，本质安全旨在通过基本的物理或化学的方法，从原理上，而不是通过惯常采用的控制系统、连锁、冗余、特殊的操作程序来预防事故，来应对可能出现的化工安全风险。一般情况下，欲获得化工过程安全，需依赖于多层次的保护（参见以上 LOPA 中的叙述），其中第一层就是过程设计，而 ISD 就是直接面向第一个保护层的，是从根本上预防事故的最有效方法。依 ISD 策略设计的工厂、工艺流程，通常具有更强的抵御非正常工况的能力。

本质安全的理念最初是由英国的 Trevor Kletz 在 1977 年的英国化工协会周年庆典上提出的，是针对 1974 年发生的 Flixborough 事故教训的总结。他在总结中提出的著名表述"What you don't have，can't leak"，即"你没有的东西，它不可能泄漏"，标志着以本质安全理念去进行风险管控思路的正式确立。

尽管完全的本质安全在现实中很难实现，但其理念依然对化工过程的安全设计具有极为重要的指导意义。通常可以采用以下策略，从"本质"上降低化工过程面临的各种风险。

① 最小化（Minimize）策略。它指的是尽量使过程所涉及的化学品的数量降至最低，这样即使发生事故，事故的规模或后果的严重程度也会相应地呈现出最小化的结果。比如，可以使用尺寸较小的反应器、精馏塔、储存容器等，缩小处理物料的规模，降低风险。再比如，条件许可时，可以考虑将危险化合物的生产和使用环节放在一起或临近，以减少储存和运输化学品带来的危险。采取最小化策略后，相应化工过程一旦发生燃烧、爆炸、泄漏等危险，其对人身及周边环境的伤害，也将降至最低。

② 替代（Substitute）策略。它指的是尽量使用危险性较小的化学品或开发较为安全的反应路线，以替代原有化学品或反应路线，进而有效地降低反应风险，使过程更为安全。如开发水基涂料以代替溶剂基涂料，以不燃或难燃溶剂代替可燃或易燃溶剂，以温和反应条件取代苛刻反应条件，都是替代策略的实施例子。

③ 缓和（Moderate）策略。它是指在危险状况较低的情形下使用化学品。如使用稀释的化学品而不是高浓度化学品，使用惰化防爆技术，采取滴加的方式进料以降低反应的剧烈程度，使用温度相对较低的液体物料而不是带压的气态物料，增加可燃固体的颗粒尺寸以减少粉尘爆炸危险，等等。

④ 简化（Simplify）策略。它是指化工过程设计应遵循尽量简单的原则。装置、过程越复杂，环节越多，投入物料的种类越多，过程运作时所面临的风险也越大。这种追求简约化的原则加以系统化后，有时也被戏称为"懒汉原则"（Keep It Simple and Stupid，KISS 原则）。如用重力给水不仅可以不用泵，还免去了泵的维修和泄漏等问题；将原本独立的两个操作单元耦合，如反应和精馏，不但降低能耗，而且还可大幅减少设备和管道数量，简化许多不必要的操作，提升本质安全水平。

1.6.2　绿色化学与本质安全思想的化工实践

绿色化学目标和本质安全理念可以通过不同的方式体现。以下列举的只是其中比较有代表性的一部分。它们有的是避免了某种危险原材料或反应介质的使用；有的是避免了某种有害废物的产生；有的是显著缩短了原先冗长、复杂的工艺流程，减少了中间环节或反应步骤；有的是结合新的催化工艺的开发，提高了反应收率；有的是使反应不再在严苛的反应条件下进行，等等。

① 氯气是一种黄绿色的有毒气体，在漂白、消毒、水的净化和污水处理等方面有着广泛的应用，也是化学品制造时经常需要用到的一种基础原料。短暂接触会灼伤眼睛和皮肤，造成永久性伤害。长期接触会伤及牙齿、呼吸系统。与高浓度氯气接触，会对肺部造成永久损伤。尽量减少氯气的生产、运输、库存和使用，是确保安全、从源头上消除氯气危害的根本办法。氯气最重要的用途之一是水净化和污水处理。采用次氯酸钠、次氯酸钙为主要成分配制的化学药剂，或者在条件适宜的情况下，通过以紫外线装置进行杀菌消毒，就可以实现氯气替代，避免制造、运输和使用氯气可能带来的危险，消除现场与周边社区的安全隐患。氯气或含氯化合物的另一个主要用途是在造纸领域用作漂白剂。众所周知，影响造纸质量的关键问题之一，就是如何有效地从白色的纤维状多糖、纤维素和半纤维素中，选择性地去除木质素。传统的木质纸浆脱木质素工艺需要使用氯，因而会不可避免地产生氯化污染物。改用过氧化氢漂白剂后，虽在消除漂白废水的毒性、降低漂白废水的 BOD 和 COD 负荷方面取得了巨大进展，实现了绿色、无污染，但其漂白效率不高的问题一直没有得到很好的解决。众多旨在提高过氧化氢漂白效率的活化剂也因此应运而生。其中被视为重要技术突破的，是一种名为 TAML 的四酰胺大环三价铁基配合物。它的高催化活性和高选择性，可使过氧化氢在较低温度下以及较短时间内，实现对等量木质素的分解、消除，提高了漂白效率，降低了能耗，完美地解决了上述问题。TAML 和三价铁形成的配位结构非常稳定，抗氧化性强、有效寿命长，因而可在较宽的 pH 区间方便使用。除了造纸领域，TAML 活性剂还可用于纺织、洗涤、含有机物废水的消解处理，是一种理想的无氯处理技术，可有效降低氯气、液氯和氯化废弃物对公众健康和环境安全的危害。

② 氰化氢作为一种基础化工产品的重要性不言而喻。长期以来，氰化氢及其盐类化合物，如氰化钠、氰化钾等，是合成各种药物、染料、有机腈类化合物、氨基酸、丙烯酸酯类单体、爆炸物等一系列大宗化工产品的基础原料。氰化氢有剧毒，低浓度接触氰化氢，即可导致呼吸困难、心脏疼痛、呕吐、头痛等症状出现；高浓度接触氰化氢时，则可造成大脑及心脏损伤，严重者可致昏迷甚至死亡。因此，采用小规模现场生产、现场使用的方式，尽量避免运输、大量储存带来的安全风险，或是开发无需氰化氢的工艺路线，以彻底消除使用氰化氢可能带来的安全隐患，成为人们努力的方向。例如，通过将传统的生产氰化氢的 Androssow 工艺或是 Degussa 工艺小型化，就可以实现氰化氢的就地生产、就地使用的目标，满足其与丁二烯进行反应，制备尼龙 66 中间体己二腈的需求。该生产设计和安排，消除了氰化氢运输、大量库存的风险，为周边居民及社区创造了安全的环境。再比如，人工合成氨基酸的常规工艺路线是通过 Strecker 反应，即以醛、氨和氰化氢进行反应，再经水解步骤制备氨基酸。因涉及氰化氢的使用，反应风险一目了然。变换工艺路线后，在钴催化剂参与下，经由酰胺羰基化反应，无需使用氰化氢，也可制备所需氨基酸。比较典型的例子是 β-

苯丙氨酸的合成。具体步骤是：苯乙醛、乙酰胺和合成气（CO/H$_2$）在八羰基二钴的催化作用下，经过酰胺羰基化反应，先生成 N-乙酰基-β-苯丙氨酸，然后再在酸性条件下通过水解反应，得到目标产物 β-苯丙氨酸。反应绿色环保，没有氰化氢参与，钴催化剂回收率大于 98%，副产物为具有回收价值的乙酸。

③ 光气是有机合成中经常需要用到的一种重要化学品，广泛用于制备异氰酸酯、氨基甲酸酯、有机碳酸盐和氯甲酸等化工原料，用于生产聚氨酯、聚碳酸酯、杀虫剂、除草剂和染料等化工产品。但其毒性大、危险性高，一旦发生泄漏，就会给周边人员及环境造成极大的伤害。设计更为温和的化学反应路线、使用更为安全和绿色的物质替代高毒的光气，已成为相关工艺革新的关键。以异氰酸甲酯生产为例，传统工艺通过甲胺与光气反应来制备产物，副产物为大量不需要的盐酸。20 世纪 80 年代，杜邦公司开发了一种不使用光气的异氰酸甲酯生产工艺，通过甲胺与一氧化碳在催化剂存在下的反应，成功地制备了异氰酸甲酯。该反应的副产物为水，生产出的异氰酸甲酯可就地转化为目标农药产品，大幅降低了转移、运输、库存等过程的风险，实现了环境友好的生产目标。

④ 浓硫酸是一种腐蚀性强、易溶于水的无机强酸，用途广泛，产量巨大。其与皮肤接触时，会造成严重的灼伤、气溶胶吸入等不可逆伤害。水与浓硫酸不当接触时，会造成瞬时放热、酸雾生成、液体爆炸性飞溅等危险。企业最常见的做法是从生产硫酸的企业直接购买使用，因此涉及运输和储存过程的安全问题。近年来，由于用量较大，一些企业增置了硫黄燃烧设备，随时生产所需的硫酸原料，将原来的外购、车辆运输、仓库储存，然后再出库使用的多步流程，简化为了随时生产、随时使用、无需规模库存的自主生产模式，规避了可能发生在运输和储存环节的风险，确保了企业自身及周边社区的安全。

⑤ 苯乙烯是大宗化学产品之一，广泛用于聚苯乙烯塑料和 ABS（Acrylonitrile-Butadi-ene-Styrene，丙烯腈-丁二烯-苯乙烯）树脂的生产。传统的苯乙烯生产工艺路线主要有两条，都需要以苯作为原料。而苯是众所周知的毒性物质且可以致癌，大量吸入会导致死亡，少量吸入会出现嗜睡、头晕、心率过速、头痛、颤抖、精神错乱和意识丧失，因而其会给反应、运输、使用、库存等诸环节带来安全风险。为消除隐患，陶氏化学公司开发了以丁二烯为原料，以分子筛为催化剂的两步法苯乙烯生产工艺，不但收率达到了约 90%，而且还避免了有毒物料苯的使用，实现了安全的工艺替代，成功地消除了生产过程及一系列相关环节苯中毒的风险。

⑥ 许多反应都需要用到像苯、四氯化碳一类的毒性有机溶剂。降低乃至消除过程危害、中毒风险，实现无毒溶剂替代，一直是探索的目标和努力的方向。超临界二氧化碳在许多方面可以满足人们对绿色溶剂的苛刻要求。例如，用超临界二氧化碳可以完成几乎所有的烷基芳烃的自由基侧链溴化，直接得到溴化甲苯、溴化乙苯，得到高收率的苄基溴，从而避免了任何有毒有害有机溶剂的使用，实现了溶剂的无毒替代，降低了可能出现的泄漏、中毒和燃爆风险。

⑦ 挥发性有机物（Volatile Organic Compound，VOC）对大气环境质量的影响一直以来都是关注的焦点。大气中的 VOC 组分可来自涂料、稀释剂、干洗溶剂、石油燃料成分等，多为醛、酮以及苯系芳香烃类有机化合物，有毒且易燃、易爆。为了从总体上减少向大气中排放的 VOC 数量，人们对传统的油漆、涂料配方、生产工艺以及涂料的涂装方式进行了大量的研究、调整和改进，以适应日趋严格的环保和清洁大气要求。这方面的进展包括水性涂料、紫外光固化漆、粉末涂料等的开发，低毒单体的使用，涂料应用效率的提高，新型

涂装工艺的应用等。监测数据显示，通过这些改进，大气中的 VOC 含量近年来已呈逐渐下降的趋势，环境质量有了显著提高。

⑧ 世界人口的持续增长和对原材料需求的不断增加，凸显了农业这一传统产业在国民经济中的重要地位和作用。而支撑农业进步与发展的重要基础之一，就是通过化学工业生产的化肥和农药。以农药为例，传统的有机磷、氨基甲酸酯类杀虫剂，曾被广泛用于破坏害虫的神经系统，对农业增产起到了极其重要的促进作用。但其在杀灭农业害虫的同时，对包括人类在内的哺乳动物也造成了伤害。与这类杀虫剂接触会导致头痛、腹泻、恶心、痉挛、抽搐、惊厥、括约肌失控的症状；严重时，甚至会有生命危险。尽快开发广谱、高效、低毒甚至无毒杀虫剂，一直是业界普遍关心的紧迫问题。除了各类生物来源的制剂以外，各种新型的、纯化学品杀虫剂的研发，近年来也取得了长足的进展。例如由 Rohm and Hass Company 开发的一种二芳甲酰基肼类杀虫剂就是一个很好的例子。它通过在化学结构上模拟昆虫体内的 20-羟基蜕皮激素的方法，成功地干扰了目标昆虫的生长与发育过程，以全新的方式实施了对目标病虫害的防治。重要的是，这种新型的杀虫剂对大多数的非靶标生物，比如哺乳动物、鸟类、蚯蚓、水生生物等没有危害，也不会伤及一些有益的或是对农作物无害的昆虫，比如蜜蜂、寄生蜂、蜘蛛、捕食螨等，因而更加安全、环保，极大地降低农药施用的风险，促进了现代农业的发展。

1.7　化工安全课程的基本内容

如同许多的其他学科一样，对于化工安全这门学科，要想简洁地给出一个准确的定义，或者对其所涵盖的范围、包含的内容做出较为严格且广为接受的界定，并不是一件容易的事情。原则上讲，化工安全，或曰化工安全工程，至少应包含两大部分内容：化学品的安全问题和化学品制造过程的安全问题。前者是讨论所有化学工业领域安全问题的出发点，而后者则是化学工艺及过程安全的核心。当然，严格说来，化工安全工程所牵涉的问题其实还不止以上这两部分。至少来说，实施生产过程的场所，即化工厂自身安全问题，也是必须给予关注的，因为它是确保化学品自身及其生产过程安全的基础。

显然，任何工业过程的最终目的都是制造某种特定的产品。化学工业也不例外，它的产品就是当今已无处不在的各种化学品。化学工业的安全问题既来自其制造过程本身，也来自其所制造的产品所呈现出的性质和特征。从现今广为接受的对化学品实施全生命周期的管理以防范其对人类健康和环境造成危害的角度看，化工过程安全可以视作对化学品整个生命周期实施安全管理中的一个环节，或曰一个"时段"。换句话说，化工过程安全所关心的，不过是化学品在整个生命周期中的"制造"这个环节所涉及的安全问题。在内容特征上，为了尽量减少化学品在储存、运输、终端使用或消费乃至最终弃置等生命阶段的安全风险，除了一些有针对性的、具体的、物质或材料层面的具体手段外，制定严格的管理规范及健全的制度措施是关键，有效实施是保障，法律法规及制度建设是基础。而在牵涉化学品制备环节的安全问题，即考虑过程安全时，则除了保障安全的具体措施及规章制度外，系统的科学理论分析与一系列工程技术手段的采纳与运用，则是这部分内容的主体与核心。

本书的叙述基本遵循了上述原则，在先行介绍有关化学品安全管理的一些基本制度框架，以及与化学品安全相关的理论知识及防范措施后，将化学品制备过程涉及的一些基本安全问题分为若干章节，逐一展开讨论，以便读者能对化工安全工程所包含的内容有一个较为全面的理解与掌握，为在以后的工业实践中遇到相关问题时的正确应对，打下一个坚实的基础。

思考题

1.为什么说化工安全问题是伴随着化学工业的发展而来的？

2.化工安全风险可以通过理论分析事先加以辨识并预防吗？

3.HAZOP 和 LOPA 的内容是什么？它们可解决哪种类型的化工安全问题？

4.危险和风险这两个概念有何不同？人类可以施加影响的是"危险"还是"风险"呢？为什么？

5.什么是风险矩阵？谁是风险矩阵的编制主体？其在风险应对中可以起到怎样的重要作用？

6.在化工领域，经常可以听到本质安全这个说法，那么什么是本质安全呢？在化学工业实践中，可以采取怎样的措施来实现绿色化学目标、践行本质安全理念呢？

7.化工过程安全（管理）与风险管理是一回事吗？两者存在怎样的联系与区别？

8.高度发达的化学工业以及数目众多的化学产品，在为提高人类生活水平和促进文明进步做出重要贡献的同时，也给人类自身以及周边环境带来了日益严重的危害。人类该如何取舍呢？"利""弊"两者间是否能找到一个平衡？

第2章 >>>
国际化学品安全管理体系

 **学习要点**

1. 国际化学品安全管理体系的基本框架
2. 与国际化学品安全管理相关的重要国际文书
3. 全球化学品统一分类和标签制度（GHS）
4. "国际危规"中危险货物运输分类系统（TDG）及其与全球化学品统一分类和标签制度（GHS）间的关系

  化学工业的发展，在为人类带来前所未有的文明生活方式的同时，也对人类健康及周边环境造成了不容忽视的伤害，因而引起了广泛的关注。特别值得注意的是，近几十年来，伴随着经济的迅猛发展及全球化进程的不断加快，化学品危害事件的影响也由过去的一时、一地，逐步发展到持续、多国、跨地区，使其成了国际社会需要共同面对的全球性严重问题。通过加强国际合作，制定统一的管理规范，在同样的制度框架下共同面对化学品危害的呼声日益高涨。

  对化学品实施安全管理，确保化学品在其整个生命周期内的安全，减少乃至消除其对人类及环境的危害，意义重大。为此，联合国及其所属机构、国际劳工组织、欧盟等国际组织以及世界各国政府，均从不同层面制定并颁布施行了一系列化学品安全方面的法律法规、技术条例与各级标准，通过强制执行、规范管理等手段与技术措施，对化学品相关企业及从业人员进行严格要求，以期尽可能地降低化学品的安全风险，减少其对人身和环境的伤害，从根本上实现化学品的安全生产、储存、使用、消费以及作为废弃物的最终处置。

2.1 管理组织与机构

  国际上与化学品管理相关的组织、机构众多，既有代表各国、各地区的政府组织机构，也有反映民间意愿的非政府组织，有的是全球性的，有的则属于若干国家组成的地区级的。尽管关注点和侧重有所不同，但其宗旨都是保护环境，消除化学品在生产、运输和使用等各个环节对人类可能造成的暂时或持久伤害。

比较重要且发挥了巨大影响的国际组织主要包括：

国际劳工组织（International Labour Organization，ILO）；

世界卫生组织（World Health Organization，WHO）；

联合国环境规划署（United Nations Environment Programme，UNEP）；

联合国危险货物运输专家委员会（UN Committee of Experts on the Transport of Dangerous Goods，UN CETDG）；

联合国政府间化学品安全论坛（Intergovernmental Forum on Chemical Safety，IFCS）；

国际化学品管理战略方针制定工作筹备委员会（Preparatory Committee for the Development of a Strategic Approach to International Chemicals Management，SAICM/PREP-COM）；

欧盟（European Union，EU）及其与化学品管理相关的附属机构。

国际上最先要求对危险化学品制定管理规范的是国际劳工组织（ILO），其目的在于对劳动者提供所需的劳动保护，使其免受工作环境可能遇到的化学品所带来的人身伤害。为此，1952 年，国际劳工组织（ILO）下设的化学工作委员会对危险化学品及其危害特征进行分类研究，以就相关问题提供相应的应对政策。1953 年，联合国经济及社会理事会（Economic and Social Council，ECOSOC）出于便利世界经济发展、促进国际贸易中危险货物的安全流通的考虑，设立了联合国危险货物运输专家委员会（UN CETDG），专门研究国际危险货物安全运输问题。现今国际间普遍接受且已获得广泛应用的危险货物分类、编号、包装、标志、标签、托运程序等，就是联合国危险货物运输专家委员会（UN CETDG）以建议书和工作报告形式提出的工作结果。如联合国《关于危险货物运输的建议书·规章范本》（UN Recommendations on the Transport of Dangerous Goods. Model Regulations，又称"橘皮书"，以下简称《规章范本》），每两年出版一次。

由于联合国危险货物运输专家委员会（UN CETDG）工作的侧重点是交通运输，聚焦于流通中的货物，对危险化学品可能给生产场所的工人、消费者以及环境带来的影响考虑较少，加之世界各国针对危险化学品的定义、分类和标签在法律法规存在不少差异，导致不同国家或地区的同一化学品的安全信息有着明显的不同，给及时、正确理解该化学品的危险特征带来延误与困扰。

1992 年，在联合国的领导和协调下，由国际劳工组织（ILO）、经济合作与发展组织（Organization for Economic Co-operation and Development，OECD）、联合国危险货物运输专家委员会（UN CETDG）一起，决定共同研究起草一份名为《全球化学品统一分类和标签制度》（Globally Harmonized System of Classification and Labelling of Chemicals，简称 GHS，又称"紫皮书"）的国际文件，以协调各国不同的化学品管理制度，在实施严格管控的同时，促进化学品国际贸易的便利化。最初版本的 GHS 于 2001 年形成。

2001 年 7 月，联合国危险货物运输专家委员会改组为"联合国危险货物运输与全球化学品统一分类和标签制度专家委员会"（United Nations Committee of Experts on the Transport of Dangerous Goods and on the Globally Harmonized System of Classification and Labelling of Chemicals，UN CETDG/GHS）。委员会下设两个分委员会，即联合国全球化学品统一分类和标签制度专家分委员会（United Nations Sub-Committee of Experts on the Globally Harmonized System of Classification and Labelling of Chemicals，UN SCEGHS）

与联合国危险货物运输专家分委员会（United Nations Sub-Committee of Experts on the Transport of Dangerous Goods，UN SCETDG），相关的 GHS 工作由此转至联合国全球化学品统一分类和标签制度专家分委员会（UN SCEGHS）继续进行。至此，两个联合国名义下运作的、都与国际化学品相关但侧重有所不同的管理组织框架得以确立，并一直运行至今。

除全球范围国际组织以外，在地区一级发挥了重要作用和影响的当首属欧盟及其下设机构，它们包括欧盟组织框架内与化学品管理相关的欧盟理事会（Council of the European Union）、欧洲议会（European Parliament）、欧洲法院（European Court of Justice）、欧盟委员会（European Commission）以及欧洲化学品管理局（European Chemicals Agency，ECHA）。作为目前世界上最大的区域一体化组织，欧盟人口众多，经济发达，化学品生产、使用、运输与消费等均居世界前列，拥有全球范围内最健全的化学品管理法规及最完善的管理体制。2006 年 12 月 18 日，欧洲议会和欧盟理事会正式通过名为《化学品注册、评估、授权和限制》（Regulation Concerning the Registration，Evaluation，Authorization and Restriction of Chemicals，REACH）的重要文件，对进入欧盟市场的所有化学品进行统一管理。2007 年 6 月 1 日，REACH 法规正式生效。2008 年 5 月 30 日，为了配合 REACH 法规的实施，欧盟发布《欧洲议会和欧盟理事会关于化学品注册、评估、许可和限制（REACH）的测试方法法规》［Regulation of the Test Methods of the European Parliament and of the Council on the Registration，Evaluation，Authorisation and Restriction of Chemicals (REACH)］，旨在为化学品提供系统的理化、毒理、降解、蓄积和生态毒理测试方法。作为跟进手段，2009 年 1 月 20 日，欧盟又推出了《物质和混合物的分类、标签和包装法规》（European Regulations on Classification，Labelling and Packaging of Substances and Mixtures，CLP），作为其配合 REACH 法规实施、执行联合国 GHS 制度的欧盟文本。这三部法规相辅相成，围绕着 REACH，构成了欧盟化学品管理法规体系的基本框架。欧洲化学品管理局（ECHA），就是欧盟为实施 REACH 法规专门设立的欧盟执法部门。

2.2 管理体系与制度框架

国际化学品管理的基础主要是一系列有关的国际文书，其中既有纲领性的、指导意义的政治文件，也有在此基础上制定的实施计划、专业技术规范以及国家间达成的一系列公约、协议，这些国际文书中的条款和规章一起构成了基本的国际化学品管理体系和框架，是各国建立自己的化学品安全管理体系时的根本依据和参考。

2.2.1 《21 世纪议程》

1992 年 6 月 3 日至 14 日，联合国于巴西里约热内卢召开了联合国环境与发展会议，通过了一系列对人类社会发展和未来极为重要的文件和宣言。作为大会通过的重要政治文件之一，《21 世纪议程》（Agenda 21）明确了人类在环境保护与可持续发展之间应做出的选择和行动方案，是各国政府、联合国组织以及各种国际机构为避免人类活动对环境产生不利影响而采取综合行动的一份计划蓝图。

《21世纪议程》所传递的基本思想是：人类正处于历史的关键时刻，我们正面对着国家之间和各国内部长期存在且在不断加剧的贫困、饥饿、疾病和文盲等迫切问题，面对着与人类福祉息息相关的生态系统的持续恶化。人类需要对问题的紧迫性给予高度关注，将环境问题和发展问题结合起来进行综合处理，以使我们在基本需求得到满足的同时，生活水平也得以改善，赖以生存的生态系统和周边环境得以保存，人类能享有一个更安全、更繁荣的未来。

《21世纪议程》全文分为序言和4个部分，共40章内容，它们是：社会和经济方面（第1部分）、保存和管理资源以促进发展（第2部分）、加强主要团体的作用（第3部分）及实施手段（第4部分）。其中第2部分第19章的标题是"有毒化学品的无害环境管理，包括防止在国际上非法贩运有毒的危险产品"，内含76条内容，专门叙述了化学品的管理问题。第19章在其导言中指出："为达到国际社会的经济和社会目标，大量使用化学品必不可少；今日最妥善的做法也证明，化学品可以以成本效益高的方式广泛使用且高度安全。但为了确保有毒化学品的无害环境管理，在持续发展和改善人类生活品质方面还有大量工作要做。"

《21世纪议程》第19章建议成立联合国政府间化学品安全论坛（IFCS）以及化学品无害化管理组织间方案（Inter-Organization Programme for the Sound Management of Chemicals，IOMC）这两个重要的国际化学品管理组织与协调机制，共同保护人类健康与生态环境。在《21世纪议程》第19章的号召下，《关于在国际贸易中对某些危险化学品和农药采用事先知情同意程序的鹿特丹公约》(以下简称《鹿特丹公约》) 和《全球化学品统一分类和标签制度》等多项有关化学品管控的国际公约、协定或框架制度得以签署或制定，有力地推动了国际危险化学品监管计划的贯彻实施，为建设可持续发展社会提供了坚实的制度基础。

2.2.2 《可持续发展问题世界首脑会议实施计划》

2002年8月26日至9月4日，可持续发展世界首脑会议在南非约翰内斯堡召开。首脑会议获得的具有里程碑式意义的成果之一，就是通过了《可持续发展问题世界首脑会议实施计划》(Plan of Implementation of the World Summit on Sustainable Development)。《可持续发展问题世界首脑会议实施计划》重申了里约峰会原则以及全面贯彻实施《21世纪议程》的承诺，明确了未来一段时间人类拯救地球、保护环境、消除贫困、促进繁荣的具体路线图。同时，针对里约峰会以来在消除贫困、保护地球环境方面存在的问题和不足，要求各国政府采取切实行动，努力实现全球的可持续发展。

《可持续发展问题世界首脑会议实施计划》的主要内容有：

① 导言；
② 消除贫困；
③ 改变不可持续的消费和生产方式；
④ 保护和管理经济与社会发展所需的自然资源基础；
⑤ 全球化世界中的可持续发展；
⑥ 健康与可持续发展；
⑦ 小岛屿发展中国家的可持续发展；
⑧ 非洲的可持续发展；
⑨ 其他区域倡议；
⑩ 实施手段；
⑪ 可持续发展的体制框架。

在第3部分"改变不可持续的消费和生产方式"中，有关对化学品实施管理的章节强调，要重申《21世纪议程》提出的承诺，对化学品在整个生命周期中进行良好管理，对危险废物实施健全管理，以促进可持续发展，保护人类健康和环境，确保通过透明、科学的风险评估和风险管理程序，尽可能减少化学品的使用和生产对人类健康和环境产生的严重有害影响。同时要考虑《关于环境与发展的里约宣言》原则15确定的预防方法，通过提供技术和资金援助支持发展中国家加强健全管理化学品和危险废物的能力。

在第4部分，"保护和管理经济与社会发展所需的自然资源基础"中，要求促进《关于消耗臭氧层物质的蒙特利尔议定书》(以下简称《蒙特利尔议定书》)的实施，支持《保护臭氧层维也纳公约》(以下简称《维也纳公约》)和《关于消耗臭氧层物质的蒙特利尔议定书》所设的保护臭氧层的机制的有效运作。

《可持续发展问题世界首脑会议实施计划》旨在通过制定宏观的规划措施，落实世界首脑会议精神，减少并控制包括工业活动在内的人类行为对人类自身和周边环境造成的负面影响，努力建设一个可持续发展的人类社会。

2.2.3 《维也纳公约》和《蒙特利尔议定书》及其《基加利修正案》

《维也纳公约》和《蒙特利尔议定书》是国际社会于1985年在奥地利维也纳签署的《保护臭氧层维也纳公约》(Vienna Convention for Protection of the Ozone Layer)，以及于1987年在加拿大蒙特利尔签署的《关于消耗臭氧层物质的蒙特利尔议定书》(Montreal Protocol on Substances that Deplete the Ozone Layer)的简称，其宗旨是通过国际间的协同合作，共同保护大气臭氧层、淘汰消耗臭氧层的化学物质。

两份国际文件的签署背景是，从20世纪70年代开始，人们发现地球大气上层的臭氧层中的臭氧浓度在逐渐减少；尤其是在南北两极地区的部分季节里，臭氧递减速度甚至还一度超过了每10年4%，形成了所谓的臭氧空洞。导致大气层中臭氧消耗的主要原因是人类大量使用的氯氟烃，也就是通常所说的商品名称为氟里昂的一类化合物，这些主要用于制冷等目的、地面释放然后逸散到大气层中的有机物，对大气层中的臭氧的大量分解起到至关重要的作用。

《维也纳公约》旨在通过国际协调行动，促进各国就保护臭氧层这一问题进行合作研究和情况交流，采取适当的方法和行政措施，控制或禁止一切破坏大气臭氧层的活动，减少其对臭氧层变化的影响，保护人类健康和生存环境，避免臭氧层破坏对人类活动造成的不利影响。

为进一步落实《维也纳公约》精神，1987年9月在加拿大蒙特利尔召开了控制氯氟烃的各国全权代表会议，制定具体的数量控制指标。会议通过了控制耗减臭氧层物质的国际文件《关于消耗臭氧层物质的蒙特利尔议定书》，于1989年1月1日生效。

截至2014年8月底，在《蒙特利尔议定书》上签字的缔约方共有197个。中国于1991年6月14日加入该议定书。

进入21世纪以来，为了适应形势的发展及对大气层实施进一步的保护，拓宽《蒙特利尔议定书》覆盖范围，各方经过反复协调和不懈努力，于2016年10月在卢旺达首都基加利达成了《针对蒙特利尔议定书的基加利修正案》(The Kigali Amendment to the Montreal Protocol)(以下简称《基加利修正案》)，开启了议定书协同应对臭氧层耗损和气候变化的历史新篇章。其所涉及的氢氟碳化物，是已遭《维也纳公约》禁止的氯氟烃的替代品，被广泛用于冰箱、空调的制冷剂和绝缘泡沫生产。尽管其本身并不含有破坏大气臭氧层的氯或溴原子，但却是一种影响极大的温室气体。《基加利修正案》要求将 18 种氢氟碳化物列入受控物质清单，以减少并逐步消除其对全球气候变暖的影响。2021 年 6 月 17 日，中国常驻联合国代表团向联合国秘书长交存了中国政府接受《关于消耗臭氧层物质的蒙特利尔议定书-基加利修正案》的正式官方文件，声明修正案将于 2021 年 9 月 15 日对中方生效。

2.2.4 《巴塞尔公约》

《巴塞尔公约》的全称是《控制危险废物越境转移及其处置巴塞尔公约》(Basel Convention on the Control of Transboundary Movements of Hazardous Wastes and Their Disposal)，1989 年 3 月 22 日在联合国环境规划署（UNEP）于瑞士巴塞尔召开的世界环境保护会议上通过，1992 年 5 月正式生效。1995 年 9 月 22 日，在日内瓦又通过了《巴塞尔公约》的修正案。目前，国际上已逐步建设形成了一个围绕《巴塞尔公约》制定的控制危险废物越境转移的法律框架，通过颁布环境无害化管理技术准则和手册、建设和发展区域协调中心等机制，有效地制止了危险废物越境转移，促进了危险废物环境无害化管理。中国已于 1990 年 3 月 22 日在该公约上签字。

《巴塞尔公约》的制定背景是，20 世纪 80 年代，一些发达国家将其自身无法处理或难以处理的危险废物大量地向发展中国家转移，而发展中国家又由于自身条件所限，在资金、技术、设施、监测、执法等方面存在严重缺陷，致使越境转移危险废物的问题日益严重，逐渐成了国际上普遍关注的全球性环境问题。公约中所谓的越境转移的危险废物，指的是那些公认为具有爆炸性、易燃性、腐蚀性、化学反应性、急性毒性、慢性毒性、生态毒性和传染性等特性中一种或几种的生产性垃圾和生活性垃圾，前者包括废料、废渣、废水和废气等，后者包括废食、废纸、废瓶罐、废塑料和废旧日用品等，这些垃圾给环境和人类健康带来危害。两者的共同特点是，数量众多、难以处理，会对环境带来严重伤害。

《巴塞尔公约》旨在遏止越境转移危险废物，特别是向发展中国家出口和转移危险废物。公约要求各国把危险废物数量减到最低限度，用最有利于环境保护的方式尽可能就地储存和处理。

2.2.5 《鹿特丹公约》

《鹿特丹公约》的全称是《关于在国际贸易中对某些危险化学品和农药采用事先知情同意程序的鹿特丹公约》(Rotterdam Convention on International Prior Informed Consent Procedure for Certain Trade Hazardous Chemicals and Pesticides in International Trade)，由联合国环境规划署（UNEP）和联合国其他组织于 1998 年 9 月 10 日在荷兰鹿特丹制定，2004 年 2 月 24 日生效。公约根据联合国《经修正的关于化学品国际贸易资料交流的伦敦准则》和《农药的销售与使用国际行为守则》以及《国际化学品贸易道德守则》中规定的原则制定，其目的在于促使各缔约方在公约关注的化学品的国际贸易中分担责任和开展合作，就国际贸易中的某些危险化学品的特性进行充分沟通与交流，为此类化学品的进出口规定一套国家决策程序并将这些决定通知缔约方，保护包括消费者和工人健康在内的人类健康和环境免受国际贸易中某些危险化学品和农药的潜在有害影响。

中国于 1999 年 8 月签署《鹿特丹公约》，2005 年 6 月 20 日公约对中国正式生效。

2.2.6 《斯德哥尔摩公约》

《斯德哥尔摩公约》的全称是《关于持久性有机污染物的斯德哥尔摩公约》(Stockholm Convention on Persistent Organic Pollutants)，是一份旨在制止持久性有机污染物对人类及环境造成危害的国际公约，2001 年 5 月在联合国环境规划署（UNEP）主持下，包括中国政府在内的 92 个国家和区域经济一体化组织在瑞典的斯德哥尔摩签署通过。首批提出的受控持久性有机污染物名单上一共有 12 种化学物质，包括艾氏剂、滴滴涕、氯丹、六氯苯、狄氏剂、异狄氏剂、七氯、灭蚁灵、毒杀芬、多氯联苯、多氯二苯并对二噁英、多氯二苯并呋喃，以后又将此名单逐渐扩大，把 5 种杀虫剂（林丹、α-六六六、β-六六六、十氯酮、硫丹）、3 种阻燃剂（六溴联苯、五溴代二苯醚、八溴代二苯醚）、2 种工业品及表面活性剂（五氯苯、全氟辛烷磺酸）列入受控有害化合物名单。

公约签署的背景是，人类社会已认识到持久性有机污染物（Persistent Organic Pollutants，POPs），能通过各种环境介质（大气、水、生物体等）长距离迁移，具有长期残留性、生物蓄积性、挥发性和高毒性，且能通过食物链积聚，对人类健康和环境具有严重危害，因而需要在全球范围内对 POPs 采取行动。中国于 2004 年 8 月 13 日递交批准书，同年 11 月 11 日公约对中国生效。

2.2.7 《关于汞的水俣公约》

《关于汞的水俣公约》也称《国际汞公约》《水俣汞防治公约》《水俣汞公约》或《水俣公约》(Minamata Convention on Mercury)，是继《巴塞尔公约》和《鹿特丹公约》等多边国际环境协议后达成的又一项极为重要的国际公约。公约于 2013 年 10 月 10 日在联合国环境规划署于日本熊本市主办的《关于汞的水俣公约》外交大会上签署。公约旨在保护人类健康和环境免受汞和汞化合物人为排放及释放的危害，对含汞类产品的生产、使用进行了限制。公约规定，自 2020 年起，禁止生产和进出口含汞或是生产工艺中涉及汞及其化合物使用的电池、开关和继电器、某些类型的荧光灯、肥皂和化妆品等，部分加汞医疗用品如温度计和血压计等。2013 年 10 月 10 日，中国签署了《关于汞的水俣公约》。2016 年 4 月 25 日，十二届全国人大常委会第二十次会议举行第一次全体会议批准了该公约。

2.2.8 《作业场所安全使用化学品公约》

《作业场所安全使用化学品公约》(Convention Concerning Safety in the Use of Chemicals at Work) 是一份有关在作业场所安全使用化学品的国际文书，于 1990 年 6 月 25 日在瑞士日内瓦国际劳工组织理事会召集的第 77 届会议上通过。由于它在国际劳工组织（ILO）的公约编号是 170，因此其有时也被叫作 C170 或 170 公约。

公约在内容上分为范围和定义、总则、分类和有关措施、雇主的责任、工人的义务、工人及其代表的权利、出口国的责任共 7 部分 27 条。公约对所称的"化学品"给出的定义是："各类化学元素、化合物和混合物，无论其为天然的或人造的"。公约将"作业场所使用化学品"界定为"可能使工人接触化学制品的任何作业活动",这些活动包括"化学品的生产,化学品的搬运,化学品的贮存,化学品的运输,化学品废料的处置或处理,因作业活动导致的化学品的排放以及化学品设备和容器的保养、维修和清洁"。公约明确了其适用范围是"使用化学品的所有经济活动部门,包括公共服务机构",区别了雇主的责任和工人的义务。公约对雇主的要求是:应"使工人了解作业场所使用的化学品的有关危害;指导工人如何获得及应用标签和化学品安全技术说明书所提供的资料;依据化学品安全技术资料,结合现场的具体情况,为工人制定作业须知(如适宜,应采用书面形式);对工人不断地进行作业场所使用化学品的安全注意事项和作业程序的培训教育"。公约对工人的要求是:"在雇主履行其责任时,工人应尽可能与其雇主密切合作,并遵守与作业场所安全使用化学品问题有关的所有程序和规则;工人应采取一切合理步骤将作业场所化学品可能产生的危害加以消除或减到最低程度"。公约声明:"如在安全和健康方面认为适当,主管当局有权禁止或限制某些有害化学品的使用"。

《作业场所安全使用化学品公约》旨在保护劳动者的基本权益与安全,使之免受作业场所化学品的伤害,为各国制定相应的劳保标准提供法律框架与实施建议。我国的全国人民代表大会常务委员会已于1994年10月27日的第八届全国人民代表大会常务委员会第十次会议上,通过了批准《作业场所安全使用化学品公约》的决定。

2.2.9 《国际化学品管理战略方针》

《国际化学品管理战略方针》(Strategic Approach to International Chemicals Management,SAICM) 于2006年制定并颁布,其核心内容主要由《迪拜宣言》(Dubai Declaration)、《总体政策战略》(Overarching Policy Strategy) 和《全球行动计划》(Global Plan of Action) 3部分构成。作为一份重要国际文书,SAICM 提供了一个基本的政策框架,用以促进化学品的良性管理,全面推动国际层面化学品管理进程,实现里约峰会制定的目标,希望将化学品的生产和使用对人类健康和环境的不利影响降至最低。

SAICM 鼓励各利益攸关方共同努力,解决有毒化学品的暴露问题,强调对以往化学品公约中未能提及的物质、对中低等收入国家所存在的化学品安全等问题的关注,主张将其放在国际视野中加以考虑并妥善解决。

2.2.10 《全球化学品统一分类和标签制度》

《全球化学品统一分类和标签制度》,即如前所称的 GHS,是由联合国出版的一套指导各国控制化学品危害和保护人类健康与环境的规范性文件,其核心是所制定的全球统一的化学品分类和危险性公示体系。在国际层面负责对 GHS 进行维护、更新和促进的是联合国经济及社会理事会全球化学品统一分类标签制度专家分委员会 (UN SCEGHS)。2003年7月,第1版 GHS 经联合国批准正式出版发行。此后,GHS 每两年发布一次修订版,目前的最新版本是2021年发布的第9修订版。

GHS 旨在为所有国家提供一个危险化学品分类和标签的统一框架,确保各国对相同化学品所提供资料能连贯、一致,为国际间化学物品无害化管理的规范化提供依据。实施GHS 的主体是企业,上游化学品供应商及制造商应当向下游用户提供符合要求的化学品安全标签，并提供化学品安全技术说明资料。GHS的适用对象包括化学品的使用者、消费者、运输工人以及需要应对紧急情况的相关人员。GHS分类适用于所有的化学物质、稀释溶液以及化学物质组成的混合物（药物、食品添加剂、化妆品、食品中残留的杀虫剂等因属于有意识摄入，不属于GHS协调范围）。

GHS主要包含4部分内容：①对范围、定义、危害信息公示要素（包括标签）的概括性介绍；②理化危险的分类标准；③健康危险的分类标准；④环境危险的分类标准。它们可以被进一步地概括归纳为分类原则和危险性公示体系两大部分。

2.2.10.1　分类原则

识别化学品的内在风险并将其分类，然后在此基础上，制定相应的危险性公示体系，是建立任何化学品管理制度的基本前提。GHS提供了评估化学品危害的系统性方法，然后通过3个步骤对化学品进行分类以区分它们的特性：识别与某种物质或混合物危险相关的数据；然后审查数据以弄清与该物质或混合物有关的危险；将数据与公认的危险分类标准进行比较，从而决定是否将该物质或混合物归类为某种危险物质或混合物，并视情况确定其危险的程度。

基于理化、健康、环境标准，GHS将化学品的危险性分为29个类别。

理化危险（17类）：

① 爆炸物；
② 易燃气体；
③ 气溶胶；
④ 氧化性气体；
⑤ 加压气体；
⑥ 易燃液体；
⑦ 易燃固体；
⑧ 自反应物质和混合物；
⑨ 自燃液体；
⑩ 自燃固体；
⑪ 自热物质和混合物；
⑫ 遇水放出易燃气体的物质和混合物；
⑬ 氧化性液体；
⑭ 氧化性固体；
⑮ 有机过氧化物；
⑯ 金属腐蚀物；
⑰ 退敏爆炸物。

健康危险（10类）：

⑱ 急性毒性；
⑲ 皮肤腐蚀/刺激；
⑳ 严重眼损伤/眼刺激；
㉑ 呼吸或皮肤致敏；
㉒ 生殖细胞致突变性；
㉓ 致癌性；
㉔ 生殖毒性；
㉕ 特定目标器官毒性-单次接触；
㉖ 特定目标器官毒性-重复接触；
㉗ 吸入危险。

环境危险（2类）：

㉘ 危害水生环境；
㉙ 危害臭氧层。

在上述的29类危险中，按照程度和特征不同，有些类可再分成若干项，详见GHS文本，此处不展开介绍。

需要说明的是，在上述29个类别以外，随着科学的进步以及认识的发展，未来可能还会有新的危险种类加入GHS中。

2.2.10.2　危险性公示体系

一旦危险被确认，有关化学品的危险性信息就应及时、准确地提供给所有的下游使用者、搬运者和提供服务或设计保护措施的专家。

常见的提供化学品危险性信息的方式有 3 种：培训、标签和安全数据单。GHS 认为在可行的领域推行培训是重要的，也期望并鼓励推行 GHS 的国家能够在不同领域提供培训，然而出于种种现实考虑及规范制定上的困难，GHS 本身没有提供统一的培训条款。GHS 提供的用于表述化学品危险性的公示手段有 2 个：标签（Label）和安全数据单（Safety Data Sheet，SDS）；两相比较，前者的特点是简洁形象、使用方便，后者的特点是专业性强、信息全面、内容丰富。

（1）危险性公示手段之一：标签

GHS 强调的几个标签要素包括图形符号、信号词、危害说明。

① 图形符号（Symbol）是指用来简明地传达信息、总是出现在 GHS 标签上的象形图内的图形要素。象形图的具体构成是黑色的图形符号、白底和红色菱形边框。GHS 标签要素中使用了如图 2-1 所示的 9 个标志性的图形符号来表达不同危险。按从左至右、从上到下的顺序，9 个图形符号表达的危险依次为：爆炸、燃烧、氧化、高压气体、腐蚀、有毒、刺激、健康危险、环境危险。

② 信号词（Signal Word），有时又称"警示词"，指标签上用来表明危险的相对严重程度和提醒注意潜在危险的单词。GHS 标签要素中使用 2 个信号词，分别为"危险"和"警告"。"危险"用于较为严重的危险类别，而"警告"用于较轻的危险类别。

图 2-1　GHS 中表达不同危险的 9 种图形符号

③ 危险说明（Hazard Statement），是指对危险的描述。每一危险种类和类别都有相应的说明，为一词组或短语，如"吸入有害""吞咽有害"或"可能对生育能力或胎儿造成伤害"等。危险说明既描述了危害本身，同时也反映了危险的严重程度。一旦化学品生产商对一种化学品进行了分类，该化学品就可以使用 GHS 已经规定好了的、用于描述危险的词组或短语对该特征危险进行相应说明。同时，GHS 还为危险说明进行了编码整理，以方便查询和使用。危险编码由一个大写字母"H"和三位数字组成。显然，大写字母"H"取自英文"Hazard"的首字母。三位数字中的第一个，用以区别危险类型。如 2，就表示"理化危险"，3、4，分别表示"健康危险""环境危险"。三位数字中的后两位，对应于"物质或混合物固有属性所引起的危险的序列编号"。例如，编码 H261，其传递的信息就是：该物质有"理化危险""遇水放出易燃气体"，而编码 H312，则对应于"健康危险"中的"皮肤接触有害"。

除了统一的核心信息以外，GHS 还要求化学品的供应商或是生产厂家提供产品标识符、供应商标识和防范说明。其中的产品标识符（Product Identifier）是指标签或安全数据单上用于标识危险化学品的名称或编号；供应商标识（Supplier Identification）是指物质或混合物的生产商或供应商的名称、地址和电话号码，其目的是在紧急情况下或需要额外信息时，能够及时联系到供应商；防备说明（Precautionary Statement）指的是所采取的推荐措施的短语，目的是使化学品的使用者或搬运者意识到采取何种措施来保护自己。GHS有5种类型的防备说明：一般（适用于范围广泛的产品，例如"使用前阅读"）、预防（适用于特定产品，例如"戴面部保护罩"）、应对（适用于事故溢漏或接触、应急反应和紧急救助的情况，例如"立即请医生处理"）、存放（适用于范围广泛的产品，例如"保证容器紧闭"）以及处置（适用对象视具体情况而定，例如"根据当地/地区/国家/国际/的规定，处置内容物/容器到……"）。GHS为每种危险均提供了相应的防备说明，以供查询使用。除了直观的文字说明以外，GHS还对每一防备说明设定了一个专门的、由字母"P"和三个数字组成的编码，以提供相应信息和指导意见。其中的字母"P"，显然是来自英文单词"Precautionary"的首字母，而其后的三位数字中的第一个数字，代表防备说明的类型，可取1、2、3、4、5中的任意一个，依次为上面所说的"一般""预防""应对""存放""处置"的数字代码；至于后两个数字，则对应于"防备说明的序列编号"。比如，编码P102，其中的第一个数字1，代表采取"一般"防备措施即可，后两位数字02，对应的文字说明为"切勿让儿童接触"。再比如，编码P410，其中的首个数字4，表明这是有关"存放"方面的一个注意事项，后面的10，对应于需要采取的"防日晒"措施。

(2) 危险性公示手段之二：安全数据单

GHS标签一般附着在产品的容器上，能够展示的信息数量有限。在这种情况下，安全数据单（SDS）就成了获知物质或混合物的性质及其危险性的广泛信息来源。

安全数据单（SDS）提供的信息包括：化学品及企业标识、危险描述、组成/成分信息，急救措施、消防措施，泄漏应急处理、操作处置与储存，接触控制/个体防护，理化特性、稳定性和反应性、毒理学信息、生态学信息、废弃处置、运输信息，法规信息和其他信息等。

由于理解和翻译上的差异，安全数据单（SDS）有时也被称为"化学品安全技术说明书""化学品安全信息卡""安全数据表""安全说明书"等等，它们指的都是"Safety Data Sheet"，英文词源一样，没有区别。与此相关但又不完全相同的是MSDS（Material Safety Data Sheet），中文译为"物质安全数据表"或"物质安全说明书"。MSDS与SDS在许多方面所起的作用几乎完全一样，格式也十分相近，仅在内容上有一些细微的差别。习惯上，美国、加拿大常用MSDS，而欧盟（EU）和国际标准化组织（International Standard Organization，ISO）一般会采用SDS。

2.2.11 "国际危规"

交通运输领域一般将运输的对象分为人和货物两大类。其中的货物又可进一步分为危险货物和非危险货物两种。如果货物具有自燃、易燃、爆炸、腐蚀、毒害、放射等性质，那么这类货物就是危险货物。危险货物与危险化学品是有区别的，危险货物包含的范围更大、更广。

联合国《关于危险货物运输的建议书》是目前各国政府以及联合国各有关机构制定危险货物运输立法的基础。联合国《关于危险货物运输的建议书》中的内容又可分为两部分：一个是联合国《关于危险货物运输的建议书·规章范本》，另一个是联合国《关于危险货物运输的建议书·试验和标准手册》；前者俗称"大橘皮书"，后者俗称"小橘皮书"。鉴于联合国《关于危险货物运输的建议书·规章范本》的普适性与权威性，目前与危险货物运输相关的各种国际规则、各国制定出台的法律法规等，均已向其靠拢，并与其在框架与格式、规范上形成统一，以利于不同国家、地区间危险货物运输的进行。

"国际危规"其实是包括了"大橘皮书"在内的6部有关危险货物运输的国际规则文本的简称，即联合国《关于危险货物运输的建议书·规章范本》《国际海运危险货物规则》《国际空运危险货物规则》《国际公路运输危险货物协定》《国际铁路运输危险货物规则》和《国际内河运输危险货物协定》。其中的联合国《关于危险货物运输的建议书·规章范本》建议的模式范本、分类原则以及规范要求等，为其余5部规则的制定奠定了基础。

(1)《关于危险货物运输的建议书·规章范本》

《关于危险货物运输的建议书·规章范本》(以下简称《规章范本》)，由联合国危险货物运输专家委员会（UN CETDG）编写。建议书的对象是各国政府和负责管理危险货物运输的国际组织，具体内容随时间变化不断更新。关于危险货物运输的建议，是作为文件的附件提出的，适用于所有运输方式。《规章范本》包含了分类原则和类别的定义、主要危险货物一览表、一般包装要求、试验程序、标记、标签或揭示牌、运输单据等，还对一些特定类别的货物规定了特殊要求。由于"危险货物运输"这个短语对应的英文 Transport of Dangerous Goods 三个单词的首字母缩写为 TDG，因此用于描述危险货物运输的术语、规章前，也常冠以 TDG 这个前缀，如 TDG 规则、TDG 分类系统等，或直接简称其为 TDG。

《规章范本》提出了一套与 GHS 分类既有联系、又有区别、侧重不同的 TDG 分类系统，广泛用于各类危险货物的交通运输领域。两相比较，GHS 关注的是有害化学品，将其按照理化危险、健康危险和环境危险三项标准，分为29类；TDG 关注的是处于运输环节中的危险货物，将其依据运输货物的性质和特征，分为9类；9类危险货物当中的有些类别，再分成若干项。划分出的9类危险货物中，既包括已划入 GHS 分类的各种化学品，也包括没有划入 GHS 分类的其他物质，如棉花、鱼粉、电池、安全气囊等。显然，并非所有的危险货物都是有害化学品或有 GHS 分类的。这9类危险货物分别是：①爆炸品；②气体；③易燃液体；④易燃固体、易于自燃的物质、遇水放出易燃气体的物质；⑤氧化性物质和有机过氧化物；⑥毒性物质和感染性物质；⑦放射性物质；⑧腐蚀性物质；⑨杂项危险物质和物品。

《规章范本》的涉及范围，是所有直接或间接参与危险货物运输的单位及个体，其目的是提出一套规定，协调各国和国际上对各种方式的危险货物运输的管理要求，按照《规章范本》提出的原则，形成世界范围内的统一规范。

(2)《国际海运危险货物规则》

《国际海运危险货物规则》(International Maritime Dangerous Goods Code，IMDG Code) 即通常所说的《国际海运危规》。《国际海运危规》制定和产生的背景是：随着第二次世界大战的结束，国际贸易中的危险品数量日益增多，各种与危险品海运相关的事故急剧增加，给海上运输安全和海洋环境带来了严重的威胁，因此亟需制定一个国际间统一的危险货物海运规则。通过一系列的国际会议、多方商讨与协调，最终由国际海事组织（International Maritime Organization，IMO）和联合国危险货物运输专家委员会（UN CETDG）一起，编写出了现今通行的《国际海运危规》，并于1965年9月27日由国际海事组织（IMO）以 A.81 (Ⅳ) 决议形式通过。在内容上，《国际海运危规》主要包含有七大部分：危险货物的分类，危险货物明细表，包装和罐柜的规定，托运程序，容器、中型散装容器、大型容器、可移动罐柜，公路槽车的构造和试验，运输作业等。

（3）《国际空运危险货物规则》

《国际空运危险货物规则》（Technical Instructions for the Safe Transport of Dangerous Goods by Air，TI），简称《国际空运危规》，由国际民用航空组织（International Civil Aviation Organization，ICAO）制定，故在书写时常将两者的缩写连在一起，简写成 ICAO-TI，属于强制执行的法律性文件。

《国际空运危规》主要包括危险品分类、危险物品表、特殊规定和限制数量与例外数量、包装说明、托运人责任、包装术语、标记要求和试验、运营人责任、有关旅客和机组成员的规定等。还有一个与 ICAO-TI 有关的《国际航空运输协会-危险品规则》（International Air Transport Association-Dangerous Goods Regulations，IATA-DGR）国际文书，是由国际航空运输协会（International Air Transport Association，IATA）制定的。在具体内容上，IATA-DGR 实际是基于 ICAO-TI 规则制定的一本使用手册，以 IATA 的附加要求和有关文件的细节作为补充。IATA-DGR 每年更新发布一次，新版规则于每年的 1 月 1 日生效。IATA-DGR 虽然不是法律，但它使用方便，包含了 ICAO-TI 的全部内容，可操作性强，因而在国际航空运输领域广泛使用，是国际通行的有关危险货物空运的操作性文件。两者合在一起，也常常被称作空运 ICAO-TI/IATA-DGR 规则（或规定）。

（4）《国际公路运输危险货物协定》

《国际公路运输危险货物协定》（European Agreement Concerning the International Carriage of Dangerous Goods by Road，ADR）于 1957 年由联合国欧洲经济委员会（United Nations Economic Commission for Europe，UNECE）制定。《国际公路运输危险货物协定》对危险货物道路运输所涉及的分类鉴定、包装容器、托运程序、运输操作等各个环节进行了系统规定，该协定最初只是用于原欧共体国家间的危险货物道路运输，后来逐渐为其他国家采用，成为普遍接受的有关危险货物公路安全运输的国际规则。

（5）《国际铁路运输危险货物规则》

《国际铁路运输危险货物规则》（Regulations Concerning the International Carriage of Dangerous Goods by Rail，RID），适用于危险货物的铁路运输。《国际铁路运输危险货物规则》由欧洲铁路运输中心局制定，每两年修订一次。该规则对铁路运输危险货物的分类、性质、包装规格、检验、许可运输工具类型、驾驶员培训等一系列问题做了详细规定，提出了具体要求。鉴于它与《国际公路运输危险货物协定》都属于陆路危险货物交通运输规范的范畴，两者又有许多相近之处，且在绝大多数情况下适用于公路运输的罐箱等标准也同样适用于铁路货运，有利于公路、铁路联运的进行，因而在引用时，也常将其与《国际公路运输危险货物协定》文本一起统称为"陆运 ADR/RID"（规则）或《国际陆运危规》。

（6）《国际内河运输危险货物协定》

《国际内河运输危险货物协定》（European Agreement Concerning the International Carriage of Dangerous Goods by Inland Waterways，ADN）由联合国欧洲经济委员会（UNECE）和莱茵河航运中央委员会于 2000 年提出。经多年实践，现已逐渐为国际上越来越多的国家在制定其国内相关法律文件时加以援引与采纳。《国际内河运输危险货物协定》旨在确保国际间通过内河运输危险货物时的高水平安全性，防止内河运输危险货物发生事故时可能造成的污染，有效保护内河环境安全，降低风险，促进内河水域危险货物国际贸易和运输的安全进行。《国际内河运输危险货物协定》包括法律条款和规则，对通过内河运输危险货物给出了明确规定，如某些危险货物禁止以任何形式通过内河运输，而另外一些则不得以散装形式经内河运输等。

1. 化学品安全为什么成了国际社会共同关注的问题?

2. TDG 和 GHS 分类体系各有何特点? 分别适用于什么领域?

3. 国际劳工组织 (ILO) 为什么要制定《作业场所安全使用化学品公约》? 公约对雇主和工人都提出了哪些要求?

4. 国际社会为什么要签署《斯德哥尔摩公约》? 公约关注的化合物都有哪些共同特征?

5. 现阶段我国履行《关于汞的水俣公约》义务面临着哪些困难? 如何解决? 能否给出一些有益的建议呢?

第3章
中国化学品安全管理体系

 学习要点

1. 中国化学品安全管理体系及其特色
2. 与化学品安全管理相关的若干法律法规与部门规章
3. 与化学品安全管理相关的若干国家标准

近年来，中国政府从生产、储存、运输到使用、经营、废弃等各环节，以不同层级和角度，颁布并实施了一系列法律法规以及具有法律效力的技术规范，在对化学品实施更为严格的全方位监管的同时，以前所未有的力度，试图扭转并改变过去被动的、经验性的、事后补救处理式的化学品安全管理模式。

从根本上讲，以各种安全法律法规、技术规范、化学品安全管理制度与规章为核心的管理制度，是对化学品实施全生命周期安全管理的核心。完善的政府监管与执法，加上健全的化学品安全管理体系，构成了我国化学品安全管理的基础。

3.1 管理组织与机构

我国与化学品安全管理相关的机构和组织主要包括：各级政府部门、行业协会和其他相关组织与机构；前者偏重管理、监督，后两者偏重协调、咨询、服务，提供专业的技术支持。三者以不同方式，协同配合，共同努力，推动我国化学品安全管理工作持续进步，促进安全生产法律法规、政策法令的贯彻实施。

3.1.1 政府管理部门

在国务院所属的国家行政体系内，负责全国安全生产工作的最高组织机构是国务院安全生产委员会，其主要职责是：研究部署、指导与协调全国安全生产工作；研究提出全国安全生产工作的重大方针政策；分析全国安全生产形势，研究解决安全生产工作中的重大问题；

必要时，协调军委联合参谋部和国防部警备司令部调集部队参加特大生产安全事故应急救援工作；完成国务院交办的其他安全生产工作。

在化学品安全生产领域，从国务院及其下属各部委、直属机构，到地方各级政府相关管理部门，根据职能范围的不同，以国务院颁发的《危险化学品安全管理条例》为依据，对化学品在生产、加工、使用、储存、销售、运输以及进出口的各个环节，从不同角度进行监督管理，行使职责。其中的应急管理部，负责对全国的安全生产工作进行管理和监督。

3.1.2 行业协会

行业协会是介于政府、企业之间起着沟通、协调作用的民间组织，不属于政府管理部门，它的主要功能是为行业内的企业、机构提供咨询和服务。目前，我国有数十家与化学品相关的行业协会，如中国化学品安全协会、中国石油和化学工业联合会、中国化工学会、中国化工企业管理协会等，它们按照国家的相关法律、行政法规和部门规章，从不同角度、各有侧重地为化学品生产经营单位提供安全方面的信息、培训等服务，促进生产经营单位加强安全生产管理，协助企业与国际组织、国际同行之间的沟通和联系。

3.1.3 其他相关组织与服务机构

由于化学品的安全管理涉及诸多的行业和部门，除了政府部门与行业协会以外，一些跨部门成立的组织机构也居中发挥协调作用。这方面的组织机构包括：化学品安全部际间协调组、编写国家化学品档案协调组、国家有毒化学品评审委员会、《鹿特丹公约》国内协调机制等。

此外，为了对化学品实施有效监督与规范管理，国家还在国务院下属的生态环境部和应急管理部设立了化学品登记中心，建立相关化学品的名录及数据档案。

3.1.4 化学品安全相关网站

互联网技术的飞速发展，为化学品安全管理，危险化学品的监督掌控，重大事项中相关信息、图文资料等的迅速传播，提供了极为便捷的条件。各级政府部门、行业协会以及与化学品安全领域相关的组织、社团，一些公益服务性质的机构，大力加强网络平台建设，努力为客户、公众乃至被监管者，提供全面的化学品安全信息服务，以满足日益增长的行业与社会需求。

应急管理部网站是一个全方位地提供各种安全信息的综合平台，服务内容包括：关键部门链接（国家安全生产应急救援指挥中心、各省市区安全监管网站等），安全生产网站导航，事故举报、事故查询、事故查处挂牌督办信息，安全生产方面法律、法规、标准及规范性文件查询，危险化学品查询系统，安全生产形势分析与情况通报等。

常用的化学品安全信息可通过以下网站进行查询：中国化学品安全网，中国化学品安全协会网，中国化学工程安全网，中国化工过程安全网，中国化工安全网，国际化学品安全卡网，以及若干家 SDS、MSDS 查询网等。

3.2 管理体系与制度框架

我国现行的化学品管理体系大致由 4 个部分组成：国家发展规划、法律法规与部门规章、标准体系以及我国签署的若干国际公约与协定。在这个着力构建的体系中，与联合国 GHS、TDG 分类管理体系和欧盟 REACH 法规有关的一些理念、思想以及国际通行的制度安排，随着改革的深入发展以及与国际社会的深度融合，在我国现行的管理体系中均得到了不同程度的体现。

3.2.1 国家发展规划

定期制定、发布与实施五年为一个周期的国家发展规划，是极具我国特色的一项制度安排，迄今已成功执行了近 70 年。回顾既往已经执行完成的"五年规划"，可以清晰地发现其从酝酿、规划、制定、发布，到落实、实施、督导、验收、检查、问责等整个的执行轨迹和运作脉络。以刚刚过去的"十三五"规划为例，为了贯彻和实施《中华人民共和国国民经济和社会发展第十三个五年规划纲要》提出的战略目标，国务院、各级地方人民政府、各领域、行业等依据纲要精神，制定本部门、本行业的规划类文件，用以组织实施，指导发展。例如在化工生产行业，危险化学品安全管理领域，就需要编制这类文件，用以指导我国化工领域的安全生产，确保危险化学品的安全生产、经营、使用等，它们是我国在国家一级层面上指导化工安全生产的纲领性文件，是化工安全管理体系中极为重要的组成部分。具体文件包括：国务院发布的《安全生产"十三五"规划》、国家安全生产监督管理总局发布的《危险化学品安全生产"十三五"规划》、环境保护部发布的《国家环境保护"十三五"环境与健康工作规划》等。

3.2.2 法律法规与部门规章

经过多年努力，目前我国已初步形成了一个自上而下，由有关法律、行政法规、部门规章、地方性法规、地方性规章等组成的化学品安全管理综合体系。

在与化学品安全相关的法律条文中，最重要的当属 2021 年修订的《中华人民共和国安全生产法》，其与国务院公布的、经过 2013 年重新修订的《危险化学品安全管理条例》，以及由有关部门发布的与《危险化学品安全管理条例》配套实施的若干部门规章，一起构成了我国化学品安全管理的基本框架。

(1)《中华人民共和国安全生产法》

《中华人民共和国安全生产法》(以下简称《安全生产法》) 包括 7 章 119 条内容，是事关中华人民共和国境内所有单位、行业、部门安全生产活动的基础性法律。除了第 7 章附则，主要给出"危险物品""重大危险源"这两个定义，以及规定事故划分标准的权利归国务院以外，所有其余的法律条文分布于总则、生产经营单位的安全生产保障、从业人员的安全生产权利义务、安全生产的监督管理、生产安全事故的应急救援与调查处理、法律责任这 6 个章节中。

（2）《危险化学品安全管理条例》

《危险化学品安全管理条例》（以下简称《条例》）属于行政法规，最初是在 2002 年 1 月 26 日以中华人民共和国国务院令第 344 号形式公布的，后又根据 2013 年 12 月 7 日《国务院关于修改部分行政法规的决定》进行修订。在法律效力上，是仅次于《安全生产法》的一部行政法规。《条例》将其中包含的 102 条内容，分为总则、生产和储存安全、使用安全、经营安全、运输安全、危险化学品登记与事故应急救援、法律责任、附则共 8 个章节进行了详细阐述，权责分明，责任到位。

（3）《条例》配套的部门规章

为了贯彻执行《条例》的要求，国务院下属的国家安全生产监督管理总局（现应急管理部）、环境保护部（现生态环境部）等，又组织制定（或修订）了若干部门规章，以配合《条例》法规的实施，从不同的角度和多个环节，落实与细化了对危险化学品的监管措施，使《条例》在运用时具有更强的可执行性与可操作性。这些部门规章主要包括：

　　① 《危险化学品生产企业安全生产许可证实施办法》；

　　② 《危险化学品安全使用许可证实施办法》；

　　③ 《危险化学品经营许可证管理办法》；

　　④ 《危险化学品建设项目安全监督管理办法》；

　　⑤ 《危险化学品重大危险源监督管理暂行规定》；

　　⑥ 《危险化学品输送管道安全管理规定》；

　　⑦ 《危险化学品登记管理办法》；

　　⑧ 《化学品物理危险性鉴定与分类管理办法》；

　　⑨ 《化工（危险化学品）企业保障生产安全十条规定》。

3.2.3　标准体系

化学品安全标准体系是我国化学品管理框架的一个重要组成部分，有关内容涉及面广，包含化学品种类众多，而具体针对事项则又各不相同，散布于许多名称不同的标准中。仅以国家标准为例，有些内容就仅是针对某一单一化学品的，如：《溶解乙炔气瓶充装规定》（GB 13591—2009），《氢气使用安全技术规程》（GB 4962—2008），以及《氯气安全规程》（GB 11984—2008）等；有些则具有通用性质，为专门针对某一事项实施的标准化规定，为综合类标准，如《危险化学品重大危险源辨识》（GB 18218—2018），《化学品安全评定规程》（GB/T 24775—2009），《化学品安全标签编写规定》（GB 15258—2009），以及对应于国际上 GHS 分类体系的 GB 30000 系列标准等。

下面以若干综合类国家标准为例，简要介绍我国化学品安全标准体系。其中的系列标准为介绍重点，包括危险货物管理类标准、化学品分类和标签类标准、化学品检测方法类标准以及良好实验室规范系列标准共 4 个部分；内容相对独立的、专门针对某一事项实施的单项标准中，仅以《危险化学品重大危险源辨识》（GB 18218—2018）中的内容，予以简单介绍说明。

3.2.3.1　系列标准

（1）危险货物管理类系列国家标准

我国的危险货物管理类系列国家标准对应于国际上有关危险货物运输的 TDG 体系，基本通过对其的援引、转化而来。其中比较重要的几个标准的主要内容简介如下：

① 《危险货物分类和品名编号》(GB 6944—2012),规定了危险货物分类、危险货物危险性的先后顺序和危险货物编号,适用于危险货物运输、储存、经销及相关活动,与联合国《关于危险货物运输的建议书·规章范本》(第16修订版)的"第2部分:分类"的技术内容一致。标准包含"范围""规范性引用文件""术语和定义""危险货物分类""危险货物危险性的先后顺序"以及"危险货物编号"共6部分内容,将危险货物分为了9类,并对每一类给出了详细的定义,明确了危险货物的品名编号采用联合国编号的原则。

② 《危险货物品名表》(GB 12268—2012),与联合国《关于危险货物运输的建议书·规章范本》(第16修订版)"第3部分:危险货物一览表、特殊规定和例外"的技术内容一致,适用于危险货物运输、储存、经销及相关活动。标准规定了危险货物品名表的一般要求、结构,列出了运输、储存、经销及相关活动等过程中最常见的危险货物名单。危险货物品名表在结构上分为"联合国编号""名称和说明""英文名称""类别或项别""次要危险性""包装类别"以及"特殊规定"共7个栏目,方便查询和使用。

③ 《危险货物运输包装类别划分方法》(GB/T 15098—2008),规定了划分各类危险货物运输包装类别的方法,用于危险货物生产、储存、运输和检验部门对危险货物运输包装进行性能试验和检验时确定包装类别的依据。标准明确了按照危险程度划分的三个危险货物包装类别:Ⅰ、Ⅱ、Ⅲ类包装,依次用于危险程度从大到小排列的不同危险货物;按照《危险货物分类和品名编号》(GB 6944—2012)中危险货物的不同类项及有关的定量值,确定其包装类别。

④ 《危险货物包装标志》(GB 190—2009),规定了危险货物包装图示标志的种类、名称、尺寸及颜色等,引用《危险货物分类和品名编号》(GB 6944—2005)以及《危险货物品名表》(GB 12268—2005)标准中确立的分类、品名及品名编号原则,给出了如图3-1所示的30个标志图形,其中的4种为标记图形,26个为标签图形,标示了9类危险货物的主要特性,适用于危险货物的运输包装。

与此同时,我国还进一步制定了用于鉴别运输货物危险性的一系列试验方法,如《危险品 磁性试验方法》(GB/T 21565—2008)、《危险品 爆炸品摩擦感度试验方法》(GB/T 21566—2008)、《危险品 爆炸品撞击感度试验方法》(GB/T 21567—2008)以及《危险品 易燃固体自燃试验方法》(GB/T 21611—2008)、《危险品 喷雾剂泡沫可燃性试验方法》(GB/T 21632—2008)等数十项推荐性国家标准,与发布的危险货物运输系列国家标准相配套,形成管理我国危险货物运输的系列国家标准体系。

(2) 化学品分类和标签类系列国家标准

我国的化学品分类和标签类系列国家标准对应于国际GHS规范,相关的规划与部署工作由全国危险化学品管理标准化技术委员会负责。由于GHS每隔两年即推出一修订版,而我国的国家标准则是不定期地间隔若干年才修订一次,因此两者间不可避免地在一些方面存在一个明显的"时间差",存在措辞、表述、内容上不一致的地方。例如目前实施的GB 30000系列标准,其蓝本就是GHS第4修订版(2011版),而非最新的GHS第9修订版(2021版)。而且在GB 30000系列标准计划推出的30个标准中,现已发布的只有28部分内容,代号为GB 30000.1的"通则"和GB 30000.30"化学品作业场所安全警示标志"的两部分尚未发布,相关规范暂以《化学品分类和危险性公示 通则》(GB 13690—2009)和《化学品作业场所安全警示标志规范》(AQ/T 3047—2013)中的对应内容分别代替。

GB 30000系列标准清单见表3-1。

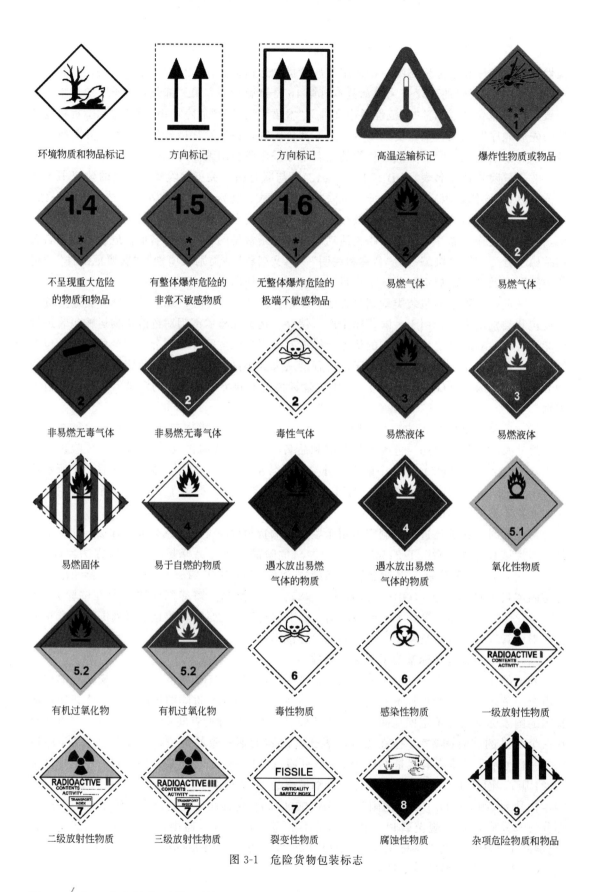

环境物质和物品标记　　　方向标记　　　　方向标记　　　高温运输标记　　爆炸性物质或物品

不呈现重大危险　　　有整体爆炸危险的　　无整体爆炸危险的　　易燃气体　　　　易燃气体
的物质和物品　　　　非常不敏感物质　　　极端不敏感物品

非易燃无毒气体　　　非易燃无毒气体　　　毒性气体　　　　易燃液体　　　　易燃液体

易燃固体　　　易于自燃的物质　　　遇水放出易燃　　　遇水放出易燃　　　氧化性物质
　　　　　　　　　　　　　　　　气体的物质　　　　气体的物质

有机过氧化物　　　有机过氧化物　　　毒性物质　　　感染性物质　　一级放射性物质

二级放射性物质　　三级放射性物质　　裂变性物质　　腐蚀性物质　　杂项危险物质和物品

图 3-1　危险货物包装标志

表 3-1　GB 30000 系列标准

序号	标准编号	标准名称
1	GB 30000.1	《化学品分类和标签规范　第 1 部分:通则》
2	GB 30000.2—2013	《化学品分类和标签规范　第 2 部分:爆炸物》
3	GB 30000.3—2013	《化学品分类和标签规范　第 3 部分:易燃气体》
4	GB 30000.4—2013	《化学品分类和标签规范　第 4 部分:气溶胶》
5	GB 30000.5—2013	《化学品分类和标签规范　第 5 部分:氧化性气体》
6	GB 30000.6—2013	《化学品分类和标签规范　第 6 部分:加压气体》
7	GB 30000.7—2013	《化学品分类和标签规范　第 7 部分:易燃液体》
8	GB 30000.8—2013	《化学品分类和标签规范　第 8 部分:易燃固体》
9	GB 30000.9—2013	《化学品分类和标签规范　第 9 部分:自反应物质和混合物》
10	GB 30000.10—2013	《化学品分类和标签规范　第 10 部分:自燃液体》
11	GB 30000.11—2013	《化学品分类和标签规范　第 11 部分:自燃固体》
12	GB 30000.12—2013	《化学品分类和标签规范　第 12 部分:自热物质和混合物》
13	GB 30000.13—2013	《化学品分类和标签规范　第 13 部分:遇水放出易燃气体的物质和混合物》
14	GB 30000.14—2013	《化学品分类和标签规范　第 14 部分:氧化性液体》
15	GB 30000.15—2013	《化学品分类和标签规范　第 15 部分:氧化性固体》
16	GB 30000.16—2013	《化学品分类和标签规范　第 16 部分:有机过氧化物》
17	GB 30000.17—2013	《化学品分类和标签规范　第 17 部分:金属腐蚀物》
18	GB 30000.18—2013	《化学品分类和标签规范　第 18 部分:急性毒性》
19	GB 30000.19—2013	《化学品分类和标签规范　第 19 部分:皮肤腐蚀/刺激》
20	GB 30000.20—2013	《化学品分类和标签规范　第 20 部分:严重眼损伤/眼刺激》
21	GB 30000.21—2013	《化学品分类和标签规范　第 21 部分:呼吸道或皮肤致敏》
22	GB 30000.22—2013	《化学品分类和标签规范　第 22 部分:生殖细胞致突变性》
23	GB 30000.23—2013	《化学品分类和标签规范　第 23 部分:致癌性》
24	GB 30000.24—2013	《化学品分类和标签规范　第 24 部分:生殖毒性》
25	GB 30000.25—2013	《化学品分类和标签规范　第 25 部分:特异性靶器官毒性　一次接触》
26	GB 30000.26—2013	《化学品分类和标签规范　第 26 部分:特异性靶器官毒性　反复接触》
27	GB 30000.27—2013	《化学品分类和标签规范　第 27 部分:吸入危害》
28	GB 30000.28—2013	《化学品分类和标签规范　第 28 部分:对水生环境的危害》
29	GB 30000.29—2013	《化学品分类和标签规范　第 29 部分:对臭氧层的危害》
30	GB 30000.30	《化学品分类和标签规范　第 30 部分:化学品作业场所安全警示标志》

　　除了上述已发布的 28 个"化学品分类和标签规范"国家标准外,对标于 GHS 中有关的"标签"和"安全数据单"方面内容的,还有 4 个关于"化学品安全标签"和"化学品安全技术说明书"的国家标准,其清单详见表 3-2。

表 3-2　"化学品安全标签"和"化学品安全技术说明书"相关国家标准清单

序号	标准编号	标准名称
1	GB 15258—2009	《化学品安全标签编写规定》
2	GB/T 22234—2008	《基于 GHS 的化学品标签规范》
3	GB/T 16483—2008	《化学品安全技术说明书　内容和项目顺序》
4	GB/T 17519—2013	《化学品安全技术说明书　编写指南》

(3) 化学品检测方法类系列国家标准

化学品安全数据的准确获得与检测方法的规范化、标准化密不可分，是构建化学品安全管理体系的基础。2005 年，我国卫生部颁布了《化学品毒性鉴定技术规范》，规定了化学品毒性鉴定的毒理学检测程序、项目和方法，明确了其适用范围。

近年来，我国陆续发布了一系列涉及化学品毒性危害检测试验方法类的国家标准，期望通过国家标准体系的逐步建立，在应对欧盟 REACH 法规实施的同时，制定统一的、与国际接轨的检测方法，确保化学品安全数据的可靠性和一致性。例如 2008 年发布的编号 GB/T 21603～21610—2008 的系列化学品动物毒性检测方法：《化学品　急性经口毒性试验方法》(GB/T 21603—2008)、《化学品　急性皮肤刺激性/腐蚀性试验方法》(GB/T 21604—2008)以及《化学品　急性吸入毒性试验方法》(GB/T 21605—2008) 等。

(4) 良好实验室规范系列国家标准

良好实验室规范系列国家标准也就是国际上的 GLP（Good Laboratory Practice）实验室规范，是有关实验室管理的一套规章制度，内容包括实验室建设、设备和人员条件、各种管理制度和操作规程，以及实验室及其出证资格的认可等。符合 GLP 规范的研究实验室，称为 GLP 实验室。目前 GLP 的范围覆盖了与人类健康有关的几乎所有实验室研究工作，并有进一步向与整个环境和生物圈有关的实验室研究工作扩展的趋势。建立 GLP 的根本目的在于严格控制化学品安全性评价试验的各个环节，确保试验结果的准确性、真实性和可靠性，促进试验质量的提高，提高登记、许可评审的科学性、正确性和公正性，更好地保护人类健康和环境安全。

2008 年 8 月，为了进一步提高我国实验室检测水平，推动能力建设并与国际接轨，国家质量监督检验检疫总局会同国家标准化委员会，联合发布了 15 项"良好实验室规范（GLP）"系列国家标准（见表 3-3），并宣布其于 2009 年 4 月 1 日起正式实施，为我国实验室能力建设提供规范性指导。

表 3-3　15 项 GLP 国家标准名录

序号	标准编号	标准名称
1	GB/T 22278—2008	《良好实验室规范原则》
2	GB/T 22274.1—2008	《良好实验室规范监督部门指南　第 1 部分:良好实验室规范符合性监督程序指南》
3	GB/T 22274.2—2008	《良好实验室规范监督部门指南　第 2 部分:执行实验室检查和研究审核的指南》
4	GB/T 22274.3—2008	《良好实验室规范监督部门指南　第 3 部分:良好实验室规范检查报告的编制指南》
5	GB/T 22275.1—2008	《良好实验室规范实施要求　第 1 部分:质量保证与良好实验室规范》
6	GB/T 22275.2—2008	《良好实验室规范实施要求　第 2 部分:良好实验室规范研究中项目负责人的任务和职责》
7	GB/T 22275.3—2008	《良好实验室规范实施要求　第 3 部分:实验室供应商对良好实验室规范原则的符合情况》
8	GB/T 22275.4—2008	《良好实验室规范实施要求　第 4 部分:良好实验室规范原则在现场研究中的应用》

序号	标准编号	标准名称
9	GB/T 22275.5—2008	《良好实验室规范实施要求 第5部分:良好实验室规范原则在短期研究中的应用》
10	GB/T 22275.6—2008	《良好实验室规范实施要求 第6部分:良好实验室规范原则在计算机化的系统中的应用》
11	GB/T 22275.7—2008	《良好实验室规范实施要求 第7部分:良好实验室规范原则在多场所研究的组织和管理中的应用》
12	GB/T 22272—2008	《良好实验室规范建议性文件 建立和管理符合良好实验室规范原则的档案》
13	GB/T 22273—2008	《良好实验室规范建议性文件 良好实验室规范原则在体外研究中的应用》
14	GB/T 22276—2008	《良好实验室规范建议性文件 在另一国家中要求和执行检查与研究审核》
15	GB/T 22277—2008	《良好实验室规范建议性文件 在良好实验室规范原则的应用中委托方的任务和职责》

3.2.3.2 单项标准

以《危险化学品重大危险源辨识》(GB 18218—2018) 为例,对单项标准进行介绍。标准正文内容分为范围、规范性引用文件、术语和定义以及危险化学品重大危险源辨识4个部分。标准规定了辨识危险化学品重大危险源的依据和方法,声明其适用于危险化学品的生产、使用、储存和经营等各企业或组织。标准"危险化学品""单元""临界量"和"危险化学品重大危险源"等若干重要术语给出了定义及对应的英文表述,以避免引起歧义和误解。标准将辨识依据分为"表1"和"表2"两部分内容。其中的"表1",列出了容易引发事故的85种典型危险化学品,给出了其对应的 CAS 号和临界量;随后的"表2",列出了未在"表1"中列举的其他危险化学品的类别划分和临界量判定办法。在该标准第4部分中的4.2和4.3小节,详细提供了有关重大危险源辨识指标方面的内容和分级程序。在标准的最后部分,作为归纳和总结,将危险化学品重大危险源的辨识流程,以附录的形式,简明扼要地示出、予以说明,以方便使用。

3.2.4 国际公约与协定

这里所说的国际公约与协定,指的是我国签署并实施的直接与化学品管控相关的若干重要国际文书,是我国在控制化学品对人类健康和环境造成危害的人类共同行动中,对国际社会做出的庄严承诺。它们与国家发展规划、我国颁布的法律法规及部门规章、标准体系,一起构成了我国化学品安全管理的基本框架;位于我国境内的涉及行业、企业单位等,同样必须依据公约与协定中的约束性条款,遵照执行。

它们主要包括:《维也纳公约》《蒙特利尔议定书》《巴塞尔公约》《鹿特丹公约》《斯德哥尔摩公约》《关于汞的水俣公约》以及《作业场所安全使用化学品公约》等。

有关上述这些国际公约的具体介绍,详见本书第2章"国际化学品安全管理体系"相关章节。还有一些与防范化学品危害相关的规定、条款,零星分布于我国政府签署的其他国际法律文书中,此处不再一一列举。

1.与国际化学品管理体系相比,我国构建的化学品安全管理体系有何特色与不同?

2.国务院颁布《危险化学品安全管理条例》有何重要意义?它在我国化学品管理相关的法律法规体系中占有怎样的地位?

3.制定《危险化学品目录》的法律依据是什么?其中的危险性又是如何划分的?

4.《危险货物包装标志》(GB 190—2009)中的主要内容都有哪些?其适用对象是什么?

5.什么是 GLP 标准?我国制定这些标准具有怎样的重要意义?

第4章 》》》
化学品与化学工业的危险性

 学习要点

1. 化学品的危险性及其描述与分类方法
2. 化学工业的特点及其危险性
3. 重点监管的化工工艺类型及其危险性
4. 危险化学品及其临界量

化学工业属于典型的制造业，其产品就是各种各样的、用以满足不同行业需求的化学品。在相当程度上，化学工业的特征与化学品的特征是紧密相连的。生产具有燃烧、爆炸、腐蚀、毒害等特征的危险化学品企业，其构建的制造流程、环节，连带着从事生产的人、设备乃至周边环境，也必然面临与此相关的某种不确定性风险，面临前面说到的理化、健康及环境危险。由于绝大部分的化学品及其相应的制造过程，在一定的情形下，或多或少地都具有一定的危险性，因而化工领域的从业者，从一开始就需要对这些危险拥有一个清醒的认识，对其保持足够的警惕性，这样才能为防范此类危险和伤害打下牢固的基础。

从广度上看，化学品与化学工业的安全问题涉及国民经济的几乎所有领域，包括石油、化工、医药、食品、冶金、电子、军工等。许多基本的化学品与化学工业的安全问题，尽管出于各种原因，会以不同名义进行讨论，但其所涉及的内容，则具有内在的逻辑性与一致性。广义的化工安全讨论，不光只聚焦经由化工过程制造出来的化工产品，也关注制造过程本身的特点及两者的关系，关注所设定的工艺条件、参数与关键环节，关注化学品数量与规模累积带来的影响。在对化学品的危险性进行分类的基础上，认识相关化学品的性质和特征，以及在化工实践中数量与规模带来的安全隐患，进而溯及相关的化工制造过程，并据此判断其安全风险，了解不同类型化学反应与危险性的关系，是理解所有相关安全问题的基础与出发点。

4.1 化学品的分类和危险性

我国对化学品进行分类并标识其危险性的依据是国家标准，其主要的国际对标物为联合国下属相关机构主推的 GHS 体系。

4.1.1 理化危险

(1) 爆炸物

爆炸物质（或混合物），是一种固态或液态物质（或物质的混合物），本身能够通过化学反应产生气体，而产生气体的温度、压强和速度之大，能对周围环境造成破坏。烟火物质也属爆炸性物质，即使它们不放出气体。

烟火物质（或烟火混合物），是通过非爆炸、自持放热化学反应，产生的热、光、声、气体、烟等效应或这些效应之组合的物质或物质混合物。

爆炸性物品，含有一种或多种爆炸性物质或混合物的物品。

烟火物品，含有一种或多种烟火物质或混合物的物品。

(2) 易燃气体

易燃气体，是在 20℃和 101.3kPa 标准压强下，与空气混合有一定易燃范围的气体。

自燃气体，是在等于或低于 54℃时在空气中可能自燃的易燃气体。

化学性质不稳定的气体，是在即使没有空气或氧气的条件下也能起爆炸反应的易燃气体。

(3) 气溶胶

气溶胶又称气雾剂，也即喷雾器（不可再充装的贮器，用金属、玻璃或塑料制成）内装压缩、液化或加压溶解气体，包含或不包含液体、膏剂或粉末，配有释放装置，可使内装物喷射出来，形成在气体中悬浮的固态或液态微粒或形成泡沫、膏剂或粉末，或处于液态或气态。

加压化学品是指装在除气雾剂喷罐之外的其他压力贮器内、20℃条件下用某种气体加压到等于或高于 200kPa（表压）的液体或气体。

(4) 氧化性气体

氧化性气体，指一般通过提供氧气，比空气更容易引起或促使其他物质燃烧的任何气体。

(5) 加压气体

加压气体，是指在 20℃条件下，以 200kPa（表压）或更大压强下装入贮器的气体、液化气体或冷冻液化气体。

加压气体包括压缩气体、液化气体、溶解气体和冷冻液化气等。

(6) 易燃液体

易燃液体，是指闪点不高于 93℃的液体。

(7) 易燃固体

易燃固体，指易于燃烧或通过摩擦可能引起燃烧或助燃的固体。易于燃烧的固体为粉状、颗粒状或糊状物质，与点火源短暂接触如燃烧的火柴即可燃烧，如果火势迅速蔓延，可造成危险。

(8) 自反应物质和混合物

自反应物质或混合物，是热不稳定液态或固态物质或者混合物，即使在没有氧（气）参与的条件下也能进行强烈的放热分解。本定义不包括统一分类制度分类中按爆炸物、有机过氧化物或氧化性物质分类的物质或混合物。

自反应物质或混合物，如果在实验室试验中容易起爆、迅速爆燃，或在封闭条件下加热时显示剧烈效应，应视为具有爆炸性。

（9）自燃液体

自燃液体，是即使数量小也能在与空气接触 5min 内引燃的液体。

（10）自燃固体

自燃固体，是即使数量小也能在与空气接触 5min 内引燃的固体。

（11）自热物质和混合物

自热物质或混合物，是自燃液体或固体以外通过与空气发生反应，无需外来能源即可自行发热的固态或液态物质或混合物；这类物质或混合物与自燃液体或固体不同，只能在数量较大（千克计）并经过较长时间（几小时或几天）后才会燃烧。

（12）遇水放出易燃气体的物质和混合物

遇水放出易燃气体的物质或混合物，是指与水相互作用后，可能自燃或释放易燃气体且数量危险的固态或液态物质或混合物。

（13）氧化性液体

氧化性液体是本身未必可燃，但通常因放出氧气可能引起或促使其他物质燃烧的液体。

（14）氧化性固体

氧化性固体是本身未必可燃，但通常因放出氧气可能引起或促使其他物质燃烧的固体。

（15）有机过氧化物

有机过氧化物是含有—O—O—结构的液态或固态有机物质，可以看作是一个或两个氢原子被有机基替代的过氧化氢衍生物。该术语也包括有机过氧化物配制品（混合物）。有机过氧化物是热不稳定物质或混合物，容易放热自加速分解。另外，它们可能具有这样一种或几种性质：①易于爆炸分解；②迅速燃烧；③对撞击或摩擦敏感；④与其他物质发生危险反应。

如果其配制品在实验室试验中容易爆炸、迅速爆燃，或在封闭条件下加热时显示剧烈反应，则有机过氧化物被视为具有爆炸性。

（16）金属腐蚀物

金属腐蚀性物质或混合物，是通过化学反应严重损坏甚至彻底毁坏金属的物质或混合物。

（17）退敏爆炸物

退敏爆炸物，指固态或液态爆炸性物质或混合物，经过退敏处理以抑制其爆炸性，使之不会整体爆炸，也不会迅速燃烧，因此可不划入"爆炸物"危害类别。

4.1.2 健康危险

（1）急性毒性

急性毒性，指一次或短时间口服、皮肤接触或吸入接触一种物质或混合物后，出现严重损害健康的效应（即：致死）。

（2）皮肤腐蚀/刺激

皮肤腐蚀，指对皮肤造成不可逆损伤，即在接触一种物质或混合物后发生的可观察到的表皮和真皮坏死。

皮肤刺激，指在接触一种物质或混合物后发生的对皮肤造成可逆损伤的情况。

（3）严重眼损伤/眼刺激

严重眼损伤，指眼接触一种物质或混合物后发生的对眼造成非完全可逆的组织损伤或严重生理视觉衰退的情况。

眼刺激，指眼接触一种物质或混合物后发生的对眼造成完全可逆变化的情况。

（4）呼吸或皮肤致敏

呼吸道致敏，指吸入一种物质或混合物后发生的呼吸道过敏。

皮肤致敏，指皮肤接触一种物质或混合物后发生的过敏反应。

（5）生殖细胞致突变性

生殖细胞致突变性，指接触一种物质或混合物后发生的遗传基因突变，包括生殖细胞的遗传结构畸变和染色体数量异常。

（6）致癌性

致癌性，指接触一种物质或混合物后导致癌症或增加癌症发病率的情况。在正确实施的动物实验性研究中诱发良性和恶性肿瘤的物质和混合物，也被认为是假定或可疑的人类致癌物，除非有确凿证据显示肿瘤形成机制与人类无关。

（7）生殖毒性

生殖毒性，指接触一种物质或混合物后发生的对成年男性和成年女性性功能和生育能力的有害影响，以及对后代的发育毒性。

（8）特定目标器官毒性-单次接触

特定目标器官毒性-单次接触，指单次接触一种物质或混合物后对目标器官产生的特定、非致死毒性效应。

（9）特定目标器官毒性-重复接触

特定目标器官毒性-重复接触，指重复接触一种物质或混合物后对目标器官产生的特定毒性效应。

（10）吸入危险

吸入，指液体或固体化学品通过口腔或鼻腔直接进入，或者因呕吐间接进入气管和下呼吸道系统。

吸入危险，指吸入一种物质或混合物后发生的严重急性效应，如化学性肺炎、肺损伤，乃至死亡。

4.1.3 环境危险

（1）危害水生环境

水生环境的危害分为水生急性毒性和水生慢性毒性。其中：水生急性毒性指的是能对短期接触它的生物体造成伤害的固有性质。水生慢性毒性是指物质在与生物体生命周期相关的接触期间，对水生生物产生有害影响的潜在性质或实际性质。

（2）危害臭氧层

指的是《关于消耗臭氧层物质的蒙特利尔议定书》附件中列出的任何受管制物质；或在任何混合物中，至少含有一种浓度不小于 0.1% 的被列入该议定书的物质的组分。

4.1.4 常见危险化学品

化学工业中常用的危险化学品种类繁多，不胜枚举。以下为按照燃烧、助燃、爆炸、腐蚀、毒害等危险的次序，简单列举的化工中最为常见的一些危险化学品。

(1) 具易燃或助燃危险性的化学品

易燃化学品有甲醇、乙醇、丙酮、乙醚、各类中低碳数的烷烃、一些常见的烯烃和炔烃，如乙烯、乙炔等。一些固体物质也属于易燃化学品，如红磷、硫黄、松香、樟脑、二硝基萘、镁粉等。可助燃化学品有氧气、臭氧、氯酸盐、高氯酸盐，以及一些有机和无机过氧化物，如过氧乙酸、过氧化钠、过氧化氢等。

还有一些属于具有自燃性质的物品和遇湿易燃物品，如白磷、金属钠、金属钾、碳化钙、三氯硅烷、乙硼烷、粉状金属、金属氢化物、金属羰基化合物、烷基金属衍生物等。

(2) 具爆炸危险的化学品

叠氮化钠、叠氮化铅、烷基铝、重氮盐、硝基胍、硝基脲、高氯酸铵和一些氨基氧化物，硝化甘油、三硝基甲苯、苦味酸、苦味酸钠、硝化棉、黑索金、奥克托金，以及金属炔化物，如乙炔银、乙炔铜等，还有一些有机过氧化物，如高浓度的过氧乙酸、四氢呋喃和二异丙基醚等醚类有机物的过氧化物、1,1-二氯乙烯和丁二烯单体的过氧化物等，也极具爆炸危险。

(3) 具腐蚀危险性的化学品

腐蚀品有不少，最常用的一些酸性和碱性化学物质均具有一定的腐蚀性，无机物有盐酸、硫酸、硝酸、磷酸、高氯酸、溴素、氨水、氢氧化钠、氢氧化钾、硫化钠、水合肼，有机物包括有机酸和有机胺化合物等，如甲酸、冰醋酸、苯甲酰氯、丙烯酸和二乙醇胺、三乙醇胺等。

(4) 具毒害危险性的化学品

常见无机物有铅、镉、铬、铍、钡、钴、汞、砷、磷以及化合物，氰化钠、氰化钾、四乙基铅，以及呈气态的氯气、光气、一氧化碳、二氧化硫、硫化氢、氰化氢等，有机物有甲醇、甲醛、二氯乙烷、氯仿、氯乙烯、三氯乙烯、氯苯、苯、甲苯、二甲苯、苯酚、萘、环氧丙烷、吡啶、呋喃、硝基苯、苯胺、甲基苯胺、一甲胺、二甲胺、三甲胺、丙烯腈、硫酸二甲酯、异氰酸酯类化合物，还有各类农药类毒物，如有机磷、有机氯、有机硫、有机氮、有机锡化合物等，其中不少还是剧毒品。

4.2 化学工业的特点与危险性

每个工业门类都有其有别于其他门类的特点，而这些特点，往往又与其所在行业的危险性有着一定的关联。例如电力部门的触电危险、井下煤矿的瓦斯爆炸危险、石油钻井作业时的井喷现象及其所带来的燃烧与爆炸危险等莫不如此。化学工业也是一样，其制造的产品为化学品，许多都具有一定的危险性，如燃烧、爆炸、腐蚀、毒害等；其所涉及的制造过程，有许多又是处于非常温、非常压的"非常规"状态，需使用特殊的釜、罐、塔、泵、换热设备，还需要配置各种直径的复杂管路以将不同的工段、流程连接起来，需要建立专门的存储设备以盛放生产出来的化学品、专门的车辆运输化学品，所有这一切，使得化工行业呈现出一些其他工业部门不具备的特点，因而也就有了不同于其他行业的一些特殊危险性。而这些危险的根源，既可以是由一开始的工厂选址、布局阶段的不当决策所造成，也可以是工厂设施、结构在设计上存在的问题，以及在物性认识、化工工艺、物料输送上存在的一些不足所致。当然，误操作、设备缺陷、防灾计划制定不充分等，也会酿成危险，甚至在有些情况下还占有相当的比例。

具体而言，这些危险是由以下一些化工生产的特殊性造成的：

（1）物料自身的危险性

化工生产使用的原料、半成品、制成品，以及期间需要用到的各种溶剂、助剂、添加剂、催化剂等，大多具有易燃易爆、有毒有害、腐蚀等特点，具有"天然"的危险性。许多物料以气态及液态形式存在，极易弥漫、扩散、泄漏和挥发，处置不慎，就会引发中毒、燃烧、爆炸等化工事故，对现场工作人员、设备和周边环境造成伤害。一些以固态形式存在的物料，在粉碎、研磨、分散、溶解等过程中，也会存在粉尘爆炸、有毒气氛生成、集中放热等风险。许多化工过程，要用到各类酸性和碱性物质，其会对设备、管线造成严重腐蚀。还有一些具有自燃、自发聚合等特征，以及需要避光、避震处置的物料，稍有不慎，就会酿成事故，给相关人员、工艺过程、设备及环境，造成不可挽回的损失，带来严重后果。

（2）生产规模的大型化

随着需求的增加，化工生产的规模化效应日益明显，迫使化工装置向着集中化和大型化的方向发展。然而，任何事物的发展都是两方面的。一方面，化工装置的大型化和集中化可以显著降低单位产品的投资成本和生产成本，增加产出，减少中间环节、提高生产企业的劳动生产率和经济效益。另一方面，规模越大，往往使用的设备和装置也就越多，发生故障的概率也就越大。而规模越大，处置、存储的物料就越多，潜在的危险性就越大，发生事故后导致的结果也就越严重。因此一旦此类企业发生事故，牵扯范围会很广，后果往往很难局限于化工企业内部，极易引发连锁反应，殃及周边社区和环境，造成事故影响的扩大化。而这种灾难性的后果，不但会给企业，同时也给临近社区环境带来重大影响，给生命和财产造成巨大损失。

（3）生产过程的连续化与自动化

生产规模大型化的一个重要基础是生产过程的连续化与自动化。其特征是通过以管路为代表的各种连接设备，将许多原先分立的工序、过程、设备、控制环节以及操作单元连接在一起，形成一个连续化、长流程的一体化生产装置，组合成统一的生产系统，以适应现代化工发展需求。生产过程的连续化与自动化的优势是显而易见的，可以提高效率，降低成本，减少各类因人为操作失误带来的损失，改善劳动环境。而中间环节的大量减少、操作的集中化，使得生产的弹性被大大地压缩。大量的化学物质时刻处于流动的工艺过程中，增加了泄漏的风险。装置复杂性的增加、处理能力的提升以及对工艺过程参数的严格管控，对控制装置的可靠性和操作人员的素质也提出了更高的要求，增加了相关问题处置的难度。这些对安全生产不利的影响因素，也会伴随生产过程的连续化与自动化而来，从而在一定程度上，使得过程的危险性大大增加。尤其值得强调的是，正是由于生产过程的连续化与自动化的实现，装置之间相互关联、物料、能量交换密切，工序之间、车间之间、厂际之间，管路互通，使得任何一个环节、设备、管路、控制节点，或是生产单元、车间、分厂出现的间歇、中断或一个不大的故障，也都不再是孤立、局部的事件，都会迅速蔓延、被放大，发展成事故、造成伤害，进而影响整个化工企业的安全。

（4）化工工艺的复杂性

化工生产规模日益大型化、连续化、自动化的同时，化工工艺过程也变得越来越复杂。许多化工产品的生产，都需要经过多道工序和复杂的加工过程，需要在狭小的空间内实现高效、规模化的能量与物料转化及传递，需要经过多重的反应、分离、纯化步骤，才能得到所需产品或材料。因而，高温、高压、低温、真空等技术被普遍采用，各种苛刻的工艺过程不断地被开发并采纳，导致许多工艺参数、设备运行指标，被设定在趋近极端的状态之下，合理的冗余区间被大大压缩，使得不安全因素日益增多。这些苛刻的工艺参数，无论是对设备、装置、仪表等化工机械的生产商，还是对企业自己的日常操作、维护人员和管理人员，以及具有可操作性安全监管制度的建立，都提出了很高的要求。往往一个微小的不慎或误操作，都可能导致不可挽回的严重后果。

同时，随着化学工业的发展，各种新材料的合成、新设备的使用、新的操作实践、新生产方式的确立以及新工艺流程的组建，也会突破已有的认知界限，给化工生产带来不同以往的挑战，带来新的危险。

4.3 化学反应类型及工艺相关的危险

化学工业的危险性不仅来自化学品，还来自化学品参与的化学反应，以及围绕该化学反应建立的化学工艺过程。一般情况下，许多常见的工艺过程都会包含以下三个基本环节。

第一个环节是对原材料进行处理。它指的是反应前，对反应所用的原料进行的提纯、浓缩、混合、乳化、粉碎、分散等预处理工作，目的是使原料符合反应要求，达到所需的某种规格或状态。

第二个环节是化学反应，也是整个化工工艺过程的核心。这是一个对化学物质进行加工、转换的过程，需要在一定的工艺条件下进行，如一定的温度、压力、浓度、搅拌速度，以达到所需的转化率和收率。反应类型多种多样，有氧化还原、硝化、磺化、氯化反应，还有分解、聚合、烷基化、过氧化等反应。最常见的化学反应也不下几十种，它们都在化工生产中得到了广泛的应用。

第三个环节是对产物的分离与纯化。依反应类型不同，一化学反应完成后，体系中一般总会留有一些未参加反应的原材料，会有目标产物以外的一种或多种副产物和杂质，以及需要去除的溶剂、催化剂等化学物质，因而就需要对产物进行分离和纯化，以获得符合规格的产品。

以上三个基本环节中的每一步，均涉及物料的某种物理或化学变化，涉及能量的转换，都需要在一定的设备、装置、管路中进行，在一定的工艺条件下才能完成。由于大多数化学物质在某种状态下，都具有一定的燃烧、爆炸、毒害、腐蚀或助燃特性，因而有关的化学反应及工艺过程，均具有不同程度的危险性。原国家安全生产监督管理总局（现应急管理部）曾根据一些化工中常见化学反应的特点，先后提出了 18 种需要重点监管的化工工艺，对其中涉及的危险性进行了全面的梳理和总结。

(1) 光气及光气化工艺

光气及光气化工艺包含光气的制备工艺，以及以光气为原料制备光气化产品的工艺路线，光气化工艺主要分为气相和液相两种，为放热反应。典型工艺有：一氧化碳与氯气的反应制取光气；光气合成双光气、三光气；采用光气作单体合成聚碳酸酯；甲苯二异氰酸酯（TDI）的制备；4,4′-二苯基甲烷二异氰酸酯（MDI）的制备；异氰酸酯的制备。

工艺危险性主要在于：光气为剧毒气体，在储运、使用过程中发生泄漏后，易造成大面积污染、中毒事故；反应相关物质具有燃爆危险性；副产物氯化氢具有腐蚀性，易造成设备和管线泄漏，使人员发生中毒事故。

(2) 电解工艺（氯碱）

电流通过电解质溶液或熔融电解质时，在两极上引起的化学变化称为电解反应。涉及电解反应的工艺过程为电解工艺。反应过程吸热。许多基本化学工业产品（氢、氧、氯、烧碱、过氧化氢等）的制备，都是通过电解来实现的。典型工艺有：氯化钠（食盐）水溶液电解生产氯气、氢氧化钠、氢气；氯化钾水溶液电解生产氯气、氢氧化钾、氢气。

工艺危险性主要包括以下几点：首先，在电解食盐水过程中产生的氢气是极易燃烧的气体，氯气是氧化性很强的剧毒气体，两种气体混合极易发生爆炸；尤其是当氯气中的含氢量达到5%以上时，体系随时可能在光照或受热情况下发生爆炸。第二，如果食盐水中存在的铵盐超标，在适宜的条件（pH<4.5）下，铵盐和氯作用可生成氯化铵，氯化铵浓溶液与氯作用可生成黄色油状爆炸性物质三氯化氮，其与许多有机物接触或被加热至90℃以上时，以及在被撞击、摩擦等外界刺激条件下，均会发生剧烈的分解爆炸。第三，电解溶液本身具有很强的腐蚀性。第四，液氯在生产、储存、包装、输送、运输过程中可能发生意外泄漏。

(3) 氯化工艺

氯化是向化合物分子中引入氯原子的反应，包含氯化反应的工艺过程为氯化工艺。反应为放热过程。典型的氯化工艺可分为以下四个：第一个是取代氯化反应，包括氯取代烷烃的氢原子制备氯代烷烃，氯取代苯的氢原子生产六氯化苯，氯取代萘的氢原子生产多氯化萘，以及用甲醇与氯反应生产氯甲烷、乙醇和氯反应生产氯乙烷（氯乙醛类）、醋酸与氯反应生产氯乙酸以及氯取代甲苯的氢原子生产苄基氯等。第二个称为加成氯化，相关反应有乙烯与氯反应生产1,2-二氯乙烷，乙炔与氯加成生产1,2-二氯乙烯，乙炔和氯化氢加成生产氯乙烯等。第三个是氧氯化，如乙烯氧氯化生产二氯乙烷，丙烯氧氯化生产1,2-二氯丙烷，甲烷氧氯化生产甲烷氯化物和丙烷氧氯化生产丙烷氯化物等。第四个涉及一些其他的氯化工艺，像硫与氯反应制备一氯化硫，四氯化钛的制备，次氯酸、次氯酸钠或N-氯代丁二酰亚胺与胺反应制备N-氯化物，氯化亚砜作为氯化剂制备氯化物，黄磷与氯气反应生产三氯化磷、五氯化磷等。

工艺危险性包括：反应为一放热过程，高温尤甚；原料多具燃爆危险；常用的氯化剂氯气本身为剧毒化学品，氧化性强，储存压力较高，多数氯化工艺采用液氯为原料，工艺为先气化再氯化，因而有泄漏危险；氯气中水、氢气、氧气、三氯化氮等杂质，在使用中易发生危险，特别是三氯化氮积累后，容易引发爆炸事故；氯化氢气体遇水产物具有强腐蚀性；氯化反应尾气可能形成爆炸性混合物等。

(4) 硝化工艺

向有机化合物分子中引入硝基的反应称为硝化反应，简称硝化。最常见的形式是取代反应，为放热反应。涉及硝化反应的工艺过程为硝化工艺。典型工艺有三个：第一个称为直接硝化法，例子有丙三醇与混酸反应制备硝酸甘油，氯苯硝化制备邻硝基氯苯、对硝基氯苯，苯硝化制备硝基苯，蒽醌硝化制备 1-硝基蒽醌，甲苯硝化生产 TNT，浓硝酸、亚硝酸钠和甲醇制备亚硝酸甲酯以及丙烷等烷烃与硝酸通过气相反应制备硝基烷烃等。第二个是间接硝化法，主要用于硝酸胍、硝基胍的制备，苯酚通过磺酰基取代途径硝化制备苦味酸等。第三个叫亚硝化法，用于 2-萘酚与亚硝酸盐反应制备 1-亚硝基-2-萘酚，二苯胺与亚硝酸钠和硫酸水溶液反应制备对亚硝基二苯胺等。

工艺危险性包括：反应速度快，放热量大，易发生局部过热导致危险；反应物料具有燃爆危险性；硝化剂具有强腐蚀性、强氧化性特征，与油脂、有机化合物接触能引起燃烧或爆炸；硝化产物、副产物具有爆炸危险等。

（5）合成氨工艺

高温（400～450℃）、高压（15～30MPa）下，氮和氢两种组分按一定比例（1：3）组成的气体，经催化反应生成氨的工艺过程，称为合成氨工艺，反应吸热。典型工艺路线包括：节能 AMV 法，德士古水煤浆加压气化法，凯洛格法，甲醇与合成氨联合生产的联醇法，纯碱与合成氨联合生产的联碱法，以及采用变换催化剂、氧化锌脱硫剂和甲烷催化剂的"三催化"气体净化法等。

合成氨工艺的危险包括：高温、高压使可燃气体爆炸极限扩宽，气体物料一旦过氧，极易在设备和管道内发生爆炸；高温、高压气体物料从设备管线泄漏时，会迅速膨胀并与空气混合形成爆炸性混合物，遇到明火或因高流速物料与裂（喷）口处摩擦产生静电火花，引起着火和爆炸；气体压缩机等转动设备在高温下运行，会使润滑油挥发裂解，在附近管道内造成积炭，导致积炭燃烧或爆炸；高温、高压可加速设备金属材料蠕变过程，改变金相组织，加剧氢气、氮气对钢材的氢蚀及渗氮，加剧设备的疲劳腐蚀，使其机械强度下降，引发物理爆炸；液氨大规模事故性泄漏，会形成低温云团，致使大范围人群受到伤害，遇明火还会引发爆炸。

（6）裂解（裂化）工艺

裂解是指源自石油的烃类原料在高温条件下，发生碳链断裂或脱氢化学反应，生成烯烃及其他产物的过程，为高温吸热反应。典型工艺包括：热裂解制烯烃；重油催化裂化制汽油、柴油、丙烯、丁烯；乙苯裂解制苯乙烯；二氟一氯甲烷热裂解制备四氟乙烯（TFE）；二氟一氯乙烷热裂解制备偏氟乙烯（VDF）；四氟乙烯和八氟环丁烷热裂解制备六氟乙烯（HFP）等。

裂解工艺危险点有不少，比如：在高温高压下装置内物料温度一般会超过其自燃点，存在泄漏引发火灾的危险；炉管内壁结焦，会使流体阻力增加而影响传热效果，必须予以清除，否则会烧穿炉管，导致裂解气外泄，引起裂解炉爆炸；断电或引风机发生机械故障而导致的引风机停转，会使炉膛内压力变正，火焰从窥视孔或烧嘴等处外喷，造成危险，严重时会引起炉膛爆炸；燃料系统大幅波动，燃料气压力过低，可能造成裂解炉烧嘴回火，烧坏烧嘴，甚至引发爆炸；某些裂解工艺产生的单体会自聚或爆炸等。

（7）氟化工艺

氟化是化合物的分子中引入氟原子的反应，涉及氟化反应的工艺过程为氟化工艺。氟化反应一般为强放热反应。典型工艺包括：直接氟化、金属氟化物或氟化氢气体氟化和置换氟化工艺过程。例子有黄磷氟化制备五氟化磷，SbF_3、AgF、CoF_3 等金属氟化物与烃反应制备氟化烃，氟化氢气体与氢氧化铝反应制备氟化铝，三氯甲烷氟化制备二氟一氯甲烷，2,4,5,6-四氯嘧啶与氟化钠制备 2,4,6-三氟-5-氟嘧啶。还有一些其他氟化物的制备过程，也需要用到氟化工艺，如三氟化硼的制备、浓硫酸与萤石反应制备无水氟化氢等。

工艺危险有：反应物料具有的燃爆危险；氟化剂通常为氟气、卤族氟化物、惰性元素氟化物、高价金属氟化物、氟化氢、氟化钾等，氟化反应为强放热反应，不及时排除反应热量，会导致超温超压，引发爆炸；氟化剂具有的剧毒与强腐蚀性，使其在生产、贮存、运输、使用等过程中，容易因泄漏、操作不当以及误接触等造成意外危险。

(8) 加氢工艺

加氢是在有机化合物分子中加入氢原子的反应，为放热反应，涉及加氢反应的工艺过程为加氢工艺。典型工艺包括：不饱和炔烃、烯烃的三键和双键加氢、环戊二烯加氢、芳烃加氢、含氧化合物加氢、含氮化合物加氢以及油品加氢等。例子有不饱和炔烃加氢生产环戊烯、苯加氢生成环己烷、苯酚加氢生产环己醇、一氧化碳加氢生产甲醇、丁醛加氢生产丁醇、辛烯醛加氢生产辛醇，以及通过含氮化合物加氢的方式生产一些常见化工产品，比如己二腈加氢生产己二胺、硝基苯催化加氢生产苯胺等。此外，油品加氢的工艺也很常见，比如可以通过馏分油加氢裂化生产石脑油、柴油和尾油，通过渣油加氢对其进行改质以及减压馏分油加氢改质，还有催化（异构）脱蜡生产低凝柴油、润滑油基础油等。

工艺危险性包括：物料具有的燃爆危险；氢气在高温高压下与钢材接触，钢材内的碳分子与氢气发生反应生成碳氢化合物，使钢制设备强度降低，导致氢脆发生的危险；催化剂再生和活化过程中的爆炸危险；加氢反应尾气中若有未完全反应的氢气和其他杂质，排放时易引发着火或爆炸的危险等。

(9) 重氮化工艺

指的是一级胺与亚硝酸在低温下作用，生成重氮盐的反应。绝大多数的重氮化反应为放热反应。涉及重氮化反应的工艺过程为重氮化工艺。重氮化试剂通常是由亚硝酸钠和盐酸作用临时制备的。除盐酸外，也可以使用硫酸、高氯酸和氟硼酸等无机酸。从性质上看，脂肪族重氮盐很不稳定，即使在低温下也能迅速自发分解，芳香族重氮盐较为稳定。一些比较典型的重氮化工艺主要用于：对氨基苯磺酸钠与 2-萘酚制备酸性橙-Ⅱ染料、芳香族伯胺与亚硝酸钠反应制备芳香族重氮化合物等（顺法）；间苯二胺生产二氟硼酸间苯二重氮盐、苯胺与亚硝酸钠反应生产苯胺基重氮苯等（反加法）；2-氰基-4-硝基苯胺、2-氰基-4-硝基-6-溴苯胺、2,4-二硝基-6-溴苯胺、2,6-二氰基-4-硝基苯胺和 2,4-二硝基-6-氰基苯胺为重氮组分，与端氨基含醚基的偶合组分经重氮化、偶合成单偶氮分散染料，以及 2-氰基-4-硝基苯胺为原料制备蓝色分散染料等（亚硝酰硫酸法）；邻、间氨基苯酚用弱酸（醋酸、草酸等）或易于水解的无机盐和亚硝酸钠反应制备邻、间氨基苯酚的重氮化合物等（硫酸铜催化剂法）；氨基偶氮化合物通过盐析法进行重氮化生产多偶氮染料等（盐析法）。

工艺危险性有以下三点：第一，重氮盐在温度稍高或光照的作用下极易分解（有的甚至在室温时也能分解）；在干燥状态下，有些重氮盐不稳定、活性强，受到热、摩擦或撞击等作用时，会发生分解甚至爆炸。第二，重氮化使用的亚硝酸钠为无机氧化剂，其在 175℃ 时能发生分解变化，与有机物反应会引发着火或爆炸。第三，反应原料具有燃爆危险性。

(10) 氧化工艺

氧化为有电子转移的化学反应中失电子的过程，即氧化数升高的过程，反应放热。其中，多数有机化合物的氧化反应表现为反应原料得到氧或失去氢。涉及氧化反应的工艺过程为氧化工艺。氧化工艺有很多具体应用，其中比较典型不下数十个。比如：乙烯氧化制环氧乙烷；甲醇氧化制备甲醛；对二甲苯氧化制备对苯二甲酸；克劳斯法气体脱硫；一氧化氮、氧气和甲（乙）醇制备亚硝酸甲（乙）酯；双氧水或有机过氧化物为氧化剂生产环氧丙烷、环氧氯丙烷；异丙苯经氧化酸解联产苯酚和丙酮；环己烷氧化制环己酮；天然气氧化制乙炔；丁烯、丁烷、C_4 馏分或苯氧化制顺丁烯二酸酐；通过邻二甲苯或萘的氧化制备邻苯二甲酸酐；均四甲苯的氧化制备均苯四甲酸二酐；3-甲基吡啶氧化制 3-吡啶甲酸（烟酸）；4-甲基吡啶氧化制 4-吡啶甲酸（异烟酸）；2-乙基己醇（异辛醇）氧化制备 2-乙基己酸（异辛酸）；对氯甲苯氧化制备对氯苯甲醛和对氯苯甲酸；甲苯氧化制备苯甲醛、苯甲酸；对硝基甲苯氧化制备对硝基苯甲酸；环十二醇/酮混合物的开环氧化制备十二碳二酸；环己酮/醇混合物的氧化制己二酸；乙二醛硝酸氧化法合成乙醛酸；丁醛氧化制丁酸；氨氧化制硝酸等等。

工艺危险性主要体现在以下几个方面：第一，反应原料及产品具有的燃爆危险；第二，气相成分容易达到爆炸极限，因而具有闪爆危险；第三，部分氧化剂具有燃爆危险性，遇高温或受撞击、摩擦，或与有机物、酸类接触时，具有火灾爆炸危险；第四，产物易生成过氧化物，其化学稳定性差，受高温、摩擦或撞击作用时，易产生分解、燃烧或爆炸危险。

（11）过氧化工艺

向有机化合物分子中引入过氧基的反应称为过氧化反应，得到的产物为过氧化物的工艺过程称为过氧化工艺。反应过程可以放热也可以吸热。典型工艺有：双氧水的生产；叔丁醇与双氧水制备叔丁基过氧化氢的过程；乙酸在硫酸存在下与双氧水作用，制备过氧乙酸水溶液的过程；酸酐与双氧水作用直接制备过氧二酸工艺；苯甲酰氯与双氧水的碱性溶液作用制备过氧化苯甲酰的过程；异丙苯经空气氧化，生产过氧化氢异丙苯等的过程。

工艺危险性在于：第一，过氧化物都含有过氧基，性质上属含能物质，由于过氧键结合力弱，断裂时所需的能量不大，对热、振动、冲击或摩擦等都极为敏感，极易分解甚至爆炸。第二，过氧化物与有机物、纤维接触时，易发生氧化、引发火灾。第三，由于气相反应物在组成上容易进入爆炸极限的区间范围，因而具有燃爆危险。

（12）胺基化工艺

胺化是在分子中引入胺基的反应，包括烃类化合物在催化剂存在下，与氨和空气的混合物进行高温氧化反应，生成腈类等化合物的反应。反应放热。涉及上述反应的工艺过程为胺基化工艺。一些典型的胺基化工艺主要用于：邻硝基氯苯与氨水反应制备邻硝基苯胺；对硝基氯苯与氨水反应制备对硝基苯胺；间甲酚与氯化铵的混合物在催化剂和氨水作用下生成间甲苯胺；甲醇在催化剂和氨气作用下制备甲胺；1-硝基蒽醌与过量的氨水在氯苯中制备 1-氨基蒽醌；2,6-蒽醌二磺酸氨解制备 2,6-二氨基蒽醌；苯乙烯与胺反应制备 N-取代苯乙胺；环氧乙烷或亚乙基亚胺与胺或氨发生开环加成反应，制备氨基乙醇或二胺；氯氨法生产甲基肼；甲苯经氨氧化制备苯甲腈；丙烯氨氧化制备丙烯腈等。

常见工艺危险有这样几个：第一，反应相关物质具有的燃爆危险。第二，氨气在常压20℃时的爆炸极限为 15%～27%，随着温度、压力的升高，爆炸极限的范围增大。由于在一定的温度、压力和催化剂的作用下，氨的氧化反应大量放热，若氨气与空气比失调，就会发生爆炸危险。第三，氨为具有强腐蚀性的碱性气体，在混有少量水分或湿气的情况下，气态或液态氨会与铜、银、锡、锌及其合金发生化学作用。第四，氨易与氧化银或氧化汞发生反应，生成雷酸盐类爆炸物。

（13）磺化工艺

磺化是向有机化合物分子中引入磺酰基的放热反应。涉及磺化反应的工艺过程为磺化工艺。典型工艺包括：气体三氧化硫和十二烷基苯等制备十二烷基苯磺酸钠、硝基苯与液态三氧化硫制备间硝基苯磺酸、甲苯磺化生产对甲基苯磺酸和对位甲酚、对硝基甲苯磺化生产对硝基甲苯邻磺酸等（三氧化硫磺化法），苯磺化制备苯磺酸、甲苯磺化制备甲基苯磺酸等（共沸去水磺化法），芳香族化合物与氯磺酸反应制备芳磺酸和芳磺酰氯、乙酰苯胺与氯磺酸生产对乙酰氨基苯磺酰氯等（氯磺酸磺化法），苯胺磺化制备对氨基苯磺酸等（烘焙磺化法），2,4-二硝基氯苯与亚硫酸氢钠制备 2,4-二硝基苯磺酸钠、1-硝基蒽醌与亚硫酸钠作用得到 α-蒽醌硝酸等（亚硫酸盐磺化法）。

工艺危险性有：反应原料具有燃爆危险，磺化剂具有的氧化性、强腐蚀性特征，如果投料顺序颠倒、投料速度过快、搅拌不良、冷却效果不佳等，都有可能造成反应温度异常升高，使磺化反应变为燃烧反应，引起火灾或爆炸事故；氧化硫易冷凝堵管，泄漏后易形成酸雾，有腐蚀和毒害等危险。

（14）聚合工艺

由小分子生成大分子的反应称为聚合反应，涉及聚合反应的工艺过程为聚合工艺（涂料、黏合剂、涂料等产品的常压聚合工艺除外）。聚合反应为放热反应。聚合物生产为一庞大的基础材料制造工业门类，涉及面甚广，其典型工艺涉及：聚乙烯、聚丙烯、聚苯乙烯等的生产（聚烯烃生产），聚氯乙烯生产，涤纶、锦纶、维纶、腈纶和尼龙等的生产（合成纤维生产），丁苯橡胶、顺丁橡胶和丁腈橡胶等的生产（橡胶生产），醋酸乙烯乳液和丙烯酸乳液等的生产（乳液生产），以及统归在"氟化物聚合"名下的采用四氟乙烯悬浮法、分散法生产聚四氟乙烯工艺，以四氟乙烯（TFE）和偏氟乙烯（VDF）聚合生产氟橡胶和偏氟乙烯-全氟丙烯共聚弹性体的工艺等。

工艺危险性有：聚合原料的自聚和燃爆危险；反应热不能及时移出时，体系温度上升，会触发裂解和暴聚反应，所产生的热量又使裂解和暴聚过程进一步加剧，进而引发反应器爆炸；部分聚合助剂有较大危险等。

（15）烷基化工艺

把烷基引入有机化合物分子中的碳、氮、氧等原子上的反应称为烷基化反应，为放热反应。涉及烷基化反应的工艺过程为烷基化工艺，其又可细分为 C-烷基化反应、N-烷基化反应、O-烷基化反应等。其中，涉及 C-烷基化反应的典型工艺包括：由乙烯、丙烯以及长链 α-烯烃制备乙苯、异丙苯和高级烷基苯；由苯系物与氯代高级烷烃在催化剂作用下制备高级烷基苯；用脂肪醛和芳烃衍生物制备对称的二芳基甲烷衍生物；苯酚与丙酮在酸催化下制备 2,2-双（对羟基苯基）丙烷（即双酚 A）。涉及 N-烷基化反应的典型工艺有：苯胺和甲醚烷基化生产苯甲胺；苯胺与氯乙酸生产苯基氨基乙酸；苯胺和甲醇制备 N,N-二甲基苯胺；苯胺和氯乙烷制备 N,N-二烷基芳胺；对甲苯胺与硫酸二甲酯制备 N,N-二甲基对甲苯胺；环氧乙烷与苯胺制备 N-(β-羟乙基) 苯胺；氨或脂肪胺和环氧乙烷制备乙醇胺类化合物；苯胺与丙烯腈反应制备 N-(β-氰乙基) 苯胺等。而与 O-烷基化反应有关的典型工艺主要是指：对苯二酚、氢氧化钠水溶液和氯甲烷制备对苯二甲醚；硫酸二甲酯与苯酚制备苯甲醚；高级脂肪醇或烷基酚与环氧乙烷加成生成聚醚类产物等。

工艺危险性包括：反应相关物质具有的燃爆危险；烷基化催化剂具有的自燃危险；原料、催化剂、烷基化剂等加料次序颠倒，加料速度过快或者搅拌中断、停止等引起的局部剧烈反应危险（会造成跑料，引发火灾或爆炸事故）。

（16）新型煤化工工艺

指的是以煤为原料，经化学加工使煤直接或间接转化为气体、液体和固体燃料，化工原料或化学品的工艺过程，反应为放热反应。典型工艺主要有：煤制油（甲醇制汽油、费-托合成油）、煤制烯烃（甲醇制烯烃）、煤制二甲醚、煤制乙二醇（合成气制乙二醇）、煤制甲烷气（煤气甲烷化）、煤制甲醇、甲醇制醋酸等工艺。

工艺危险性包括：反应过程涉及的一氧化碳、氢气、甲烷、乙烯、丙烯等易燃气体，具有燃爆危险性；反应过程多为高温、高压过程，易发生工艺介质泄漏，引发火灾、爆炸和一氧化碳中毒事故；反应过程可能形成爆炸性混合气体；多数煤化工新工艺具有反应速度快、放热量大的特点，易造成反应失控；反应中间产物不稳定，易造成分解爆炸等。

（17）电石生产工艺

电石生产工艺是以石灰和炭素材料（焦炭、兰炭、石油焦、冶金焦、白煤等）为原料，在电石炉内依靠电弧热和电阻热在高温进行反应，生成电石的工艺过程。反应为放热反应。电石炉型式主要分为两种：内燃型和全密闭型。石灰和炭素材料（焦炭、兰炭、石油焦、冶金焦、白煤等）反应制备电石为其典型工艺。

工艺危险性包括：电石炉工艺操作具有火灾、爆炸、烧伤、中毒、触电等危险；电石遇水会发生激烈反应，生成乙炔气体，具有燃爆危险；电石的冷却、破碎过程具有人身伤害、烫伤等危险；反应产物一氧化碳有毒，与空气混合到 12.5％～74％时会引起燃烧和爆炸；生产中漏糊造成电极软断时，会使炉气出口温度突然升高，炉内压力突然增大，造成严重的爆炸事故。

（18）偶氮化工艺

合成通式为 R—N═N—R 的偶氮化合物的反应为偶氮化反应（式中 R 为脂烃基或芳烃基，两个 R 可相同，也可不同）。涉及偶氮化反应的工艺过程为偶氮化工艺。脂肪族偶氮化合物由相应的肼经过氧化或脱氢反应制取。芳香族偶氮化合物一般由重氮化合物的偶联反应制备。反应为放热反应。典型的偶氮化工艺有两个：一是脂肪族偶氮化合物合成，二是芳香族偶氮化合物合成。前者包含采用水合肼和丙酮氰醇反应，再经液氯氧化制备偶氮二异丁腈；以次氯酸钠水溶液氧化氨基庚腈，或者甲基异丁基酮和水合肼缩合后与氰化氢反应，再经氯气氧化制取偶氮二异庚腈；偶氮二甲酸二乙酯 DEAD 和偶氮二甲酸二异丙酯 DIAD 的生产工艺。后者主要是指由重氮化合物的偶联反应制备偶氮化合物。

工艺危险性包括：部分偶氮化合物极不稳定，活性强，受热或摩擦、撞击等作用能发生分解甚至爆炸；偶氮化生产过程所使用的肼类化合物高毒、具腐蚀性，易发生分解爆炸，遇氧化剂能自燃；反应原料具有燃爆危险性。

4.4　与化学品数量及规模相关的危险

化学工业的实质，如果往简单里说，其实就是规模化地制造化学产品。规模不同，相关危险在性质和程度上，也往往有着很大的、甚至是质的区别。常见的化学品伤害事故，如燃烧、爆炸、腐蚀、中毒等，其危害程度及危险性，都与涉事化学品的数量与规模紧密相关。

化学工业关注的重点，不仅限于一些一般性的事故苗头，更在于那些一旦出事，就会给企业、行业带来不可挽回的重大灾难性损失的潜在隐患。因此在化工行业，对于化学品在数量累积上带来的危险，必须给予高度重视。必须依据一定的判定程序和规则，科学、准确、及时无误地将这类危险鉴别出来，以消除安全隐患，保证正常生产的顺利进行。国标《危险化学品重大危险源辨识》(GB 18218—2018)就是针对此目的而制定的，它既是对有关的化工操作、处置、储存等环节实施安全监管的基础，也是当某种特定的化学品在指定地点、区间或范围内，在数量上累积达到一定的量级以后，会对周边人员、设备、环境构成重大危险的一份"官方"技术认可依据与凭证。

一般而言，化学品的数量与规模越大，其危险性也越大。对于某一特定化学品，当其数量超过了某一具体量值时，即标准中所说的"临界量"时，该化学品的危险程度，也就上升至了所谓的"重大"级别。相应地，对其采取的防范措施，也应提高至对应的等级。国标《危险化学品重大危险源辨识》(GB 18218—2018)规定了辨识危险化学品重大危险源的依据和方法，适用于一切涉及生产、储存、使用和经营危险化学品的生产经营单位。标准具体回答了：在工业及相关场合，涉及危险化学品的生产、储存装置、设施或场所，即标准所说的"单元"里，一定数量或规模的化学品，是否有可能成为某种重大危险的源头，即"危险化学品重大危险源"。

相应的判定程序是，如果某一化学品出现在国标的表 4-1 所列的 85 种危险化学品的名单内，其临界量就可以简单地按表 4-1 所列的数量加以确定；反之，如果在表 4-1 所列的名单范围内未发现该化学品，那么就需要依据其危险性，按照另一种方法，即表 4-2 提供的方法来确定其临界量；如果某一种危险化学品具有多种危险性，其临界量则应按其中最低者确定。而一旦某化学品在"单元"内的存在量等于或超过相应的临界量，则该"单元"就构成了重大危险源。

表 4-1 危险化学品名称及其临界量

序号	危险化学品名称和说明	别名	CAS 号	临界量/t
1	氨	液氨、氨气	7664-41-7	10
2	二氟化氧	一氧化二氟	7783-41-7	1
3	二氧化氮		10102-44-0	1
4	二氧化硫	亚硫酸酐	7446-09-5	20
5	氟		7782-41-4	1
6	碳酰氯	光气	75-44-5	0.3
7	环氧乙烷	氧化乙烯	75-21-8	10
8	甲醛(含量>90%)	蚁醛	50-00-0	5
9	磷化氢	磷化三氢、膦	7803-51-2	1
10	硫化氢		7783-06-4	5
11	氯化氢(无水)		7647-01-0	20
12	氯	液氯、氯气	7782-50-5	5
13	煤气(CO,CO 和 H_2、CH_4 的混合物等)			20
14	砷化氢	砷化三氢、胂	7784-42-1	1
15	锑化氢	三氢化锑、锑化三氢、䏱	7803-52-3	1

序号	危险化学品名称和说明	别名	CAS 号	临界量/t
16	硒化氢		7783-07-5	1
17	溴甲烷	甲基溴	74-83-9	10
18	丙酮氰醇	丙酮合氰化氢、2-羟基异丁腈、氰丙醇	75-86-5	20
19	丙烯醛	败脂醛	107-02-8	20
20	氟化氢		7664-39-3	1
21	1-氯-2,3-环氧丙烷	环氧氯丙烷(3-氯-1,2-环氧丙烷)	106-89-8	20
22	3-溴-1,2-环氧丙烷	环氧溴丙烷、溴甲基环氧乙烷、表溴醇	3132-64-7	20
23	甲苯二异氰酸酯	二异氰酸甲苯酯、TDI	26471-62-5	100
24	一氯化硫	氯化硫	10025-67-9	1
25	氰化氢	无水氢氰酸	74-90-8	1
26	三氧化硫	硫酸酐	7446-11-9	75
27	3-氨基丙烯	烯丙胺	107-11-9	75
28	溴	溴素	7726-95-6	20
29	乙撑亚胺	吖丙啶、1-氮杂环丙烷、氮丙啶	151-56-4	20
30	异氰酸甲酯	甲基异氰酸酯	624-83-9	0.75
31	叠氮化钡	叠氮钡	18810-58-7	0.5
32	叠氮化铅		13424-46-9	0.5
33	雷汞	二雷酸汞、雷酸汞	628-86-4	0.5
34	三硝基苯甲醚	三硝基茴香醚	28653-16-9	5
35	2,4,6-三硝基甲苯	梯恩梯、TNT	118-96-7	5
36	硝化甘油	硝化三丙醇、甘油三硝酸酯	55-63-0	1
37	硝化纤维素[干的或含水(或乙醇)<25%]			1
38	硝化纤维素(未改性的,或增塑的,含增塑剂<18%)	硝化棉	9004-70-0	1
39	硝化纤维素(含乙醇≥25%)			10
40	硝化纤维素(含氮≤12.6%)			50
41	硝化纤维素(含水≥25%)			50
42	硝化纤维素溶液(含氮≤12.6%,含硝化纤维素≤55%)	硝化棉溶液	9004-70-0	50
43	硝酸铵(含可燃物>0.2%,包括以碳计算的任何有机物,但不包括任何其他添加剂)		6484-52-2	5
44	硝酸铵(含可燃物≤0.2%)		6484-52-2	50
45	硝酸铵肥料(含可燃物≤0.4%)			200
46	硝酸钾		7757-79-1	1000
47	1,3-丁二烯	联乙烯	106-99-0	5
48	二甲醚	甲醚	115-10-6	50
49	甲烷,天然气		74-82-8(甲烷),8006-14-2(天然气)	50

第 4 章　化学品与化学工业的危险性　/　**53**

序号	危险化学品名称和说明	别名	CAS 号	临界量/t
50	氯乙烯	乙烯基氯	75-01-4	50
51	氢	氢气	1333-74-0	5
52	液化石油气(含丙烷、丁烷及其混合物)	石油气(液化的)	68476-85-7, 74-98-6(丙烷), 106-97-8(丁烷)	50
53	一甲胺	氨基甲烷、甲胺	74-89-5	5
54	乙炔	电石气	74-86-2	1
55	乙烯		74-85-1	50
56	氧(压缩的或液化的)	液氧、氧气	7782-44-7	200
57	苯	纯苯	71-43-2	50
58	苯乙烯	乙烯苯	100-42-5	500
59	丙酮	二甲基酮	67-64-1	500
60	2-丙烯腈	丙烯腈、乙烯基氰、氰基乙烯	107-13-1	50
61	二硫化碳		75-15-0	50
62	环己烷	六氢化苯	110-82-7	500
63	1,2-环氧丙烷	氧化丙烯、甲基环氧乙烷	75-56-9	10
64	甲苯	甲基苯、苯基甲烷	108-88-3	500
65	甲醇	木醇、木精	67-56-1	500
66	汽油(乙醇汽油、甲醇汽油)		86290-81-5(汽油)	200
67	乙醇	酒精	64-17-5	500
68	乙醚	二乙基醚	60-29-7	10
69	乙酸乙酯	醋酸乙酯	141-78-6	500
70	正己烷	己烷	110-54-3	500
71	过乙酸	过醋酸、过氧乙酸、乙酰过氧化氢	79-21-0	10
72	过氧化甲基乙基酮(10%<有效含氧量≤10.7%,含 A 型稀释剂≥48%)		1338-23-4	10
73	白磷	黄磷	12185-10-3	50
74	烷基铝	三烷基铝		1
75	戊硼烷	五硼烷	19624-22-7	1
76	过氧化钾		17014-71-0	20
77	过氧化钠	双氧化钠、二氧化钠	1313-60-6	20
78	氯酸钾		3811-04-9	100
79	氯酸钠		7775-09-9	100
80	发烟硝酸		52583-42-3	20
81	硝酸(发红烟的除外,含硝酸>79%)		7697-37-2	100
82	硝酸胍	硝酸亚氨脲	506-93-4	50
83	碳化钙	电石	75-20-7	100
84	钾	金属钾	7440-09-7	1
85	钠	金属钠	7440-23-5	10

表 4-2　未在表 4-1 中列举的危险化学品类别及其临界量

类别	符号	危险性分类及说明	临界量/t
健康危害	J(健康危险性符号)	—	—
急性毒性	J1	类别 1,所有暴露途径,气体	5
	J2	类别 1,所有暴露途径,固体、液体	50
	J3	类别 2、类别 3,所有暴露途径,气体	50
	J4	类别 2、类别 3,吸入途径,液体(沸点≤35℃)	50
	J5	类别 2,所有暴露途径,液体(J4 外)、固体	500
理化危险	W(理化危险性符号)	—	—
爆炸物	W1.1	-不稳定爆炸物 -1.1 项爆炸物	1
	W1.2	1.2、1.3、1.5、1.6 项爆炸物	10
	W1.3	1.4 项爆炸物	50
易燃气体	W2	类别 1 和类别 2	10
气溶胶	W3	类别 1 和类别 2	150(净重)
氧化性气体	W4	类别 1	50
易燃液体	W5.1	类别 1 类别 2 和 3,工作温度高于沸点	10
	W5.2	类别 2 和 3,具有引发重大事故的特殊工艺条件,包括危险化工工艺、爆炸极限范围或附近操作、操作压力大于 1.6MPa 等	50
	W5.3	不属于 W5.1 或 W5.2 的其他类别 2	1000
	W5.4	不属于 W5.1 或 W5.2 的其他类别 3	5000
自反应物质和混合物	W6.1	A 型和 B 型自反应物质和混合物	10
	W6.2	C 型、D 型和 E 型自反应物质和混合物	50
有机过氧化物	W7.1	A 型和 B 型有机过氧化物	10
	W7.2	C 型、D 型、E 型、F 型有机过氧化物	50
自燃液体和自燃固体	W8	类别 1 自燃液体 类别 1 自燃固体	50
氧化性固体和液体	W9.1	类别 1	50
	W9.2	类别 2、类别 3	200
易燃固体	W10	类别 1 易燃固体	200
遇水放出易燃气体的物质和混合物	W11	类别 1 和类别 2	200

例如,从表 4-1 可知,具有毒性危险的氰化氢(无水氢氰酸),表 4-1 编号 25,临界量为 1t;具有爆炸危险的叠氮化铅,表中列第 32 号,其临界量为 0.5t;常见的易燃物乙醇同样也出现在表中,名列第 67 号,其临界量就大得多,可达 500t。如此等等。

容易发现,表 4-1 仅列举了化工生产中最为常见的一些危险化学品,而对于大量没有出现在表 4-1 中的物质,则需要根据表 4-2 给出的原则,确定其临界量。举例来说,某一具"健康危险"的化学品 A,有"急性毒性"的特征,将其 LD_{50}(定义见第 6 章)或 LC_{50} 值与《化学品分类和标签规范 第18部分：急性毒性》(GB 30000.18—2013)中的"表1 急性毒性危害分类和定义各个类别的急性毒性估计值（ATE）"给出的分类表格对照后，发现其属于"类别2"，对应于标准表4-2中的J3类，则化学品A的临界量即可据此确定为50t。其余没有出现在表4-1中的危险化学品，均可按照此方法，依据其危险性特征，找到其相应的GB 30000系列标准，先确认其分类，然后再对照国标，即《危险化学品重大危险源辨识》中的表4-2，按照当中给出的方法，得到该化学品的临界量数值。需要说明，危险化学品细分类别的出处，是原国家安全生产监督管理总局会同国务院下属有关部门制定的《危险化学品目录（2015版）》。

有了某一化学品的临界量数据后，就可进行下一步的具体辨识和判断了。标准规定，若一单元内，无论是生产单元还是储存单元，其中存在危险化学品的数量等于或超过表4-1、表4-2规定的临界量，即被定为重大危险源。

单元内存在的危险化学品的数量根据处理危险化学品种类的多少，又可区分为以下两种情况：

第一种情况，生产单元、储存单元内存在的危险化学品为单一品种，则该危险化学品的数量即为单元内危险化学品的总量，若等于或超过相应的临界量，则定为重大危险源。

第二种情况，生产单元、储存单元内存在的危险化学品为多品种时，则按式（4-1）计算，若满足式（4-1），则定为重大危险源。

$$S = q_1/Q_1 + q_2/Q_2 + \cdots + q_n/Q_n \geqslant 1 \qquad (4\text{-}1)$$

式中，S 为辨识指标；$q_1, q_2, \cdots, q_n$ 为每种危险化学品实际存在量，t；而 $Q_1, Q_2, \cdots, Q_n$ 为与每种危险化学品相对应的临界量，t。

已辨识为重大危险源的存有危险化学品的单元，可按以下方法，以式（4-2）计算得到的指标，再做进一步的分级。

$$R = \alpha[\beta_1(q_1/Q_1) + \beta_2(q_2/Q_2) + \cdots + \beta_n(q_n/Q_n)] \qquad (4\text{-}2)$$

式中，R 为重大危险源分级指标；α 为该危险化学品重大危险厂区外暴露人员的校正系数，可按标准中给出的表格，对应确定；$\beta_1, \beta_2, \cdots, \beta_n$ 为与每种危险化学品相对应的校正系数，也需按标准给出相应表格，对应确定；$q_1, q_2, \cdots, q_n$ 为每种危险化学品实际存在量，t；而 $Q_1, Q_2, \cdots, Q_n$ 为与每种危险化学品相对应的临界量，t。

将计算出来的 R 值，与表4-3中显示的4级分类标准对照，最终就可以确定需要判定的某个重大危险源的级别。

表4-3 重大危险源级别和 R 值的对应关系

重大危险源级别	一级	二级	三级	四级
R 值	$R \geqslant 100$	$100 > R \geqslant 50$	$50 > R \geqslant 10$	$R < 10$

这个计算出来的分级结果，既是对相应危险源进行安全监管、制定有针对性的防范措施的依据，也是对批量化学品构成的危险性的一个衡量，是某种化学品数量累积后，其所达到的危险等级的标志。

1.我国是如何对危险化学品进行分类的？其依据是什么？

2.化学工业的生产特点是什么？为什么说化学工业的危险来自其自身特点？

3.需要重点监管的化工工艺都有哪些？为什么要对其进行监管？

4.为什么说化学工业的危险性与其所处理的危险化学品的数量与规模密切相关？如何去辨识这种与数量和规模相关的危险性？其依据又是什么？

第5章
理化危险及其安全防范技术

 学习要点

1. 理化危险的定义及其涵盖范围
2. 燃烧和爆炸的一些基础理论和安全知识
3. 爆炸极限的估算方法
4. 化学工业中的金属腐蚀现象
5. 与理化危险相关的安全防范技术

　　具有"理化危险"的物质，指的是 GHS 分类体系中的第 1～17 类化学品，它们依次是：①爆炸物；②易燃气体；③气溶胶；④氧化性气体；⑤加压气体；⑥易燃液体；⑦易燃固体；⑧自反应物质和混合物；⑨自燃液体；⑩自燃固体；⑪自热物质和混合物；⑫遇水放出易燃气体的物质和混合物；⑬氧化性液体；⑭氧化性固体；⑮有机过氧化物；⑯金属腐蚀物；⑰退敏爆炸物。其所涉及的理化危险，主要体现在燃烧、爆炸以及有关化学品对金属的腐蚀作用这几个方面。本章讨论的安全技术与管理措施，就是围绕这三类危险展开的；其核心，是防范基于化学反应的风险。其中有关"加压气体"部分的安全技术，以及部分牵涉单纯物理爆炸的防范措施，因在本书"压力容器设计与使用安全"一章另有叙述，本章不做涉及。

5.1　燃烧危险

5.1.1　燃烧概述

　　燃烧是一种常见的化学现象，它指的是在可燃物和助燃物之间发生的一种同时发光发热的氧化还原反应。很显然，不是所有氧化还原反应都是燃烧反应，许多氧化还原反应并不能同时既发光又发热，因而不符合燃烧定义。那么，给定两个具有发生燃烧反应可能性的化合物，让它们相遇，它们之间是否就一定会发生符合燃烧定义的氧化还原反应呢？答案是：不一定，还要看所给的反应条件。比如氢气和氧气，如果所给的条件是将氢气在氧气中点燃，那么此时可以看到的就是标准的燃烧现象：一种同时既发光又发热的氧化还原反应。其特点是反应相对激烈，能放出大量的热，且这个能量大到足以把燃烧产物加热到发光的程度。而如果改一下条件，比如将两者置于一适宜的催化环境中，那么此时两者之间所发生的就是相对"平静"的普通化学反应，生成产物水。尽管最终的结果产物与燃烧一样，都是水，但此时氢和氧之间是以人们已经很熟悉了的氢氧燃料电池方式进行的反应，而不是定义中的燃烧。当然，还有一些能同时发光发热的现象也不是燃烧，甚至都不属于化学反应，只是一个物理现象，比如传统的电灯泡中的钨丝在照明时所表现的那样。

燃烧现象的发生不仅限于可燃物和氧之间，金属钠在氯气中的燃烧、炽热的铁在氯气中的燃烧，都没有氧的参与，但它们的特征是"同时发光发热"，过程有电子得失，符合氧化还原反应的定义，因此反应物间所发生的也是燃烧反应。其实，深推下去还可以发现，许多接下来将要讲到的、涉及了化学变化的爆炸现象，也符合对燃烧给出的这个定义，过程的本质也是发生了氧化还原反应，同时还伴随着出现了发光发热的现象。因此从某种程度上讲，燃烧和化学爆炸之间并没有一个清晰的界限，两者在许多情况下是无法完全区分开来的。待后面介绍了爆炸的定义后，将对两者的相似、关联与不同进行详细说明。

5.1.2 燃烧三要素

在化学上，称失去电子的过程为氧化，得到电子的过程为还原，氧化还原反应、氧化剂和还原剂的概念皆由此而来。简单地说，氧化剂就是能夺取对方电子的物质，还原剂是能给予对方电子的物质，两者通过化学反应完成彼此间的电子转移，是为氧化还原反应。发生一个同时发光发热的氧化还原反应，即燃烧反应时，氧气或助燃物就是氧化剂，可燃物就是还原剂，而能给予反应触发条件、提供能量背景的叫点火源。换言之，可燃物（燃料，还原剂）指的是能与空气中的氧或其他氧化剂起燃烧反应的一切物质，助燃物（氧气，氧化剂）指的是能与可燃物发生反应并辅助燃烧的物质，而点火源则提供了可燃物燃烧所需的能量。欲使一个燃烧反应能够发生并持续进行，三者缺一不可，必须同时具备，因而它们常常被合称为燃烧三要素。

值得注意的是，与所有其他类型的化学反应一样，温度、压力、组成、浓度等参数，对燃烧反应的发生和进行同样具有重要的影响。因此即使燃烧三要素齐备，一燃烧反应能否得以发生、发展，还要看这些反应参数是如何"设定"的。如果可燃物和助燃物在某个浓度以下，或者点火源不能提供足够的能量，那么即使具备了三个要素，燃烧反应仍不会发生。因此，除了阻止燃烧三要素同时存在这一条以外，控制它们能达到的量级，也是灭火时需要加以考虑的，是制定灭火措施时的基本出发点。

5.1.3 燃烧形式

可燃气体、液体和固体（包括粉尘）在空气中燃烧时，可以多种形式进行。例如，依照可燃物和助燃物两者存在的相态特征，燃烧可以分为均相燃烧和非均相燃烧两种形式，而根据燃烧时可燃物和助燃物的混合程度，又可分出预混燃烧形式和扩散燃烧形式。当然按照燃烧历程、特点等之不同，还可分出蒸发燃烧、分解燃烧和表面燃烧等多种形式。

（1）均相燃烧

在相同相态的可燃物和助燃物之间发生的燃烧称为均相燃烧。像氢气在氧气中的燃烧，煤气在空气中的燃烧，以及乙烷气在空气中的燃烧，都属于均相燃烧。

（2）非均相燃烧

可燃物和助燃物处于不同的相态时，两者之间发生的燃烧被称为非均相燃烧。非均相燃烧在日常生活中很常见，石油、煤炭、木料在空气中的燃烧，都是此处所说的非均相燃烧。

（3）扩散燃烧

若使可燃物从管道、容器等中逐渐释出，待其与空气相接触、扩散后，再发生燃烧反应，这就是扩散燃烧了。扩散燃烧的一个特点就是与可燃物接触的氧气量通常偏低，这样反应后往往会留有没有完全燃烧的产物。拧开煤气开关，点燃煤气使之开始燃烧，就属于扩散燃烧；锅底留有的炭黑，就是那些没有反应完全的燃烧产物。

（4）预混燃烧

可燃物和助燃物先混合、后燃烧这种形式，称为预混燃烧，有人也称其为混合燃烧。与上面讲到的由扩散过程来进行控制的扩散燃烧不同，预混燃烧发生时，扩散过程已经完成，整个燃烧进程是由化学反应动力学因素制约的，因而在有些场合，预混燃烧也被称作是"动力燃烧"。混合燃烧速度快，能量集中释放、温度高，具有爆炸特征。煤矿井下瓦斯气体与空气混合后，遇火发生的瓦斯爆炸，从本质上讲，其实就是混合燃烧。

（5）蒸发燃烧

蒸发燃烧是指可燃液体蒸发出的可燃蒸气的燃烧。乙醇、丙酮、汽油等易燃液体的燃烧就属于蒸发燃烧。通常液体本身并不燃烧，燃烧的只是其蒸发出来的蒸气。而起火后的火焰，又会使液体表面的温度进一步上升，加速液体的蒸发，使燃烧得以继续蔓延和扩大。常见的化工原料萘等在常温下虽是固体，但其在受热后能经由升华或熔化途径产生蒸气，因而也能引起蒸发燃烧。

（6）分解燃烧

分解燃烧是指可燃物在受热过程中伴随有热分解，由热分解产生可燃气体，可燃气体被点燃而进行的一种燃烧现象。硫黄、石蜡一类固体物质的燃烧，就属于分解燃烧。

（7）表面燃烧

表面燃烧是指可燃物表面被加热后发生的燃烧。与在气相中进行的会有明显火焰出现的燃烧不同，例如上面说的可燃固体、可燃液体的蒸发燃烧、分解燃烧，在固体表面进行的燃烧是没有火焰出现的。金属燃烧就是表面燃烧，比如铝粉的燃烧，就没有火焰；纯粹的木炭在氧气里面的燃烧，也没有火焰。

5.1.4 燃烧类型及特征参数

根据燃烧发生的起因和表现特点，可将燃烧现象分为闪燃、点燃、自燃 3 种类型。闪点、燃点、自燃点分别是这 3 种类型燃烧现象的特征参数。

（1）闪燃和闪点

闪燃指的是可燃液体表面产生的蒸气达到一定量，与空气形成混合物，遇到火源时产生的一闪而灭的瞬间燃烧现象。闪燃的最低温度称为闪点，其实就是易燃液体表面形成的蒸气和空气混合物遇火燃烧的最低温度。液体的闪点分为闭杯闪点和开杯闪点，闭杯闪点是采用闭杯测试仪将试样和空气密封在密闭容器内，根据闪点测定标准方法测得；开杯闪点是将试样置于空气中，对试样进行加热升温，当接近闪点时恒速升温并用一个小的点火器火焰按规定速度通过试样表面，当火焰使试样表面上的蒸气发生闪火的最低温度即是开杯闪点。闭杯法测定的是饱和蒸气和空气的混合物，而开杯法则是蒸气与空气自由接触，所以闭杯闪点一般比开杯闪点低几度。闪点是表征易燃液体火灾危险性的一项重要参数，在消防工作中有重要意义。虽然开杯闪点比闭杯闪点更接近实际情况，但是由于闭杯闪点更低，其用于标示火灾危险性的安全系数更高且易于测定，因此，常用闭杯闪点作为划分易燃性的依据。通常将闪点低于93℃的液体称为易燃液体，闪点越低，火灾危险性越大。

单位时间内液体的蒸发量与温度密切相关。温度高，蒸发量也高；温度低，蒸发量也低。液体在闪点温度下蒸发速度缓慢、蒸发量低，使得聚集的蒸气与空气的混合物，遇火瞬间就被燃尽。由于温度低，蒸发慢，新的蒸气又不能很快补充上来，因此燃烧现象不可持续，火焰出现后瞬间就熄灭了。因而闪燃的特点就是一闪而过，是一种不可持续进行下去的燃烧。显然，闪点与物质的饱和蒸气压有关，饱和蒸气压越大，闪点越低。

（2）点燃和燃点

点燃是指可燃物与火源直接接触而引发的持续燃烧现象。点燃的最低温度称为燃点。点燃其实就是平常所说的着火，与此对应地，燃点也就是所说的着火点。着火是日常生活中最常遇见的燃烧现象，人们对其如何发生、发展，乃至其基本特征与表现都很熟悉，可以随意地举出很多周边例子对其加以描述、说明。比如，用打火机把纸张点着，用火柴把蜡烛点着，就都属于常见的着火现象。

在多数情况下，可燃液体的着火点往往比其闪点略高。在一时无法得到闪点数据的情况下，也可暂时用着火点来表征物质的火险危险性大小。

（3）自燃和自燃点

所谓的自燃，指的是在没有外部火源的情况下，可燃物质自行引发的一种燃烧现象。自燃所需的能量，来自物质的自行发热过程。其既可来自可燃物质与外部氧化剂之间的反应，也可以来自物质内部的物理、化学或生物变化过程。黄磷因暴露于空气中而发生的自燃现象就属于前者，因吸附作用、分解变化、由细菌导致的物质腐败等，同样也会发热并积累至足够引发物质自燃，这些过程就属于后者。一些粉状金属、金属氢化物、烷基金属衍生物、金属羰基化合物，即通常所说的"具自燃性质的化学品"，若操作处置不当，也会发生自燃现象，严重时甚至引发剧烈的爆炸。自燃的最低温度称为自燃点，其实就是可燃物质在没有外界火源的直接作用下能自行燃烧的最低温度。自燃点也是衡量物质火险的一个重要参数，可燃物的自燃点越低，说明其越容易发生自燃现象，其火灾危险性也就越大。

5.1.5 燃烧理论

对于燃烧现象及其背后的反应机理，人们先后提出了许多理论解释，试图从不同的视角，阐明燃烧过程所包含的基本步骤，为相关研究提供宏观指导。这些理论各有侧重，适用于描述或解释燃烧过程所呈现出的某个方面、现象或特征。本节选择其中比较常见的3个，简介如下。

5.1.5.1 燃烧的活化能理论

燃烧的活化能理论认为，燃烧是一种化学反应，反应物分子间的相互碰撞是发生化学反应的前提。然而，并非每次碰撞都能导致预期的化学反应发生；事实上，绝大多数的碰撞都无果而终，只有极少数碰撞是有效的，发生了有效碰撞的分子间才有可能发生化学反应。这部分分子叫做活化分子，其在能量上要比分子平均能量高，要超出一截，这个超出的定值就是活化能。

由于分子的能量分布与温度相关，因此提高反应温度会增加单位体积内活化分子在整个分子中的比例，提高反应物分子有效碰撞频率，进而增大反应速率，促使反应热量在较短时间内集中释放，有助于最终产物的快速生成。由此可以推测，火源与处于空气氛围中的可燃物的接触，可以极大地提高活化分子的数目及其在全部分子中所占的比例，致使反应物分子间的有效碰撞数目大大增加；这个增加导致的直接结果就是单位时间内，能够越过活化能这个能量门槛并最终转化为产物的反应物的比例迅速提高，致使整个氧化反应能够以极高的速率进行，反应产生的热能在很短的时间内被集中、大量地释放出来，以致能在瞬间将反应产物加热到使其发光的程度。显然，这个能够"同时发光发热的氧化反应"在现实中的具体呈现，就是所说的燃烧现象。

5.1.5.2 燃烧的连锁反应理论

许多化学反应的速率问题可用质量作用定律、Arrhenius 方程加以描述，包括部分燃烧反应。但是还有不少燃烧现象，尤其是许多爆炸现象，是无法简单地用质量作用定律和 Arrhenius 方程进行解释的。实验证明，不少化学反应的速率常常与按照质量作用定律求出的速率不相符合。因而，采用其他理论模型，比如连锁反应理论对燃烧现象进行研究，就变得十分自然。按照这个理论，化学反应的实际进程并不像反应方程式描述得那样直接与简单，而是要经过反应方程中并未给出的一个中间阶段，即有一个活性中间体产生，反应需经过形成活性中间体的阶段，才能过渡到产物生成的最后阶段。这些活性中间体常以自由基的形式存在，活性很高但不稳定，其一旦生成，便可与反应物分子发生作用，产生新的自由基，而新的自由基一旦出现，又以同样的方式迅速参加反应并形成再下一代的自由基，如此反复进行，将反应进程像"链锁"一样一环扣一环地延续下去，这就是所谓的"链锁"反应。许多时候，也将"链锁"反应写作"连锁"反应。

与反应物分子间直接进行化学反应不同，经由生成活性中间体，然后再由活性中间体与反应物分子进行反应，这条途径所需的反应活化能要比前者小得多，因而反应可以极快的速率进行。由基本化学知识可知，典型的连锁反应一般都会包含链引发、链增长和链终止三个基本步骤。其中的链引发一步是最困难的，通常需要外部因素的介入以引发活性中间体生成。这些外部因素可以是某些物质，如引发剂、某种微量物质，也可以是经外部输入的某种形式的能量，如热、光、电、高能辐射等。而链终止则指的是链的中断，即活性中心的消失；消失的原因可以是两个活性中心彼此结合成了稳定分子，也可以是因为其与器壁发生了碰撞、与杂质相遇而被湮灭。中间的链增长步骤十分关键，其特点是强放热和较低的活化能门槛，是理解燃烧反应的基础。研究表明，链增长的方式有两个，一个是直链方式，一个是分支方式。顾名思义，如果每一个"上级"活性中心只能引发一个"下级"活性中心的话，那么链就只能以直线方式向前延伸，此时反应以恒定速度快速进行，这就是直链反应；而如果一个活性中心与反应物作用后，产生的新的活性中心数目多于一个，那么此时的链就有了分支，反应多头并进，反应速率将会急剧增长，以致最后发生爆炸现象，这种反应就叫作分支连锁反应。由此不难推断，通过一个活性中心衍生出两个活性中心，两个变四个，四个变八个这个几何级增长模式发展下去，整个反应将以极快的速率进行并最终完成。很显然，许多燃烧乃至爆炸反应遵循的正是这个模式：外部能源触发，反应高速进行，反应过程中伴随着发光放热现象。人们所熟知的氢和氧之间的燃烧反应就是分支连锁反应，烃类化合物的燃烧大部分也属于分支连锁反应。

5.1.5.3 燃烧的过氧化物理论

物质分子可以在一定的条件下，被包括热能、电能、辐射能、化学反应能等在内的各种外界能量所活化，转变为易于参加进一步化学反应的活性物质。燃烧的过氧化物理论借鉴了这个说法，认为在有氧参与的燃烧反应中，氧分子首先被热能活化，将其双键中的一个化学键打开而形成过氧自由基，过氧自由基与可燃物加合生成过氧化物；过氧化物不稳定且具有极强的氧化性，在受热、撞击、摩擦等外界激发条件下，很容易发生分解、燃烧、爆炸，或是进一步与可燃物发生氧化反应并形成最终的氧化产物。燃烧的过氧化物理论可用于解释常见的一些燃烧现象和特征，比如氢与氧之间发生的燃烧反应，还有有机过氧化物参与的许多燃烧或是爆炸反应，例如蒸馏乙醚或是四氢呋喃一类溶剂的残液时容易遇到的爆炸现象。因为其中存在过氧基团及其参与的过程，所以也可以通过燃烧的过氧化物理论加以解释和说明。

5.1.6 燃烧的特征参数

常见的用以描述燃烧现象的特征参数有 3 个，它们分别是燃烧温度、燃烧热和燃烧速率。

可燃物质在燃烧时所产生的热量会将燃烧产物加热到很高的温度，其所能达到的上限，也就是最高温度，即为燃烧温度。在一般情况下，燃烧温度就是火焰能够达到的最高温度，因此有时也称燃烧温度为火焰温度。

燃烧热通常是标准燃烧热的简称，指的是单位质量的物质在标准状况下，在氧中燃烧，且燃烧产物皆假定为气态时，所能放出的热量。相关手册中列出的标准燃烧热数据都是通过精密的量热仪测得的，需要时可方便查阅。

第三个常用于燃烧现象描述的特征参数是燃烧速率。燃烧速率的确定必须结合物质所处的相态进行，分为气体燃烧速率、液体燃烧速率和固体燃烧速率。

① 气体燃烧速率。所谓的气体燃烧速率，指的是在单位面积上、单位时间内燃烧掉的可燃气体的体积。由于气体不需像固体和液体那样还要经过熔化、蒸发等过程才能燃烧，因此可以想见气体的燃烧会以很快的速率进行。若取秒（s）为时间计量单位，则气体燃烧速率的单位就是 $m^3/(m^2 \cdot s)$。由于分子分母上都有量纲相同的长度单位，因此将上下所含的"面积"部分约分完后，单位就变成了 m/s，它的"直观"的物理含义是"燃烧表面的火焰沿垂直于表面的方向向未燃烧部分传播的速率"。

研究表明，若气体燃烧发生在管道中，那么其燃烧速率还与管道直径有关。将管道直径向两个方向外推可以发现，管径小于某个极限值，火焰在管道中无法传播；直径增大，火焰传播速率加快；管径继续增加，火焰传播速率的"增速"减慢；管径增至某一量值，火焰传播速率不再变化。此时的火焰传播速率，为气体最大燃烧速率。

② 液体燃烧速率。液体燃烧速率就是单位时间内燃烧掉的液体的量。这个量可以是体积，也可以是质量，两者之间通过密度可以转换。具体而言，质量速率就是每平方米面积上每小时可以烧掉的液体的质量，单位是 $kg/(m^2 \cdot h)$；体积速率是每平方米面积上每小时可以烧掉的液体的体积，单位是 $m^3/(m^2 \cdot h)$。同样，由于分子分母上都有量纲相同的长度单位，因此将上下所含的"面积"部分约分完后，速率单位就变成了 m/h。这个处理方法与上面说的对待气体的处理方法是一样的。由于这里留下的 m 是高度，因此体积速率也常被称为直线速率，其字面含义为"每小时烧掉的可燃液层的高度"。

③ 固体燃烧速率。固体燃烧速率就是在单位时间里、单位面积上烧掉的固体的质量，

单位是 kg/(m² · h)。固体燃烧速率与很多因素有关，如颗粒大小、分散程度、比表面积等，因此不同条件下测得的燃烧速率数据往往会差别比较大。由于固体与氧的反应为异相反应，因此从动力学上讲，界面控制因素就变得十分重要。相较而言，在数值上，固体燃烧速率一般都要小于气体和液体的燃烧速率。

由于具体涉及的燃烧历程不一样，不同固体物质的燃烧速率往往差别很大。比如，有些物质的燃烧是以分解形式进行的，这样的燃烧进行得就比较快；而有些固体在燃烧时其经历的变化比较多，整个燃烧过程的完成历经若干步骤，如先要熔化，然后再要经过蒸发、分解氧化，最后才能起火燃烧起来，这样整个过程完成下来需要的时间就比较长，相应测得的燃烧速率就比较慢。

5.2 爆炸危险

5.2.1 爆炸概述

爆炸是物质发生急剧的物理、化学变化，瞬间释放出大量能量并伴有巨大声响的一种过程。爆炸的本质其实就是体系压力的急剧变化，其通常的表现形式为大量气体的瞬间生成与急速膨胀，以及空气震动造成的巨大声响。化工企业中发生的爆炸极具破坏性，常常伴随着高压、高热、真空、电离等极端过程，会给各种化工装置、设备、机械等带来巨大的破坏作用，造成严重的人员伤亡和财产损失。

对爆炸现象进行准确的描述、了解其作用过程与机理，并给出适当解释绝非易事。从爆炸过程前后的能量变化角度来讲，爆炸的危险实质上来自能量的瞬间释放和消散过程。一个在现实中发生的爆炸，其破坏作用通常会以压力波、抛射物、热辐射、强烈的震动以及巨大的声响等形式体现。至于破坏的效果，则在很大程度上取决于该爆炸是爆轰还是爆燃，两者的区别在于反应前沿在未发生爆炸的介质中的传播速度。等于或高于声音的传播速度的，称为爆轰；低于声速的，称为爆燃。爆燃和爆轰的一个明显区别在于两者产生的压力波的前沿明显不同。其中，爆轰产生的压力波前沿的压力变化十分剧烈，会形成具有冲击效果的冲击波，这种冲击波前沿造成的最大压力变化可在极短的 1ms 时间里达到 10atm，形成巨大的破坏力。而爆燃产生的压力波前沿则显得相对"宽""扁"，持续时间大多在几毫秒这个量级，也没有激变的冲击波前沿，最大压力变化与爆轰比起来要低得多，大约只有 1~2atm，因而其所能造成的破坏也会小得多。

在有些情况下，爆轰的速度可达每秒数千米。此时，爆炸反应产生的能量有一部分传递给了周围压紧的空气，形成了爆炸冲击波；冲击波传播速率极快，以至于连燃烧本身也落于其后，冲击波自身携带的巨大能量足以冲击、引爆其所到之处的其他易燃化学品，造成新的、灾难性的爆炸事故。这种由高速爆轰现象所导致的诱发爆炸，就是所谓的"殉爆"。

5.2.2 爆炸分类

按照性质、物质所处相态、环境等因素，爆炸可以划分为许多不同的类型。以下把常见的、按照这些标准划分出来的一些爆炸类型及其称谓，简单地罗列出来，加以说明。

(1) 物理爆炸

物理爆炸是指物质的物理状态发生急剧变化而引起的爆炸，其特征是变化过程不涉及化学反应，变化发生后没有新的化学物质生成。惰性压缩气体爆炸、蒸汽锅炉爆炸等，就属于物理爆炸。

(2) 化学爆炸

化学爆炸是由化学反应所致，其特征是爆炸前后物质的化学组成与化学性质都发生了变化，有新物质生成。TNT爆炸、硝酸酯类化合物爆炸、叠氮化物爆炸、硝基芳香类炸药的爆炸以及一些有机过氧化物操作不慎引发的爆炸等，都属于化学爆炸。化合物中存在的一些不稳定结构基团，是发生化学爆炸的基础和前提条件。部分常见的与化学爆炸相关的不稳定结构基团见表5-1。

表 5-1　一些不稳定结构基团示例

结构基团	化合物类型	结构基团	化合物类型
—C≡C—金属	乙炔金属化合物	—O—X	次石(岩)盐
≡N—O—	氨基氧化物	—O—NO_2	硝酸盐
—N=N=N	叠氮化合物	—O—NO	亚硝酸盐
—ClO_3	氯酸盐	—NO_2	硝基化合物
—N=N—	重氮化合物	—NO	亚硝基化合物
—N≡N—X	重氮卤代物	—O—O—O—	臭氧化合物
—O—N=C\	雷酸盐	—CO—O—O—H	过酸化合物
—N(ClX)	N-卤代胺	—ClO_4	高氯酸盐
—O—O—H	过氧化氢物	—O—O—	过氧化物

研究发现，与不稳定结构基团存在相关的化学品安全事故多涉及氧化体系，涉及化合物的元素组成。特别是在有机体系中，一化合物中氧元素所占的比例是一个重要判据。对含有不稳定结构基团化合物的危险性进行具体判断时，有两个与化合物元素组成相关的概念十分重要，一个是氧差额，一个是氧平衡值。两个概念既有区别又有联系，容易混淆。

氧差额定义为化合物的氧含量与化合物中的碳、氢和其他可氧化元素完全氧化所需的氧量之间的差值。简单地列出反应式并加以配平，即可获得该化合物的氧差额的具体数值。化合物缺氧，氧差额为负；化合物剩余氧，氧差额为正；如果化合物中所含的氧元素正好可供其中的碳、氢和其他可氧化元素完全氧化之用，则氧差额为零。以下是几个实例。

硝酸甘油，正氧差额：$C_3H_5O_9N_3 \longrightarrow 3CO_2 + 2.5H_2O + 0.5O + 1.5N_2$

苦味酸铵，负氧差额：$C_6H_6O_7N_4 + 8O \longrightarrow 6CO_2 + 3H_2O + 2N_2$

过氧甲酸，零氧差额：$CH_2O_3 \longrightarrow CO_2 + H_2O$

如果将得到的氧差额数值与化合物的总元素组成进行比较，则可得到所谓的氧平衡值（Oxygen Balance Value，OB）：

$$氧平衡值 = 1600 \times 氧差额/M$$

式中，M 为化合物分子量。由于氧差额可以为正、负和零，氧平衡值也可以是从正到负的任意数，包括零。事实上，大量的研究表明，这个既包含化合物发生完全氧化反应时，其自身所具有的氧是否满足需要的信息，又反映了所"欠缺"的氧在总的元素组成中所占百分比数据的氧平衡值，与含有不稳定结构基团一类易爆品的爆炸危险性密切相关。不少情况下，它可以简单地用于判断含有不稳定结构基团化合物的安全风险。统计结果显示，如果氧平衡值大于+160或小于-240，危险性较低；如果氧平衡值位于+160和+80之间，或是-240和-120之间，危险性中等；如果氧平衡值居于+80到-120之间，危险性较高；趋于0时，危险性最大。

通过前面的反应式已知硝酸甘油的氧差额为+0.5，其分子量 M 为227，代入公式计算，可得硝酸甘油的氧平衡值为3.5。

氧平衡值的另一个计算公式是：

$$氧平衡值 = -1600 \times (2x + y/2 - z)/M$$

它与上面给出的氧平衡值计算公式是等价的，可以相互转换，不过是把用于氧差额计算的代数式代进去罢了。

式中的 x、y 和 z，是分子式形如 $C_xH_yO_z$ 的化合物中反映各元素含量比例的3个下标，M 是化合物的分子量。例如，硝酸甘油的分子式为 $C_3H_5O_9N_3$，其 x、y 和 z 分别为3、5和9，分子量 M 为227，代入上式计算得到氧平衡值为3.5，与前面计算结果一致。

显然，氧平衡值计算公式用于判别化合物危险性时，化合物中含有不稳定结构基团是前提条件。

（3）受限爆炸

受限爆炸是一种比较常见的爆炸类型，指的是爆炸发生在有限空间内，比如容器中或是建筑物内。因能量在有限空间内释放，故其导致的伤害和损失也往往较大。

（4）无约束爆炸

指的是发生于空旷地区的爆炸。与化学品相关的此类爆炸通常都与某种类型的可燃气体泄漏有关。这样一个无约束爆炸过程的典型场景是：气体泄漏，然后逐渐扩散并与空气混合，形成可燃气体与空气的混合物，混合物遇到火源被点燃并发生爆炸。与受限爆炸相比，无约束爆炸发生的概率相对较小，因为风所带来的空气流动，常可将爆炸性混合物的浓度稀释至爆炸下限以下，从而避免了爆炸事故的发生。

（5）气体爆炸

常说的气体爆炸分两种，一种是混合气体爆炸，另一种是纯组分气体分解爆炸。

可燃气体与空气按一定比例混合后，遇火点燃而引发的爆炸，称为混合气体爆炸。在化工企业发生的爆炸事故中，混合气体爆炸属于比较常见的，它在总的爆炸事故中占了相当一部分比例。

还有一些纯组分可燃气体，在一定压力下会发生分解爆炸反应，释放出大量的热量，爆炸被称为是纯组分气体分解爆炸。当然，若改变压力，比如将压力降至某一定值及以下，这样的分解爆炸便不会发生，此即为该气体分解爆炸的临界压力。对可燃气体进行高压作业前，了解其是否具有这样的分解爆炸特性，了解其会在什么样的压力下发生分解爆炸反应，对避免这类事故发生具有十分重要的意义。例如，乙炔就具有发生分解爆炸反应的特性，其分解爆炸的临界压力约为0.14MPa；常用的化工原料环氧乙烷也属于这样的化合物，其分解爆炸的临界压力更小，仅为0.038MPa。对这类具有分解爆炸特性的纯组分的可燃气体进行储存、反应等作业时，切记不可使体系压力达到其分解爆炸的临界压力，否则就会发生灾难性的爆炸事故。

(6) 蒸气云爆炸

蒸气云爆炸指的是，设备泄漏喷出蒸气所形成的蒸气云，与空气混合后其浓度进入爆炸极限区间，遇火源而引起的爆炸。

(7) 可燃粉尘爆炸

可燃粉尘爆炸是指当可燃物质的粉尘与空气以适当比例混合后，与火源相遇被瞬间点燃，发生迅速燃烧乃至爆炸的一种现象。可燃粉尘爆炸通常需要满足5个条件：①粉尘本身具有可燃性或爆炸性；②粉尘必须悬浮在空气中并与空气或氧气混合达到爆炸极限；③存在足以引起爆炸的点火源；④粉尘具有一定扩散性；⑤粉尘存在的空间必须是一个受限空间。厂区、车间、库房等地发生粉尘爆炸的危险不容小觑，因为这样的区域通常满足发生可燃粉尘爆炸的条件。可燃粉尘的种类有很多，除了煤粉、面粉、木屑等人们耳熟能详的可燃粉尘外，还有一些不太容易引起人们的关注。对于这类人们容易忽视的粉尘，若是处理不当，往往也会酿成很大的危害。比如，食品加工企业中的可可粉、奶粉、香料，化肥厂里的化肥，洗涤剂生产厂中的洗衣粉，再生胶加工厂里被粉碎的细小的再生胶粉末等，也都属于可燃粉尘，认识不到或不加注意与防范，也有发生粉尘爆炸的危险。

(8) 熔盐爆炸

熔盐爆炸可由多种原因引发。除了熔盐池中的熔盐与某种物质相遇，发生激烈的化学反应而引发爆炸以外，比较常见的一种，指的是处于高温熔融状态的无机盐与少量水或其他易挥发物质相遇，水或易挥发物质瞬间气化，体积发生极大膨胀而将熔融盐类物质炸飞，从而造成人员伤亡、设备损毁，直至发生由高温熔盐飞溅而引发着火等安全事故的一种爆炸现象。

类似的情形其实在化工、冶金等领域并不少见的，只是在不同的场合叫法不一样而已。比如，冶炼过程中处于熔融状态的金属，若是遇到少量的水等易挥发、易气化的物质，也会发生爆炸现象，不同之处仅在于熔融状态的物质为金属，而不是熔融盐，两种情形在本质是一样的。再比如，在学习中学化学时就反复讲过，在稀释浓硫酸时，应该是向水中缓缓加入密度较大的硫酸而绝不能反过来操作，否则就会酿成危险，引发浓硫酸的"爆炸"、飞溅，伤及操作人员，它的道理其实也是一样的。

这类现象的本质都是，少量易挥发、易气化的液态物质，若是与一大体量的、处于熔融状态的供热体接触，则极易通过铺展开的表面瞬间吸收足够的热量而引发相变，在极短的时间内产生大量的气态物质，从而完成一个事实上的压力急剧变化过程，也就是通常所说的爆炸，将本身就处于熔融状态的供热金属或熔融盐炸飞；而飞溅的高温物质或有害液体，又会给周边的操作人员或设备等带来严重伤害。以水对浓硫酸进行稀释的过程与此在本质上是一样的，唯一不同之处仅在于，使水气化的热并非某种处于高温状态下的熔融盐或液态金属，而是来自稀释过程本身所产生的热量，其结果也是由爆炸飞溅出来的有害液体，给周围的人员或设备等带来严重伤害。

这类危险的发生是有前提条件的。简单说来，就是接触的双方必须存在足够的、在数量或质量上的比较悬殊的差距。即，处于液态的"供热"的一方，往往量比较大，而被瞬间气化的一方，则往往量比较小。唯有如此，吸热和相变过程才能瞬间完成，才能瞬间产生大量的气体，致使体系发生急剧的压力变化，并将熔融状态的金属、盐，或者是上面说的浓硫酸这种强腐蚀物质炸飞，对周围的操作人员、设备和环境造成伤害，"熔盐"爆炸现象才会发生。

5.2.3 爆炸极限理论

可燃气体或蒸气与空气的混合物并不是在任何混合比例下都可燃烧或爆炸，而是只有在一定的浓度范围内才能被点燃或引爆，发生燃烧或爆炸现象，当浓度高于或低于某个极限值时，火焰便不再蔓延，这个浓度范围就叫作爆炸极限。爆炸极限通常用可燃气体或蒸气在其与空气的混合物中所占的体积分数来表示。研究表明，只有当混合物中的可燃气体含量接近其在相应的化学反应式中的化学计量比时，燃烧最快或反应最剧烈。可燃气体或蒸气与空气的混合物能使火焰蔓延的最低可燃物浓度，称为该气体或蒸气的爆炸下限（Lower Explosion Limit，LEL），而可燃气体或蒸气与空气的混合物能使火焰蔓延的最高可燃物浓度，则被称为该气体或蒸气的爆炸上限（Upper Explosion Limit，UEL），两者合称为爆炸极限（Limits of Explosion）。许多时候，爆炸极限也常被叫做燃烧极限（Limits of Flammability），因而爆炸下限和爆炸上限也常被称作燃烧下限（Lower Flammability Limit，LFL）和燃烧上限（Upper Flammability Limit，UFL）。在通常情况下，这些术语意义等同，彼此之间可以互换使用。实际上，"爆炸极限"这个术语在欧洲使用比较普遍，而"燃烧极限"则在美国用得较多。

混合气体中的可燃气体或蒸气的浓度在爆炸下限以下，意味着混合物中的空气过量，混合物中燃料相对较少，火焰无法蔓延；反过来，如果混合气体中的可燃气体或蒸气的浓度在爆炸上限以上，说明可燃气体或蒸气过量，空气相对不足，此时火焰也不能蔓延。

可燃性气体的爆炸极限可以按照国家标准《空气中可燃气体爆炸极限测定方法》（GB/T 12474—2008）规定的方法测定得到。许多文献资料中，都列出了通过标准方法测得的类似表 5-2 这样的一些常见可燃物的爆炸极限数据。需要指出的是，对于同一化合物，不同来源的数据常会在数值上存在一定的差异，因此在将其用于工程计算时，务请谨慎使用。条件具备情况下，对于没有把握的爆炸极限数据，建议按照上面提到的国家标准，通过实测获得，以为稳妥。

5.2.3.1 爆炸极限的影响因素

运用爆炸极限理论来评估燃烧或爆炸危险时，必须结合具体情况进行考虑。事实上，爆炸极限的具体量值会受多种因素的影响，如初始温度、初始压力，体系中是否存在惰性介质或杂质，点火源的情况，以及容器因素等。不同条件下得到的爆炸极限范围是不一样的，它不是一个固定值。

（1）初始温度

温度是分子平均动能的量度，提高物系的温度，会使分子内能增加。因此，爆炸性气体混合物的初始温度越高，爆炸极限范围越大，其爆炸性危险性也就越大。

（2）初始压力

压力变化对气体状态有着重要的影响。改变体系压力，气体分子之间的距离也随之而变，单位时间内的分子碰撞概率就会不同，因而反应进行的难易程度也就不同。一般来说，压力增高，爆炸极限范围扩大，危险性增加；压力降低，爆炸极限范围缩小，危险性减少。特别是，当压力降低至某个固定值时，爆炸上限浓度和爆炸下限浓度会发生重合，此时的压力就是所谓的爆炸临界压力。显然，低于爆炸临界压力的系统不会发生爆炸。

表 5-2　常见可燃物的爆炸极限数据（0.1MPa，20℃）

物质名称	爆炸极限/%	物质名称	爆炸极限/%	物质名称	爆炸极限/%
甲　烷	5.0～15.0	醋酸甲酯	3.2～15.6	丁　酮	1.8～9.5
乙　烷	3.2～12.4	醋酸乙酯	2.2～11.4	2-戊酮	1.5～8.1
丙　烷	2.4～9.5	醋酸丙酯	2.1～8.0	2-己酮	1.2～8.0
丁　烷	1.9～8.4	异醋酸丙酯	1.7～7.8	氰　酸	5.6～40.0
异丁烷	1.8～8.4	醋酸丁酯	1.7～7.6	醋　酸	4.0～17.0
戊　烷	1.4～7.8	醋酸戊酯	1.1～7.5	甲酸甲酯	5.1～22.7
异戊烷	1.3～7.6	甲　醇	6.7～36.5	甲酸乙酯	2.7～16.4
己　烷	1.3～6.9	乙　醇	3.3～18.9	氢	4.0～74.2
庚　烷	1.0～6.0	丙　醇	2.1～13.5	一氧化碳	12.5～74.2
辛　烷	1.0～6.5	异丙醇	2.0～12.0	氨	15.0～27.0
壬　烷	0.8～5.6	丁　醇	1.4～11.3	吡　啶	1.8～12.4
癸　烷	0.7～5.4	异丁醇	1.2～10.9	松节油	0.8～6.0
乙　烯	2.7～28.6	丙烯醇	2.4～18.0	亚硝酸乙酯	3.0～50.0
丙　烯	2.0～11.1	戊　醇	1.2～10.5	环氧乙烷	3.0～80.0
丁　烯	1.7～7.4	异戊醇	1.2～10.5	二硫化碳	1.2～50.0
戊　烯	1.4～8.7	乙　醛	4.0～57.0	硫化氢	4.3～45.5
乙　炔	2.5～80.0	巴豆醛	2.1～15.5	氧硫化碳	11.9～28.5
苯	1.4～6.8	糠　醛	2.1～19.3	氯甲烷	8.2～18.7
甲　苯	1.3～7.8	三聚乙醛	1.3～17.0	氯乙烷	4.0～14.8
二甲苯	1.0～6.0	甲乙醚	2.0～10.1	二氯乙烯	9.7～12.8
环丙烷	2.4～10.4	二乙醚	1.8～36.5	溴甲烷	13.5～14.5
环己烷	1.3～8.3	二乙烯醚	1.7～27.0	溴乙烷	6.7～11.2
甲基环己烷	1.2～6.7	丙　酮	2.5～12.8		

(3) 惰性介质与杂质

讨论爆炸极限及其相关概念时所设置的基本场景是：气态可燃物与空气形成混合物，并在一定条件下，与其中的氧发生燃烧或爆炸反应。氧是其中至关重要的一方，即经常提到的所谓燃烧三要素之一。反应现场氧浓度的任何改变，必然会对反应本身造成明显的影响。氧浓度的改变可以向两个方向进行，即减少或增加。显然，增加爆炸性气体混合物中的氧含量，自然会使反应更容易进行，导致爆炸极限范围扩大，危险增加，于安全不利。反之，若是设法减少气氛中氧的含量，则可以有效地降低可燃物的爆炸危险。在具体的化工实践中，减少气氛中氧浓度的最常用的方法，是向体系中加入各种惰性气体，以将空气中的部分氧置换掉，此即常说的惰化技术。

大量的研究表明，存在这样一个极限值，当氧浓度低于这个极限值时，火焰便不再传播，危险便得以消除。因此，可以通过控制氧的浓度的方法，来阻止火灾和爆炸的发生。这个能使火焰传播的最低氧气浓度，叫做临界氧浓度（Limiting Oxygen Concentration，LOC）。不同场合下，临界氧浓度有时也被冠以极限氧浓度、最小氧浓度等其他名称。

临界氧浓度是个非常重要的概念，它意味着可以通过引入惰性气体来替代部分空气的办法，使氧的浓度低于临界氧浓度，从而阻止燃烧和爆炸的发生。因此，临界氧浓度的概念事实上是惰化技术的理论基础。对大多数气体而言，临界氧浓度在数值上约为 10%（对于大多数粉尘则约为 8%）。当然，临界氧浓度与引入的惰性气体种类有关。工程上常采用的方法是向体系里充入惰性气体（N_2、CO_2、水蒸气等），把氧的浓度稀释至临界氧浓度以下，以降低发生燃爆事故的可能，提高安全性。实际运用中，为了保险起见，通常是把体系中的氧浓度控制在比临界氧浓度还低的某一个水平上，以留出一定的冗余量。比如，如果 LOC 的值为上面所说的 10% 的话，那么控制点一般就会设置在再低大约 4% 的水平上，这样在实际操作时的氧浓度就要控制在大约 6%。临界氧浓度通常可以通过实验的方法获得，如果不能方便地得到实验数据，也可以采用公式进行估算。不过估算方法通常都会带来一定的误差，且一般只适用于烃类有机物。另外，它没有考虑惰性气体种类的影响，因此得到的估算结果，仅在缺少实验值的情况下参考使用。

除了惰性成分，有时向爆炸性气体混合物中引入某种杂质，也会对爆炸极限范围产生影响。例如，当可燃气体混合物中含有卤代烷时，其爆炸极限范围会显著缩小。

(4) 容器因素

容器的材质和尺寸大小都会对爆炸极限有一定的影响。材质因素对爆炸极限影响的一个例子就是氢和氟之间的反应。以玻璃为容器材质时，爆炸极限范围扩大，而以金属银为器壁材质时，爆炸极限范围缩小。同时，容器的几何尺寸也与爆炸极限关系密切。以直径为例，其数值越小，爆炸极限范围也越小；当直径减小到某一定值时，火焰便不能蔓延通过，此即所谓的临界管径。只要控制管径小于此值，火焰便因无法蔓延而自动熄灭。

尺寸的影响主要与两个因素有关。一是传热因素。例如，管径越小，通过热传导途径消耗在器壁上的热量也就越多，火焰传播速度损失也就越大，爆炸极限的范围自然也会受到影响。二是所谓的器壁效应。以采用自由基机理来描述燃烧现象的连锁反应理论来看，管道直径减小，会增加自由基与器壁碰撞频率，不利于新自由基生成；当直径小到某一定值时，自由基的消失数就会大于产生数，反应进入"链终止"阶段，过程无法继续进行。

(5) 点火源

点火源的影响主要体现在三个方面：能量大小、点火源表面积和其与爆炸性混合物的接触时间。增加点火源的能量、增大点火源表面积以及延长点火源与爆炸性混合物的接触时间，都会使爆炸极限范围变宽，危险性增加。在一定条件下，对于一个给定浓度的爆炸性气体混合物，只有点火源提供的能量超过一个最小值，该气体混合物才能被引爆。浓度不同，这个入门的最低能量也会不同。比较各种浓度下获得的不同最低能量，可以得到一个最小值，这就是最小引爆能的概念。

5.2.3.2 爆炸极限的计算

常见可燃气体或蒸气的爆炸极限数据一般都可以方便地从各种手册、书籍等中查到。当然如果条件许可的话，也可通过直接测定获得所需数据。在某些情况下，如果采用上述两种方法都无法获得想要的爆炸极限信息，那么也可利用一些经验公式对其进行估算。例如，可以方便地通过以下经验公式对爆炸极限进行估算：

$$\text{LEL} = 0.55 C_{\text{st}} \tag{5-1}$$

$$\text{UEL} = 4.8 \sqrt{C_{\text{st}}} \tag{5-2}$$

式中，LEL 和 UEL 分别为以体积分数形式表达的爆炸下限和爆炸上限，%；C_{st}（Stoichiometric Concentration）为可燃气体或蒸气的化学计量浓度。

假设一有机物的分子式为 $C_m H_x O_y$，其相应的反应为：

$$C_m H_x O_y + z O_2 \longrightarrow m CO_2 + (x/2) H_2 O$$

则存在这样的关系：$z=m+x/4-y/2$。

式中，z 为 1mol 可燃气体或蒸气 $C_mH_xO_y$ 完全燃烧时所需的氧气的物质的量，mol。

而 C_{st} 与 z 之间又存在以下关系：

$$C_{st}=\frac{可燃物的量}{可燃物的量+空气的量}\times100(\%)=\frac{1}{1+\dfrac{空气的量}{可燃物的量}}\times100(\%)$$

$$=\frac{1}{1+\dfrac{1}{0.21}\times\dfrac{氧气的量}{可燃物的量}}\times100(\%)=\frac{1}{1+\dfrac{z}{0.21}}\times100(\%)=\frac{21}{0.21+z}(\%)$$

将此结果代入式（5-1）和式（5-2），并考虑 $z=m+x/4-y/2$，则可以得到：

$$LEL=0.55\times\frac{21}{0.21+m+x/4-y/2}(\%) \tag{5-3}$$

$$UEL=4.8\sqrt{\frac{21}{0.21+m+x/4-y/2}}(\%) \tag{5-4}$$

以甲烷为例，其分子式为 CH_4，将其与通式 $C_mH_xO_y$ 进行比较可知 $m=1$，$x=4$，$y=0$，代入式（5-3）和式（5-4），即可得到甲烷的爆炸极限区间：$LEL=5.2\%$，$UEL=14.8\%$。

因此，只要给出了相应可燃有机物，明确写出其分子式，即可计算得到具体的 C_{st} 值，就可以用式（5-3）和式（5-4）直接估算出爆炸下限和爆炸上限，确定某一可燃气体或蒸气在空气中的爆炸极限范围。

当然，直接列出反应式并简单配平，得到 z 后再经由 C_{st} 来计算爆炸极限也很方便，两者的计算结果是一样的。例如，甲烷在空气中燃烧的反应式为 $CH_4+2O_2\longrightarrow CO_2+2H_2O$，其中 $z=2$，算得 C_{st} 为 9.5，代入式（5-1）和式（5-2），也能得到甲烷爆炸下限 LEL 为 5.2%、爆炸上限 UEL 为 14.8%的结果。

将此估算结果与表 5-2 中的实测甲烷爆炸极限数据进行比较可以发现，两者间有着很好的吻合。研究表明，采用此处给出的公式进行估算时，对链烷烃可以获得比较理想的结果，但当应用于氢、乙炔以及含有氮、氯、硫等杂原子的有机可燃气体时，则往往偏差较大，因而不宜采用。总的来讲，该方法用于暂时没有实测数据时的估算比较合适，其结果仅供参考使用，并不能代替真实的实验数据。

以上为单一组分可燃气体或蒸气在空气中的爆炸极限的估算方法。对于含有两种及两种以上不同组分的可燃性气体或蒸气的混合物，其爆炸极限的求取需按照以下两种不同情形予以分别考虑：①混合物中的各组分均为可燃物；②混合物中不但有可燃组分，还含有一定比例的惰性成分。

(1) 多组分可燃气体或蒸气混合物的爆炸极限

当混合物中的各组分均为可燃气体或蒸气时，其在空气中的爆炸下限 LEL_{mix} 及爆炸上限 UEL_{mix}，可以通过以下的 Le Chatelier 公式计算得到：

$$LEL_{mix}=100\left/\sum_{i=1}^{n}\frac{v_i}{LEL_i}\right.(\%) \tag{5-5}$$

$$UEL_{mix}=100\left/\sum_{i=1}^{n}\frac{v_i}{UEL_i}\right.(\%) \tag{5-6}$$

式中，LEL_i 和 UEL_i 分别为混合气体或蒸气中可燃组分 i 单独与空气形成爆炸混合物时的爆炸下限和爆炸上限；v_i 为可燃组分 i 在全部由可燃组分构成的混合物中所占的体积分数；n 为混合气体或蒸气中的可燃气体的数目。Le Chatelier 公式由经验推理所得，对于爆炸下限的计算相对准确，而对上限的计算结果则稍显逊色。公式仅适用于各组分间不发生化学反应、燃烧时无催化作用的可燃气体或蒸气的混合物。

实际运用上述公式时，某个可燃物组分 i 单独与空气形成爆炸混合物时的爆炸极限区间，通常可以通过查阅数据手册的方法直接获得。若无法方便查到，也可利用前面介绍的通过可燃气体或蒸气的化学计量浓度来进行简单估算的方法得到。

以下通过例题来说明上述公式的使用方法。

【例 5-1】 空气中含有少量的甲烷、乙烷和丙烷，其对应的体积分数为 1%、2% 和 3%，其余的空气占比为 94%。问该可燃气体混合物的爆炸极限是多少？以该比例存在于空气中的可燃气态混合物，是否具有爆炸危险？

解： 三种可燃气体的体积占比合计为 6%，其中甲烷占有整个 6 份体积中的 1/6=0.17，乙烷为 2/6=0.33，丙烷为 3/6=0.50，此即为除去空气成分后，三种可燃气体在全部由可燃组分构成的混合物中的各自占比，也就是 $v_{甲烷}$、$v_{乙烷}$ 和 $v_{丙烷}$。

又，通过表 5-2 可知，甲烷、乙烷和丙烷三种可燃物的爆炸极限范围分别为 5.0%～15.0%、3.2%～12.4% 和 2.4%～9.5%。

将这些数据代入式（5-5）和式（5-6），可得

$$LEL_{mix} = 100 \left/ \sum_{i=1}^{n} \frac{v_i}{LEL_i} (\%) = 100 \left/ \left(\frac{0.17}{0.05} + \frac{0.33}{0.032} + \frac{0.50}{0.024} \right) (\%) = 2.9\% \right.\right.$$

$$UEL_{mix} = 100 \left/ \sum_{i=1}^{n} \frac{v_i}{UEL_i} (\%) = 100 \left/ \left(\frac{0.17}{0.15} + \frac{0.33}{0.124} + \frac{0.50}{0.095} \right) (\%) = 11.0\% \right.\right.$$

由此可知，甲烷、乙烷和丙烷与空气按题中比例形成的可燃气态混合物，其爆炸极限区间为 2.9%～11.0%。由于三种易燃气体在与空气形成的混合物中的合计占比达到了 6%，位于上述计算得到的爆炸极限范围内，因此该混合物具有爆炸危险。

(2) 多组分可燃气体或蒸气与惰性气体混合物的爆炸极限

通过引入惰性组分来改变爆炸极限范围，消除相应的爆炸危险，是化学工业上经常采用的一种极为重要的安全措施。此时，混合物中不但有可燃组分，同时还含有一定比例的惰性气体。相比于纯粹由可燃物组成的混合气体体系，这种含有惰性成分的物系，各组分间的相互作用及其对爆炸极限的影响将变得更为复杂。迄今为止，还没有一个相对简单的方程或是普适性的经验公式，可以用来准确地预测所加入的某种惰性成分，究竟能对可燃组分或者是可燃组分混合物的爆炸极限产生多大的影响。

图 5-1 为根据实测数据绘制的在可燃气体与空气的混合物中，加入不同的惰性气体后对爆炸极限的影响。图 5-1(a) 中的可燃气体为甲烷，图 5-1(b) 中的可燃气体为乙烷。由图可知，无论是对甲烷还是乙烷，惰性成分的引入，都显著地改变了其在空气中的爆炸极限范围。惰性气体的种类不同、数量不同，爆炸极限的变化范围也不一样，彼此间并不存在简单的线性关系。因此，对于含有惰性气体的可燃气体混合物的爆炸极限信息，目前最可靠的方法，还是通过实测的途径来直接获取。在有些情况下，如果已有的数据资料比较充分，有时也可借助 Le Chatelier 公式来近似估算含有惰性组分的可燃气体混合物的爆炸极限，以作为

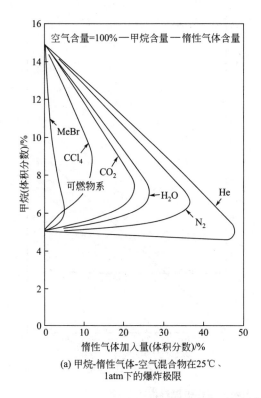

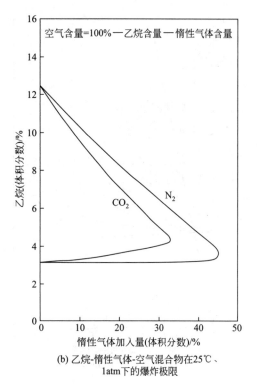

(a) 甲烷-惰性气体-空气混合物在25℃、 1atm下的爆炸极限	(b) 乙烷-惰性气体-空气混合物在25℃、 1atm下的爆炸极限

图 5-1　惰性气体对爆炸极限的影响

资料来源：（a）NFPA 69，2014 Edition，Standard on Explosion Prevention Systems.

（b）J. F. Coward and G. W. Jones，Limits of Flammability of Gases and Vapors

没有实测数据时的参考。其具体方法是，将每种惰性气体与一种可燃气体编为一组，通过查找类似图 5-1 那样的爆炸极限变化图的方式，获得该种可燃气体在混入了一定量的惰性组分后的"新"的爆炸极限数值，然后再将这样得到的每组混合气体的"新"的爆炸极限数据一一代入 Le Chatelier 公式，就可最终计算得出含有惰性成分的、整个混合气体的爆炸极限。此时，惰性成分的影响，已在每一混入了惰性成分的"新"的可燃组分中得到了"充分"体现。

以下通过一个具体的例题对该方法的运用予以说明。

【例 5-2】　一混合气体的体积分数如下：甲烷 20%，乙烷 10%，二氧化碳 20%，氮气 50%。求该混合气体的爆炸极限。

解：将甲烷和二氧化碳编为一组，乙烷和氮气编为一组。

由题中给出的体积分数信息可知，甲烷：二氧化碳＝1∶1，乙烷∶氮气＝1∶5。将这两个比例关系在图 5-1(a)（甲烷与惰性气体）、(b)（乙烷与惰性气体）两图中分别以直线绘出，得到如下所示的图 5-2。

其中："甲烷"图中直线与"二氧化碳"曲线的两个交点，即为该比例下"甲烷与二氧化碳"组成的混合气体的爆炸极限，其具体数值可由对应的横、纵坐标值的加和得到，由此算出爆炸下限为 10.6%，爆炸上限为 22.8%。

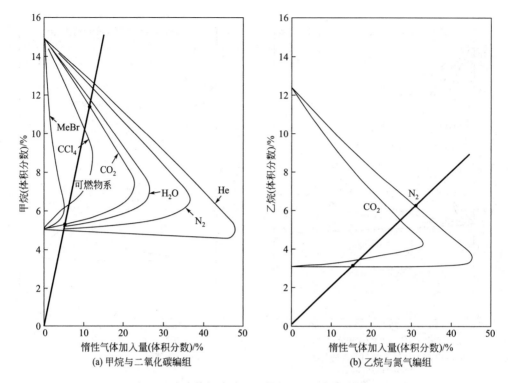

图 5-2　含有惰性成分的可燃物系爆炸极限解析图

采用相同的方法，可以得到乙烷与氮气组成的"新"的可燃气体的爆炸下限和爆炸上限，其值分别为 18.5% 和 37.4%。

将数据代入 Le Chatelier 公式，可得

$$LEL_{mix} = 100 \bigg/ \sum_{i=1}^{n} \frac{v_i}{LEL_i} (\%) = 100 \bigg/ \left(\frac{0.40}{0.106} + \frac{0.60}{0.185} \right)(\%) = 14.3\%$$

$$UEL_{mix} = 100 \bigg/ \sum_{i=1}^{n} \frac{v_i}{UEL_i} (\%) = 100 \bigg/ \left(\frac{0.40}{0.228} + \frac{0.60}{0.374} \right)(\%) = 29.8\%$$

即，混合气体的爆炸极限范围是 14.3%～29.8%。

当然，除了采用 Le Chatelier 公式进行近似估算以外，不排除在小范围内，对于含有惰性成分的某种特定的可燃性气体或蒸气的物系，通过数据拟合一类的方法，在爆炸极限与相关变量之间导出某种近似的函数关系，以方便使用。但这样获得的"理论方程"或是经验公式，其适用范围往往是有限的，普适性不强。

必须提请注意的是，在现实的化工生产实践中，任何仅从理论层面上做出的估算、推演结果，或采用某个公式得到的近似计算数据，最终都必须要经过实测验证的审核，必须注意到前面说过的那些与确定爆炸极限范围有关的各种前提条件，如初始压力、初始温度等，需要考虑现场环境、操作参数与设置条件等的复杂影响。切不可仅以简化条件下获得的某个理论或近似估算、推演结果为依据，不加修正地直接采信，成为确定实际工艺参数与操作条件的唯一依据。

5.3　金属腐蚀危险

化工企业的一个显著特点就是使用了大量金属材质的塔、釜、槽、罐等装置，彼此间又常以金属管路进行连接，因此其中盛放、流动的腐蚀性化学品，往往会对这些金属材料造成严重的腐蚀性威胁。了解腐蚀现象及其对金属设备带来的损害，实施相应的防腐措施，对实现安全生产、防范事故发生具有重要意义。

5.3.1　金属腐蚀概述

金属在环境介质作用下发生的破坏称为金属腐蚀。除了下面简单提及的物理腐蚀外，化工领域经常发生的绝大多数的腐蚀，其本质其实就是金属材料发生了化学变化。这类腐蚀的特点是，腐蚀破坏总是从金属与环境的接触面开始，逐渐向金属的内部纵深发展的。在大多数情况下，金属腐蚀的结果，是其转变成了金属化合物。而绝大多数的金属在被纯化制成金属单质以前就是以化合物的形式存在于自然界，因此若不太严格地说，腐蚀也可以被看作是金属冶炼的一个逆过程。由于冶金过程是需要输入能量的，因此从稳定性上看，化合物状态的"金属"居于比单质状态的金属更为有利的能量状态。换句话说，若置于常规的环境介质中，绝大多数的金属"更愿意"其自身以化合物的状态存在。由此可以推论，金属腐蚀是一种自发、普遍存在的"自然"现象，符合热力学的基本规律及其指明的变化方向。同时需要明白，被腐蚀并不是金属的固有本性，离开金属的周边环境以及环境介质来谈腐蚀现象是没有意义的，毕竟一特定金属最终能否被腐蚀，还要看与其发生作用的介质，即对金属有腐蚀作用的物质，也就是金属腐蚀物，在给定的环境条件下，是否具有从金属上夺取电子的能力。

5.3.2　金属腐蚀的影响因素与不同分类

大多数腐蚀现象是金属发生了化学变化，能对这种化学变化产生影响的环境温度、压力、pH 值，环境介质中金属腐蚀物的浓度、物质结构、组成等因素，必然会对这个化学过程有影响，金属材料的化学组成、结构、晶型、受力状况等，也会对腐蚀结果产生作用。影响因素不同，作用形式不同，使得金属腐蚀有许多不同的分类方法。其中比较常见的几个简介如下。

(1) 按腐蚀类型分类

按腐蚀类型分类，金属腐蚀可分为物理腐蚀和化学腐蚀两类。物理腐蚀比较简单，就是金属与环境介质发生作用后所发生的单纯溶解现象，不涉及化学反应，过程前后没有新物质生成、没有化学变化。这方面的例子有金属在高温熔盐、熔融状态的碱以及液态金属中的消融和腐蚀。而化学腐蚀指的是金属与环境介质发生作用后，有新物质生成、两者间发生了化学反应的一种腐蚀现象。化学腐蚀名目下，可再分出单纯化学腐蚀和电化学腐蚀两种，两者的区别在于腐蚀过程中有没有腐蚀电流产生。单纯的化学腐蚀过程是没有腐蚀电流产生的，过程可用普通的化学动力学规律描述，比如金属在干燥空气中的腐蚀现象就是如此。而在电化学腐蚀过程中有腐蚀电流产生，其表现符合电化学电动力学规律，需用电化学理论描述。例如金属在含有电解质的溶液中，由于发生电化学反应而产生的腐蚀现象，就属于电化学腐蚀范畴。其中，电化学腐蚀现象在化工领域发生得最为普遍，对金属材料造成的危害也最为严重，因此也常常成为人们关注的重点。

(2) 按腐蚀面积分类

按照腐蚀多少，或曰腐蚀面积大小分类，可分为全面腐蚀和局部腐蚀。其中的全面腐蚀指的是金属的整个表面或大部分面积均发生了腐蚀反应，有均匀全面腐蚀和非均匀全面腐蚀之分。全面腐蚀比较直观，容易发现，主要结果是被腐蚀金属重量减少、壁厚减薄。而局部腐蚀则指的是腐蚀破坏仅发生在狭小区域，其余金属表面受腐蚀影响轻微。受影响部位可呈沟槽、坑洼、破裂、分层、穿孔等不同破坏形态。局部腐蚀种类很多，有晶间腐蚀、缝隙腐蚀、电偶腐蚀、应力腐蚀、磨损腐蚀、点腐蚀、孔腐蚀等，其中有不少都是化工领域常见的。局部腐蚀常发生在已实施耐全面腐蚀措施的金属材料表面的某个薄弱之处，突发性强、影响因素多且复杂，在金属设备腐蚀破坏事故中占有很大的比例。局部腐蚀的一个特点值得特别指出，就是与全面腐蚀相比，尽管局部腐蚀的面积较小，但其对金属局部区域的破坏程度却往往很大，一旦形成，常以很快的速度进行，若不注意，很容易为人们所忽略、酿成祸端。

(3) 按腐蚀环境分类

可分为自然环境腐蚀和工业环境腐蚀。自然环境腐蚀中又分为大气腐蚀、海水腐蚀、土壤腐蚀、生物腐蚀。工业环境腐蚀分为工业气体腐蚀、电解质溶液腐蚀、有机介质腐蚀、熔盐腐蚀等。工业腐蚀涉及的环境介质或称环境作用物，绝大多数就是 GHS 分类中理化危险一栏下表述的"金属腐蚀物"。化工领域面对的金属腐蚀，基本上都属于工业环境腐蚀的范畴。

此外还有所谓的氢腐蚀，有时也被归入局部腐蚀分类中加以讨论，它指的是氢气对钢组织结构的一种破坏作用，也属于在生产实践中经常遇到的一种腐蚀现象，常发生在化工生产时的高温高压环境中，其结果是会使钢材的机械性能发生改变，性质劣化。如果氢进一步向金属内部扩散，则会使金属材料脆化，使其发生一种被称为"氢脆"的变化，致使材料的基本结构遭到进一步的破坏。研究表明，合金钢级别越高，越容易发生氢脆现象。因此，对于化工生产中由氢导致的材料性能下降，即有时亦称为氢损伤的现象，也必须给予足够的关注。

还有一些金属腐蚀分类及相应的腐蚀现象介绍，因与本章叙述主旨牵涉不大，此处不做讨论。

5.3.3 金属腐蚀的危害与损失

金属腐蚀的危害十分严重，往往给相关行业造成巨大的损失。曾有统计称，在一些发达国家，每年由于金属腐蚀造成的经济损失能够占到其整个国民生产总值的大约 $2\% \sim 4\%$。由于所在行业的特点，这种情况在化工领域表现得尤为突出。生产中涉及的诸多化学品，大多具有腐蚀性，当其与厂区内金属材质的塔、釜、罐、槽、泵，包括含有大量金属构件的建筑物、厂房、构架等接触时，必然会造成腐蚀性破坏。各种无机和有机的酸、碱（包括液氨）、盐、氧化性物质、硫化物以及许多的中间产品、副产物等，会严重腐蚀管路、法兰、阀门、密封圈、密封垫片，致使仪器、仪表、报警装置损坏和失灵，造成危险化学品物料泄漏，从而引发燃烧、爆炸等事故。在一些情况下，腐蚀对金属的破坏，还会造成严重的环境污染，给周边的大气、水体、土壤带来灾难性后果。金属腐蚀的损失中有些是比较容易计算的，如更换损坏的装置与设备、采取防护措施、停工停产、物料流失、产品报废等的费用，有些则是短期或一时难以估量的，比如对事故伤害的评估、人员伤亡的补偿、环境的污染以及随后的治理与恢复等的花费。

5.4 安全防范技术

针对理化危险的安全技术，以及通常可以采取的防范措施，主要包括以下几部分内容。

5.4.1 燃烧与爆炸安全防范技术

燃烧和爆炸既有区别又有联系，两者并不完全一样。比如，爆炸不一定出现着火现象，而燃烧时一定会出现着火现象。燃烧是一个化学反应，反应前后物质的化学性质发生了改变，有新物质生成。而爆炸则不尽相同，既有发生了化学反应的所谓化学爆炸，也有只是历经了单纯的压力释放过程的物理爆炸，如高压氮气瓶爆炸、锅炉爆炸等。从本质上讲，燃烧和爆炸都是一个能量的释放过程，所不同之处在于两者在能量释放时的速度有着很大的不同，在直观上会有明显的区别。燃烧，有时从其造成的后果和灾害的角度表述，也常常称之为火灾，是一个相对缓慢的能量释放过程，往往有着一个能够察觉得到的自然进程；而爆炸则不然，能量的释放速度极快，常在微秒这个数量级上完成，且伴有巨大的声响，可以给周围的人、设备以及环境造成很大的冲击波伤害。由此延伸出来的一个结论就是，火灾发生后，若是干预及时，在早期、有时甚至是中期采取适当措施，还可以部分地挽回损失，将之扑灭，或是将之阻隔、加以局限化，将灾害的影响和损害程度尽可能地降低；而爆炸现象则完全不同，在感官上似乎没有过程，往往在巨响过后，直接面对的就是灾害的结果，因而预防就成了重中之重。从两者的关联性上看，火灾可以引起爆炸，而爆炸也能引起火灾，特别是在有些情况下，两者常常相伴而生，无法截然区分。故此，一般在述及有关燃烧和爆炸的安全防范技术时，不但经常将两者放在一起考虑，且由于在所能采取的措施和处置层面上，两者也有着很大程度的一致性，所以为了方便起见，会将相关内容置于"防火防爆安全技术"名义下统一进行讨论。当然，这样的安排，并不意味着在所有环节对燃烧和爆炸危险都采取完全一样的处置措施；在一些情况下，两者形成的威胁是不一样的，现实中遇到的具体问题还要具体分析，切忌一刀切，盲目照搬既有成例。

需要说明的是，因所处的环境不同，对化学品在生产过程、储存、运输等环节采取的防范安全技术也不会完全一样，而是会因时、因地，有所区别。以下按照各环节特点和不同，对有关安全技术分别进行叙述。

5.4.1.1 生产过程安全技术

前面已经讲过，火灾爆炸事故的发生，通常需要满足前面说到的三个条件，即必须具有可燃物、氧气或其他助燃物以及点火源，三者缺一不可。不但如此，一个具体的燃烧、或与其相关的爆炸危险，还与这三个要素在现场能够呈现的"量级"有关，比如可燃物质和助燃物质需要达到一定的量或浓度限度，点火源必须具有足够的能量，这个燃烧、爆炸现象才会在现实中发生。研究表明，包括粉尘在内的所有可燃物质，在给定条件下，都具有一个特征的、能够引发其燃烧的最低能量，它就是所谓的最小点火能（Minimum Ignition Energy，MIE）。物质组成、结构、浓度乃至温度、压力等热力学参数，对其具体量值都有不同程度的影响。其相关数值，在各种化工手册、研究报告等文献资料中都可查到。检索并比较相关数据，可以获得许多有用的信息。比如，许多烃类化合物的 MIE 仅约为 0.25mJ，一个很低的数值；可燃粉尘 MIE 数值，一般情况下要比可燃气体的大；体系压力增加，所需的 MIE 会降低；惰性气体浓度增加，点火难度加大，所需的 MIE 数值也会相应增大，等等。

因此，防火防爆安全技术的基础，在相当的程度上，实质上是这三个条件，或曰三要素的控制问题。具体而言，最常采用的防火防爆安全技术，从原理上讲，不外乎这样几个：一是反应物控制，即尽力阻隔构成火灾爆炸危险的各反应物间的彼此接触，或将气态可燃物在空气中的浓度置于爆炸范围以外；二是点火源控制，指的是对点火源可能出现的时间、地点进行把握，或将其所能提供的能量降低至某个安全区间；三是工艺参数控制，即通过温度、压力、浓度，物料添加量、加料频率等工艺参数的设置与调节，对化工生产中的化学反应速度与节奏进行掌控；四是防火防爆安全设计、设施建设以及各种安全与报警装置、设备的配备；五是局限化技术与各种事后处置，指的是事故发生后，可以采取的补救措施，旨在使得已发生事故的危害尽可能地降到最低，减少损失，比如灭火设施的配置与使用、防火防爆的局限化处理措施等；六是一些特殊安全措施，主要是针对某些化学品的特殊性质而专门采取的技术性安排。

需要特别注意，现实中采用的某项防火防爆安全技术或是处置措施，常常会是综合性的，无法将其截然分开，会兼用上述方案中的一种或几种技术手段，会同时从几个不同方向上协同动作，一起发挥作用来降低危险，降低事故发生的概率。换言之，一个成功的防火防爆安全设计，往往是若干种不同技术措施的组合。当然，篇幅所限，此处列举的各种处置措施，仅为常规采用的一些比较典型的应对燃烧、爆炸危险的安全防范技术，或曰依据化工原理及事物发展逻辑提出的解决方案；落实到实践环节，还应该结合所遇到的情况做出具体分析判断，切忌不假思索地盲目照搬照用，以免酿成不必要的损失。

（1）反应物控制

这里所说的反应物控制，其实指的是，通过阻隔构成火灾爆炸危险的各反应物间的彼此接触，或将气态可燃物在空气中的浓度置于爆炸范围以外，以防止出现燃烧、爆炸危险的各种方法。例如，前面已经述及的惰化处理就是最常用，同时也是使用最广泛的防火防爆安全技术之一。其典型的操作为：容器在没有加料之前，应首先采用惰性气体对容器内部进行充分的吹扫，对其中的空气进行置换，使其中的氧气浓度降到安全限度以下，方可进行加料作业，且在加料后，还必须持续充入惰性气体，以保证易燃液体的液面上始终存在一个惰性环境，消除可燃气体混合物的燃烧及爆炸危险。将容器内的初始氧气浓度降至安全范围的方法有很多种，包括真空惰化、压力惰化、真空与压力联合惰化以及虹吸惰化等。原则上，只要是存在火灾、爆炸危险的装置、设备、管道、储罐等，都应采用惰性气体保护，以消除危险。涉及易燃易爆气体操作的许多化工生产过程，也需要采用惰性气体保护。比如，易燃气体在加工过程中，可加入一定量的惰性气体作为稀释剂，以降低操作风险；易燃固体在粉碎、研磨、筛分、传输等过程中，应对其给予惰性气体保护，等等。

除了惰化处理以外，采用充分的密闭措施也可起到将易燃气体与氧气隔绝的作用。不过应该明白，不管试图对设备采取何种程度的密封措施，要做到完全没有易燃物质泄漏几乎是不可能的，因此依然存在易燃物质在局部的汇集浓度超出安全限度的可能性。为此，密闭措施以外，至少是作为补充，对作业场所采取一定的通风、换气措施也是必不可少的。

事实上，经常采取的通风换气措施，也是能够迅速降低现场易燃易爆气氛的浓度的最常用手段之一。在具体运用上，如果细分下去，可以采取的通风换气操作类型或作业方式有很多种，比如局部通风、全面通风、混合通风等等。常见的通风系统主要由风扇和输送管道组成，且一般采取负压操作方式进行，通过置于系统末端的风扇将现场气氛排至安全区域或专门的处理装置中。

此外，在许多情况下，只要条件许可，还可以考虑用难燃溶剂、甚至是不燃溶剂来代替可燃溶剂，来降低乃至消除火灾爆炸风险。采用减压操作，抽出相当部分反应体系中的常见助燃物氧气，也就是将工艺过程置于爆炸极限以外进行操作，也是经常采用的防火防爆安全技术。

(2) 点火源控制

对点火源进行控制，是最常采用的一类防火防爆安全技术。化工企业中常见的火源包括明火、火花、静电、过热、热表面、电源、自燃等。理论上，所有能提供一定能量的过程、步骤、物质等，甚至是背景环境，在一定的条件下，均可成为点火源。

可以采取一系列的措施，应对明火、火花、过热、热表面、电源、自燃等点火源带来的危险，确保化工生产过程的安全。例如，在含有易燃易爆物质的装置周围，需严格管控明火；除非必须，应严格禁止喷枪、焊枪、普通灯具等的使用；可以使用自动控温装置来防止过热现象产生；运用隔离设计和遮盖材料，防止易燃蒸气与干燥器、烤炉、燃烧室等具有热表面的装置直接接触；应用特殊导线、线管，防爆电机、防爆灯具，采用接地设计，可以预防正常的电源成为点火源；使用专用开关、继电器等，避免火花的产生等等。

必须牢记，所有电气设备本质上都是点火源，在施工、安装、使用时一定要遵守相关的规定、说明、守则，照章执行，不能心存侥幸、留下隐患。

作为教科书，体例所限，各种方法不能一一尽举，此处所列的仅为常用方法中有限的几个。需要时，可根据情况从相关资料中自行查找。凡事涉安全，总的原则依然是需要具体问题具体分析，需要在理论分析和前人经验总结的基础上，提出消除点火源危险的解决方案。

比较起来，在许多情况下，消除静电威胁难度最大。尽管人们曾为此做出不懈努力，但由静电引发的严重火灾和爆炸事故依然是时有发生，给安全生产的实现带来极大困扰。事实上，只要条件适宜，仅仅 0.1mJ 的静电能量，也会引发危险的燃烧爆炸事故。消除静电威胁的难点在于，一些化工常见操作，例如通过管道吸取不导电的液体，将不能互溶的液体进行混合，固体的粉碎、机械研磨、筛分、倾倒与传送带传输过程，不良导体材料间的相互摩擦等，皆可导致静电聚集，酿成危险。历史经验表明，为了防止静电这类点火源引发事故，最可靠的办法是掌握电荷聚集以及静电产生的基本原理，然后在此基础上再通过专门设计，采取有针对性的措施消除静电危害。比如，由于空气干燥条件下静电起火现象更容易发生，因此在涉及易燃液体的场合，只要将相对湿度保持在 40% 以上，就会大大降低产生静电危害的可能性。通过对周围环境做惰化处理，采用搭接和将罐、塔、釜、管路等装置做接地处理，对相关的部位或材料采用一定的方法增加其导电性等，也是控制静电危害的常见做法。

特别需要注意的是，薄雾或飞沫穿过孔洞时，也会产生静电。这种因摩擦而产生电荷聚集现象，若以火花的形式释放出来，则极为危险。若此时其周边恰巧有易燃易爆物质存在，就会发生火灾或爆炸。

讨论点火源控制问题，必须具体问题具体分析。在一个特定的化工企业里，点火源会以多种形式出现，有限时间内往往很难一下子全部辨认出来。因此，细致、反复地排查，甚至是事故过后对经验教训的认真分析与总结，寻找以前没有辨识出来的安全漏洞，都应该按照规章，严格执行，以消除可能存在的事故隐患。

由于大多数易燃物质的点火能非常低，且企业中各式各样的点火源数量众多，传统上单纯控制点火源的方法已不能满足化工行业日益严苛的安全需求，目前防止火灾和爆炸危险的方法，已逐渐转为在继续排查、消除点火源的同时，还要尽量采取方法去阻止易燃易爆混合物的形成上面。

(3) 工艺参数控制

除了物料本身的性质特征以外，化工过程的安全在很大程度上与设置的反应条件有关。在规模化的化工生产中，如何选取并有效控制相关工艺参数，如温度、压力、流量、浓度、物料配比、物料添加次序，是采用连续添加还是批次添加模式等，以使反应器及附属连接装置在不可能失控的条件下进行操作，对防火防爆、实现化工领域的安全生产十分重要。

温度在化学反应中扮演了极为重要的角色。一定的体系温度是保证化学反应得以正常进行、获得合格的目标产物的根本保障。原则上，在整个反应过程中，温度的波动范围应始终严格地控制在狭小的、设计允许的安全区间内，既需要通过各种有效手段和方式及时移除反应热，以防温度升高引发危险的副反应、过反应，同时也需警惕温度过低，致使某些物料黏度增加，造成管路阻塞乃至拥塞破裂，引发因易燃物泄漏而起的火灾或爆炸事故。

作为基本的工艺参数，压力对反应过程同样有着重要的影响。将系统压力控制在合理区间，维持化工生产的进行，同样是确保过程安全的基本要素之一。如何安全地实施带压操作，通过一定的装置和控制机构将压力的波动控制在设计区间内，以及对体系压力变化及时示警，并将过高的体系压力安全泄出等，在后面的"压力容器设计与使用安全"一章有相关的讲解，此处不再赘述。不过值得一提的是，有时将体系有意识地置于负压下，即实施所谓的减压操作，同样可以增加过程安全，因而也是一种常用的防火防爆安全手段。因为将体系置于减压操作条件下，不但可以有效地减少装置内的氧气浓度，降低其与易燃易爆反应物发生意外反应的风险，还可以使反应、蒸馏一类相关化工过程在更低的温度下进行，减少副反应、过反应发生的概率，使化工生产更为安全。

控制流量或投料速度、控制反应液浓度，采用批次加料模式代替连续进料，通过调节物料配比、改变物料添加次序等，使得整个反应得以更为和缓地进行，也可以提高化工生产的安全性。这些措施的一个共通之处是减少了单位时间内物料的转化量，降低了反应的激烈程度，使反应热效应及能量释放速度得到了控制；因而无论是原理上还是从效果上看，这些措施也都属于防火防爆安全技术范畴。

(4) 设计、设施与设备控制

为了在化工厂中实现防火防爆的目的，必须在设计阶段就采取综合措施，将多种技术结合使用，降低过程风险。通过专门设计，将较大的间歇反应器改为较小的连续反应器，降低反应规模，减小物料的储存量和过程持续时间，皆可提高化工过程的本质安全，减少燃烧爆炸事故发生的危险。化学反应失控、可燃粉尘积累或处理不当，都会引发灾难性后果。必须通过专门的安全设计，排除此类风险。例如，反应失控会导致大量的热能瞬时释放，引发爆炸事故，因此可以调整路线，尽量选择能量变化较小、反应速率较慢、比较易控的反应；也可以通过安装专门设计装置、机构，快速消除反应积累的热量、释放短时间内产生的反应气体；而为了消除粉尘爆炸危险，可使用气动除尘系统来降低设备和通风孔中的粉尘浓度，添加垫片、紧固法兰可以防止粉尘泄漏等。

用机械泵密封代替衬垫、用焊接管代替法兰连接等措施，在条件允许的情况下，将装置置于露天，通过自然的空气流通，稀释可能从装置中泄漏出来的易燃易爆物质，也是从源头上采取的一些常见防火防爆安全技术。可采用泄压阀、爆破片一类装置，防止爆炸发生；采用放空阀、放空管，在发生超温、超压、爆聚等现象时，实现紧急物料排放。

可以对所有的关键控制措施进行失效分析，增加安全装置，以便在紧急情况下能将装置自动安全关闭。例如，可以设置自动隔断阀，以便在紧急情况下停止或控制流体流动；可以设置自动开关，紧急情况下，自动切断电源、燃料供给等。在条件允许时，应增加在线分析装置和状态报警装置，尽量增加自动控制系统，以实现对化工生产过程参数的实时、连续监测，实现对整个流程的动态干预，防止燃烧爆炸事故的发生。

(5) 局限化技术与事后处置

防火防爆安全技术设计的首要原则是防止事故的发生。但由于种种不可预知因素的存在，现实中的事故往往无法完全避免，因而必须预先考虑到事故发生后，可以采取的善后措施，做出处置预案及各种必需的物资、材料乃至人员上的准备，以期尽量减少事故的影响，降低事故带来的损失，这就是所谓的局限化技术与事后处置。这些措施中的相当一部分，具有明确的针对性，在化工企业的设计阶段就必须有所考虑，做出安排。必须从初期的工厂选址、装置布局、工艺设计、建筑施工等阶段开始，按照从大到小的顺序，通过逐级排查与系统性设计相结合的方式，预留出对未来可能出现的事故进行干预、采取措施的余地，并做好充分的准备。从这个观点来看，在化工企业的设计阶段就对未来可能面临的危险进行统筹考虑并事先采取行动，以使可能出现的危害尽可能降至最低的种种相关举措，既可以将其说成是一种局限化技术，当然也可以说成是一种对事故后果的提前预防，一种试图将可能发生的灾害的影响尽可能减至最低的预先安排。

首先，从外部环境的角度考虑，原则上，化工企业一般不应建设在人口稠密地区，应远离各类公共设施，如发电厂、水源地、油站气站，远离各种教育机构、大型商业综合体、交通枢纽、通信中心等，要对可能发生的各种不测事件有充分的预判，提前做出预案。而在工厂内部，对具有较大危险性的化工过程、装置或车间，在工厂设计阶段就必须为其留有足够的安全空间和距离，与厂区内部人员一般比较密集的管理、销售、检测、研发、培训等机构或部门做出有效的区隔，可以考虑通过远程操控的方式减少可能发生的人员伤害。应在设计阶段，就注意到危险车间和其他车间性质的不同，通过位置选址与合理布局，妥善安排，降低发生连带灾害的风险。至于车间内部，则应根据各工序或工段的性质特点、危险程度，所涉化学品的数量多少，对相关的工艺环节和化学反应涉及的釜、塔、罐、泵、管路等生产设备与装置，进行适当区隔，并为操作人员留出足够的安全空间与距离。

其次，一旦事故发生，就必须及时采取局限化技术，阻止事故影响的扩大和损失的蔓延。也可以说，只有在事故发生后采取的防止事故影响扩大化的举措，才是严格意义上的局限化措施。例如，从装置层面上看，这些局限化技术可以包括阻火设备，如阻火器、单向阀、安全液封等，其作用是阻止火焰在设备和管道之间蔓延；可以包括各种专门设置的应急设备，在发生紧急情况时，切断电源、截止流体流动、实施物料排放、导入惰性气体等。又如，在设施上，可以设计建造由轻质、质地薄弱材料构成的泄压门窗、屋顶、外墙，这样一旦爆炸发生，这些薄弱部位首先遭受冲击，可将相当部分的爆炸能量释放掉，使得建筑的主体及承重结构免受爆炸破坏。当然也可以通过建设防爆墙、为装置加上防爆外壳，增设能抵御火灾和爆炸的防护屏障等方式，直接抵御火焰、爆炸冲击波、飞散杂物等带来的破坏性影响。厂区内的适当位置，还可以构筑各种围堰或拦液堤，用以防止火灾发生后，储存大量易燃易爆液体的罐、塔、釜、槽一类装置发生泄漏，造成大面积燃烧，使得灾害扩大。此类局限化措施还有不少，在化工企业中多有采用，可从各种有关书籍、设计手册中寻找。

最后，一旦出现火灾，必须立即启动灭火设施，力求将火灾控制在其发展的初期阶段，减少损失，因此其既属于局限化技术，也可归于灾害发生后的所谓"事后处置"措施。顾名思义，火灾其实就是失去控制的燃烧所造成的灾害。很显然，物性不同，其燃烧起来所造成的灾害在特征上也不一样，因此就需要有不同的灭火处置方法。比如，应根据火灾现场的具体情况来选择灭火剂及相应的灭火设施，才能达到预期的灭火效果，避免因错用灭火剂和不当使用灭火设施而造成额外的损失，以期能将火灾的负面影响降至最低。因此，对火灾按照燃烧物不同进行分类，然后在此基础上选择适宜的灭火处置措施，是灭火时应该遵循的基本指导原则。

国标《火灾分类》(GB/T 4968—2008) 将火灾分成了以下 6 类。其具体划分如下。

A 类火灾：此类火灾的燃烧物质通常为固体，具有有机物性质，一般在燃烧时能产生灼热的余烬，比如木材、棉花、纸张、毛、麻等。

B 类火灾：指的是液体火灾和可熔化的固体物质火灾。比如原油、汽油、煤油、柴油、乙醇、沥青、石蜡等燃烧时造成的火灾。

C 类火灾：气体火灾。指的是可燃气体，如煤气、天然气、甲烷、乙烷、氢气等。

D 类火灾：金属火灾。指的是钠、钾、镁等金属燃烧造成的火灾。

E 类火灾：指带电物体和精密仪器等物质的火灾。

F 类火灾：烹饪器具内的烹饪物（如动植物油脂）火灾。

有了这样的划分，就可做到有的放矢，采取有针对性的措施，比如采用某种特定的灭火设施、装置以及灭火剂等，对各种不同类型的火灾加以妥善应对。

一般的化工厂里常见的灭火设施有喷淋系统、泡沫灭火装置、二氧化碳灭火装置、氮气灭火装置、干粉灭火装置等，常用的灭火剂包括水、泡沫、二氧化碳、干粉、干沙土、卤代烃等。至于所用灭火剂的灭火原理，依旧是对燃烧三要素的分离与控制。以最常用的水为例，其可以用于灭火主要还是因为以下几点：①水有着较大的热容，可以吸收热量，降低温度；②水汽化后产生水蒸气，通过相变吸收带走大量热量；③产生的水蒸气，挤占了燃烧物上方的空气，稀释了现场氧的浓度，阻碍了氧和可燃物的有效接触，使火势减弱直至消失。当然通过水枪喷出的水流的对燃烧过程的巨大冲击和破坏作用也不可忽视。

由于火灾现场的情况往往是极其复杂的，因此结合上述火灾分类做出的灭火方案必须切实可行、符合实际。在采取灭火措施时，应尽可能地将现场所有可能出现的因素组合都考虑进去，妥善应对，切不可只是照本宣科，或是简单地按图索骥、机械处置。

（6）特殊安全措施

在生产过程中，如果涉及的化学品具有某些特殊性质，有时就不得不采取一些具有针对性的专门措施。如有的化合物在处理时需要避光、避震，有的需要防止自分解导致的燃烧、爆炸危险，有的需要防止微生物与其作用引发次生灾害等等。此时在工艺设计、在装置配备以及防护措施上，就必须有所考虑，以避免由此引发灾害事故。此类安全技术的采用因事而设，不一而足，往往不具普遍意义，篇幅关系，本书不做展开讨论。

5.4.1.2 储存与运输过程安全技术

具有燃烧、爆炸危险的化学品，在储存和运输过程中同样需要采取安全防范措施。遗憾的是，人们对这些环节存在的巨大风险往往不够重视。近年来，我国在这方面得到的教训是极为深刻的。有时只是某个环节稍有不慎，安全管理措施缺失或是不到位，就会酿成大祸。例如，2015 年 8 月 12 日，天津港瑞海国际物流有限公司危险品仓库发生的特别重大火灾爆炸事故，造成了 165 人遇难，8 人失踪，798 人受伤，304 幢建筑物、12428 辆商品汽车、7533 个集装箱受损，直接经济损失 68.66 亿元人民币，环境受到污染的严重后果。同样，运输环节也会存在诸多的安全隐患，只要条件适宜，事故必然发生。比如，2014 年 3 月 1 日在晋济高速山西晋城段岩后隧道内发生的甲醇运输车相撞事故，2014 年 7 月 19 日在沪昆高速湖南邵阳段发生的乙醇运输车辆碰撞事故等，均造成了极其重大的人员伤亡与财产损失。因此，必须对储存、运输过程中的易燃易爆化学品给予足够的重视，按照有关的制度要求，制定周全的防范措施，并持之以恒地坚持执行，以消除此类安全隐患。

（1）储存过程安全技术

储存是指产品离开生产环节而又未进入使用阶段，在流通过程中形成的一种停留。易燃易爆化学品的安全储存涉及几乎所有与化学品相关的企业，无论其是生产者、经营者、单纯的仓储者、周转者或使用者。从原则上讲，对任何易燃易爆化学品的储存方案，都必须根据其理化特点、存在相态和存储量的多少来具体制定。例如，对以气态形式存在的易燃物，了解其爆炸极限是防范危险的基础；对液体易燃物，其闪点高低在很大程度上可以表征其易燃危险的大小；而对于易燃固体，其危险则不但取决于本身的组成与结构，还与该固体的分散程度、比表面积等性质特征密切相关。对于特定的化学品，这些基础数据，再加上危险物质的其他一些理化性质，构成了制定储存方案的基础。易燃易爆化学品的储存首先需严格按照国家关于危险化学品的系列法律法规执行，如第三章介绍的《中华人民共和国安全生产法》《危险化学品安全管理条例》等。除此之外，若干与此相关的国家标准，比如《常用化学危险品贮存通则》(GB 15603—1995)、《建设设计防火规范 （2018 年版）》(GB 50016—2014)、《易燃易爆性商品储存养护技术条件》(GB 17914—2013) 等，对管理规定、库房标准、储存物品的火灾危险分类、库房耐火等级要求、储存数量、易燃易爆性物质的堆垛和储存条件等，也给出了详细的要求和具体安排。例如，易燃易爆危险化学品必须储存在经有关部门批准设置的专门仓库里，需符合储存要求、储存类别、储存数量方面的规定，库房须满足指定的耐火等级、温湿度条件，应储存在干燥、易于通风、避光、远离火源的场所并配置安全报警装置、灭火消防器材等；性质上有冲突的化学品不得放在一起储存，相关从业人员必须持有上岗作业的专业资质证书，操作时应符合流程与作业规范，等等。

（2）运输过程安全技术

运输是物品流通的一个重要环节，只要是生产者和使用者不在一地，就必然涉及物品的运输问题。除了必须按照雇主要求，及时、准确地将物品由一地转运至另一地点外，如何做到安全、无损地执行整个操作过程，也是参与运输各方必须考虑的重要问题。每年因运输安全事故造成的人员、财产和环境损失，在所有事故中占有相当大的比例。为此，有关部门曾先后制定并出台过许多法律法规、标准与技术规范，加强对包括易燃易爆化学品在内的危险货物运输的管理，防止安全事故发生。

相关管理规范在《中华人民共和国安全生产法》《危险化学品安全管理条例》《道路危险货物运输管理规定》《铁路危险货物运输管理规则》《水路危险货物运输规则》，以及《危险货物分类和品名编号》(GB 6944—2012)、《危险货物品名表》(GB 12268—2012) 和《危险货物运输包装通用技术条件》(GB 12463—2009) 等中有明确的体现。事实上，这些管理规范在很大程度上，就是国际上通行的用于危险货物运输管理的 TDG 体系，在我国管理体制和框架下的一个具体呈现，也是我国在该领域逐渐向国际规范靠拢、接轨工作的一部分。这些管理规范对参与运输的承运人、托运人、运输工具的驾驶人员、押运人员、装卸人员，对危险货物的品名、标志、包装物、容器，紧急状况下的应急处置方法，对所涉运输工具、场所、码头、道路等，都有十分具体的要求。例如，从事易燃易爆危险化学品的运输企业，需取得有关管理部门专门颁发的运输许可方可营业，相关人员需经过申请、考核、认证，取得从业资格才能持证上岗，用于运输的交通工具必须专用，有明确的危险标志和警示标牌，应符合国家标准要求的安全技术条件，运输器具未经许可，不得进入禁止其通行的道路、区域、水体、码头，装卸时必须做到轻装、轻卸，严防撞击、滚动、重压、摩擦，在相关环节必须配备必要的防护用品和应急救援器材，要有事故应急预案及施救信息网络，等等。

5.4.2 金属腐蚀安全防范技术

由于化工装置、设备、管件中的绝大多数都是金属材质的，金属腐蚀在化工领域就成了一个需要随时面对的问题。无论人们采取何种措施、如何防范，其发生、发展在很大程度上，仍属出现概率极高的"必然现象"。金属腐蚀现象既然不可避免，那么对处于腐蚀环境中的金属进行保护，尽量延长金属材料的使用寿命，尽可能将其影响降至最低，消除因材料腐蚀带来的安全隐患，就成为必然选择。各种各样的金属腐蚀防范技术也由此逐渐发展起来。这类技术的一个更加广为接受的常见叫法就是防腐蚀，其宗旨是通过各种措施，使金属设备、装置、结构件等能保持其功能稳定或基本不变，材料不致因腐蚀而出现劣化、损坏和失效。当然在现实的化工生产过程中，不计成本地过度保护也是没有必要的。合理的目标应该是通过采取措施，使金属的腐蚀过程受到抑制，其速度能大致维持在一个比较缓慢的、可以接受的水平即可。以下是化工企业常用的几项金属防腐安全技术。需要指明，在现代化工防腐实践中，常常是若干种防腐技术、方案一起使用，以期能起到对金属材料实施多重、联合保护的作用。

5.4.2.1 基于选材和设计的防腐安全技术

金属材料的组成、性质和结构是建立防腐安全屏障的基础，许多金属腐蚀引发的事故正是选材不当造成的，正确选择材料常常成为防腐设计的关键。选材时，需要综合考虑化学反应特点、腐蚀环境、原料、中间物、产物、工艺条件的影响及其在生产过程中的变化，根据温度、压力、流速、浓度等参数的变化区间，合理选择与之适宜的金属材料，以满足防腐安全要求。详尽的数据及各种材料的耐腐蚀性能，在名如《金属防腐手册》《腐蚀数据与选材手册》《材料的耐蚀性和腐蚀数据》一类书籍中皆可方便查到，需要时可自行查找。

化工装置的结构、形状、连接方式等，也会影响到材料的耐腐蚀性能。许多由腐蚀引发的破坏性事故，比如缝隙腐蚀、应力腐蚀、磨损腐蚀等，大多与设计不合理有着很大的关系。因此与腐蚀相关的许多危害，需要在装置的设计阶段就提前加以考虑与应对。比如，需要留出一定的腐蚀裕量，以避免腐蚀造成的减重、减薄、材料强度下降等的不利影响；应本着尽量简单的设计原则，避免应力集中，尽可能地使连接管路"平铺直叙"，减少拐弯、曲折，降低复杂性。又比如，应尽量减少设备死角、避免积液，应减少连接和接头，将缝隙数目尽可能降低，应采用双面焊、连续焊，避免搭接焊，等等。简言之，唯有从开始的设计阶段，就将这些防腐措施结合进化工装置的设计规划中，才能使其具有从容应对各种与腐蚀相关的安全问题的足够能力。

5.4.2.2　基于电化学原理的防腐安全技术

对目标金属施以电化学保护是最常采用的若干种防腐措施之一，其在化工生产领域有着广泛的应用。所谓的电化学保护，其实就是依据电化学原理，通过改变金属电位的方式来降低金属腐蚀速度的一种方法。电化学保护方法分为两种：阳极保护法和阴极保护法。具体而言，阳极保护法是指将欲保护的金属与外部直流电源的阳极相连，通以阳极电流，使金属表面形成一层具有耐腐性质的钝化膜，从而减小金属腐蚀速度的一种方法。在应用时，既可采用电偶式阳极保护形式，也可采用与涂料、缓蚀剂联合使用的形式。阳极保护的方法发展得比较晚，应用场合有限，一般仅用于在酸碱性腐蚀介质环境中工作的化工设备的防腐保护。相对而言，阴极保护方法的使用范围更为广泛。阴极保护法的原理很简单，就是通过向被保护金属通以阴极电流，使得金属腐蚀速度得以减缓的一种方法。阴极保护法也有两种，一种叫外加电流法，一种叫牺牲阳极法。如果提供阴极电流的是一外加直流电源，顾名思义，这种方法就是外加电源法；如果阴极电流是由一个比欲保护金属电位更负的金属所提供，那么这种方法就叫作牺牲阳极法。牺牲阳极法的实质是由电位更负的金属和被保护金属构成了一个腐蚀电池，电位更负的金属通过流出的电流，抑制了被保护金属的腐蚀，从而延长了其使用寿命的一种方法。当然，它也可以和防腐涂料或缓蚀剂联合使用，以达到对金属更好的保护效果。牺牲阳极法构造简单，不需要直流电源，对周边的其他设备干扰少，因而在化工生产实践中有着广泛的应用。

5.4.2.3　基于保护层构筑的防腐安全技术

对金属表面覆以适当保护层，也可对设备起到有效的防腐作用。保护层分为金属保护层和非金属保护层。

所说的金属保护层，其实指的就是用一层更为耐腐的金属或合金覆盖于被保护金属表面，以期达到对之进行保护的金属材料。这个金属保护层可以通过喷、涂、镀以及包括渗透、扩散、溅射、沉积等表面处理手段在内的方式获得。

所说的非金属保护层，指的是用耐腐蚀的非金属材料覆盖在金属表面，旨在起到保护作用的一层非金属材料。这种非金属材料可以是玻璃、陶瓷、橡胶、塑料、防腐涂料形成的涂层等。涂层一般可通过喷、涂、刷等方式获得，玻璃、陶瓷、树脂一类保护层，则可通过所谓的"搪"的方式获得，比如搪瓷、搪玻璃、搪橡胶等等。

保护层将腐蚀介质与被保护金属隔离开来，避免了两者间的直接接触，防止了对金属有腐蚀作用的危害化学品对金属的破坏与损伤，可以延长化工装置、设备的使用寿命，消除因金属腐蚀而引发事故的潜在风险，确保化工过程的安全进行。

5.4.2.4　基于缓蚀剂的防腐安全技术

采用缓蚀剂也是一种常用的金属防腐手段。它是通过在腐蚀介质中添加某些化学试剂，达到减缓乃至防止金属腐蚀的一种方法。因此，缓蚀剂也常被叫做腐蚀抑制剂。由此可知，少量加入即可起到减缓腐蚀速率、降低腐蚀介质的腐蚀效果，甚至是防止腐蚀现象发生的物质,理论上都可以被称为是缓蚀剂。缓蚀剂的使用已有不短的时间,最早是用于钢材的酸洗工艺,后来才被逐渐推广应用于各种防腐过程,比如化工生产中。其在实际使用过程中的用量往往并不大,有时只需添加 10^{-6} 数量级的缓蚀剂,即可起到令人满意的防腐效果。缓蚀剂种类繁多,因而出于不同需要、不同目的,也有许多不同的分类方法。比如按照化学组成,可将缓蚀剂分为无机缓蚀剂、有机缓蚀剂,按照电化学作用机理,可分为阳极缓蚀剂、阴极缓蚀剂、混合缓蚀剂,按应用介质,可分为用于酸性介质的缓蚀剂、用于中性介质的缓蚀剂、用于碱性介质的缓蚀剂等等。以化学组成分,常见的无机缓蚀剂有硝酸钠、亚硝酸钠、铬酸盐等,有机缓蚀剂有乌洛托品、有机胺、有机硫、咪唑啉、杂环化合物等。对缓蚀剂的作用机理进行解释的理论有若干种,并不统一,比如电化学腐蚀机理、成膜机理、吸附机理等。

5.4.2.5 基于工艺设计和流程的防腐安全技术

化工设备经常要与不同种类以及工艺条件下的物料接触,因此必须充分考虑设备在各种介质中被腐蚀的可能性,在设计时必须预留出一定的腐蚀冗余度,以尽量防止腐蚀现象发生。即便如此,在许多情况下,某些化学反应还是会给设备带来一定的腐蚀风险。此时,通过工艺参数的变更或工艺流程的调整,使得设备得到保护、免受腐蚀危害,就成了很好的选择。比如,为应对潮湿气体对金属的腐蚀,可通过在工艺流程中增加冷却和干燥设备,降低气体湿度的方法,对金属器壁实施保护。又比如,石化企业中经常采取原油脱盐、注碱、挥发性注氨、注缓蚀剂,即所谓的"一脱四注"的方法,来防止原油中相关成分给装置带来的腐蚀破坏作用。此外,也可通过单纯地调整工艺参数来达到防止设备腐蚀的目的,这方面已有不少成功的案例。例如,对不少反应,只需将原先的温度、压力等参数适度下调,往往就会收到理想效果,使设备腐蚀程度得到很大的缓解。

思考题

1. 对于燃烧而言,燃烧三要素缺一不可。那么反过来,具备了三个要素,燃烧反应就一定会发生吗?
2. 闪燃、点燃、自燃这3种不同类型燃烧之间有何区别?其各自的特征参数又是什么?
3. 爆炸的本质是什么?它和燃烧现象有何区别?
4. 氧平衡值可用于估算哪类物质的危险性?它在概念上和氧差额是一回事吗?
5. 物质的爆炸极限为何又叫燃烧极限?哪些因素会对它产生影响?
6. 什么是可燃粉尘爆炸?发生粉尘爆炸通常需要满足哪几个条件?
7. 在化工生产中,通常可以采取哪些技术措施,来防止发生燃烧、爆炸一类危险?
8. 常用的金属防腐技术都有哪些?它们各自有什么特点?

第6章
健康危险及其安全防范技术

 学习要点

1. 健康危险的定义及其涵盖范围

2. 健康危险的判定、定量描述与职业卫生标准

3. 具有健康危险的化学品：侵入人体的途径、毒理作用、临床表现与判别标准

4. 对健康危险的安全防范：整体技术措施与个体防范措施

GHS 分类体系中列出的"健康危险"共有 10 类。在所有的 29 个 GHS 危险类别中，这 10 类健康危险的排列序号依次是：⑱急性毒性；⑲皮肤腐蚀/刺激；⑳严重眼损伤/眼刺激；㉑呼吸或皮肤致敏；㉒生殖细胞致突变性；㉓致癌性；㉔生殖毒性；㉕特定目标器官毒性-单次接触；㉖特定目标器官毒性-重复接触；㉗吸入危险。而化工行业关心的是由于职业暴露的原因，能够给与其接触的人员带来上述健康危险的化学品，以及在与化学品接触时可能面临的职业卫生风险与健康威胁、相应的安全防范措施与技术。对这 10 类危险的分析与讨论，构成了本章所讲述的健康危险及其相应安全防范技术的基础。

6.1 健康危险概述

回顾上一章内容可以发现，这里所说的健康危险与前面说过的理化危险在许多方面是不一样的。首先，理化危险条目下所列出的，是 17 类可以构成理化危险的某类具体物品，如爆炸物、气溶胶、加压气体、易燃固体等，而在健康危险名下的 10 个栏目中，列出的却是某类物品可以对人类造成的健康危险的类别，如皮肤过敏、致癌性、生殖毒性等。尽管两者皆名分类，但被分类的对象却并不是同一类事情，一个是物品本身，一个是物品在一定条件下呈现出来的某种特征。其次，GHS 所述的健康危险的作用对象非常明确，就是与化学品有机会接触的人，而在言及理化危险时，其关注的被伤害对象，除了与化学品接触的人，还包括设施、设备以及周边环境。第三，同是伤害，在作用特点和方式上，两者也不一样。例如，典型的像燃烧、爆炸这样的理化危险，其发生和发展过程往往表现出一种

迅猛、激烈的特征，伴随着大量能量的快速释放，而健康危险则通常会来得更为和缓、平静，往往没有明显的、如燃烧爆炸一般的剧烈周边环境改变，没有热能的集中释放、强烈的震动和巨大的声响。又比如，以对人员的伤害为例，理化危险对目标对象的伤害，在作用方式上始终都是"从外向内"，即造成伤害作用的"始发点"在人体以外；而 GHS 定义下的健康危险，其对人员造成伤害作用的"始发点"，既可以在体外，也可以是在体内。比如像"皮肤腐蚀/刺激""严重眼损伤/眼刺激"等这类伤害作用，就是通过体表接触造成的，源自体外；而"急性中毒""致突变"等这类伤害得以形成，主要还是化学品通过吸入、食入，甚至是皮肤吸收这些途径起作用，是为体内，即先进入体内，再通过某种方式或途径，对被侵害对象造成伤害。由于存在这些特点、不同以及作用方式上的区别，再加上前面提到的，在分类上两者语义上的不一致，因而与理化危险相比，健康危险会呈现出许多很不一样的地方。

在进行相应的讨论前，有必要给出一些概念的确切定义，厘清这些概念之间的相互关系。首先来看职业暴露这个表述。所谓的职业暴露，说的是由于职业的关系，致使从业者身体暴露于危险因素而引发的可能损害健康或危及生命的一种状况。而所谓的健康危险，则是指当化学品相关从业人员面临职业暴露时，某些化学品给与之接触者带来的可能健康伤害。显然这里所说的健康危险，严格起来，其实应该被称为职业健康危险。本质上，健康危险这个术语表示的是一种倾向、一种可能性，若是这种倾向或可能性在某种条件下得以变为现实，其结果就叫作伤害。由于职业暴露而引发的伤害，当然就是职业伤害。细分下去，这种伤害可以上面已经简单提及的两种方式进行，一是通过体表接触对人员造成直接的外部伤害，一是通过吸入、食入及皮肤侵入方式，化学品进入人体内部，继而引发机体症状，造成某种"内部"伤害。前者人们经常用刺激、腐蚀、灼伤等术语加以描述，而后者则常被简单称之为中毒。由此不难导出如下概念：若是有些物质进入机体并积累到一定量后，与机体发生了某种生物物理或生物化学作用，扰乱或破坏了机体原本的正常生理功能，引发暂时性或永久性的病变，甚至严重时可以危及生命本身，那么这些物质就被称为是毒性物质，简称毒物；而中毒现象，往简单里说，其实就是毒物侵入机体所导致的病理状况。刺激、腐蚀、灼伤等伤害不符合中毒这个概念所表述的基本特征。例如，由于体表接触而造成的伤害，比如工作中不慎碰触到酸、碱等腐蚀性物质，造成了某种程度的皮肤损伤，显然不会有人将其称之为中毒，因为它不符合中毒一词约定俗成的含义。

由于职业暴露原因导致的、被按照一定程序和方法，经由法定医疗机构确诊了的这种病理症状，其在临床上的称谓就是职业病，它符合 2016 年 7 月 2 日经全国人民代表大会修订后颁布的职业病官方定义，即"企业、事业单位和个体经济组织等用人单位的劳动者在职业活动中，因接触粉尘、放射性物质和其他有毒、有害因素而引起的疾病"。需要注意的是，在 2013 年国家颁布的《职业病分类和目录》中，将 132 种法定职业病分成了 10 大类，除了标以"物理因素所致职业病""职业性放射性疾病"和"职业性传染病"的 3 类疾病以外，与化学品接触相关的职业病在其余的 7 个大类里都有表现。其中专门冠以"职业性化学中毒"名称的一类里，并未能将所有与化学因素相关的职业病都囊括其中。例如，一些可以导致恶性肿瘤的化学品，就被放在了"职业性肿瘤"一栏下。因此，如果按照一般习惯，将传统语境里所说的"职业中毒"一词理解成《职业病分类和目录》中"职业性化学中毒"这个类别的简称的话，那么此处所说的"职业中毒"这个词所能囊括到的"致病化学品"的数量其实是相当有限的。事实上，在许多专业的书籍以及文献资料里，中文"职业性化学中毒"

这个词条的英文词源就是"occupational poisonings",即"职业中毒"。许多能够造成 GHS 名下"健康危险"的化学品,并未在职业病这个范畴内所定义的、能够造成"职业中毒"的化学品名录内。换句话说,GHS 名下"健康危险"关注的化学品,其涵盖范围较传统意义上的"职业中毒"所能囊括的内容更广,涵盖面更大。

6.2 健康危险的判定与职业卫生标准

6.2.1 与健康危险相关的化学物质的甄别

一种物质是否会给人体带来健康危险,以及是否能够造成现实的危害,既取决于其性质本身,也与其数量、发挥作用的环境等因素有着密切的关系。许多情况下,可通过简单的方法,从物性角度对物质给人体可能造成的危害给出一个初步的判断。例如对无机物,可以通过该无机物中所含元素的性质,其在化合物中与其他元素、基团的结合方式、结合状态等,对其有毒有害特征进行简单的判断;而对有机物,则主要看其化学结构,一些元素之间的特定组合方式,结构中是否有杂原子等;这些特征的组合与结构信息的出现,往往可以提供极为有用的、有关物质毒性或其他伤害特征的判定线索。当然,目前还没有一个完善的用于确定物质健康危险的理论方法,通常都是凭借已有的化学、物理、毒理学等知识,先对物质可能具有的危害进行定性分析,再结合一些具体的实测数据,对特定有害物质的性质和特点给出一个相对可靠的综合结论。

6.2.2 健康危险的定量描述

健康危险的定量描述需要借助动物实验结果,这是获取化学品健康危险数据并进而评估其对人体造成可能危害的基础。相关研究大多属于毒物学范畴,旨在量化具有潜在危害的化学品对人体的伤害作用,并将得到的结果外推到人类。多数情况下,人对毒物作用的感受要比动物来得更为敏感,中毒剂量比动物低。

实验可以在不同的生物体上进行,可以是单细胞生物,也可以是高等动物,取决于实验目的、考察内容、费用与价格等诸多因素。例如,对遗传影响的研究,采用单细胞生物可以更为方便地得到实验结果;而研究有害化学物质对于特定身体器官,比如肝脏、肾脏、肺部等的作用,则必须要用高等动物才能获得令人满意的实验结果。实验选择在小鼠、大鼠、兔子还是在高等灵长类动物身上进行,结果都不一样。以此作为对人作用剂量的参照,需比较进行、谨慎引用、留有余地。动物摄入毒物、接触有害物质的方式对实验结果也有显著影响。经过呼吸途径、消化道进入、皮肤渗入或是注入,实验结果都不一样。即使是采用注射方式给药,也还有肌肉注射、皮下注射、静脉注射之分。同样的毒物,分几次摄入,结果之间也常常会有显著差异。因此引用文献数据时,必须注意数据获得时的实验条件。

测试周期与研究目的有关。急性毒性研究关注的是短时间内单一暴露或连续暴露的影响,比如致死剂量或致死浓度;而慢性毒性研究考察的则是一段较长的时间内,发生多重暴露的影响,例如毒物的安全限度。一般来讲,慢性毒性的实验结果不易获得;可以在各种手册、文献中查到的数据，大多都是急性毒性实验的结果。通常，经消化道和吸入途径得到的急性毒性评估数据都是通过在大鼠身上进行实验得到的，而评估皮肤急性毒性的数据，则既有从大鼠身上得到的，也有一些是采用兔子为实验动物获得的，两者会存在一定的差别。

毒物剂量单位的表达形式与接触方式有关。一般来讲，通过食入、注入等直接方式进入体内的物质，即呈液态或固态的物质，用每千克（实验动物）体重多少毫克（毒物），即 mg/kg 来表示；而对于呈气态的毒物，也就是会通过呼吸途径进入体内的物质，则采用每立方米多少毫克毒物，即 mg/m^3 来表示。

毒性物质的剂量与毒害作用之间关系可以用剂量-响应关系来表示，它指的是毒性物质在一组生物体中产生一定标准作用的个体数，即产生作用的百分率，与毒性物质剂量之间的关系。响应的标准可以是实验动物的某种病理反应，如刺激结果、麻醉程度、伤害等级，也可以是实验动物的死亡。最常用的剂量-响应关系是以实验动物的死亡作为终点，测定毒物引起动物死亡的剂量或浓度。剂量-响应关系是制定职业卫生标准的依据。

以下介绍的，是目前比较公认的，也是最常见的、用以评价化学物质毒性的剂量-响应关系的几个指标：

① 绝对致死剂量或浓度（LD_{100} 或 LC_{100}），指的是引起全组染毒动物全部（100%）死亡的毒性物质的最小剂量或浓度。

② 半数致死剂量或浓度（LD_{50} 或 LC_{50}），指的是引起全组染毒动物半数（50%）死亡的毒性物质的最小剂量或浓度。

③ 最小致死剂量或浓度（MLD 或 MLC），指的是全组染毒动物中只引起个别动物死亡的毒性物质的最小剂量或浓度。

其中的半数致死剂量，也就是 LD_{50} 的概念十分有用，它是一个表述急性毒性危险的数据，为单剂量或是 24h 内多剂量经口或皮肤接触某一物质或混合物，或吸入接触 4h 后出现的有害效应，可以提供物质毒性危险程度方面的信息。

LD_{50} 的概念也是对毒性物质进行危险等级划分的重要依据。需要说明的是，到目前为止，各国对于毒性危险的分级标准还不尽一致，表述方式也有一些不同。如在国际上影响很大的 GHS 体系、TDG 体系、WHO 等，对毒性危险的划分就不一样；一些国家，如美国、中国等，也依据不同的需要和长期使用习惯，各有各的划分方法。

有关刺激、腐蚀以及有害物质对机体组织的伤害程度的衡量标准相对简单，并将在下面进行介绍，这里不再赘述。

6.2.3 职业卫生标准

所谓的职业卫生标准，就是从职业安全的角度，对从业者的劳动条件做出的一系列技术规定，用以确保或改善作业环境，为从业者的身心健康提供基本保障。这样的技术规定经过一定的实践后，通常会被政府部门采纳，成为实施职业卫生法规的技术规范，成为卫生监督和管理的执法依据。我国职业卫生标准的制定原则是"在保障健康的前提下，做到经济合理，技术可行"，具有充分的可执行性。标准一经颁布和实施，各级单位和部门就必须严格贯彻执行，不得将其擅自更改或降低执行。在现实的职业场所里，欲确认某一化合物是否对现场从业人员造成了健康伤害，首先要有详细、充分且有针对性的职业医学诊断结果，然后再凭此结果做出科学判断。同时，对于那些符合职业卫生标准的工作场所，也需定期对有毒有害物质接触人员进行检测和健康检查，努力降低环境中有害物质的含量，进一步改善工作环境。

以下介绍的一些常见概念和术语，以及其与国外一些文献常用表述方式的比对和参照，有助于加深对职业卫生内容的认识和理解。

① 从业者在职业活动中是否面临超过允许限度的暴露风险，可以用职业接触限值（Occupational Exposure Limits，OELs）加以衡量，它表示的是从业者在职业活动中，长期、反复接触职业性有害因素后，对绝大多数人的健康都不引起伤害作用的容许接触浓度（Permissible Concentration，PC，也称接触限度、接触水平）。

② 时间加权平均容许浓度（Permissible Concentration-Time Weighted Average，PC-TWA），是指以时间为权数规定的 8h 工作日、40h 工作周的平均容许接触浓度，类似于美国政府工业卫生学家会议（American Conference of Governmental Industrial Hygienists，ACGIH）制定的时间加权平均阈限值（Threshold Limit Value-Time Weighted Average，TLV-TWA）。

③ 最高容许浓度（Maximum Allowable Concentration，MAC），指的是在工作地点，有毒化学物质在一个工作日内的任何时间均不应超过的浓度，其大体相当于 ACGIH 提出的阈限值上限（TLV-Ceiling，TLV-C）。

④ 短时间接触容许浓度（Permissible Concentration-Short Term Exposure Limit，PC-STEL），是指在遵守 PC-TWA 前提下，可以容许的短时间（15min）接触的浓度，可作为前者的补充，两者通常一块出现，一起使用。ACGIH 制定的类似概念为短时间接触阈限值（TLV-STEL）。

⑤ 超限倍数（Excursion Limit，EL），指的是未制定 PC-STEL 的生产性毒物，在符合 8h PC-TWA 的情况下，任何一次短时间（15min）接触的浓度均不应超过 PC-TWA 的倍数值，用以警示可能出现的接触浓度的过高波动。

以上介绍的 OELs 相关概念出自《工作场所有害因素职业接触限值　第 1 部分：化学有害因素》（GBZ 2.1—2019），其内容包括工作场所 358 种化学物质的 OELs、49 种粉尘的 OELs、3 种生物性因素的 OELs，以及对生产性毒物、粉尘超限倍数的规定。

尽管不同国家、机构或团体对 OELs 的具体名称和含义有不同理解，就像以上介绍的中国和美国在所用称谓上不尽相同的例子，但在基本内容上是大体一致的，彼此间的差异并不大，比如都包含有诸如 PC-TWA 和 PC-STEL 这样的概念，因此在查阅有关的资料文献时，可以互为借鉴、参照使用。

6.3　构成健康危险的化学品

6.3.1　有毒有害化学品概述

化学物质能否对人体造成现实伤害，取决于两点，一是其化学特性，二是作用数量。习惯上，人们一般只将小剂量或是低浓度摄入即可引起中毒等不良状况的物质称为毒物，或不太严格地泛称为有毒有害化学品。但严格来说，在一定的情况下，只要条件适宜，所有物质都可对人体构成某种程度的健康威胁，或曰造成健康危险。即便是对生命至关重要、不可或缺的一些物质，若是"使用不当"，或是"摄入过量"，也可对人体造成严重、甚至是致命伤害。作为食盐的氯化钠就是一个明显的例子，其过量摄入后对人体的伤害是众所周知的。对维持生命体征极为重要的氧气则是另外一个很好的例子，偏离正常浓度的氧气氛围对人体同样也是有害的。人体在高于正常浓度的氧环境中若停留超过一定时间，机体的一些器官及正常生理机能就会受到影响；严重时，甚至会造成如视力丧失这样一类不可挽回的伤害。水也是一样，偶尔喝多一些一般不会产生什么明显的不良反应，因为人体可以通过代谢将其排出体外。但若长期摄入过量，就会造成额外的胃肠道、心脏、肾脏负担，严重者甚至会产生所谓的水中毒，表现出虚弱无力、心跳加快、痉挛、意识障碍甚至昏迷等临床症状。因此，在述及毒性等伤害时，只说物质本身而不谈及数量是没有意义的。片面地只从物质的组成、结构或是物性的角度来讨论化学物质的伤害问题，不但不正确，甚至在很多时候还会造成不必要的误会。从这个意义上讲，只要是满足一定的数量要求，所有化学品都符合所谓的"有毒"或"有害"化学品的定义。因此，在叙述相关内容时，人们也常泛泛地以化学品一词来简单地代指有毒有害化学品。循此惯例，本书行文讨论中出现的化学品一词，也泛指有毒有害化学品。以下将视情况不同或叙述方便，交替使用几种不同称谓，即化学品、有毒化学品、有害化学品、有毒有害化学品，或径直简称毒物、毒性物质。除非特别申明，这些称谓在含义上大体是一样的，没有明显的区别。其中，有毒有害化学品这个概念包含的范围最广。在本书中，可以大致将其理解成：以有毒物质为主，能够给机体造成伤害的所有化学品。

需要说明的是，在许多的文献与专业书籍中，有关词汇在使用上是混乱的，在表述范围上并没有严格的界定和区隔，大多是依据本领域的长期称谓习惯来表述相关概念。语义上，"有害"一词中的"害"显然指的是"伤害"，而"有毒"物质进入体内，对机体造成的结果就是某种"伤害"，因而"有害"一词涵盖的范围通常更广；逻辑上，"有毒"仅是诸多的"有害"表现中的一种。比如前面说过，描述"刺激"和"腐蚀"时，用"有毒"一词就不合适，与习惯不符。

6.3.2　有毒有害化学品分类

出于各种目的，同时在许多时候也是为了使用上的方便，有毒有害化学品可以有很多不同的分类方法。例如，依照化学物质能够对人体造成的 10 个伤害类别，即本书重点叙述的GHS 分类方法，就可建立起一套与之匹配的化学品分类体系，"划分"出来能与特定健康危险一一对应的 10 类化学品。也可以从职业病的角度，按照临床医学的诊断原则和实施惯例，将各种与化学因素有关的职业病先行做出区分、鉴别，然后再将能与特定职业疾病有对应关系的致病化学物质甄别出来并进行分组，"鉴别"出与对应的职业性疾病关联的若干类化学品。

在许多场合，一些传统的分类方法因为简洁、直接，易于理解和记忆，加之多年使用习惯，依然被广泛采用。比如，经由呼吸系统进入人体的气态毒物，人们按照其物理状况，将其分为粉尘、烟尘、烟雾、蒸气、气体五种类型，就是一种使用起来很方便的分类方法。又比如，以元素周期表中的同族、同类化学元素为叙事框架，在对相关元素进行组合、归类的基础上，按照与该元素有关的有毒有害化学物质的性质和特征，并结合其用途和与机体可能发生的生物作用及其可能导致的结果，可将毒性物质分为以下 8 个大的类别。

① 金属、类金属及其化合物。由于所有的已知元素中的大多数都属于金属元素，再加上若干个类金属元素，这样由金属元素、类金属元素以及含有这些元素的化合物，就构成了数目众多的一大类毒性物质。

② 强酸及强碱性物质。包括常见的硫酸、硝酸、盐酸、氢氟酸，以及氢氧化钠、氢氧化钾、碳酸钠、氨水、肼等。

③ 卤素及其无机化合物。主要是指氟、氯、溴、碘几个同族元素，以及含有这几个元素的一些无机化合物。

④ 氧、氮、碳的无机化合物。如臭氧、氮氧化物、三氯化氮、一氧化碳、光气等。

⑤ 具有窒息性质的惰性气体。指的是元素周期表中最右一列的几个元素，主要是氦、氖、氩、氪、氙。

⑥ 一般有机毒物。按照化学结构特点划分，包括醇、醛、酮酸、酯、醚，还有胺、腈、卤代烃、杂环类化合物、硝基类化合物、脂肪烃类化合物以及芳香烃类化合物等。

⑦ 农药类毒物。主要指的是一些结构中具有杂原子、在农业上用作杀虫剂的有机物，包括有机磷、有机硫、有机氯、有机氟、有机氮等。

⑧ 染料及其中间体，橡胶、塑料一类的有机高分子合成材料。

以上分类，对于有着一定化学背景且熟悉化学元素及相应化合物的基本性质与特点的人来说，兼顾了对化学物质的特征、用途及与机体作用结果的考虑，归纳合理、逻辑自然，易于理解与接受。这种从基础化学常识和基本认知出发，将特定化学元素、化学物质与某种危害结合起来讨论，并在此基础上做出分类的方法，简单明了，使用方便，在许多场合依然被广泛使用。

6.3.3 有毒有害化学品来源

化学物质的使用已深入到了人类活动的各个层面。从工业部门到农业部门，从军工到民用，从航空航天到地面、水上交通，从采矿业到建筑业，从冶金到化工、电子，从食品到医疗、医药，从服饰、箱包到日用品、家电等，可以说在几乎所有的部门和领域，化学品都得到了极为广泛的使用，其身影可以说是无处不见。其中的相当一部分，对人体都具有某种程度上的毒副作用，因而也就成为人们常说的有毒有害化学品。从这点上来讲，这些可以对机体造成伤害、给人体带来健康威胁的化学品几乎来自人类活动的所用领域和部门，既来自农村也来自城市，来自日常生活与工作的方方面面。

比如，有机磷、有机氯、有机硫、有机氮等有机化合物，曾经或者是现在，依然是大量生产的杀虫农药、除草剂和催熟剂；而芳香系的苯、甲苯、二甲苯、苯酚、苯胺、萘等化合物及其衍生物，都是基础的化工原料，在几乎所有的化工领域都有着广泛的应用。又比如，从合成氨开始的几乎所有含氮化合物，如硝酸、亚硝酸及其各种金属盐，偶氮化合物、腈类化合物、含氮的各类杂环，硝酸酯以及各种不同结构的含硝基的有机化合物等，是化肥、医药、军工、染料等工业中必不可少的生产原料。再比如，一些添加剂，像增塑剂、防老剂、硫化剂、稳定剂、补强剂等，许多也是具有一定毒副作用的化学物质，它们被广泛地用于橡胶、塑料等合成材料工业。至于各种具有较强刺激作用和腐蚀性的酸、碱等物质，则是不可或缺的更为基本的化工产品，其应用领域就不仅限于化工行业了，而是几乎所有的工业部门。此外，排放的各种废气、废液、废渣，也属于对人类健康和环境构成威胁的有毒有害化学物质，它们则来自几乎所有的上述工业领域或部门。

由此可知，有毒有害化学物质的来源是极为广泛的，可以来源于原材料、制成品、中间产物、副产物、添加物、废弃物，也可来源于制造环节、使用环节、处置环节，来自与人类生存息息相关的周围环境。

6.3.4　化学品毒害作用的影响因素

化学品对机体的伤害受多方面因素的影响。大体来讲，既有物质本身方面的原因，也受作用对象的具体情况影响，甚至还与发生伤害时的环境条件等外在因素有关。

(1) 物质状态的影响

依外界条件不同，许多物质可以不同状态存在，既可以是气体，也可以是液体或是固体。而处于不同状态时，即使是同一种物质，其危险程度以及能够给职业暴露者带来的伤害也是不一样的。

一般来讲，因为呼吸的原因，气态的有毒有害物质进入人体是比较容易的，因而其危险性也比较大，需注意加以防范。弥漫于空气中的粉尘、烟尘、烟雾，尽管其致病化学因子只是其中的固体颗粒物或是悬浮液滴，而非周围的空气成分，通常也都将其归入气态物质加以讨论。液体状态的有害物质主要是通过接触来对人体构成伤害，其危险性通常不及气态物质。而固态有害物则因为接触面积的限制，通常情况下能够给职业场所从业者带来的威胁相对较小，因而也比较好防范。当然，固态物质对人体可能带来的伤害程度还与其分散状态密切相关。很显然，颗粒越小、越分散，伤害、危险性也越大；"极端情况"下，当固体物质分散成极微小的颗粒且弥漫分布于空气中，形成了上面说的粉尘、烟尘一类的气态有毒有害物质时，这种粒度、形态的固体物质，其对人体能够造成的危害程度，通常也是各种固体形态中最大的。

(2) 基本物性的影响

有害物质的熔点、沸点、相对密度、溶解度等基本物性特征，对其作用的发挥有着根本性的影响。物质的熔点、沸点越低，越容易挥发，越容易形成气态物质，通过呼吸道途径侵入机体、对人体造成伤害的可能性越大。

相对密度的影响可以体现在不同方面。比如，相对密度小于1的有毒有害蒸气，容易向上扩散、稀释，危险容易通过气体流动的方式被自然排除，危害较小；而密度大于1的有害气体，相对较重，容易滞留于下方，或建筑物的角落，与密度较小的气体相比，排除、稀释起来一般比较缓慢、困难，对现场人员造成的健康威胁相对较大。

溶解度是另一个值得关注的影响因素。了解毒物在不同物质中的溶解度，对于制定有针对性的防范措施是必不可少的。例如，对一些在水、油性物质中皆有相当溶解度的毒性物质，比如某些有机胺、有机醇、有机醛和酮，一些有机磷和有机氯化合物，由于其极易经皮肤途径而被吸收，侵入体内，因而接触时需要采取严密的皮肤保护措施。而对于一些只溶于水、不溶于脂，或只溶于脂、不溶于水的毒物，如一些水溶性的有毒无机盐，或是只溶于有机物的苯、甲苯、二甲苯有机毒物等，因其不易被皮肤吸收，所以就无须对接触部位采取额外的保护措施，只做简单的一般性防护即可。

（3）化学组成、结构与分子量的影响

化学组成的影响是根本性的，这在许多的无机物、有机物上体现得尤为明显。例如，几乎所有的含有铍、钡、铅、镉、汞、砷等有害元素的物质，都具有相当的毒性。许多的有机物也具有这样的特点，即某种元素的毒性特征会在含有该元素的绝大多数化合物中不同程度地有所体现，比如有机氯、有机硫、有机磷等。以众所周知的有机磷类化合物为例，从曾经广泛使用的农药，到在国际上已被禁止的诸多化学战剂，都是毒性"可观"的有机磷类剧毒物质。许多的含氯的芳香类化合物也是如此，众所周知的二噁英、DDT等，皆为可对人体、环境造成严重伤害的有机氯化合物，它们也是这方面的典型例子。一些组成固定的基团，如氰基、氢氧根、酸根氢离子、氨基等，其标志性的毒副作用、刺激性与腐蚀性，也说明了化学组成可以给化合物性质带来的特征影响。

化学结构对物质毒性也有影响。这在有机化合物中表现得比较明显。比如，碳链的增长会增加饱和脂肪烃的毒性作用，支链化合物的毒性一般要弱于直链化合物，环烷烃的毒性常大于链烷烃等。庚烷的毒性要大于己烷，而己烷的毒性又要大于戊烷，异丙醇的毒性小于正丙醇，正己烷毒性小于环己烷，就是上述规律的体现。当然，其中的一些例外也是存在的，比如甲醇的毒性就比乙醇要大。结构的影响还表现在化合物的饱和程度上，不饱和程度越高毒性越大，比如同为二碳的乙烷、乙烯和乙炔之间，就存在这样的关系。分子的对称性以及几何异构也对有机物的毒性具有一定的影响。对称程度越高毒性越大，顺式异构体的毒性一般要大于反式异构体。例如二甲苯的三个异构体间，毒性大小的次序为对位＞间位＞邻位；丁烯二酸之间，毒性大小的次序为顺丁烯二酸＞反丁烯二酸。

具有同样基本化学结构的物质，分子量如果不一样，也会对其毒性产生影响。聚合物就是这方面的一个很好的例子。许多单体化合物，在聚合前后其毒性特征就发生了明显的改变。例如，聚合前的丙烯腈单体，具有极强的毒性，通常被认为是剧毒化合物，而聚合后的聚丙烯腈高聚物，分子量达到数十万、上百万后，尽管在长链中还保留了原来单体里的—CN官能团，但其已成为通常意义上的无毒物质，两者的毒性特征有天壤之别。这样的例子还有很多，许多聚氨酯单体、聚酯单体、聚碳酸酯单体等，在聚合前都是具有相当毒性的物质，反应后得到的高分子聚合物，却已不再具有先前单体所具有的毒性。其中的有些化合物，固然是由于原来构成毒性危险的某些基本官能团，其在结构上已有了变化，然而多数物质，其原先单体的基本结构特征，聚合反应后被完全保留了下来，成了高聚物分子结构的一部分，只是其毒性特征已有了截然不同的变化，生成的聚合物属于通常意义上的无毒材料。

（4）环境条件的影响

显而易见，环境的温湿度对有害物质作用的发挥是有影响的。对于挥发性物质，环境温度越高，挥发越容易，其在环境气氛中的浓度也就越高，其对人体构成威胁的机会也就越大，处于此环境条件下的有害物质也就越危险。环境湿度的影响也是如此。极性、对水有亲和性的一些气态物质，如酸性的氯化氢、碱性的氨气、极性有机物蒸气等，在高湿环境下，其对机体的刺激性、毒副作用都会明显增强，因而也更加危险。

（5）个体因素的影响

在许多方面，不同的生物个体间是存在显著差异的。当暴露于相同剂量毒物时，不同个体的反应也不一样。这些差异取决于年龄、性别、体重、饮食、健康状况、劳动强度等一系列因素。例如，面对相同剂量的某种刺激物，一些人几乎感觉不到刺激作用，而另一些人则反应强烈。统计学上，反应强烈和反应微弱的都是少数，居中的还是大多数，符合高斯的正态分布曲线。

一般来说，对于同种毒物，在浓度和接触时间相同的情况下，成年人对毒物的抵抗力要强于未成年人，男性要强于女性。长期接触某种毒物的人的耐受力要强于短期或偶然接触者。身体状况良好、没有基础性疾病的人，对于毒物的侵害具有较强的抵抗能力。

从业者的劳动强度也是一个不可忽略的影响因素。劳动强度的大小会直接影响毒物的吸收、转移与体内分布的速度，影响机体的耗氧、发汗与代谢状况；过大的劳动强度会导致疲劳状况出现、抵抗力下降，会给机体带来显著的不利影响，处于高强度劳动状况下的从业者往往会遭受更大的毒性伤害。

(6) 多种毒物间的相互影响

从业者在现实工作环境中需要面对的有毒有害化学物质往往不止一种。相较于单一毒物的影响，多种毒物的联合作用结果是复杂的，可以只是简单地增强或是减弱作用结果，也可以是各自作用于不同的目标靶器官，还能是对机体造成新的、与各类毒物单一作用情况下没有简单可比性的负面影响，不能一概而论。例如，饮酒者体内的酒精，就可以显著增强机体对许多有机毒物的吸收能力，使得毒物对机体的伤害更为严重。

6.4 有害化学品对人体的侵害及其毒理作用

6.4.1 侵害方式与途径

如前所述，由于职业暴露而导致的伤害，其在侵害方式和途径上，大体可分为两种。一是通过体表接触，二是通过吸入、食入及皮肤侵入。对于前者，即所谓的体表接触方式，其作用对象常为皮肤和眼睛，而能给机体造成的伤害，依照程度大小或深浅不同，又有刺激、腐蚀或严重损伤之分。GHS 给出的 4 个相关定义如下：①皮肤刺激，指在接触一种物质或混合物后发生的对皮肤造成可逆损伤的情况；②皮肤腐蚀，指对皮肤造成不可逆损伤，即在接触一种物质或混合物后发生的可观察到的表皮和真皮坏死；③眼刺激，指眼接触一种物质或混合物后发生的对眼造成完全可逆变化的情况；④严重眼损伤，指眼接触一种物质或混合物后发生的对眼造成非完全可逆的组织损伤或严重生理视觉衰退的情况。显然，"皮肤腐蚀/刺激"以及"严重眼损伤/眼刺激"这两类健康危险对人体的侵害方式非常简单，或者说非常单一，一般就是通过体表接触，没有其他方式。

与上述对皮肤、眼睛造成伤害的这种体表侵害方式不同，毒性物质一般是通过侵入人体内部的方式来对机体造成损伤的。侵入途径有三条，即呼吸道、消化道和皮肤。统计表明，三种途径中的呼吸道和皮肤，是毒性物质侵入人体的主要途径，经由消化道这条途径进入人体的机会是很小的，且发生场合多是意外事故的现场，或是违反规章制度，在毒性物质存在的环境中以沾染了毒物的手取食食物、饮用水或饮料等。比较而言，气态毒物主要通过呼吸道侵入，液态毒物主要通过皮肤和消化道侵入。吸入和皮肤侵入这两条途径通常会导致毒物直接进入血液，继而迅速分布全身，对靶器官造成伤害，而通过消化道进入人体的毒物则主要通过胃肠道吸收的途径发生作用。

（1）经呼吸道侵入

呼吸系统分为两部分，即上呼吸道系统和下呼吸道系统。上呼吸道系统由鼻、嘴、咽、喉、气管组成，下呼吸道系统由肺及支气管、肺泡等组成。呼吸系统的主要功能是在血液和吸入的空气之间进行氧气和二氧化碳的交换。一健康生命体存续期间，呼吸系统的正常功能须臾不可停废。因此，呼吸道就成了毒物侵入人体的一条最重要，同时也是最便捷的途径。呈气态的粉尘、烟尘、烟雾、蒸气和毒性气体，就都是通过呼吸系统进入机体的。在生产环境中，即使空气中毒物含量很低，长期处于这样的环境，每天也会有一定量的毒物经呼吸道侵入人体。

上、下呼吸道对毒物的反应不一样。上呼吸道对水溶性毒物反应强烈，如卤化氢、氢氧化物以及一些氧化物等，其与上呼吸道分泌的黏液反应后，往往会生成酸性、碱性液体，对上呼吸道形成强烈刺激和伤害。下呼吸道与毒性物质，如与丙烯腈、卤化物、硫化氢、光气、粉尘等接触后，可导致支气管、肺泡等机体组织的直接损伤，形成严重的炎症反应甚至是肺水肿。

经由呼吸道进入肺部的粉尘一类难溶或是不溶的固体颗粒物极难处理，肺泡将其排除很困难、过程很慢，许多颗粒物一旦进入，往往终身无法排出体外，致使吸入者罹患各种尘肺（肺尘埃沉着病，下同）类职业疾病。

（2）经皮肤侵入

经皮肤途径进入机体的方式有两种，一种是毒物与表面完好的皮肤接触后，经由吸收的方式进入体内，另一种是毒物与皮肤接触时，接触部位已经存在破损、伤口，毒物经由这个破损部位，进入机体，再进一步对机体造成伤害，这就是所谓的"注入"途径。因而在有的书籍中，也有将后一种方式单独列出来考虑的，这样就将毒性物质侵入人体的途径说成是了4种，而不是本书所说的3种。从此处的讲解可知，其实这两种说法表述的事实是一回事，区别只在是不是把后一种方式单独列出来叙述而已。显然，由于完整性的破坏，受损的皮肤更不利于机体对毒物的防护。

皮肤吸收如果是再细分下去的话，还有3种途径，一个是直接穿过皮肤组织，另一个是通过毛囊，还有一个是经由汗腺。现实中，由于经过毛囊和汗腺吸收导致的中毒情况很少发生，因而若没有特殊情况，往往可以忽略不计。

从皮肤的结构上看，毒物欲经表皮直接侵入体内需要穿过三道屏障。第一道屏障是皮肤的角质层，其由死亡的无核角质细胞组成，一般分子量大于300的化合物不容易突破这道障碍。第二道屏障是位于角质层下的连接角质层，其表皮细胞富于亲脂性物质，能阻止水溶性物质进入机体，但不能阻止脂溶性物质通过。第三道屏障是表皮与真皮连接处的基膜，穿过连接角质层屏障的脂溶性物质只有具有一定的亲水性，才能再穿透基膜这道屏障向下进一步扩散乃至最终被吸收。

皮肤的这种独特结构使得大多数化学品都不容易经由这条途径侵入体内。然而，一些水、脂均溶的毒性物质，如甲醇、丙酮、苯胺等，却表现出很强的皮肤穿透力，因而在接触这类化学物质时，需做好皮肤保护，格外小心。

某些部位的皮肤具有一定的特殊性，因而其暴露危险也值得特别的关注。以手掌为例，此处的皮肤尽管比身体的其他部位来得更为粗厚，但因其多孔，因而毒物穿透手掌皮肤进入体内的危险反而更大。

（3）经消化道侵入

经消化道侵入的毒物一般都是在胃肠道的位置与机体发生作用。胃肠道的酸碱度以及胃肠道对毒性物质的吸收速率和选择性，对机体的中毒状况会产生很大的影响。一些具体因素，如中毒者胃内的食物，肠道菌群的易感性等，也会在一定程度上对毒物吸收及其最终效果产生作用。与此同时，毒性物质本身的性质和特征也很重要。比如，毒物分子的化学性质、结构、组成、数量、分子量、亲疏水性乃至分子的形状特征等，都可以在相当的程度上决定其对机体产生破坏作用的性质和程度。

6.4.2　毒物的体内去向及其毒理作用

（1）毒物在体内的代谢与蓄积

进入体内的毒物可经由以下途径进行代谢或蓄积：通过肾脏、肝脏、肺或其他器官进行排泄，通过生物转化的方式将外源毒物转变为危害较小的物质，或是以蓄积的方式将毒物储存在人体的某些器官或组织内。

其中的肾脏和肝脏，是处理侵入机体的毒性化学物质的两个最主要的人体器官。以肾脏为例，其可将各种途径侵入人体的毒物从血液分离出来并带入尿液，然后再经尿道排泄出去。而具有解毒、代谢等功能的肝脏，则可对经消化道途径进入人体的毒物进行排除；如果进入的毒物的分子量大于300，那么肝脏就将其排泄到胆囊，如果分子量较低，则毒物可直接进入血液，经由肾脏途径排出。

通过呼吸作用，肺也能将一部分进入体内的有毒物质，如氯仿、酒精一类的易挥发化合物，排出体外。此外，皮肤出汗等方式，有时也能排出部分毒物。

通过肝脏的作用，以生物转化的方式，将危害大的毒物转变成危害较小的物质，也是人体保护自身生理机能正常运转，消除或是减弱外源性毒物危害作用的一种解毒方式，其在毒物的体内代谢过程中，占有重要的地位。

进入体内的毒性物质还有一个可能"去向"，就是蓄积，也就是说它们会选择性地沉积在某些器官的脂肪区域，或者是骨骼、血液、肝脏、肾脏中，而不是经由某些方式进行生物转化或是代谢排出体外。这些蓄积在体内的毒物除了会对相应的组织、器官、体液造成长期不良影响外，还可能由于营养环境的改变，从原先蓄积的地方被释放出来、进入血液中，随血液循环被带到身体的相关部位，对机体造成二次伤害。

（2）毒物对机体的伤害

毒性物质进入机体并被转运至一定的系统、器官或细胞后，通常会产生以下的毒理作用。

① 对氧的吸收、输运的阻断作用。许多毒性物质侵入机体后，都会对氧的正常吸收、输运过程造成不利影响。比如，当氢、氮、氩、甲烷、二氧化碳等气体在正常呼吸的气氛中占有过高比例时，氧的含量就会相应降低，机体通过呼吸作用获取的氧气将会减少，正常生化反应的维持就会出现困难，机体将不可避免地出现缺氧等不良症状。而另外一些气体，如一氧化碳，则由于其对血红蛋白表现出远超氧的特殊亲和力，会大量占据血红蛋白中原本用以结合氧的专用点位，使得血红蛋白的携氧能力大为减弱甚至完全丧失，造成体内氧的输运受阻，导致组织缺氧，对机体造成损害。还有一些毒性物质，如苯胺、硝基苯等，进入机体后会与血红蛋白作用，将其中的二价铁离子氧化为三价，生成高铁血红蛋白，使其失去携氧

能力，对氧在体内的正常输运过程产生破坏和阻断作用，造成机体组织因缺氧而无法完成其正常的生理功能。

②　对组织和细胞的破坏。毒理学研究结果表明，毒性物质对机体组织的破坏作用，在细胞层级往往表现为致使其变性，以及伴随而来的空泡形成、脂肪蓄积和组织破坏。毒物对不同组织的损害程度是不一样的。比如像肝、肾这类器官，其在机体内的作用就是专门用以处理外来的有害毒物的，因而其组织内的毒物浓度通常都会比较高，毒物对其造成伤害的机会往往也就比较大。

毒物浓度或接触剂量不同，其对组织的伤害程度、伤害类型也会不同。从程度较轻的刺激、诱发免疫机制的轻微变态反应，到程度较深的组织损伤，直至使接触到有毒有害化学物质的组织发生坏死、失去功能，都属于毒物对组织和细胞产生破坏作用后所带来的临床结果。

③　对酶系统的破坏。酶在维持机体的各项正常生理功能、确保体内正常生化反应得以顺利进行等诸多方面，均起到不可或缺的关键作用。即使一个简单的生化过程，也常常需要许多酶的参与。可以毫不夸张地说，复杂、庞大而设计精巧的体内酶系统，是生命活动的基础。

毒物对酶系统的破坏形式多种多样，不一而足。例如，毒物可以直接和酶的活性中心发生化学反应而导致其失活，也可以通过与其辅基发生反应，以使之不能再为酶所利用的方式，使酶丧失其生化功能；有些毒物还可以作为基质的类似物，参与对酶分子活性中心的竞争，从而对活性中心形成竞争性抑制。有时，若毒物具有较高的活性，还可通过与酶分子上某个特定部位直接结合、破坏其特征的三维结构的方式，使酶分子不再能正常地催化相应的体内生化反应，导致其失去活性。例如，许多重金属离子，如汞、铅、镉等，就可以与酶分子中的巯基发生反应，或与维系其蛋白质三维结构的二硫键发生作用，通过对酶分子的立体结构的不可逆改变，使其丧失活性，破坏酶分子正常生理功能的发挥。

④　对 DNA 和 RNA 合成的干扰。DNA 和 RNA 在遗传信息的复制、传递过程中发挥着至关重要的作用。毒性化学物质一旦干扰了 DNA 和 RNA 的合成过程，就会对机体造成极为严重的后果，改变细胞的遗传特征，进而产生致畸、致突变、致癌作用。其中，致畸一般是指对胚胎细胞、对胚胎组织的作用，致突变、致癌是指对于患者本身的机体组织发生的影响。

毒性物质可以通过多种方式对 DNA 和 RNA 的合成过程造成干扰。如改变 DNA 和 RNA 合成时的体内微环境，直接与其双螺旋结构中的某些部位或是化学基团发生化学反应，破坏其结构，改变双螺旋结构复制过程中的碱基排列顺序，以类似结构的外源化学物质替代正常的碱基片段或是核糖核酸结构等，均可对 DNA 和 RNA 的螺旋结构的复制、转录等造成严重干扰。当然，某些化学物质进入人体后，若能对染色体本身产生破坏作用致使染色体数量发生改变，则会给机体造成更为迅速、同时也是更为直接的严重伤害。

6.5　职业安全与卫生

6.5.1　职业安全与卫生概述

化学品相关从业人员会面临许多现实的健康危险，如 GHS 分类体系中罗列的各种中毒、致癌风险、皮肤损伤、眼部伤害等。在化工生产过程中接触到的有毒有害的原材料、中间体、制成品，接触到的粉尘、废气、废液、废渣等，都有可能对从业人员的身体健康产生不利影响，对其健康构成威胁。而充分的职业暴露，是这种健康危险得以形成并对从业者造成实质伤害的前提条件。

多种与化学品相关的劳动过程都会导致危险的职业暴露。例如，化学原料的处理、提炼与加工过程，化学品的搬、运与贮存处理，实施化学品反应转化的生产过程，对化工设备的检测、维修、清洗，反应废物的处置和回收等，都有可能导致各种各样的职业暴露。其可能出现于正常的生产劳动过程里，也可能出现在意外的安全事故中。采取积极的防范措施与安全技术手段，使得上述过程中没有人员伤亡、不发生职业伤害，保证从业人员的身心健康，即属于职业安全关心的范畴。而建立健全良好的作业环境，分析、检测、评估各种化学品、化工过程相关的致病因素，并在此基础上，对各种可能发生的职业疾病采取预防与治疗相结合的方法予以科学应对，则属于职业卫生关注的范畴。从国际上相关领域近年来的发展情况来看，许多发达国家都有将"职业安全"与"职业卫生"两者合二为一，在新的"职业安全与卫生"这样一个统合名目下，构建完整、综合的职业健康危险应对体系的趋势。这样做的根本目的，就是将原来分属不同领域、在不同名目下的关注对象缀为一体，从化工过程的起点开始，直至最终的危险化学品处置、销毁环节，从不同的层级和角度，以科学的技术手段和措施以及严密的规章、制度与管理体系，对化学品相关的健康危险做出系统、全面的应对，力求从根本上消除化学品及其相关过程、操作等作业活动对从业者构成的健康威胁，实现化工生产的本质安全。

6.5.2 职业病及其诊断

6.5.2.1 职业病的分类

与化学品危害相关的职业病有很多种。国家颁布的《职业病分类和目录》中一共列出了10大类共132种职业性疾病，除了在"第六类：物理因素所致职业病""第七类：职业性放射性疾病"和"第八类：职业性传染病"这3类中完全没有化学性致病因素存在以外，其余的7大类中都罗列了许多与化学品危害相关的职业病。例如，在"第一类：职业性尘肺病及其他呼吸系统疾病"中，炭黑尘肺、石棉肺、铝尘肺等都与化学性致病因素相关；"第二类：职业性皮肤病"中的接触性皮炎、化学性皮肤灼伤等，"第三类：职业性眼病"中的化学性眼部灼伤、部分白内障疾患，"第四类：职业性耳鼻喉口腔疾病"中的铬鼻和牙酸蚀病，"第五类：职业性化学中毒"一整类，"第九类：职业性肿瘤"一整类，"第十类：其他职业病"中的金属烟热，都和从业者在职业场所与有毒有害化学物质的频繁接触密切相关。值得注意的是，在《职业病分类和目录》还预留了一些与化学性致病因素相关的开放性类别，并通过相应的文字叙述对其进行了具体说明。比如，"第一类：职业性尘肺病及其他呼吸系统疾病"中的第1条的最后一句"以及根据《尘肺病诊断标准》和《尘肺病理诊断标准》可以诊断的其他尘肺病"；"第二类：职业性皮肤病"中的最后一句"以及根据《职业性皮肤病的诊断总则》可以诊断的其他职业性皮肤病"，"第五类：职业性化学中毒"中的最后一段"以及上述条目未提及的与职业有害因素接触之间存在直接因果关系的其他化学中毒"等。这样的表述，事实上极大地拓宽了现行《职业病分类和目录》所涵盖的职业病的数量与范围，为事实存在而又由于种种原因迄今未纳入名录的大量职业病，预留了足够的表述余地和可能性，为《职业病分类和目录》在诊疗过程中的灵活运用，保留了充分的弹性空间。

6.5.2.2 职业病的特点

与化学品接触相关的职业病有其自身的特点，这就是患者必须有充分职业暴露机会，必须在暴露环境里确实存在一定数量或浓度的有毒有害化学品。比如与毒物接触的某个职业工种，有一定的从业时间、职业史，特定的作业方式以及毒物种类，有职业卫生要求未能达标的从业环境等。职业病的另一个特点就是群发性和特异性，即相同车间、工种、操作工位的人群，往往出现相同或相似的疾患症状，有毒有害化学致病因素会选择性地作用于某个人体系统或器官，使现场从业人员罹患同样的职业性疾病。

6.5.2.3 职业病的病程

职业病的发病过程一般比较缓慢，从开始接触某种化学性致病因素到出现明显的疾病症状，往往需要经历很长的一段时间。临床上将这类职业病称为慢性职业病，常出现在多年从事化工作业活动的从业者身上。除此之外，还有一种所谓的急性职业病，就是在某些场合，由于发生了生产事故等意外原因，不慎造成的偶然职业暴露，会使从业者突然出现某种明显的职业伤害症状，如急性职业中毒、大面积皮肤灼伤等。这种情况下就不存在慢性职业病中常见的所谓病症潜伏期；一旦出事，往往发病急、病情重，处置不当会造成严重后果。

6.5.2.4 职业病的诊断

职业病的诊断与一般的疾病诊断有所不同，其所涉及的内容不光是纯粹的医学问题。我国以法律形式颁布的《职业病防治法》强调，职业病诊断必须依法行事，必须要有：法定程序、职业病诊断标准、法定机构判断、病因诊断结果。任何违背这 4 条规程的职业病诊断，均被视为非法。具体诊断过程一般会包括以下 3 个方面的内容。

(1) 职业史核实

确定无误的职业史是对患者进行职业病诊断的前提和依据。为此，接诊医师除了需要询问患者的职业情况以外，一个完整的职业病诊断过程，还应包括对职业危害因素以及患者与之接触情况的现场调查。患者的工种、工龄、接触毒物种类、方式和接触剂量等，都是询问和调查的重点。许多细节，如车间卫生状况、个人卫生习惯及防护措施、工艺流程与设备的密闭化程度、通排风情况，乃至体力劳动强度、事故发生频率等，都必须予以足够的关注。

(2) 实验室检测

实验室检测的目的，是为职业史调查中得到的线索提供佐证。例如，可对生产现场所取得的空气样本中的毒物含量、粉尘浓度进行测量，可对工人的血样、尿样、代谢物进行检测等。将实验室检查结果和职业史调查得到的线索相互比对，可以获得更为科学的诊断依据，为得出正确的诊断结论奠定基础。

(3) 临床检查

① 病史追索。即让患者按照时间顺序，还原病发过程，回忆病史、既往健康状况，如起病时间和方式、发病特征、程度、持续时间、治疗情况，注意询问发病与工作的关系、同工者有无类似症状出现等。

② 临床实验室检测。其中又包括对病因的直接检测和间接检测。如对血液、尿液中的金属离子进行的检测，对呼出气中的挥发性物质进行的检测等，就属于直接检测的范畴。对

某种化学物质引起的特异性生理变化的检测，对患者损伤部位的检测等，属于对职业危害因素的损伤特点进行的验证，为间接检测。

③ 体格检查。详细规范的体格检查有助于发现特定职业性疾病的特征，对做出正确的职业病诊断具有重要的价值。这里面既包括血压、心跳、淋巴、肝功能、血常规检测等一类常规项目，也包括一些有特殊针对性的检查内容。如，苯胺、硝基苯接触者会出现发绀，急性甲醇中毒会出现视神经萎缩，慢性苯中毒会出现青灰色面容，砷接触者出现皮肤色素沉着和过度角化，铊接触者出现痛觉过敏、脱发，有机磷接触者出现瞳孔缩小、肌束震颤等，都是体格检查时需要密切关注的一些相关职业病特征，需要通过细致的检查加以甄别。

④ 鉴别诊断。我国的《职业病防治法》明文规定，如果没有证据可以否定职业危害因素与患者临床表现间的必然联系，就可诊断为职业病。临床实践中，许多职业病的特异性临床表现并不明显，或至少是不典型，需要参考多方面的证据，进行认真的鉴别才能做出正确判断。若患者的确切致病因素一时无法确定，原则上就应再做进一步的动态观察或流行病学调查，待获取足够的依据后，再行做出最终的临床判断。

6.5.3 职业病的临床表现

化学性致病因素所导致的职业病通常会在以下 11 个系统、器官或组织呈现相关临床症状：神经系统、呼吸系统、心血管系统、血液系统、肝和肠胃道、肾和泌尿系统、骨骼与肌肉，以及皮肤、眼睛、耳鼻喉和口腔、生殖和内分泌系统。

6.5.3.1 神经系统

职业性神经系统疾病一般是指从业者在职业活动中，因过量接触化学物质而导致的神经系统损伤。若按损伤部位划分，这种损伤又可分为两种，一种是中枢神经系统损伤，另一种是周围神经系统损伤。前者包括中毒性脑病和中毒性脑白质病，后者指的是中毒性周围神经病。

中毒性脑病是大脑皮质神经细胞损伤的一种临床表现，常见于急性中毒，水肿、坏死为其主要病理改变，临床以头痛、恶心、呕吐、意识障碍、昏迷、抽搐、呼吸心搏骤停等为主要症状。典型致病物质包括：有机溶剂、有机磷、一氧化碳及亚硝酸盐一类窒息性毒物、光气及氯气等刺激性气体、苯胺及萘等溶血性毒物、钡及锑类心血管毒物。

中毒性脑白质病的本质就是脑白质受损，临床表现包括中枢神经整合协调能力减退、认知缓慢、反应迟钝、注意力不集中、记忆障碍、精神异常、痴呆等症状。致病化学物质有金属及类金属中的铅、有机锡、砷等，一氧化碳、氰化物、硫化氢，苯、三氯乙烯、苯乙烯类有机溶剂等。

中毒性周围神经病指的是周围神经系统发生的结构改变和功能障碍，临床表现为感觉障碍、运动障碍、自主神经功能异常等。致病化学物质有铊、砷、有机汞、汽油等有机溶剂、环氧乙烷、乙烯、有机磷农药等。

6.5.3.2 呼吸系统

与化学因素相关的职业伤害中，呼吸系统的疾病占有相当的比例。其中最常见的包括：刺激性毒物带来的直接损伤，如化学性炎症和肺水肿，以及可能引起的急性呼吸窒迫综合征；具有抗原或半抗原性质的化学物质引起的呼吸道过敏或肺免疫性疾病，如哮喘、气道高反应性、过敏性肺炎等。另外，一些慢性的呼吸道炎症，假以时日，还可发展为慢性阻塞性肺部疾病。还有，如果吸入的有害粉尘沉积于呼吸性细支气管或是肺泡，则可引起粉末沉着症、肺间质肉芽肿病变、肺纤维化，严重者会导致肺循环障碍、气体交换功能障碍、进行性缺氧。某些化学物质若是长期作用于呼吸道和肺组织，还会引发恶性肿瘤。

与化学品接触有关的职业性呼吸系统疾病，其临床表现及对应的致病化学物质简介如下。

① 直接损伤。致病化学物质包括酸、碱性刺激性气体、卤族元素，有机的醛、酯、醚类化合物，臭氧及一些含氧漂白剂，铬、钒、锇的氧化物等。

② 免疫性损伤。包括支气管哮喘、气道高反应性、过敏性肺炎、肺内肉芽肿，致病物质有异氰酸酯、农药、有害粉尘等。

③ 肺内粉尘沉着。致病物质主要有锡、铁、锑、钡、钨、钛、钴等金属粉尘，故其有时也被称为金属粉末沉着症，其被吸入后可长期沉积于肺内，致纤维化作用不强。

④ 肺纤维化。致病化学物质主要是一些非金属粉尘，如云母、炭黑、石墨及煤的粉尘等，以及一些金属粉尘，如铝、铁、钡的粉末等。

⑤ 诱导肺部肿瘤。这类致病物质有不少，如煤焦油、氯甲醚、六价铬、砷的化合物、石棉等。

6.5.3.3 心血管系统

由于职业原因接触某些化学物质，可以引发心血管方面的疾患；其中有些化学物质是直接以心脏为靶器官的，有些则可引起多器官功能损伤，心脏只是这些器官之一。

(1) 临床症状

接触有害化学物质引发的心血管疾病，其临床表现出的症状通常有以下几个。

① 心脏损伤。包括心肌损害、心源性休克、心力衰竭。

② 心律失常。包括窦性心律失常、异位心律失常、传导阻滞。

③ 猝死。包括临床上常见的，进入高危环境作业发生的急性严重化学中毒，中毒病情本已基本稳定后，又突发的心搏、呼吸骤停。

④ 血管损伤。可表现为多种形式，如血压降低或增高、动脉粥样硬化、雷诺综合征、心绞痛等。

(2) 致病化学物质

在与化学品使用相关的职业场所里，可以使患者出现心血管方面疾患的致病化学物质有很多，比较典型的有以下几种。

① 窒息性气体。包括一氧化碳、硫化氢、氰化氢等。

② 刺激性气体。如磷化氢、氯甲醚等。

③ 农药。包括有机磷、有机氯、有机氟、有机氮类化合物等。

④ 金属、类金属及其化合物。如铅、铊、钴、钡、砷及其化合物等。

⑤ 卤代烃类。有氯乙烯、氯仿等。

⑥ 许多常用的有机溶剂。包括二硫化碳、三氯乙烯、甲苯、乙醇等。

⑦ 高铁血红蛋白形成剂。如苯胺、硝基苯等。

⑧ 硝酸盐或有机的硝酸酯类化合物。比如硝酸铵、硝酸钠、硝酸甘油等。

⑨ 各种类型的其他一些有机物。如五氯酚钠、叠氮化钠、三甲基锡、氟乙酸、氯乙醇等。

6.5.3.4 血液系统

由于职业原因引起的血液系统疾病通常包括造血抑制、血细胞损害、血红蛋白变性、出凝血功能障碍和血液系统恶性病变。其临床表现及相应的致病化学物质包括：

① 再生障碍性贫血。致病化学物质有四氯化碳、砷化合物、三硝基甲苯、有机磷等。

② 巨幼细胞性贫血。致病化学物质有砷化合物及乙醇等。

③ 铁粒幼细胞性贫血。致病化学物质有铅、乙醇等。

④ 溶血性贫血。致病化学物质包括苯胺、硝基苯、有机磷农药、杀虫脒、某些有机溶剂、砷化合物、铅等。

⑤ 高铁血红蛋白血症。致病化学物质包括苯胺、硝基苯、硝酸盐等。

⑥ 白细胞减少症和粒细胞缺乏症。致病化学物质有烃类化合物、巯基乙酸、烯丙基缩水甘油等。

⑦ 血管性紫癜。致病化学物质包括汞化合物、砷化合物、石油产品、有机氯化合物、有机磷等。

⑧ 血小板减少症。致病化学物质有铅化合物、三硝基甲苯、二硝基酚、松节油等。

⑨ 血小板功能异常。致病化学物质有氰化钾、聚乙烯基吡咯烷酮、乙醇、醋酸碘、甲基硝基汞等。

⑩ 骨髓增生异常综合征。致病化学物质主要是苯—类化合物。

⑪ 白血病。致病化学物质主要是苯及其衍生物。

6.5.3.5 肝和肠胃道

职业性地接触有害化学物质，可引起食道、胃、肠、肝、胆、胰等消化器官的功能性损伤和器质性病变，这就是常说的职业性肝和肠胃道疾病。其在临床上的症状表现以及对应的致病物质有：

① 急性腐蚀性食管炎和胃炎。致病化学物质有强酸、强碱、重铬酸钾、酚类、过氧乙酸、农药百草枯等。

② 急性胃肠炎。致病化学物质包括有机磷、砷化合物、二甲基甲酰胺、苯酚、过氧乙酸、氢氧化钠等。

③ 腹绞痛。致病化学物质有二甲基甲酰胺、铅或铊的化合物等。

④ 中毒性肝病。中毒性肝病又可细分为中毒性肝损伤、脂肪肝、肝内胆汁淤积、肝血窦内皮细胞受损、肝硬化和肝肿瘤。致病化学物质有不少，包括金属、类金属及其化合物、卤代烃、芳香族的氨基和硝基化合物，还有乙醇、甲醇、异丙醇、五氯酚、肼、有机磷、三硝基甲苯、丙烯腈等。

6.5.3.6 肾和泌尿系统

肾脏是极为重要的人体器官，具有多种重要的生理功能，可通过排尿排泄体内代谢产物，维持水、电解质和酸碱平衡。肾脏同时也是一个内分泌器官，可分泌促红细胞生成素、肾素、前列腺素等多种激素和生物活性物质。肾脏的这种特殊功能及其相应生理构造，使其极易受到外来化学物质的伤害，引发各种肾和泌尿系统相关疾病，如中毒、血循障碍、机械性压迫、免疫反应、致癌作用等。

在临床上，职业中毒性肾和泌尿系统疾病被大致分成了4大类：急性中毒性肾病、慢性中毒性肾病、泌尿系其他中毒性损伤、化学性肾肿瘤。其中：

① 急性中毒性肾病指的是因急性肾功能障碍和结构损伤导致的急性肾衰竭，有急性肾小管坏死、急性过敏性肾炎、急性肾小管堵塞3种类型。

② 慢性中毒性肾病指的是长期职业性地摄入低剂量的化学性毒物而引起的肾功能障碍和结构损伤，根据发病机制和临床特点，也有肾小管功能障碍、无症状性蛋白尿和慢性间质性肾炎3种类型。

③ 泌尿系其他中毒性损伤，包括化学性膀胱炎和其他化学性损伤，如肾结石、膀胱结石、膀胱良性乳头状瘤等。

④ 化学性肾肿瘤，指的是长期过量接触某类致病化学物质而引发的职业性肾脏肿瘤，常见临床表现为肾癌、膀胱癌等。

能够导致职业中毒性肾和泌尿系统疾病的致病化学物质有很多，不胜枚举，如金属和类金属、有机溶剂、农药、合成染料，有机的酚、醇、酸、醛，有机杂环化合物、酰胺类化合物、环氧化物、肼、腈类化合物、砜类化合物、萘，常见的一氧化碳、砷化合物、铜盐等，也可导致此类疾病。

6.5.3.7　骨骼与肌肉

化学性职业危害因素引起的骨骼肌肉疾病，其主要临床表现为骨密度下降或骨质疏松，既可引发全身性骨损伤，也可只是造成局部性骨损伤，或是造成关节损害。常见的致病化学物质有：能导致继发性骨密度降低、骨质软化的镉、汞、铅、铍、铬等有毒金属，能引起氟骨症、磷性下颌骨损伤的氟、磷等有害物质，能引起肢端溶骨症的氯乙烯，通过造成肝、肾损伤而导致骨密度降低的硝基苯、氨基苯、某些农药以及窒息性气体等。

6.5.3.8　皮肤

皮肤是最大的人体器官，其在保护机体免受外界不利因素侵害方面起着至关重要的作用。一旦这些不利因素的侵害强度超过皮肤这道屏障的防护能力，各种类型的皮肤损伤就会发生。职业原因引发的这类皮肤损伤，简称职业性皮肤病。在这其中，化学因素导致的占有相当一部分比例。

与化学品接触相关的职业性皮肤疾病包括：各种酸、碱性物质、有机溶剂、某些染料、橡胶助剂、防腐剂、三氯乙烯、丙烯腈、煤焦油及煤焦沥青等导致的皮炎，煤焦油、石油馏分、橡胶制品及其添加剂、某些染料、烷基酚等导致的皮肤色素改变，矿物油、多氯苯、多氯酚等导致的痤疮，含铬、铍等金属的化合物导致的皮肤溃疡，某些化学物质引发的接触性荨麻疹，沥青、焦油、石棉等导致的疣赘、皮肤癌，有机溶剂、酸、碱导致的角化过度、皲裂、指甲改变。

6.5.3.9　眼睛

化学性因素所致的职业性眼病有两种。一种是由于化学物质直接作用于眼部造成的眼部损伤，称为接触性眼病。另一种是所谓的中毒性眼病，指的是通过皮肤、黏膜、呼吸道或胃肠道吸收后引起机体中毒，引发眼部相应症状的情况。中毒性眼病可以表现为毒物对眼部的单一损害，也可表现为中毒后产生的全身症状的一部分。

接触性眼病的最常见临床表现形式为职业性化学性眼灼伤，典型致病化学品包括各类酸、碱性物质，以及其余多达两万余种可导致眼部直接损伤的化学物质。中毒性眼病因致病物质不同，在临床上可表现为不同形式，如：急性甲醇中毒可引起视神经损伤，导致患者视力急速下降；急性一氧化碳、有机汞中毒可引起脑部神经损伤，导致突然失明；有机磷中毒可引起瞳孔缩小，而阿托品、麻黄碱中毒则引起瞳孔扩大；一氧化碳、二硫化碳中毒导致色觉功能减退；长期接触三硝基甲苯可导致白内障；汞、铊、铅等中毒可引起眼肌麻痹，导致复视或斜视等。

6.5.3.10 耳鼻喉和口腔

与化学品接触相关的职业性耳鼻喉和口腔疾病主要有：铬鼻病、牙酸蚀病和口腔炎。

所谓的铬鼻病，指的是含铬的粉尘或铬酸雾刺激、腐蚀鼻腔后，对鼻腔组织所造成的病理性损伤。铬可破坏鼻腔的毛囊组织，造成黏膜腺体分泌功能减弱、鼻黏膜干燥，还可以破坏鼻中隔黏膜，引发鼻中隔黏膜糜烂、溃疡乃至穿孔等。铬鼻病的早期临床表现为鼻内刺痛或烧灼感，流清水鼻涕、鼻塞、打喷嚏，继续发展下去，可出现鼻腔黏膜干燥、结痂、萎缩，以及鼻中隔黏膜的糜烂、溃疡、穿孔等典型临床现象。

牙酸蚀病也称牙酸蚀症，是指在无细菌参与的情况下，由于酸的化学侵蚀作用而造成的牙齿表面硬组织进行性丧失的一种慢性牙体疾病。工业上，由于职业暴露，长期接触盐酸、硫酸、硝酸等腐蚀性较强的酸性物质，是引发牙酸蚀症的最主要原因。其临床表现包括牙本质过敏、髓腔暴露或牙髓病变导致的自发性牙痛、牙冠缺损等。

口腔炎又分急性口腔炎和慢性口腔炎，主要是由于接触大量酸性或碱性物质所致，如接触氯气、强酸、氟化氢、氨气等。有时候，长期接触铅、汞、砷、镉、磷等，也会导致口腔炎。临床上，急性口腔炎常表现出口腔黏膜有烧灼感、疼痛、牙龈黏膜充血、水肿等症状，慢性口腔炎的临床表现包括口内金属味、牙龈酸胀、易出血以及牙龈肿胀、糜烂、萎缩等。

6.5.3.11 生殖和内分泌系统

因接触有害化学物质，给从业者造成生殖系统和相应内分泌系统方面的损伤，导致生殖功能障碍及关联性疾病，称为职业性生殖和内分泌系统疾病。临床表现为生育力下降、性行为改变、不良生育结局和肿瘤等。

对于男性患者，其生殖系统可能受到的损伤包括对生殖器官的影响，对性腺轴及激素水平的影响，对精子质量的影响，对性行为及生育力的影响，对子代的影响等。

对于女性患者，其生殖系统可能受到的损伤包括对月经的影响，对性腺轴及生殖内分泌的影响，对子代的影响，第二性征改变，引发女性生殖系统肿瘤等。

常见的致病化学物质包括某些农药、芳香烃、氯代烯烃类化合物，铅、汞、砷等金属和类金属，有机溶剂、表面活性剂和塑料添加剂等。

近年来，人类散布在环境中的一些很难分解的化学物质，如多氯联苯、二噁英、壬基酚、邻苯二甲酸酯类化合物、双酚 A 等环境内分泌干扰物对生殖系统的损伤，已引起了越来越多的关注，现已成为国际上职业医学研究的重点。

6.5.4 职业病的处置

6.5.4.1 职业病的现场抢救

设备泄漏、爆炸一类意外事件，常导致急性化学中毒。因而对职业病患者实施的紧急救治，多发生于化工事故现场。在概念上，这类事故属于突发职业卫生事件，其特点是可在短时间内造成大量人员职业性损伤、中毒或者死亡。应对这类紧急情况的办法，除了提前制定尽可能完备的应急预案以外，就是现场及时采取的各种急救措施。现场急救的目的十分明确，就是挽救危重者的生命、减轻伤害症状、防止出现合并症、避免给患者留下可能的后遗症，为正式医疗救助的到来争取时间，为下一步的正规治疗创造条件。

为此，参与现场急救的人员需要至少做到以下几点：

① 做好自身防护、迅速进入现场，尽快确定突发事件的性质和类别，立即报警并制定处置方案。

② 采取措施将有关人员移出事故现场、排除致病因素的影响，如关闭泄漏管道的阀门、封堵设备泄漏之处、切断毒物来源、开启通风设备、清除患者身上的毒性或腐蚀性沾染物等。

③ 检查伤员呼吸、脉搏、心跳等基本生命体征状况，如遇紧急情况，需立即、就地开展心肺复苏术，缓解状况。

④ 如有创伤、出血，应迅速采取措施，包扎止血；如遇骨折情况，可用木棍、木板等先予以固定，避免伤害扩大、发展；如有腹腔脏器脱出或颅脑组织膨出，可用干净毛巾、软布料或搪瓷碗等加以保护。

⑤ 对于神志已经昏迷的患者，未明了病因前，需时刻关注心跳、脉搏、呼吸、两侧瞳孔大小；有舌后坠者，应将舌头拉出或设法将其固定在口外，以防窒息。

在做到以上几点的同时，还应时刻与专业的外部救援力量保持联系，以便获取及时的技术指导；且需牢记，一旦情况允许，就可按病情的轻重缓急，即刻选择适当的交通工具，将伤员转运至对口医院，以便使其能够及时获取专业的医疗救治。

6.5.4.2　职业病的临床治疗

对职业病实施对症治疗的前提，是弄清楚致病的原因。但由于化工企业的特点，化学性致病因素往往并不单一，彼此间的相互影响交错复杂，而有的因素造成的机体损伤，又常具不可逆特征，因此患者一旦罹患职业性疾病，欲获得完全的康复并不容易。针对这些特点，职业病临床治疗时，常需遵循以下几项原则：

① 病因治疗。由于病因明了，治疗的针对性就可以十分明确。需脱离有害环境，设法将进入体内的有害物质尽速排出，以缓和症状、消除致病因素的有害作用。常用的脱离或减少病因接触的办法有：离开工作现场，清洗污染的皮肤、眼睛，更换被污染的衣物；经消化道中毒者尽快漱口、洗胃，必要时可常规灌服活性炭等。常用的加速毒物排出或代谢的方法有：令患者大量饮水、补液，以期通过排尿的方式，将已经进入体内的毒物迅速排出，稀释体内毒物浓度；采用血液透析、灌流、血液置换方法，清除血液中的毒物；通过某些药物的促进作用，加强毒物的代谢排出等。除此之外，对某些化学物质中毒，还可以采取一些针对性比较强的治疗措施，如采用氧舱治疗一氧化碳中毒；利用亚甲蓝具有的可还原高铁血红蛋白的性质，将其用于治疗苯胺、亚硝酸盐、苯肼等的中毒等。

② 对症支持治疗。对症治疗的目的在于维持机体功能的正常运转，保护重要的身体器官不受损伤。比如，急性中毒时，经常出现各种危重症状，必须进行紧急干预，维持住基本的生命体征和重要器官的正常生理功能，才能采取进一步的治疗措施。比如，出现心跳、呼吸停止时，应立即予以心、肺、脑复苏，维持组织灌注，给氧、能量合剂及促进组织代谢药

物等。再比如，对于出现意识障碍患者，应尽早给予葡萄糖、维生素 B_1，以防不可逆脑损伤；对于异烟肼、有机磷类化学物质中毒引起的惊厥，需使用针对性的解毒剂等。

对症支持治疗也是针对一些慢性职业病的主要治疗措施。例如，对于尘肺合并感染所采取的抗感染、止咳、祛痰治疗，对于锰中毒所采取的抗震颤、抗肌僵直治疗等，也属于常见的一些对症支持治疗措施。

③ 早期干预治疗。现代医学越来越强调对于疾病的早期干预治疗。一些职业性疾患，由于病因明确，损伤基本途径已经明了，使得对患者的早期干预成为可能。例如，对于一些化学事故突发场所，致病毒物明确，病情的可能发展大多在可预期范围之内，采取早期干预就是十分合理的治疗选择。对于化学性致病因子所导致的职业病，一些常见的、属于早期干预治疗的措施包括：纠正机体缺氧、稳定体内环境、维持微循环功能、阻遏炎症反应等。

④ 康复治疗。临床实践发现，不少患者在经过常规治疗以后，受损组织或器官的功能依然存在明显的障碍，影响职业病患者的生活与工作。有鉴于此，在职业病治疗领域，各种各样的康复治疗方法近年来正受到越来越多的重视并得到了广泛的应用。

康复治疗的目的是尽早恢复受损组织、器官的正常功能，防止致病因子造成的机体损伤长期化、不可逆化。在具体实施时，康复治疗多采用理疗一类的治疗方法对患者进行诊治，其目的在于尽可能地使病、伤、残者在体格、精神、社会及职业功能等方面的能力得到较快恢复，尽早获得完整的身心健康。热疗、光疗、磁疗，心理安抚与疏导，一些辅助性质的药物治疗，再加上呼吸锻炼、运动训练、药膳辅佐等，都是经常采用的一些康复治疗措施。

6.6 安全防范技术

一切旨在降低、消除有毒有害化学物质影响的防范方法或处置手段，均可称为防毒措施。若以防范的区间面积和保护对象来划分的话，各种安全防范措施可以进一步分成两部分，即整体技术措施和个体防护措施。

6.6.1 整体技术措施

整体技术措施，指的是为消除作业环境的健康危险而采取的系统解决方案以及相应的安全技术措施。以下介绍的，都是化工企业面对健康危险时所经常采取的一些常规技术方法，它们有些是在工艺设计阶段就必须实施的安全考虑，有些则是针对化工生产各个环节可能逸散、排出的各种化学物质所做的无害化处置措施。

（1）替代或排除有毒及高毒物料

在化工生产中，只要可能，原则上所有的反应都应尽量采用无毒或低毒原材料。由于许多化学物质存在性质上的相似性，因此可以在某些场合互相替代使用。如涂料工业中可以用低毒性的甲苯替代毒性较大的苯，用氧化钛替代铅白，以水基溶剂取代有机溶剂等等。又如在合成氨工业中，传统的脱硫、脱碳过程一直采用砷碱法，毒性较大，改用本菲尔特方法后，没有了砷的危害，整个过程的毒性伤害危险大为降低，生产安全得到了保障。

（2）采用危害性较小的工艺

工艺改革涉及范围很广，许多技术进步与新流程的建立都属于工艺改革的范畴。在化工生产中，尽量采用危害性较小的工艺来替代原来的比较危险的工艺，或是从头开始，设计并建设一条危害性较小的工艺路线，无疑是化工工艺无害化改革的重要内容。这方面近年来有许多成功的案例。比如布洛芬生产工艺的改革，简化了工艺流程，减少了环境废物的排放，与原工艺相比，副产物大为减少，仅有乙酸一种，且可作为其他反应的原料加以再利用，原子经济性得以提高。又如，环氧乙烷制备工艺的改革，摒弃了原来的工艺路线，不再使用有毒有害的氯气作为原料，也没有氯化钙废料的排放，原子经济性达到了百分之百，可视为工艺革新的典范。再比如，Baeyer-Villiger 重排是将酮氧化成相应的酯的重要化学反应，在化工生产中有着广泛的应用，例如用于生产有着重要工业用途的 ε-己内酯。原来的生产工艺是采用 3-氯过氧苯甲酸作为氧化剂，不但反应的原子经济性较低，只有大约 42%，而且还产生了有毒的还原产物 3-氯苯甲酸，造成环境污染。现采用革新后的工艺，以 Sn/β 分子筛为催化剂、过氧化氢为氧化剂，不但原材料更为安全，将原子经济性提高至 86%，且副产物只有水，完全没有有害污染物排放，实现了绿色安全的工艺设计目标。还有，对马来酸酐生产工艺改进后，过程已不再有二氧化碳副产物产生，原子经济性也从原来的 44% 提升至大约 65%，也是一个工艺改革的成功示范。

（3）密闭化、机械化、连续化措施

密闭化可以有效地阻止粉尘、有害气氛的弥漫，保护现场操作者的健康。比如炼胶机采用密闭方式作业后，消除了添加硫化剂等助剂成分时细微粉尘、颗粒物弥漫飞扬的现象，避免了作业人员因吸入有害粉尘导致的健康伤害。

用机械化代替手工操作是工业发展的大趋势，也是产业发展的潮流。机械化一方面减小了劳动强度，减轻了繁重的体力支出，另一方面还减少了作业人员与毒物的接触机会，从根本上降低了毒物危害人体健康的风险。

相比于间歇操作模式，连续化生产措施不但可以大大提高生产效率，还避免了加料、粉碎、分离、出料等操作过程的人工参与，减少了操作过程中人员与毒性物质的接触机会，提升了安全水平，使得现场劳动条件得到了极大的改善。

（4）隔离操作和自动控制

隔离操作将操作人员与生产设备进行了区隔，可以显著减少作业人员与有害物质的接触，降低毒物导致的健康风险。在具体实施时，既可以将生产设备置于封闭或是隔离空间内，将操控人员安排在隔离环境外的方法，也可以采用将人员安排在隔离室内，而将设备放在隔离室外的方法。

自动控制也是减少或是完全避免因毒物与操作人员接触而引发健康安全事故的常用方法。操作时，作业人员远离生产现场，通过自动控制的机械装置，对生产流程实施远程操作与监控。事实上，许多高毒性及剧毒化学物质的生产过程，正在越来越多地采用完全封闭的自动流水作业方式来进行，以完全消除操作人员可能面临的健康风险。

（5）通风排毒措施

以自然通风或机械通风的方式，将生产现场的有毒有害物质的浓度降低至合理的安全限度以内，消除其对作业人员的健康威胁，是化工企业经常采用的安全技术措施之一。细分下去，这种通风排毒作业又可分为许多种，如局部通风、全面通风、混合通风等。其中，局部通风是指通风措施只在某一特定区域实施，主要用于人员经常活动场所或是毒物比较集中的地方；全面通风指的是将大量外部新鲜空气引入室内作业环境，用以稀释作业现场的有害气氛，使之达到符合安全标准的一种通风作业方式，主要用于面积较大的场所、毒物挥发量不大的情形，不适用于可燃粉尘、烟尘弥漫的作业环境；混合通风则是兼有局部通风和全面通风的一种混合操作模式，也是一种常用的通风换气方法，有些化工生产场所会采用这种通风模式以满足特定需要。

（6）燃烧净化方法

燃烧方法是为处理有害物质、消除健康危险、保障作业安全而经常采用的一种净化处理技术。它通过焚烧的方式，将有害气态物质直接转变为无害物质后，再行排放处理。燃烧方法主要用于各种气态有机物的处理，是一种简便、经济且行之有效的有毒有害物质处理方法。经常采用的燃烧净化方法有直接燃烧、热力燃烧和催化燃烧 3 种。

① 直接燃烧。处理温度一般都在 1100℃ 以上，适用于有害气氛中含有比较高的可燃成分的情形。这里的有害气氛是作为燃料来使用的，完全燃烧后的产物一般为二氧化碳和水，当然有时还会有氮气等其他一些气态组分。

② 热力燃烧。适用于处理可燃组分含量比较低的有毒废气，所需温度较低，一般只有 700～800℃。与直接燃烧处理方式不同的是，热力燃烧产生的热量常常不足以维持燃烧过程的持续进行，因此其本身在许多情况下不能作为燃料使用，而只是作为一种辅助燃料燃烧过程的、以空气为本底的助燃气体。

③ 催化燃烧。就是利用过渡金属催化剂的活性，将排出废气中的可燃物组分在较低的温度下进行氧化分解，以消除其中有害物的方法。该方法对催化分解的对象是有选择的，就是催化剂必须对可燃组分的氧化燃烧过程具有一定的催化活性。催化燃烧方法适用于含有可燃气体或蒸气成分废气的净化过程，而不适用于含可燃粉尘、细微雾滴的废气的净化处理。

（7）冷凝净化方法

有些化工过程会产生蒸气形态的有毒有害物质，此时可以采用的一个方法就是冷凝净化。它通过将排出的气氛中含有的蒸气成分冷却凝结成为液体的方式，达到消除作业环境的毒物危害和实现物料回收利用的双重目的。这种冷凝净化方法常用于处理含有较高浓度有机物的有毒有害蒸气，可用作燃烧、吸附等净化方法的前处理措施，以提前将其中还有使用价值的部分物料做尽可能的回收利用。用此方法将气氛中的蒸气冷凝成液体，其前提是必须将操作置于气体混合物的露点以下，这样蒸气才会开始冷凝液化，这是采用此方法时务必需要加以注意的。

（8）吸收和吸附净化方法

吸收和吸附都是化工生产中常用的净化方法，在防毒技术中有着重要的应用。通过吸收和吸附的方法，可以阻止对人体健康有危害的化学物质的排放，保护现场操作人员的安全。

最常用的吸收操作是将有害气体用液体吸收，以防其直接进入环境或是操作现场，对作业人员造成伤害。比如，采用碱性溶液对产生的酸性气体进行吸收，就是常用的防止酸性气体对人员造成伤害的一种消除安全危险的方法。反过来，采用酸性液体介质，或者有时也直接采用水，对排出的类似氨气这样的碱性气氛进行吸收，然后再将铵盐或是氨进行回收，也是一种常见的应对碱性气体危害的简便方法。

吸附操作的原理相对简单，就是利用比表面积大的多孔性固体物质去处理含有目标物的流体混合物，通过固体介质的吸附作用，将欲除去的有毒有害物质从流体中加以清除的一种方法。比如，可以采用针对性的吸附介质，对含有染料的工业废水进行充分处理后再将其排放，就可减少有毒有害废物对人体和环境的危害，改善化工生产企业及周边环境的安全状况。

6.6.2 个体防护措施

尽管从原则上讲，应首先考虑采取适当措施，从整体上将现场的危险化学物质的浓度降到一个可以接受的水平，但由于种种原因或条件限制，工作场所的状况往往无法完全满足这个要求，此时相关人员就必须使用个体防护措施对自身加以保护，以确保身体的健康安全，避免职业伤害事故的发生。无论工作现场是否安装了整体防护设施，如通风净化设备、护板、隔离装置等，专业的工作服、鞋子、帽子和手套，作为最常用、同时也是最普通的个人防护装备，是进入工作场所时必须穿着的基本防护衣物。除此之外，以下一些专门针对呼吸系统、皮肤以及眼睛加以保护的特殊方法，也是面对健康危险时经常采用的常规安防措施。

（1）呼吸系统保护措施

对呼吸系统进行保护的最简单形式就是佩戴口罩。在一些涉及化学品作业的车间、工地，有时仅凭专业设计、正确佩戴的防护口罩，就可阻止相当一部分弥散于空气中的有害粉尘、有害颗粒物等化学物质经由呼吸器官进入人体，避免或至少是部分减轻因吸入途径导致的身体伤害。而在另外一些场合，如毒气浓度较高，且存在对眼睛、面部皮肤有刺激的化学物质的作业环境，简单的防护措施往往无法对呼吸系统起到全面、有效的保护作用，此时佩戴防毒面具就成了必然选择。与化学品危害相关的防毒面具有很多种。按照防护原理的不同，常见的防毒面具大体上可以分为两种，一种称为过滤式，一种称为隔离式。过滤式防毒面具的基本组件包括面罩、眼窗、导气管、滤毒罐；其中的滤毒罐可根据需要，内装不同的滤毒层和吸附剂，用以净化不同的目标气体，保证现场作业人员的正常呼吸，完成工作任务。而隔离式防毒面具则往往应用于更加严苛的作业环境，它通过自身配置的氧气呼吸系统或送风系统，将操作人员的呼吸环境与现场空气氛围进行彻底隔离，阻止环境气氛对作业人员可能造成的伤害，充分保证现场人员的作业与生命安全。

（2）皮肤保护措施

有害化学物质与皮肤接触后，一般会产生两种不同的结果，一是直接造成体表皮肤的损伤，如皮肤受到腐蚀；二是会通过皮肤侵入人体内部，致使机体中毒。尽管两者造成的伤害在作用特征上和致病机理上有着明显的不同，但其在作用模式上是一样的，都是通过体表皮肤接触所致。因而，采取适当的皮肤保护措施，就可以同时阻止这两种不同的伤害。

应对危险化学物质对皮肤造成伤害的措施有许多种。其遵循的基本原则，都是试图将有害化学物质与皮肤进行隔离，尽量阻止两者直接接触，对皮肤实施保护。以下根据身体部位的不同，分别介绍几种常用的皮肤保护措施。

① 对手部皮肤的保护。由于几乎所有的现场操作都是通过手的活动来完成的，因此对手部进行保护就显得十分重要。最简单的手部防护措施就是佩戴防毒手套。根据不同需要，或防范对象的不同，可以佩戴的手套的材质有很多种，如乳胶手套、丁腈手套、聚氨酯塑料手套等。有时为了达到更佳的防护效果，还可以有意地选择加长手套，以同时获得对手腕及以上皮肤的"附加"保护。

② 对头部皮肤的保护。对头部可通过佩戴面罩加以保护。在不少场合，面罩又称防毒面具，尽管严格来讲两者并不完全等同。以最普通的面罩为例，其基本组成部分包括罩体、眼窗、口罩、头带（或头盔）。其最基本的作用，就是防止酸、碱等腐蚀性液体通过溅射的方式对面部（或头部）形成的伤害。当然，如果现场还有弥漫在空气中的有害物质，如悬浮液滴、蒸气等，那么就必须通过佩戴上面提到的同时具备面部保护功能的罩式呼吸道防毒装置，才能起到有效的保护作用。

③ 对身体躯干皮肤进行保护。能够对身体提供保护，使之免受危险化学品或腐蚀性物质侵害的防护服装称为化学防护服，简称防化服，可用于防御有毒、有害化学品损害皮肤或经皮肤吸收后伤害人体，在涉及危险化学品生产、使用、存储、运输的领域，以及危险化学品事故处置过程中，均有着广泛的应用。防护服有很多不同的种类，有些早期的化学防护服只能对身体的局部提供有效防护，如躯干、手臂和大腿等部位，而现在通行的防护服已逐渐发展到能够根据需要，对使用者提供全身保护。比如，常见的轻型防护服对一般性质的酸碱侵害，就可提供足够的保护，也不用配备呼吸器，重量也比较轻，穿脱方便。而在有些场合，则只有穿着重型防护服，才能对现场人员提供全面的保护。精心设计的重型防护服常具有防撕裂、阻燃、耐热、耐磨、良好的气密性等优异性能，配备专用的呼吸器，采用多层高分子复合材料制成，面对多种化学物质的侵害时，能够为人体提供从头到脚、从呼吸系统到皮肤的全面保护，防范可能发生的安全事故。

除了上面说到的这些保护措施之外，有时还可以采取一些其他方式对皮肤进行保护。比如，如果发现化学品的刺激作用并不强烈，涂抹专用的皮肤保护剂也可起到一定的隔离防护作用。其优点是可以随时随地使用，方便快捷。当然，这种皮肤保护剂应不含对皮肤有害、刺激的成分，易于清洗等。

（3）眼部保护措施

采取眼部保护措施的目的，在于防止现场有害物质对眼睛的伤害。使用最为广泛的眼部保护措施就是佩戴防护眼镜，有时也叫护目镜。其材质主要是有机玻璃一类的高分子材料，也有采用普通光学玻璃镜片的。使用时，应注意现场化学品的化学性质，选择合适材质的护目镜对眼部加以保护。

在有些场合，如果需要，也可通过佩戴防护面罩，对包括眼睛在内的更大的面部区域加以保护。防护面罩的具体式样有多种，既有只是单纯地用于眼部保护的简单面罩，也有配置了呼吸装置的多功能保护面罩；有只包含正面防护作用的局部保护面罩，也有可以对整个头部实施保护作用的套头式的整体头套。防护面罩在型式和构造上，与上面所说的防毒面具有许多相似之处，或者有时就以防毒面具加以替代使用。当然，无论是哪种面罩，眼部保护功能都是通过配置其上的护目镜来做到的。

<hr>

思考题

1. 什么是职业暴露？什么是职业健康危险？两者是什么关系？

2. 化学物质的毒性大小和作用特点，通常与哪些因素有关？

3. 在国家颁布的《职业病分类和目录》的总共 10 大类职业病中，与化学品危害相关的职业性疾病存在于哪几大类中？

4. 根据我国颁布的《职业病防治法》，职业病诊断必须遵循哪几条基本原则？具体的诊断过程又包括哪几个方面的内容？

5.毒性物质会通过什么途径进入人体？通常又会造成哪些伤害？

6.化学性致病因素所导致的职业病，通常会在哪几个系统、器官或组织导致相关临床症状？

7.在化工作业场所，通常可以采取哪些措施来防范有毒有害化学物质对从业人员的伤害？

第7章
化学品泄漏与扩散模型

 学习要点

1.毒物释放模型：不同泄漏类型下的毒物释放模型建立，毒物释放速率和释放量与设备参数、释放时间之间的定量计算

2.毒物扩散方式：烟羽或烟团扩散方式

3.毒物扩散模型：扩散模型建立及毒物浓度的估算；中性浮力扩散模型和重气扩散模型

泄漏是化工企业常见的一种事故形式，很可能引发火灾、爆炸及中毒等二次事故。本章重点介绍化工企业中常见的泄漏源及不同情况下泄漏速率的计算方法，如液体泄漏、气体或蒸气泄漏、液体闪蒸、液体蒸发等；预测泄漏出的大量易燃、易爆物质或有毒有害物质在大气环境中的迁移扩散过程，讲述如何使用中性浮力扩散模型和重气扩散模型预测泄漏气体或蒸气在大气环境中的浓度分布，并就泄漏初始动量及浮力对扩散过程的影响进行了简单的介绍，可提高对泄漏事故后果进行工程分析和判断的能力，并对化工过程进行风险分析和安全评价。

化工生产中存在着大量的危险化学品，它们在工艺过程的设备、管道、储罐等装置中往往处于流动或者存放状态，如果束缚这些化学品的装置完好无损，使其能够在所设计的工艺条件下封闭流动或者储存，即可达到安全生产；一旦束缚这些化学品的装置破损，化学品泄漏至大气中，那么这些化学品便会在空气中扩散和累积，达到一定浓度就可能引发火灾、爆炸、中毒等化学事故，尤以火灾和爆炸事故为主。三类典型的化工火灾和爆炸事故，即池火灾、蒸气云爆炸、沸腾液体扩展蒸气爆炸均是由化学品泄漏和扩散引起的。这些事故造成的人员伤亡可能小于交通事故和机械伤害，但是所造成的财产损失和环境破坏却相当巨大，而且还会危及公众对化工企业的信任感和安全感。因此需要对不同情况下化学品的泄漏量和扩散情况有所了解，以便制定相应的防范措施。下面简述一下这三类典型的化工火灾和爆炸事故。

池火灾是指在可燃物（液态或固态）的液池表面上发生的火灾。通常意义上的池火灾是指可燃物在常温下为液态发生的火灾。典型的池火灾包括在储罐、储槽等容器内的可燃液体被引燃而形成的火灾，以及泄漏的可燃液体在体积、形状限制条件下（如防火堤、沟渠、特殊地形等）汇集并形成液池后被引燃而发生的火灾；气相中的可燃液滴、雾或者气体冷凝沉降后有时也可形成液池，从而引发池火灾。泄漏的可燃液体在流动的过程中着火燃烧形成的

火灾则为运动的液体火灾。池火灾的危害主要在于其高温及辐射危害。

蒸气云爆炸：发生泄漏事故时，可燃气体、蒸气或液雾与空气混合会形成可燃蒸气云，可燃蒸气云遇到火源即发生蒸气云爆炸。

沸腾液体扩展蒸气爆炸是温度高于常压沸点的加压液体突然释放并立即汽化而产生的爆炸。如果加压液体的突然释放是因为容器的突然破裂引起的，那么它实质上是一种物理性爆炸，如锅炉爆裂而导致锅炉内的过热水突然汽化。由于液体的突然释放多数是因为外部火源加热导致压力容器爆炸所致，而外部火源又会起到可燃蒸气的点火作用，因而沸腾液体扩展蒸气爆炸往往伴随有大火球的产生。因此，沸腾液体扩展蒸气爆炸往往是与火灾、爆炸等灾害序贯发生的。

可见，化工过程中的火灾和爆炸事故均与可燃液体或固体、可燃气体、可燃蒸气或液雾的泄漏有关。而不同情况下泄漏量的大小及其在大气中的扩散和累积情况会直接关乎火灾和爆炸事故的严重性，对不同情况下的泄漏情况进行定量分析或定性分析是十分必要的。因此，本章主要讨论泄漏源模型和扩散模型。泄漏源模型主要是预测在不同情况下（如开孔、断裂、管子泄漏等）的泄漏速率及一定时间内的泄漏量。针对某一具体情况可以计算得到泄漏量和泄漏速率随孔大小、压力、时间等参数的变化情况。而扩散模型则主要是预测在不同风速和气温等情况下泄漏出来的物质在空气中迁移和扩散情况及与周围空气混合后的浓度等随时间和空间的变化。

7.1 化工中常见的泄漏源

泄漏机理可分为大面积泄漏和小孔泄漏。大面积泄漏是指在短时间内有大量的物料泄漏出来，储罐的超压爆炸就属于大面积泄漏。小孔泄漏是指物料通过小孔以非常慢的速率持续泄漏，上游的条件并不因此而立即受到影响，故通常假设上游压力不变。

如图 7-1 所示为化工厂中常见的小孔泄漏的情况。对于这种泄漏，物质通常从储罐和管道上的孔洞和裂纹以及法兰、阀门和泵体的裂缝或严重破坏、断裂的管道中泄漏出来。如图 7-2 所示为物料的物理状态对泄漏过程的影响。对于存储于储罐内的气体或蒸气，裂缝导致气体或蒸气泄漏出来，对于液体，储罐内液面以下的裂缝会使液体泄漏出来；如果储罐中液体的压力大于其大气环境下沸点所对应的压力，那么由于液面以下存在裂缝，将导致泄漏的液体的一部分闪蒸为蒸气，由于液体的闪蒸，可能会形成小液滴或雾滴，并可能随风扩散开来。而液面以上的蒸气空间的裂缝能够导致蒸气流，或气液两相流的泄漏，这主要取决于物质的物理特性。

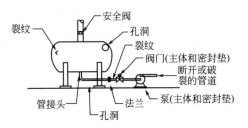

图 7-1　化工厂中常见的小孔泄漏

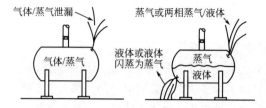

气体/蒸气泄漏　　　蒸气或两相蒸气/液体

气体/蒸气　　液体或液体　蒸气
　　　　　　闪蒸为蒸气　液体

图 7-2　蒸气和液体以单相或两相状态从容器中泄漏出来

7.2　化学品泄漏模型

7.2.1　液体泄漏

（1）通过管道上的孔洞泄漏

对于不可压缩流体，机械能守恒定律描述了与流动的液体相关的各种能量形式，如下式：

$$\frac{\Delta p}{\rho}+\frac{\Delta \bar{u}^2}{2\alpha g_c}+\frac{g}{g_c}\Delta z+F=-\frac{W_S}{m}$$

式中　p——压强，Pa（表压）；

ρ——流体密度，kg/m³；

α——动能校正因子，无量纲，其取值为：对于层流，α 取为 0.5；对于塞流，α 取为 1；对于湍流，$\alpha \rightarrow 1$；

$\bar{u}$——流体平均速度，简称流速，m/s；

g——重力加速度，m/s²；

g_c——重力常数（加速度×质量/力），其数值约等于 1，m·kg/(N·s²)；

z——高于基准面的高度，m；

F——静摩擦损失，J/kg（或者 N·m/kg）；

W_S——轴功，J；

m——质量，kg；

Δ——函数，为终止状态减去初始状态。

对于某过程单元（表压为 p_g）上的一个小孔，当液体通过其流出时，认为液体高度的变化是可以忽略的。则 $\Delta p=p_g$，$\Delta z=0$，$W_S=0$。裂缝中的摩擦损失可由流出系数常数 C_1 近似代替，其定义为：

$$-\frac{\Delta p}{\rho}-F=C_1^2\left(-\frac{\Delta p}{\rho}\right)$$

将以上式子代入机械能守恒式，确定从裂缝中流出的液体的平均流速为：

$$\bar{u}=C_1\sqrt{\alpha}\sqrt{\frac{2g_c p_g}{\rho}}$$

新的流出系数 C_0 定义为：

$$C_0=C_1\sqrt{\alpha}$$

若小孔的面积为 A，液体的平均流速为 $\bar{u}$，则液体通过小孔泄漏的质量流量 Q_m 为：

$$Q_m = \rho \bar{u} A = AC_0 \sqrt{2\rho g_c p_g} \tag{7-1}$$

式中 p_g——系统表压，Pa。

流出系数 C_0 为：①对于锋利的小孔和雷诺数大于 30000 的情况，C_0 近似取 0.61；②对于圆滑的喷嘴，流出系数可近似取 1；③对于与容器连接的短管（即长度与直径之比小于 3），流出系数近似取 0.81；④当流出系数不知道或不能确定时，取 1.0 以使计算结果最大化。

【例 7-1】 下午 1 点，工厂的操作人员发现输送苯的管道中的压力降低了，他没有查明原因便立即将压力恢复至 7atm（表压）。下午 2:30，在管道上发现了一个直径为 0.635cm 的小孔，并立即进行了修理。试估算由此小孔流出的苯的总质量。苯的密度为 878.6kg/m³。

解： 假设在下午 1 点至 2:30 之间即 90min 内，小孔一直存在，孔洞的面积为：

$$A = \frac{\pi d^2}{4} = \frac{3.14 \times (0.635 \times 10^{-2})^2}{4} = 3.165 \times 10^{-5} \, \text{m}^2$$

苯泄漏的质量流量可由式（7-1）计算。对于圆滑的孔洞，C_0 近似取 0.61，$g_c \approx 1$，则

$$Q_m = AC_0 \sqrt{2\rho p_g}$$
$$= 3.165 \times 10^{-5} \times 0.61 \times \sqrt{2 \times 878.6 \times 7 \times 101325} = 0.682 \, \text{kg/s}$$

90min 共计流出苯的总质量为 $0.682 \times (90 \times 60) = 3683$kg

根据式（7-1），对【例 7-1】中的情况计算了不同参数下泄漏的质量流量和泄漏量，结果列于表 7-1。可见，泄漏的质量流量和小孔直径及系统压力有关，其中小孔直径的影响比系统压力的影响更敏感；而一定时间内的泄漏量则与小孔直径、系统压力和泄漏时间有关。一旦发生泄漏，应该做到早发现，降低系统压力，然后尽快将泄漏处修复好，以避免大量危险化学品泄漏至大气中。

表 7-1 通过小孔泄漏的质量流量和泄漏量与参数间的关系

泄漏时间 t/h	小孔直径 d/cm	系统表压 p_g/atm	平均泄漏的质量流量 Q_m/(kg/s)	泄漏量 /kg	泄漏时间 t/h	小孔直径 d/cm	系统表压 p_g/atm	平均泄漏的质量流量 Q_m/(kg/s)	泄漏量 /kg
1.5	0.1	7	0.02	91	6	0.6	7	0.61	13126
1.5	0.2	7	0.07	365	7	0.6	7	0.61	15314
1.5	0.3	7	0.15	820	8	0.6	7	0.61	17502
1.5	0.4	7	0.27	1458	9	0.6	7	0.61	19690
1.5	0.5	7	0.42	2279	10	0.6	7	0.61	21877
1.5	0.6	7	0.61	3282	1.5	0.6	1	0.23	1240
1.5	0.7	7	0.83	4467	1.5	0.6	2	0.32	1754
1.5	0.8	7	1.08	5834	1.5	0.6	3	0.40	2148
1.5	0.9	7	1.37	7384	1.5	0.6	4	0.46	2481
1.5	1	7	1.69	9116	1.5	0.6	5	0.51	2773
1	0.6	7	0.61	2188	1.5	0.6	6	0.56	3038
2	0.6	7	0.61	4375	1.5	0.6	7	0.61	3282
3	0.6	7	0.61	6563	1.5	0.6	8	0.65	3508
4	0.6	7	0.61	8751	1.5	0.6	9	0.69	3721
5	0.6	7	0.61	10939	1.5	0.6	10	0.73	3922

(2) 通过储罐上的孔洞泄漏

对于任意几何形状的储罐，假设小孔（面积为 A）在储罐中的液面以下 h_L（h_L 为孔洞上方的液体高度）处形成，储罐中的表压为 p_g，外界压力为大气压力。假设液体为不可压缩流体，储罐中的液体流速为 0，则通过小孔流出的瞬时质量流量 Q_m 为：

$$Q_m = \rho \bar{u} A = \rho A C_0 \sqrt{2\left(\frac{p_g g_c}{\rho} + g h_L\right)} \tag{7-2}$$

随着储罐逐渐变空，液体高度减小，质量流量也随之减少。

假设液体表面上的表压 p_g 是常数（对于容器内充有惰性气体来防止爆炸，或与外界大气相通的情况下可以这样认为）。对于恒定横截面积为 A_t 的储罐，储罐中小孔以上的液体总质量为：

$$m = \rho A_t h_L \tag{7-3}$$

储罐中的质量变化率为：

$$\frac{dm}{dt} = -Q_m \tag{7-4}$$

式中，Q_m 可由式（7-2）给出。将式（7-2）和式（7-3）代入到式（7-4）中，假设储罐的横截面积和液体的密度为常数（不可压缩流体），可以得到一个描述液体高度变化的微分方程：

$$\frac{dh_L}{dt} = -\frac{C_0 A}{A_t}\sqrt{2\left(\frac{p_g g_c}{\rho} + g h_L\right)} \tag{7-5}$$

将式（7-5）重新整理，并对其从初始高度 h_L^0 到任意高度 h_L 进行积分，得到储罐中液面高度随时间的变化函数：

$$h_L = h_L^0 - \frac{C_0 A}{A_t}\sqrt{\frac{2p_g g_c}{\rho} + 2g h_L^0}\, t + \frac{g}{2}\left(\frac{C_0 A}{A_t} t\right)^2 \tag{7-6}$$

将式（7-6）代入到式（7-2）中，可得到任意时刻 t 所泄漏液体的质量流量：

$$Q_m = \rho C_0 A \sqrt{2\left(\frac{p_g g_c}{\rho} + g h_L^0\right)} - \frac{\rho g C_0^2 A^2}{A_t} t \tag{7-7}$$

式（7-7）右边的第一项是 $h_L = h_L^0$ 时的初始质量流量。

设 $h_L = 0$，通过求解式（7-6）可以得到容器液面降至小孔所在高度处所需要的时间：

$$t_e = \frac{1}{C_0 g}\left(\frac{A_t}{A}\right)\left[\sqrt{2\left(\frac{p_g g_c}{\rho} + g h_L^0\right)} - \sqrt{\frac{2p_g g_c}{\rho}}\right] \tag{7-8}$$

对于任意几何形状的容器，如果小孔位于容器底部，则该容器内物料泄漏完所需的时间仍可以按照式（7-8）计算。如果容器内的压力是大气压，即 $p_g = 0$，则式（7-8）可简化为式（7-9）；该情况下如果小孔位于容器底部，则该容器内物料泄漏完所需的时间仍可以按照式（7-9）计算，此时 h_L^0 为容器内的液面高度。

$$t_e = \frac{1}{C_0 g}\left(\frac{A_t}{A}\right)\sqrt{2g h_L^0} \tag{7-9}$$

【例 7-2】 圆柱形储罐，高 6.1m，直径 2.4m，里面储存物质为苯。为防止爆炸，储罐内充装有氮气，罐内表压为 1atm，且恒定不变。储罐内的液面高度为 5.2m。由于疏忽，铲车驾驶员将距离底面1.5m的罐壁上撞出一个直径为2.5cm的小孔。请估算：（1）流出多少苯；（2）苯流至漏孔高度处所需的时间；（3）苯通过小孔的最大质量流量和平均速率。该条件下苯的密度为878.6kg/m³。

解：储罐的面积为：

$$A_t = \frac{\pi d^2}{4} = \frac{3.14 \times 2.4^2}{4} = 4.52 \text{m}^2$$

孔洞的面积为：

$$A = \frac{3.14 \times 0.025^2}{4} = 4.9 \times 10^{-4} \text{m}^2$$

表压为：

$$p_g = 1\text{atm} = 1.013 \times 10^5 \text{Pa}$$

（1）孔洞上方苯的体积为：

$$V = A_t h_L^0 = 4.52 \times (5.2 - 1.5) = 16.724 \text{m}^3$$

这就是能够流出的苯的全部的量。

（2）苯全部流出来所需的时间，由式（7-8）给出

$$t_e = \frac{1}{C_0 g}\left(\frac{A_t}{A}\right)\left[\sqrt{2\left(\frac{g_c p_g}{\rho} + g h_L^0\right)} - \sqrt{2\left(\frac{g_c p_g}{\rho}\right)}\right]$$

$$= \frac{1}{0.61 \times 9.81} \times \frac{4.52}{4.9 \times 10^{-4}} \times \left(\sqrt{\frac{2 \times 1.013 \times 10^5}{878.6} + 2 \times 9.8 \times 3.7} - \sqrt{\frac{2 \times 1.013 \times 10^5}{878.6}}\right)$$

$$= 3433\text{s} = 57.2\text{min}$$

这说明有充足的时间来阻止泄漏，或启用应急程序来减少泄漏量，避免其对环境造成不利的影响。

（3）最大的流出量发生在 $t = 0$ 即液面高度为 5.2m 时。此时液面距小孔的距离 h_L^0 为：5.2 - 1.5 = 3.7m，此时的质量流量最大，可通过式（7-2）计算：

$$Q_m = \rho A C_0 \sqrt{2\left(\frac{g_c p_g}{\rho} + g h_L^0\right)} = 878.6 \times 4.9 \times 10^{-4} \times 0.61 \sqrt{2 \times \left(\frac{101300}{878.6} + 9.8 \times 3.7\right)}$$

$$= 4.6\text{kg/s}$$

苯通过小孔的平均速率：

$$16.724 \times 878.6 / 3433 = 4.28\text{kg/s}$$

（3）通过管道泄漏

沿管道的压力梯度是液体流动的驱动力，液体与管壁之间的摩擦力把动能转化为热能，导致液体流速减小和压力下降。不可压缩流体在管道中的流动，遵守机械能守恒定律：

$$\frac{\Delta p}{\rho} + \frac{\Delta \overline{u}^2}{2\alpha g_c} + \frac{g}{g_c}\Delta z + F = -\frac{W_S}{m} \tag{7-10}$$

式（7-10）中的摩擦项 F 代表由摩擦导致的机械能损失，包括流经管道长度的摩擦损失，数学表达式如下：

$$F = K_f\left(\frac{u^2}{2}\right) \tag{7-11}$$

式中 K_f——管道或管道配件导致的压差损失；

u——液体流速。

对于流经管道的液体，K_f 为：

$$K_f = \frac{4fL}{d} \qquad\qquad (7\text{-}12)$$

式中　f——范宁（Fanning）摩擦系数；

　　　L——流道长度，m；

　　　d——流道直径，m。

范宁摩擦系数 f 是雷诺数 Re 和管道粗糙度的函数。表7-2给出了各种类型管道的粗糙度（ε）值，图7-3是范宁摩擦系数与雷诺数、管道相对粗糙度（ε/d 为参数）之间的关系图。

表7-2　管道的粗糙度

管道材料	水泥覆护钢	混凝土	铸铁	镀锌铁	型钢	熟铁	玻璃	塑料
ε/mm	1～10	0.3～3	0.26	0.15	0.046	0.046	0	0

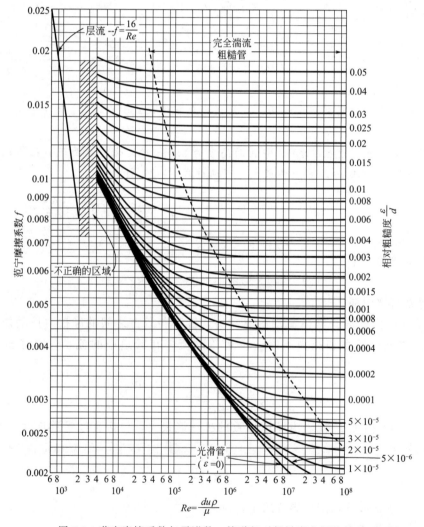

图7-3　范宁摩擦系数与雷诺数、管道相对粗糙度之间的关系

对于层流，范宁摩擦系数由式（7-13）给出：

$$f = \frac{16}{Re} \tag{7-13}$$

对于湍流，范宁摩擦系数可由 Colebrook 方程计算：

$$\frac{1}{\sqrt{f}} = -4\lg\left(\frac{\varepsilon}{3.7d} + \frac{1.255}{Re\sqrt{f}}\right) \tag{7-14}$$

式（7-14）的另外一种形式，对于由范宁摩擦系数 f 来确定雷诺数是很有用的：

$$\frac{1}{Re} = \frac{\sqrt{f}}{1.255}\left(10^{-0.25/\sqrt{f}} - \frac{\varepsilon}{3.7d}\right) \tag{7-15}$$

对于粗糙管道中完全发展的湍流，f 与雷诺数无关。在图 7-3 中可看到，在雷诺数很高处，f 接近于常数，对于这种情况，式（7-14）可简化为：

$$\frac{1}{\sqrt{f}} = 4\lg\left(3.7\frac{d}{\varepsilon}\right) \tag{7-16}$$

对于光滑管道，$\varepsilon = 0$，式（7-14）可简化为：

$$\frac{1}{\sqrt{f}} = 4\lg\frac{Re\sqrt{f}}{1.255} \tag{7-17}$$

对于光滑管道，当雷诺数 Re 小于 100000 时，布拉修斯（Blasius）方程很有用：

$$f = 0.079Re^{-1/4} \tag{7-18}$$

Chen 提出了一个简单的方程，该方程可在图 7-3 所显示的全部雷诺数范围内，给出摩擦系数 f，该方程是：

$$\frac{1}{\sqrt{f}} = -4\lg\left(\frac{\varepsilon/d}{3.7065} - \frac{5.0452\lg A}{Re}\right) \tag{7-19}$$

式中

$$A = \frac{(\varepsilon/d)^{1.1098}}{2.8257} + \frac{5.8506}{Re^{0.8981}}$$

对于管道附件、阀门和其他流动阻碍物，传统的方式是在式（7-12）中使用当量管长，该方法的问题是确定的当量长度与摩擦系数是有联系的。一种改进的方法是使用 2-K 方法，它在式（7-12）中使用实际的流程长度，而不是当量长度，并且提供了针对管道附件、进口和出口的更详细的方法。2-K 方法根据两个常数即雷诺数和管道内径来定义压差损失。

$$K_f = \frac{K_1}{Re} + K_\infty\left(1 + \frac{25.4}{D}\right) \tag{7-20}$$

式中 K_f——超压位差损失（无量纲）；

K_1，K_∞——常数（无量纲）；

    Re——雷诺数（无量纲）；

    D——管道内径，mm。

表 7-3 列出了式（7-20）中使用的各种类型的附件和阀门中损失系数的 2-K 常数。

表 7-3 附件和阀门中损失系数的 2-K 常数

附件		附件描述	K_1	K_∞
弯头	90°	标准($r/D=1$),带螺纹	800	0.40
		标准($r/D=1$),用法兰连接/焊接	800	0.25
		长半径($r/D=1.5$),所有类型	800	0.2
		斜接($r/D=1.5$):① 焊缝(90°)	1000	1.15
		② 焊缝(45°)	800	0.35
		③ 焊缝(30°)	800	0.30
		④ 焊缝(22.5°)	800	0.27
		⑤ 焊缝(18°)	800	0.25
	45°	标准($r/D=1$),所有类型	500	0.20
		长半径($r/D=1.5$)	500	0.15
		斜接:① 焊缝(45°)	500	0.25
		② 焊缝(22.5°)	500	0.15
	180°	标准($r/D=1$),带螺纹	1000	0.60
		标准($r/D=1$),用法兰连接/焊接	1000	0.35
		长半径($r/D=1.5$),所有类型	1000	0.30
三通管	作为弯头使用	标准的,带螺纹的	500	0.70
		长半径,带螺纹的	800	0.40
		标准的,用法兰连接/焊接	800	0.80
		短分支	1000	1.00
	贯通	带螺纹的	200	0.10
		用法兰连接/焊接	150	0.50
		短分支	100	0.00
阀门	闸阀、球阀或旋塞阀	全尺寸,$\beta=1.0$	300	0.10
		缩减尺寸,$\beta=0.9$	500	0.15
		缩减尺寸,$\beta=0.8$	1000	0.25
	球心阀	标准的	1500	4.00
		斜角或 Y 形	1000	2.00
	隔膜阀	Dam(闸坝)类型	1000	2.00
	蝶形阀		800	0.25
	止回阀	提升阀	2000	10.0
		回转阀	1500	1.50
		倾斜片状阀	1000	0.50

对于管道进口和出口,为了说明动能的变化,需要对式(7-20)进行修改:

$$K_f = \frac{K_1}{Re} + K_\infty \tag{7-21}$$

对于管道进口,$K_1=160$,对于一般的进口,$K_\infty=0.50$,对于边界类型的进口,$K_\infty=0$;对于管道出口,$K_1=0$,$K_\infty=1.0$。进口和出口效应的 K 系数,通过管道的变化说明了动能的变化，因此在机械能中不必考虑额外的动能项。对于高雷诺数（$Re>10000$），式（7-21）中的第一项是可以忽略的，$K_f=K_\infty$；对于低雷诺数（$Re<50$），式（7-21）的第一项是占支配地位的，$K_f=K_1/Re$。式（7-21）对于孔和管道尺寸的变化也是适用的。

2-K 方法也可以用来描述液体通过孔洞的流出。液体经孔洞流出的流出系数的表达式，可由 2-K 方法确定，其结果是：

$$C_0=\frac{1}{\sqrt{1+\sum K_f}} \tag{7-22}$$

式中，$\sum K_f$ 是所有压差损失项之和，包括进口、出口、管长和附件，这些由式（7-12）、式（7-20）和式（7-21）计算。对于没有管道连接或附属储罐上的一个简单的孔，摩擦仅仅是由孔的进口和出口效应引起的。对于雷诺数大于 10000 的情况，进口的 $K_f=0.5$，出口的 $K_f=1.0$，因而，$\sum K_f=1.5$，由式（7-22），$C_0=0.63$，这与推荐值 0.61 非常接近。

流体从管道系统中流出，质量流量的求解过程如下：

① 假设管道长度、直径和类型，沿管道系统的压力和高度变化，来自泵、涡轮等对液体的输入或输出功，管道上附件的数量和类型，液体的特征（包括密度和黏度）；

② 制定初始点和终止点；

③ 确定初始点和终止点的压力和高度，确定初始点处的初始液体流速；

④ 推测终止点处的液体流速，如果认为是完全发展的湍流，则这一步不需要；

⑤ 用式（7-13）～式（7-19）确定管道的摩擦系数；

⑥ 确定管道的超压位差损失、附件的超压位差损失和进、出口效应的超压位差损失，将这些压差损失相加，使用式（7-11）计算净摩擦损失项；

⑦ 计算式（7-10）中的所有各项的值，并将其代入到方程中，如果式（7-10）中所有项之和等于零，那么计算结束，如果不等于零，返回到④重新计算；

⑧ 使用方程 $Q_m=\rho \bar{u} A$ 确定质量流量。

对于完全发展的湍流，求解是非常简单的，将已知项代入到式（7-10）中，将终止点处的速度设为变量，直接求解该速度。

【例 7-3】 含有少量有害废物的水经内径为 100mm 的型钢直管道，通过重力从某一大型储罐排出，管道长 100m，在储罐附近有一个闸阀，整个管道系统大多是水平的，如果储罐内的液面高于管道出口 5.8m，管道在距离储罐 33m 处发生事故性断裂，请计算自管道泄漏的速率及 15min 的泄漏量。

解： 排泄操作如图 7-4 所示，假设可以忽略动能的变化，没有压力变化，没有轴功，应用于点 1 和 2 之间的机械能守恒［式（7-10）］可简化为：

$$g \Delta z+F=0$$

对于水：$\mu=1.0 \times 10^{-3} Pa \cdot s$；$\rho=1000kg/m^3$

使用式（7-21）确定进、出口效应的 K 系数，闸阀的 K 系数可在表 7-3 中查得，管长的 K 系数由式（7-12）给出。

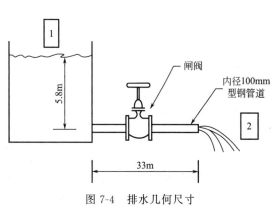

图 7-4　排水几何尺寸

对于管道进口：$K_f = \dfrac{160}{Re} + 0.5$

对于闸阀：$K_f = \dfrac{300}{Re} + 0.10$

对于管道出口：$K_f = 1.0$

对于管长：$K_f = \dfrac{4fL}{d} = \dfrac{33 \times 4f}{0.10} = 1320f$

将 K 系数相加得：$\sum K_f = \dfrac{460}{Re} + 1320f + 1.6$

对于 $Re > 10000$，方程中的第一项很小。因此 $\sum K_f \approx 1320f + 1.60$，所以

$$F = \sum K_f \left(\frac{\overline{u}^2}{2} \right) = (660f + 0.80)\overline{u}^2$$

机械能守恒方程中的重力项为：

$$\frac{g}{g_c} \Delta z = 9.8 \times (0 - 5.8) = -56.8 \text{J/kg}$$

因为没有压力变化和轴功，机械能守恒方程式［式（7-10）］简化为：

$$\frac{\overline{u}_2^2}{2g_c} + \frac{g}{g_c}\Delta z + F = 0$$

求解出口速率并代入高度变化得：

$$\overline{u}_2^2 = -2g_c \left(\frac{g}{g_c}\Delta z + F \right) = -2 \times (-56.8 + F)$$

雷诺数为：

$$Re = \frac{d\overline{u}\rho}{\mu} = \frac{0.1\overline{u} \times 1000}{1.0 \times 10^{-3}} = 1.0 \times 10^5 \overline{u}$$

对于型钢管道，由表 7-2 查得，$\varepsilon = 0.046\text{mm}$

$$\frac{\varepsilon}{d} = \frac{0.046}{100} = 0.00046$$

因为摩擦系数 f 和摩擦损失项 F 是雷诺数和速率的函数，所以采用试差法求解。试差法求解见表 7-4。

表 7-4　试差法求解结果

u 的估值/(m/s)	Re	f	F	计算得到的 $\overline{u}$ 值/(m/s)
3.00	300000	0.00451	34.09	6.75
3.50	350000	0.00446	46.00	4.66
3.66	366000	0.00444	50.18	3.66

因此，从管道中流出的液体速率是 3.66m/s。表 7-4 也显示了摩擦系数 f 随雷诺数变化很小。因此，对于粗糙管道中完全发展的湍流，可以使用式（7-16）来近似估算。

$$\frac{1}{\sqrt{f}} = 4\lg \left(3.7\, \frac{d}{\varepsilon} \right) \tag{7-16}$$

式（7-16）计算的摩擦系数值等于 0.0041。因此

$$F = (660f + 0.80)\overline{u}_2^2 = 3.51\overline{u}_2^2$$

代入并求解，得到：

$$\overline{u}_2^2 = -2(-56.8 + 3.51\overline{u}_2^2) = 113.6 - 7.02\overline{u}_2^2$$

$$\overline{u}_2 = 3.76 \text{m/s}$$

该结果与较精确的试差法的计算结果很接近。

管道的横截面积是：$A = \dfrac{\pi d^2}{4} = \dfrac{3.14 \times 0.1^2}{4} = 0.00785 \text{m}^2$

质量流量为：$Q_m = \rho \overline{u} A = 1000 \times 3.66 \times 0.00785 = 28.7 \text{kg/s}$

15min 泄漏的总量为：$15 \times 28.7 \times 60 = 25830 \text{kg}$

这表明，持续泄漏 15min 将会有将近 26000kg 的有害物质泄漏出来。除此以外，还有储存在阀门和断裂处之间的管道内的液体也将释放出来。因此，必须设计一套系统来限制泄漏，包括减少应急反应时间，使用直径较小的管道，或者对管道系统进行改造，增加一个阻止液体流动的控制阀等。

7.2.2 气体或蒸气泄漏

7.2.2.1 通过孔洞泄漏

对于流动着的液体来说，其动能的变化经常是可以忽略不计的，物理性质（特别是密度）是不变的，而对流动着的气体和蒸气来说，这些假设仅仅在压力变化不大（$p_1/p_2 < 2$）、流速较低（小于 0.3 倍声音在气体中的传播速度）的情况下有效。由于压力作用使气体或蒸气含有的能量在其从小孔泄漏或扩散出去时转化为动能，随着气体或蒸气经孔流出，其密度、压力和温度将会发生变化。

气体和蒸气的泄漏，可分为滞留泄漏和自由扩散泄漏。对于滞留泄漏，气体通过孔流出，摩擦损失很大，很少一部分来自气体压力的内能会转化为动能；而对于自由扩散泄漏，大部分压力能转化为动能，通常可假设为等熵过程。滞留泄漏的源模型，需要有关孔洞物理结构的详细信息，在这里不予考虑。在此仅考虑自由扩散泄漏情况，自由扩散泄漏源模型仅仅需要孔洞直径。

对于自由扩散泄漏，假设可以忽略潜能的变化，没有轴功，则质量流量的表达式为：

$$Q_m = C_0 A p_0 \sqrt{\frac{2M}{R_g T_0} \times \frac{\gamma}{\gamma - 1} \left[\left(\frac{p}{p_0} \right)^{2/\gamma} - \left(\frac{p}{p_0} \right)^{(\gamma+1)/\gamma} \right]} \tag{7-23}$$

式（7-23）描述了等熵膨胀过程中任意点处的质量流量。

对于许多安全性研究，都需要确定通过小孔流出蒸气的最大流量。引起最大流量的压力比为：

$$\frac{p_{\text{choked}}}{p} = \left(\frac{2}{\gamma + 1} \right)^{\gamma/(\gamma-1)} \tag{7-24}$$

式中，塞压 p_{choked} 是导致孔洞或管道流动最大流量的下游最大压力；p 为系统压力（绝压）。当下游压力小于 p_{choked} 时，以下几点是正确的：①在绝大多数情况下，在洞口处流体的流速为声速；②通过降低下游压力，不能进一步增加其流速及质量通量，它们不受下游环境影响。这种类型的流动称为塞流、临界流或声速流。

对于理想气体来说，塞压仅仅是热容比 γ 的函数见表 7-5。

表 7-5　理想气体的塞压和热容比

气　体	γ	p_{choked}
单原子	1.67	$0.487p_0$
双原子和空气	1.40	$0.528p_0$
三原子	1.32	$0.542p_0$

对于空气泄漏到大气环境（$p_{\text{choked}}=1\text{atm}$），如果上游压力比 $101.3/0.528=191.9\text{kPa}$ 大，则通过孔洞时流动将被遏止，流量达到最大化。工业生产过程中，产生塞流的情况很常见。

把式（7-24）代入式（7-23），可确定最大流量：

$$(Q_m)_{\text{choked}}=C_0Ap_0\sqrt{\frac{\gamma M}{R_gT_0}\left(\frac{2}{\gamma+1}\right)^{(\gamma+1)/(\gamma-1)}} \tag{7-25}$$

式中　M——泄漏气体或蒸气的分子量；

$\quad\quad T_0$——漏源的温度，K；

$\quad\quad R_g$——理想气体常数，为 $8.314\text{Pa}\cdot\text{m}^3/(\text{mol}\cdot\text{K})$。

对于锋利的孔，雷诺数大于 30000 时，流出系数 C_0 取常数 0.61，然而，对于塞流，流出系数 C_0 随下游压力的下降而增加。对于塞流和 C_0 不确定的情况，推荐使用保守值 1.0，可以使计算得到的数值最大化，为最危险的情况。

各种气体的热容比 γ 值见表 7-6。

表 7-6　各种气体的热容比 γ

气体	乙炔	空气	氨	丁烷	二氧化碳	一氧化碳	氯气	乙烷	乙烯	氯化氢	氢气
热容比 $\gamma=c_p/c_V$	1.30	1.40	1.32	1.11	1.30	1.40	1.33	1.22	1.22	1.41	1.41

气体	硫化氢	甲烷	氯甲烷	天然气	一氧化氮	氮气	一氧化二氮	氧气	丙烷	丙烯	二氧化硫
热容比 $\gamma=c_p/c_V$	1.30	1.32	1.20	1.27	1.40	1.40	1.31	1.40	1.15	1.14	1.26

【例 7-4】　装有氮气的储罐上有一个 2.54mm 的小孔。储罐内的压力为 1378kPa，温度为 26.7℃，计算通过该孔泄漏的氮气质量流量。

解：由表 7-6，氮气的热容比 $\gamma=1.40$，由式（7-24）：

$$\frac{p_{\text{choked}}}{p}=\left(\frac{2}{\gamma+1}\right)^{\gamma/(\gamma-1)}=\left(\frac{2}{2.40}\right)^{1.40/0.40}=0.528$$

因此　　　　　　　　　$p_{\text{choked}}=0.528\times(1378+101.3)=781\text{kPa}$

外界压力低于 781kPa 时将导致塞流。该例题中外界压力是大气压，所以认为塞流发生，应用式（7-25）。孔的面积是：

$$A=\frac{\pi d^2}{4}=\frac{3.14\times(2.54\times10^{-3})^2}{4}=5.06\times10^{-6}\text{ m}^2$$

流出系数 C_0 假设为 1.0，同时 $p_0=(1378000+101300)=1479300\text{Pa}$，$T_0=26.7+273.15=299.85\text{K}$。

$$\left(\frac{2}{\gamma+1}\right)^{(\gamma+1)/(\gamma-1)}=\left(\frac{2}{2.40}\right)^{2.40/0.40}=0.335$$

然后，用式（7-25）：

$$(Q_m)_{\text{choked}}=C_0Ap_0\sqrt{\frac{\gamma M}{R_gT_0}\left(\frac{2}{\gamma+1}\right)^{(\gamma+1)/(\gamma-1)}}$$

$$=1.0\times5.06\times10^{-6}\times1479300\times\sqrt{\frac{1.4\times1\times28\times10^{-3}}{8.314\times299.85}\times0.335}$$

$$=0.0172\text{kg/s}$$

7.2.2.2 通过管道泄漏

气体经过管道流动的模型有绝热法和等温法。绝热情形适用于气体快速流经绝热管道，等温法适用于气体以恒定不变的温度流经非绝热管道，地下水管线就是一个很好的等温法的例子。真实气体流动介于绝热和等温之间。

对于绝热和等温情形，定义马赫数很方便，其值等于气体流速与大多数情况下声音在气体中的传播速度之比：

$$Ma=\frac{\overline{u}}{a} \tag{7-26}$$

式中，a 为声速，声速可以用热力学关系确定，对于理想气体：

$$a=\sqrt{\gamma g_c R_g T/M} \tag{7-27}$$

这说明，对于理想气体，声速仅仅是温度的函数，在 20℃ 的空气中，声速为 344m/s。

(1) 绝热流动

绝热流动情况下，出口处流速低于声速，流动是由沿管道的压力梯度驱动的，当气体流经管道时，因压力下降而膨胀，膨胀导致速度增加，以及气体动能增加，动能是从气体的热能中得到的，从而导致气体温度降低。然而，在气体与管壁之间还存在着摩擦力，摩擦会使气体温度升高，因此，气体温度的增加或减少都是有可能的，这要依赖于动能和摩擦能的相对大小。

经过大量的推导，可得到

$$\frac{T_2}{T_1}=\frac{Y_1}{Y_2}$$

式中：

$$Y_i=1+\frac{\gamma-1}{2}Ma_i^2 \quad (i=1,2) \tag{7-28}$$

$$\frac{p_2}{p_1}=\frac{Ma_1}{Ma_2}\sqrt{\frac{Y_1}{Y_2}} \tag{7-29}$$

$$\frac{\rho_2}{\rho_1}=\frac{Ma_1}{Ma_2}\sqrt{\frac{Y_2}{Y_1}} \tag{7-30}$$

$$G=\rho\overline{u}=Ma_1p_1\sqrt{\frac{\gamma M}{R_gT_1}}=Ma_2p_2\sqrt{\frac{\gamma M}{R_gT_2}} \tag{7-31}$$

式中，G 是单位面积的质量流量。

$$\frac{\gamma+1}{2}\ln\left(\frac{Ma_2^2Y_1}{Ma_1^2Y_2}\right)-\left(\frac{1}{Ma_1^2}-\frac{1}{Ma_2^2}\right)+\gamma\left(\frac{4fL}{d}\right)=0 \tag{7-32}$$

式（7-32）将马赫数与管道中的摩擦损失联系在一起，确定了各种能量的分布，可压缩性一项说明了由于气体膨胀而引起的速度变化。

使用式（7-28）～式（7-30），通过用温度和压力代替马赫数，使式（7-32）和式（7-31）转变为更方便有用的形式：

$$\frac{\gamma+1}{\gamma}\ln\left(\frac{p_1 T_2}{p_2 T_1}\right)-\frac{\gamma-1}{2\gamma}\left(\frac{p_1^2 T_2^2-p_2^2 T_1^2}{T_2-T_1}\right)\left(\frac{1}{p_1^2 T_2}-\frac{1}{p_2^2 T_1}\right)+\frac{4fL}{d}=0 \tag{7-33}$$

$$G=\sqrt{\frac{2M}{R_g}\times\frac{\gamma}{\gamma-1}\times\frac{T_2-T_1}{(T_1/p_1)^2-(T_2/p_2)^2}} \tag{7-34}$$

对大多数问题，管长（L）、内径（d）、上游温度（T_1）和压力（p_1）以及下游压力（p_2）都是已知的，计算质量流量 G 的步骤如下：

① 由表 7-2 确定管道粗糙度 ε，计算 ε/d；

② 由式（7-16）确定范宁摩擦系数 f；

③ 由式（7-33）确定 T_2；

④ 由式（7-34）计算质量流量。

对于长管或沿管程有较大压差的情况，气体流速可能接近声速，达到声速时，气体流动就称作塞流（Choked Flow），气体在管道的末端达到声速；如果上游压力增加，或者下游压力降低，管道末端的气流速率维持声速不变；如果下游压力下降到低于塞压 p_{choked}，那么通过管道的流动将保持塞流，流速不变且不依赖于下游压力，即使该压力高于周围环境压力，管道末端的压力也将维持在 p_{choked}，流出管道的气体会有一个突然的变化，即压力从 p_{choked} 变为周围环境压力。对于塞流，式（7-28）～式（7-32）可以通过设置 $Ma=1.0$ 得到简化。结果为：

$$\frac{T_{choked}}{T_1}=\frac{2Y_1}{\gamma+1} \tag{7-35}$$

$$\frac{p_{choked}}{p_1}=Ma_1\sqrt{\frac{2Y_1}{\gamma+1}} \tag{7-36}$$

$$\frac{\rho_{choked}}{\rho_1}=Ma_1\sqrt{\frac{\gamma+1}{2Y_1}} \tag{7-37}$$

$$G_{choked}=\rho\bar{u}=Ma_1 p_1\sqrt{\frac{\gamma M}{R_g T_1}}=p_{choked}\sqrt{\frac{\gamma M}{R_g T_{choked}}} \tag{7-38}$$

$$\frac{\gamma+1}{2}\ln\left[\frac{2Y_1}{(\gamma+1)Ma_1^2}\right]-\left(\frac{1}{Ma_1^2}-1\right)+\gamma\left(\frac{4fL}{d}\right)=0 \tag{7-39}$$

如果下游压力小于 p_{choked}，塞流就会发生。这可用式（7-36）来验证。

对于涉及塞流绝热流动的许多问题，已知管长（L）、内径（d）、上游压力（p_1）和温度（T），计算质量流量 G 的步骤如下：

① 由式（7-16）确定范宁摩擦系数 f；

② 由式（7-39）确定上游马赫数；

③ 由式（7-38）确定单位面积质量流量；

④ 由式（7-36）确认处于塞流的情况。

对于绝热管道流，式（7-35）～式（7-39）可以用前面讨论的 2-K 方法，通过将 $4fL/d$ 代替为 $\sum K_f$，而得到简化。

通过定义气体膨胀系数 Y_g，可简化该过程。对于理想气体流动，声速和非声速情况下的单位面积质量流量都可以用 Darcy 公式计算：

$$G = \frac{Q_m}{A} = Y_g \sqrt{\frac{2g_c \rho_1 (p_1 - p_2)}{\sum K_f}} \tag{7-40}$$

式中　G——单位面积质量流量，$kg/(m^2 \cdot s)$；

　　　Q_m——气体的质量流量，kg/s；

　　　A——孔面积，m^2；

　　　Y_g——气体膨胀系数，无量纲；

　　　ρ_1——上游气体密度，kg/m^3；

　　　p_1——上游气体压力，Pa；

　　　p_2——下游气体压力，Pa；

　　　$\sum K_f$——压差损失项，包括管道进口和出口、管道长度和附件，无量纲。

压差损失项 $\sum K_f$ 可使用 2-K 方法得到。对于大多数气体泄漏，气体流动都是完全发展的湍流，这意味着对于管道，摩擦系数是不依赖于雷诺数的，对于附件 $K_f = K_\infty$，其求解也很直接。

式（7-40）中的气体膨胀系数 Y_g，仅取决于气体的热容比 γ 和流道中的摩擦损失项 $\sum K_f$，通过使式（7-40）与式（7-38）相等，并求解 Y_g，就可以得到塞流中气体膨胀系数的方程，结果是：

$$Y_g = Ma_1 \sqrt{\frac{\gamma \sum K_f}{2} \left(\frac{p_1}{p_1 - p_2} \right)} \tag{7-41}$$

式中　Ma_1——上游马赫数。

确定气体膨胀系数的过程如下。首先，使用式（7-39）计算上游马赫数，必须用 $\sum K_f$ 代替 $4fL/d$，以便考虑管道和附件的影响。使用试差法求解，假设上游的马赫数，并确定所假设的值是否与方程的结果相一致。

下一步是计算压力降比值，这可以通过式（7-36）得到。如果实际值比由式（7-36）计算得到的大，那么流动就是声速流或塞流，此时由式（7-36）预测得到的压力降比值可继续用于计算。如果实际值比式（7-36）计算得到的小，那么流动就不是声速流，此时要使用实际的压力降比值。

最后，由式（7-41）计算膨胀系数 Y_g。

一旦确定了 γ 和压差损失项 $\sum K_f$，确定膨胀系数的计算就可以完成了。该计算可以用式（7-41）计算得到，也可以由图 7-5 和图 7-6 中得到答案。如图 7-5 所示，压力比 $(p_1 - p_2)/p_1$ 随热容比 γ 略有变化，而气体膨胀系数 Y_g 随热容比 γ 变化不大，当热容比由 $\gamma = 1.2$ 变化为 $\gamma = 1.67$ 时，相对于 $\gamma = 1.4$ 时的值，Y_g 仅变化了不到 1%。图 7-6 示出了 $\gamma = 1.4$ 时的膨胀系数随压差损失 K_f 的变化曲线。

图 7-5 和图 7-6 中的函数值，可用方程 $\ln Y_g = A (\ln K_f)^3 + B (\ln K_f)^2 + C \ln K_f + D$ 拟合，式中 A、B、C 和 D 都是常数，其值列于表 7-7，计算结果对于给定的 K_f 变化范围内是精确的，误差在 1% 以内。

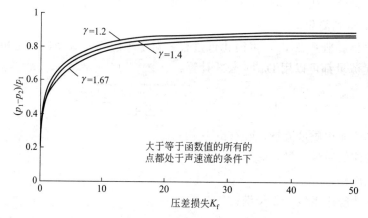

图 7-5　各种热容比下管道绝热流动的声速压力降

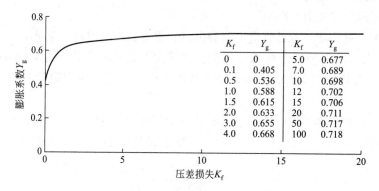

图 7-6　$\gamma=1.4$ 时绝热管道流动的膨胀系数

表 7-7　膨胀系数 Y_g 和热容比与压差损失 K_f 之间的函数关系

函数值	A	B	C	D	K_f 的范围
膨胀系数 Y_g	0.0006	-0.0185	0.114	0.5304	0.1~100
热容比 $\gamma=1.2$	0.0009	-0.0308	0.261	-0.7248	0.1~100
热容比 $\gamma=1.4$	0.0011	-0.0302	0.238	-0.6455	0.1~300
热容比 $\gamma=1.67$	0.0013	-0.0287	0.213	0.5633	0.1~300

计算通过管道或孔洞流出的绝热质量流量的过程如下：

① 已知：基于气体类型的 γ，管道长度、直径和类型，管道进口和出口，附件的数量和类型，整体压降，上游气体密度。

② 假设是完全发展的湍流，确定管道的摩擦系数和附件以及管道进、出口的压差损失项，计算完成后，可计算雷诺数来验证假设，将各个压差损失项相加得到 $\sum K_f$。

③ 由指定的压力降计算 $(p_1-p_2)/p_1$，在图 7-5 中，核对该值来确定流动是否是塞流，图 7-5 中，曲线上面的区域均代表塞流。通过图 7-5 直接确定声速塞压 p_2，即从表中内插一个值，或用表 7-7 中提供的公式计算得到。

④ 由图 7-6 确定膨胀系数。读取图表中的数据，从表中内插数据或者用表 7-7 中提供的

公式计算得到。

⑤ 用式（7-40）计算质量流量。在该公式中，使用步骤③中确定声速塞压。

这种方法还可以应用于计算通过管道系统和孔洞的气体泄漏量。

(2) 等温流动

对于气体在有摩擦的管道中的等温流动，假设气体流速远远低于声音在该气体中的速度。沿管程的压力梯度驱动气体流动，随着气体通过压力梯度的扩散，其流速必须增加到保持相同质量流量的大小，管子末端的压力与周围环境的压力相等，整个管道内的温度不变。

经过大量的推导，可得到：

$$T_2 = T_1 \tag{7-42}$$

$$\frac{p_2}{p_1} = \frac{Ma_1}{Ma_2} \tag{7-43}$$

$$\frac{\rho_2}{\rho_1} = \frac{Ma_1}{Ma_2} \tag{7-44}$$

$$G = \rho \bar{u} = Ma_1 p_1 \sqrt{\frac{\gamma g_c M}{R_g T}} \tag{7-45}$$

$$2\ln \frac{Ma_2}{Ma_1} - \frac{1}{\gamma}\left(\frac{1}{Ma_1^2} - \frac{1}{Ma_2^2}\right) + \frac{4fL}{d} = 0 \tag{7-46}$$

      动能   可压缩性   管道摩擦

式（7-46）更方便的形式是用压力代替马赫数。通过使用式（7-42）～式（7-44），可以得到简化形式：

$$2\ln \frac{p_1}{p_2} - \frac{g_c M}{G^2 R_g T}(p_1^2 - p_2^2) + \frac{4fL}{d} = 0 \tag{7-47}$$

对于典型问题，已知管长（L）、内径（d）、上游和下游的压力（p_1 和 p_2），确定单位面积质量流量 G。步骤如下：

① 由式（7-16）确定范宁摩擦系数；

② 由式（7-47）计算单位面积质量流量 G。

如同绝热情形一样，气体在管道中做等温流动时，其最大流速可能不是声速。根据马赫数，最大流速下的马赫数为：

$$Ma_{choked} = \frac{1}{\sqrt{\gamma}} \tag{7-48}$$

对于等温管道中的塞流，可应用以下方程：

$$T_{choked} = T_1 \tag{7-49}$$

$$\frac{p_{choked}}{p_1} = Ma_1 \sqrt{\gamma} \tag{7-50}$$

$$\frac{\rho_{choked}}{\rho_1} = Ma_1 \sqrt{\gamma} \tag{7-51}$$

$$\frac{\bar{u}_{choked}}{\bar{u}_1} = \frac{1}{Ma_1 \sqrt{\gamma}} \tag{7-52}$$

$$G_{\text{choked}} = \rho \bar{u} = \rho_1 \bar{u}_1 = Ma_1 p_1 \sqrt{\frac{\gamma g_c M}{R_g T}} = p_{\text{choked}} \sqrt{\frac{g_c M}{R_g T}} \tag{7-53}$$

$$\ln\left(\frac{1}{\gamma Ma_1^2}\right) - \left(\frac{1}{\gamma Ma_1^2} - 1\right) + \frac{4fL}{d} = 0 \tag{7-54}$$

对于大多数典型问题，管长（L）、内径（d）、上游压力（p_1）和温度（T）都是已知的。质量通量可通过以下步骤来确定：

① 用式（7-16）确定范宁摩擦系数；

② 由式（7-54）确定 Ma_1；

③ 由式（7-53）确定单位面积质量流量。

对于通过管道的气体流动，流动是绝热的还是等温的很重要。对于这两种情形，压力下降导致气体膨胀，进而促进气体流速增加。对于绝热流动，气体的温度可能升高，也可能降低，这主要取决于摩擦项和动能项的相对大小。对于塞流，绝热塞压比等温塞压小。对于源处的温度和压力为常数的实际管道流动，实际的流量比绝热流量小，但比等温流量大。【例7-5】表明，对于管道中的流动问题，绝热流动和等温流动的差别很小。对于可压缩气体在管道的流动问题，绝热流动模型是可选的模型。

【例7-5】 液态环氧乙烷储罐的上部蒸气空间，必须将氧气排除掉并冲入表压为 558kPa 的氮气以防止爆炸，容器中的氮气由表压为 1378kPa 的氮源供给，氮气被调节为 558kPa 后通过长 10m、内径为 26.6mm 的型钢管道供应给储罐，室温为 26.7℃。

由于氮气调节器失效，储罐暴露于氮源的总压力之下，为了防止储罐的破裂，必须配备泄压设备将储罐中的氮气排泄出去。在这种情况下，确定阻止储罐内压力上升所需要的经泄压设备排出的氮气的最小质量流量。

假设：（1）孔的内径与管道直径相等；（2）绝热管道；（3）等温管道。请确定质量流量。判断哪个结果更接近于真实情况，应该使用哪个质量流量？

解: （1）通过孔的最大流量在塞流情况下发生。管道的横截面积是：

$$A = \frac{\pi d^2}{4} = \frac{3.14 \times (26.6 \times 10^{-3})^2}{4} = 5.55 \times 10^{-4} \text{m}^2$$

氮气源的绝对压力：$p_0 = 1378 + 101.3 = 1479.3 \text{kPa}$

对于双原子气体，塞压：$p_{\text{choked}} = 0.528 \times 1479.3 = 781 \text{kPa}$

由于系统与大气环境相通，该流动被认为是塞流，式（7-25）给出了最大质量流量。对于氮气，$\gamma = 1.4$，所以：

$$\left(\frac{2}{\gamma + 1}\right)^{(\gamma + 1)/(\gamma - 1)} = \left(\frac{2}{2.4}\right)^{2.4/0.4} = 0.335$$

氮气的摩尔质量是 28g/mol。假设单元的流出系数 $C_0 = 1.0$。因此：

$$Q_m = C_0 A p_0 \sqrt{\frac{\gamma M}{R_g T_0} \left(\frac{2}{\gamma + 1}\right)^{(\gamma + 1)/(\gamma - 1)}}$$

$$= 1.0 \times 5.55 \times 10^{-4} \times 1479.3 \times 10^3 \times \sqrt{\frac{1.4 \times 1 \times 28 \times 10^{-3}}{8.314 \times 299.85} \times 0.335}$$

$$= 1.88 \text{kg/s}$$

（2）假设是绝热塞流，对于型钢管道，由表7-2，$\varepsilon = 0.046 \text{mm}$，因此：

$$\frac{\varepsilon}{d} = \frac{0.046}{26.6} = 0.00173$$

由式（7-16）：

$$\frac{1}{\sqrt{f}}=4\lg\left(3.7\,\frac{d}{\varepsilon}\right)=4\times\lg(3.7/0.00173)=13.32$$

对于氮气 $\gamma=1.4$。上游马赫数由式（7-39）计算：

$$\frac{\gamma+1}{2}\ln\left[\frac{2Y_1}{(\gamma+1)Ma_1^2}\right]-\left(\frac{1}{Ma_1^2}-1\right)+\gamma\left(\frac{4fL}{d}\right)=0$$

Y_1 由式（7-28）给出，将其代入得到：

$$\frac{1.4+1}{2}\ln\left[\frac{2+(1.4-1)Ma_1^2}{(1.4+1)Ma_1^2}\right]-\left(\frac{1}{Ma_1^2}-1\right)+1.4\times\left(\frac{4\times0.00564\times10}{26.6\times10^{-3}}\right)=0$$

$$1.2\ln\left(\frac{2+0.4Ma_1^2}{2.4Ma_1^2}\right)-\left(\frac{1}{Ma_1^2}-1\right)+11.87=0$$

通过试差法求解该方程中的 Ma_1，结果列于表7-8。

表7-8　试差法求解绝热塞流 Ma_1 结果

预测的 Ma_1	0.20	0.25
式子左边的值	-8.48	-0.007

根据最近一次预测的 Ma_1 值计算结果接近于零，因此由式（7-28）：

$$Y_1=1+\frac{\gamma-1}{2}Ma_1^2=1+\frac{1.4-1}{2}\times0.25^2=1.012$$

由式（7-35）和式（7-36）得：

$$\frac{T_{\text{choked}}}{T_1}=\frac{2Y_1}{\gamma+1}=\frac{2\times1.012}{1.4+1}=0.843$$

$$T_{\text{choked}}=0.843\times299.85=253\text{K}$$

$$\frac{p_{\text{choked}}}{p_1}=Ma_1\sqrt{\frac{2Y_1}{\gamma+1}}=0.25\times\sqrt{0.843}=0.230$$

$$p_{\text{choked}}=0.230\times1479.3=340\text{kPa}$$

为确保是塞流，管道出口处的压力必须小于 340kPa，由式（7-38）计算单位面积质量流量：

$$G_{\text{choked}}=p_{\text{choked}}\sqrt{\frac{\gamma M}{R_g T_{\text{choked}}}}=340\times10^3\times\sqrt{\frac{1.4\times28\times10^{-3}}{8.314\times253}}=1468\text{kg}/(\text{m}^2\cdot\text{s})$$

$$Q=G_{\text{choked}}A=1468\times5.55\times10^{-4}=0.81\text{kg/s}$$

也可使用直接求解的简化过程，式（7-12）给出了管长的超压位差损失，摩擦系数 f 可以确定：

$$K_f=\frac{4fL}{d}=\frac{4\times0.00564\times10}{26.6\times10^{-3}}=8.48$$

该求解过程中，仅考虑管道摩擦，忽略出口的影响。首先需要考虑的是流动是否为塞流，图7-5（或表7-7中的方程）给出了声速压力比，对于 $\gamma=1.4$ 和 $K_f=8.48$，有：

$$\frac{p_1-p_2}{p_1}=0.770\Rightarrow p_2=340\text{kPa}$$

由于下游压力小于340kPa，因此流动是塞流，由图7-6（或表7-7）得气体膨胀系数$Y_g = 0.69$，处于上游压力条件下的气体密度是：

$$\rho_1 = \frac{p_1 M}{R_g T} = \frac{1479.3 \times 10^3 \times 28 \times 10^{-3}}{8.314 \times 299.85} = 16.6 \text{kg/m}^3$$

将该值代入式（7-40），使用塞压确定p_2，得到：

$$Q_m = Y_g A \sqrt{\frac{2\rho_1(p_1 - p_2)g_c}{\sum K_f}}$$

$$= 0.69 \times 5.55 \times 10^{-4} \times \sqrt{\frac{2 \times 16.6 \times (1479.3 - 340) \times 10^3}{8.48}}$$

$$= 0.81 \text{kg/s}$$

（3）对于等温流动，由方程式（7-54）给出上游的马赫数，将提供的数据代入，得到：

$$\ln\left(\frac{1}{1.4 Ma_1^2}\right) - \left(\frac{1}{1.4 Ma_1^2} - 1\right) + 8.48 = 0$$

通过试差法求解结果见表7-9。

表 7-9　试差法求解等温流动 Ma_1 结果

预测的 Ma_1	0.25	0.24	0.245	0.244
式子左边的值	0.486	−0.402	0.057	−0.035(最终结果)

由式（7-50），塞压是：

$$p_{\text{choked}} = p_1 Ma_1 \sqrt{\gamma} = 1479.3 \times 0.244 \times \sqrt{1.4} = 427 \text{kPa}$$

由式（7-53）计算单位面积质量流量：

$$G_{\text{choked}} = p_{\text{choked}} \sqrt{\frac{g_c M}{R_g T}} = 427 \times 10^3 \times \sqrt{\frac{28 \times 10^{-3}}{8.314 \times 299.85}}$$

$$= 1431 \text{kg/(m}^2 \cdot \text{s)}$$

$$Q_m = G_{\text{choked}} A = 1431 \times 5.55 \times 10^{-4} = 0.79 \text{kg/s}$$

计算结果总结见表7-10。

表 7-10　【例 7-5】计算结果总结

情况	p_{choked}/kPa	Q_m/(kg/s)
孔	781	1.88
绝热管道	340	0.81
等温管道	427	0.79

注意：绝热和等温法得到的结果很接近，对于大多数实际情况并不能很容易地确定热传递特性，因此应选择绝热管道方法，它通常能得到较大的计算结果，适合于保守的安全设计。

7.2.3　液体闪蒸

储存温度高于其通常沸点温度的受压液体，由于闪蒸会存在很多问题，如果储罐、管道或其他盛装设备出现孔洞，部分液体会闪蒸为蒸气，有时会发生爆炸。

闪蒸发生的速度很快，其过程可假设为绝热，过热液体中的额外能量使液体蒸发，并使其温度降低到新的沸点。如果 m 是初始液体的质量，c_p 是液体的热容，T_0 是降压前液体的温度，T_b 是降压后液体的沸点，则包含在过热液体中额外的能量为：

$$Q = mc_p(T_0 - T_b) \tag{7-55}$$

该能量使液体蒸发，如果，ΔH_V 是液体的蒸发焓，蒸发的液体质量 m_V 为

$$m_V = \frac{Q}{\Delta H_V} = \frac{mc_p(T_0 - T_b)}{\Delta H_V} \tag{7-56}$$

液体蒸发比例是：

$$f_V = \frac{m_V}{m} = \frac{c_p(T_0 - T_b)}{\Delta H_V} \tag{7-57}$$

式（7-57）基于假设在 T_0 到 T_b 的温度范围内液体的物理特性不变，没有此假设时更一般的表达形式将在下面介绍。

温度 T 的变化导致的液体质量 m 的变化为：

$$dm = \frac{mc_p}{\Delta H_V}dT \tag{7-58}$$

在初始温度 T_0（液体质量为 m）与最终沸点温度 T_b（液体质量为 $m - m_V$）区间内，对式（7-58）进行积分，得到：

$$\int_m^{m-m_V} \frac{dm}{m} = \int_{T_0}^{T_b} \frac{mc_p}{\Delta H_V}dT \tag{7-59}$$

$$\ln\left(\frac{m - m_V}{m}\right) = -\frac{\overline{c}_p(T_0 - T_b)}{\overline{\Delta H_V}} \tag{7-60}$$

式中，$\overline{c}_p$ 和 $\overline{\Delta H_V}$ 分别是 $T_0 \sim T_b$ 温度范围内的平均热容和平均蒸发焓，求解液体蒸发比率 $f_V = m_V/m$，可得到：

$$f_V = 1 - \exp\left[-\overline{c}_p(T_0 - T_b)/\overline{\Delta H_V}\right] \tag{7-61}$$

【例 7-6】 1kg 饱和水储存在温度为 177℃ 的容器中。容器破裂，压力下降至 1atm，计算水的蒸发比例。

解：对于 100℃ 下的液体水：$c_p = 4.2\text{kJ/(kg·℃)}$，$\Delta H_V = 2252.2\text{kJ/kg}$，由式（7-57），有：

$$f_V = \frac{m_V}{m} = \frac{c_p(T_0 - T_b)}{\Delta H_V} = \frac{4.2 \times (177 - 100)}{2252.2} = 0.1436$$

对于包含有多种易挥发混合物质的液体，闪蒸计算非常复杂，这是由于更易挥发组分会首先闪蒸。

由于存在两相流情况，通过孔洞和管道泄漏处的闪蒸液体需要特殊考虑，即有以下几个特殊的情况需要考虑。

① 如果泄漏的流程长度很短（通过薄壁容器上的孔洞），则存在不平衡条件，以及液体没有时间在孔洞内闪蒸，液体在孔洞外闪蒸，应使用描述不可压缩流体通过孔洞流出的公式（7-1）计算。

② 如果泄漏的流程长度大于 10cm（通过管道或厚壁容器），那么就能达到平衡闪蒸条件，且流动是塞流，可假设塞压与闪蒸液体的饱和蒸气压相等，结果仅适用于储存在高于其饱和蒸气压环境下的液体，在此假设下，质量流量由式（7-62）给出：

$$Q_m = AC_0 \sqrt{2\rho_f g_c (p - p^{sat})} \qquad (7\text{-}62)$$

式中 A——释放面积，m^2；

$\quad C_0$——流出系数，无量纲；

$\quad \rho_f$——液体密度，kg/m^3；

$\quad g_c$——重力常数，$g_c = 1 kg \cdot m/(N \cdot s^2)$；

$\quad p$——储罐内压力，Pa；

$\quad p^{sat}$——闪蒸液体处于周围温度情况下的饱和蒸气压，Pa。

【例 7-7】 液氨储存在温度为 24℃、压力为 $1.4 \times 10^6 Pa$（绝压）的储罐中。一根直径为 0.0945m 的管道在距离储罐很近的地方断裂了，使闪蒸的氨漏了出来。液氨在此温度下的饱和蒸气压是 $0.968 \times 10^6 Pa$，密度为 $603 kg/m^3$。计算通过该孔的质量流量（假设是平衡闪蒸）。

解： 式（7-62）适合平衡闪蒸的情况，假设流出系数取 0.61。那么

$$Q_m = AC_0 \sqrt{2\rho_f g_c (p - p^{sat})}$$

$$= 0.61 \times \frac{3.14 \times 0.0945^2}{4} \times \sqrt{2 \times 603 \times (1.4 - 0.968) \times 10^6}$$

$$= 97.6 kg/s$$

对储存在其饱和蒸气压下的液体，$p = p^{sat}$，式（7-62）将不再有效。考虑初始静止的液体加速通过孔洞，假设动能占支配地位，忽略潜能的影响，那么质量流量为：

$$Q_m = \frac{\Delta H_V A}{v_{fg}} \sqrt{\frac{g_c}{T c_p}} \qquad (7\text{-}63)$$

式中 v_{fg}——比体积，m^3/g；

$\quad \Delta H_V$——蒸发焓，J/kg。

$\quad c_p$——热容，$J/(kg \cdot K)$。

在闪蒸蒸气喷射时会形成一些小液滴，这些小液滴很容易被风带走，离开泄漏发生处，经常假设所形成的液滴的量同闪蒸的量是相等的。

【例 7-8】 丙烯储存在温度为 25℃、压力为其饱和蒸气压的储罐中。储罐上有一个直径为 0.01m 的洞。请估算在此情况下，通过该洞流出的丙烯的质量流量。

$[c_p = 2180 J/(kg \cdot K), \Delta H_V = 3.34 \times 10^5 J/kg, v_{fg} = 0.042 m^3/kg, p^{sat} = 1.15 \times 10^6 Pa]$

解： 孔洞面积为 $A = 3.14 \times 0.01^2 / 4 = 7.85 \times 10^{-5} m^2$

使用式（7-63），得到

$$Q_m = \frac{\Delta H_V A}{v_{fg}} \sqrt{\frac{g_c}{T c_p}} = \frac{3.34 \times 10^5 \times 7.85 \times 10^{-5}}{0.042} \times \sqrt{\frac{1}{2.18 \times 10^3 \times (273.15 + 25)}}$$

$$= 0.774 kg/s$$

7.2.4 液池蒸发或沸腾

易挥发液体即饱和蒸气压高的液体蒸发较快，因此，蒸发速率被认为是饱和蒸气压的函数。实际上，对于静止空气中的蒸发，蒸发速率与饱和蒸气压和蒸气在空气中的蒸气分压的

差成比例，即

$$Q_m \propto (p^{\text{sat}} - p) \tag{7-64}$$

式中　p^{sat}——液体温度下纯液体的饱和蒸气压，Pa；

　　　p——位于液体上方静止空气中的蒸发分压，Pa。

来自蒸发液池的蒸发速率更一般的表达式如下：

$$Q_m = \frac{MKA(p^{\text{sat}} - p)}{R_g T_L} \tag{7-65}$$

式中　Q_m——蒸发速率，kg/s；

　　　M——易挥发物质的分子量；

　　　A——液池暴露面积，m^2；

　　　K——传质系数，m/s；

　　　R_g——理想气体常数，$8.314 \text{Pa} \cdot \text{m}^3/(\text{mol} \cdot \text{K})$；

　　　T_L——液体的绝对温度，K。

对大多数情况，$p^{\text{sat}} \gg p$，式（7-65）可转化为：

$$Q_m = \frac{MKAp^{\text{sat}}}{R_g T_L} \tag{7-66}$$

用式（7-67）确定所研究物质的传质系数 K 与某种参考物质的传质系数 K_0 的比值：

$$\frac{K}{K_0} = \left(\frac{D}{D_0}\right)^{2/3} \tag{7-67}$$

气相扩散系数可由物质的分子量 M 估算：

$$\frac{D}{D_0} = \sqrt{\frac{M_0}{M}} \tag{7-68}$$

由式（7-68）和式（7-67）可得：

$$K = K_0 \left(\frac{M_0}{M}\right)^{1/3} \tag{7-69}$$

经常用水作为参照物质，其传质系数为 0.83cm/s。

对于液池中的液体沸腾，沸腾速率受周围环境与池中液体间的热量传递的限制，热量通过以下方式进行传递：①地面的热传导；②空气的传导与对流；③太阳辐射或（和）邻近区域的热源辐射，如火源。

沸腾初始阶段，通常由来自地面的热量传递控制，特别是对于正常沸点低于周围环境或地面温度的溢出液体更是如此。来自地面的热量传递，由如下简单的一维热量传递方程模拟：

$$q_s = \frac{k_s(T_g - T)}{(\pi \alpha_s t)^{1/2}} \tag{7-70}$$

式中　q_s——来自地面的热通量，W/m^2；

　　　k_s——土壤的热导率，$\text{W/(m} \cdot \text{K)}$；

　　　T_g——土壤温度，K；

　　　T——液池温度，K；

　　　α_s——土壤的热扩散率，m^2/s；

　　　t——溢出后的时间，s。

假设所有的热量都用于液体的沸腾，则沸腾质量流量的计算如下：

$$Q_m = \frac{q_s A}{\Delta H_V} \tag{7-71}$$

式中　Q_m——沸腾质量流量，kg/s；

　　　q_s——地面向液池传递的热通量，由式（7-70）确定；

　　　A——液池面积，m^2；

　ΔH_V——液池中液体的汽化焓，J/kg。

随后，来自太阳的热辐射和空气的热对流起主要作用。有关液池沸腾的更详细的介绍可参考其他资料。

7.3　扩散方式及扩散模型

化工生产中一旦发生重大事故后，通过实施应急救援能够减少损失或者危害程度。为了达到良好的救援效果，需要预先制定救援计划，这就需要在事故发生前预估风险大小，而风险大小与危险化学品本身的性质、泄漏量及其在空气中的扩散情况直接相关。因此，在化工过程设计时将毒性物质释放事故数量最小化和事故后果最小化尤为重要。为此，化学工程师必须了解所有可能的毒物释放情况，通过建立毒物释放模型和扩散模型预估毒物释放后在某一位置的浓度，以评估其影响并制定尽量减少其影响的方案。

上一节介绍的源模型给出了泄漏物质的流出速率、流出总量和流出状态的表达式。本节介绍的扩散模型是用于描述物质泄漏以后如何在大气中沿下风向传播和扩散并在某一位置达到什么浓度的。一旦知道了其在下风向某一处的浓度，就可以使用一些准则来评估其后果，从而评估其危险性。因此，毒物释放模型被用于量化评估毒物释放对工厂和周围社区可能造成的环境影响或危害程度，并据此制定应急救援方案。

7.3.1　扩散方式及其影响因素

物质泄漏后，会以烟羽（如图 7-7 所示）或烟团（如图 7-8 所示）两种方式在空气中传播、扩散。泄漏物质的最大浓度是在释放发生处（可能不在地面上），由于有毒物质与空气的湍流混合和扩散，其在下风向的浓度较低。

影响有毒物质在大气中扩散的因素有以下几个方面。

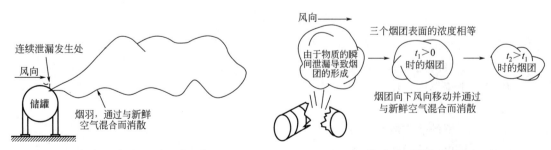

图 7-7　物质连续泄漏形成的典型烟羽　　　　图 7-8　物质瞬间泄漏形成的烟团

(1) 风速

随着风速的增加，图 7-7 中的烟羽会变得又长又窄，物质向下风向输送的速度变快了，但是被大量空气稀释的速度也加快了。

(2) 大气稳定度

大气稳定度与空气的垂直混合有关。白天空气温度随着高度的增加迅速下降，促使了空气的垂直运动；夜晚空气温度随高度的增加下降不多，导致较少的垂直运动。白天和夜晚的空气温度随高度的变化如图 7-9 所示，有时也会发生相反的现象。相反情况下，温度随着高度的增加而增加，导致最低限度的垂直运动，这种情况经常发生在晚间，因为热辐射导致地面迅速冷却。

大气稳定度可划分为三种类型：不稳定、中性和稳定。对于不稳定的大气情况，太阳对地面的加热要比热量散失的快，因此，地面附近的空气温度比高处的空气温度高，这在上午的早些时候可能会被观测到，这导致了大气不稳定，因为较低密度的空气位于较高密度空气的下面，这种浮力的影响增强了大气的机械湍流。对于稳定的大气情况，太阳加热地面的速度没有地面的冷却速度快，因此地面附近的温度比高处空气的温度低，这种情况是稳定的，因为较高密度的空气位于较低密度空气的下面，浮力的影响抑制了机械湍流。

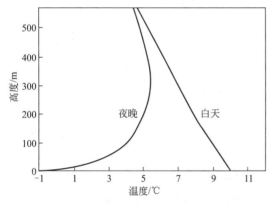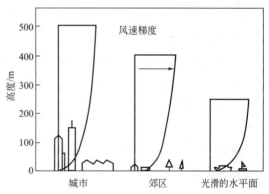

图 7-9　白天和夜晚空气温度随高度的变化　　　图 7-10　地表情况对垂直风速梯度的影响

(3) 地面条件

地面条件影响地表的机械混合和随高度而变化的风速，树木和建筑物的存在加强了这种混合，而湖泊和敞开的区域则减弱了这种混合，图 7-10 显示了不同地表情况下风速随高度的变化。

(4) 泄漏位置高度

泄漏位置高度对地面浓度的影响很大，随着释放高度的增加，地面浓度降低，这是因为烟羽需要垂直扩散更长的距离，如图 7-11 所示。

(5) 泄漏物质的初始动量和浮力

泄漏物质的初始动量和浮力改变了泄漏的有效高度，如图 7-12 所示，高速喷射所具有的动量将气体带到高于泄漏处的地方，导致更高的有效泄漏高度。如果气体密度比空气小，那么泄漏的气体一开始具有浮力，并向上升高，如果气体密度比空气大，那么泄漏的气体开始就具有沉降力，并向地面下沉。泄漏气体的温度和分子量决定了相对于空气（分子量为28.97）的气体密度，对于所有气体，随着气体向下风向传播和同新鲜空气混合，最终将被充分稀释，并认为其具有中性浮力，此时，扩散由周围环境的湍流所支配。

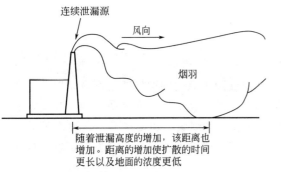

图 7-11 泄漏位置高度对地面浓度的影响

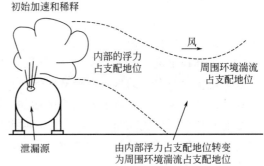

图 7-12 泄漏物质的初始动量和浮力对烟羽特性的影响

7.3.2 中性浮力扩散模型

中性浮力扩散模型，用于估算泄漏发生后释放气体与空气混合，并导致混合气云具有中性浮力沿下风向扩散至各处的深度，因此，这些模型适用于气体密度与空气相近的气体扩散。

7.3.2.1 高斯模型

经常用到两种类型的中性浮力蒸气云扩散模型，即烟羽模型和烟团模型。烟羽模型描述来自连续源释放物质的稳态浓度，烟团模型描述一定量的单一物质释放后的瞬时浓度，两种模型的区别如图 7-7 和图 7-8 所示，对于烟羽模型，典型例子是气体自烟囱的连续释放，稳态烟羽在烟囱的下风向形成。对于烟团模型，典型例子是由于储罐的破裂，大量物质突然泄漏，形成一个巨大的蒸气云团，并逐渐远离破裂处。

烟团模型也能用来描述烟羽，因为烟羽可以理解为连续释放的烟团，它不涉及动态变化。然而，如果具有稳态烟羽模型所需的所有信息，那么建议使用烟羽模型，因为它易用，但是对于涉及动态烟羽的研究（如风向的变化对烟羽的影响），则应该使用烟团模型。

(1) 烟羽模型

烟羽模型适用于连续源的扩散，其假设如下：①定常态，即所有的变量都不随时间而变化；②适用于气体密度与空气相近的气体扩散（不考虑重力或浮力的作用），且在扩散过程中不发生化学反应；③扩散气体的性质与空气相近；④扩散物质达到地面时完全反射，没有任何吸收；⑤沿下风向的湍流扩散相对于移流相可忽略不计，这意味着该模型只适用于平均风速不小于 1m/s 的情形；⑥坐标系的 x 轴与流动方向重合，横向速度分量 V、垂直速度分量 W 均为 0；⑦假定地面水平。高斯烟羽数学模型表达式为：

$$C(x,y,z) = \frac{Q_V}{2\pi u \sigma_y \sigma_z} e^{-\frac{y^2}{2\sigma_y^2}} \left(e^{\frac{(z-H_r)^2}{2\sigma_z^2}} + e^{\frac{(z+H_r)^2}{2\sigma_z^2}} \right) \tag{7-72}$$

式中 C——泄漏物质体积分数，%；

Q_V——源的泄漏流量，m^3/s；

H_r——有效源高，m；

u——风速，m/s；

$x，y，z$——某点坐标，m；

$\sigma_y，\sigma_z$——横风向和竖直方向的扩散系数，m。

（2）烟团模型

烟羽模型只适用于连续源或泄放时间大于或等于扩散时间的扩散，如果要研究瞬时泄放（泄放时间小于扩散时间，如容器突然爆炸导致其内部部分介质瞬时泄放），应该使用烟团模型，它适用于瞬间泄漏和部分连续泄漏源泄漏或微风（速度<1m/s）条件下，其数学表达式为：

$$C(x,y,z,t)=\frac{Q_V^*}{(2\pi)^{3/2}\sigma_x\sigma_y\sigma_z}\mathrm{e}^{-\frac{y^2}{2\sigma_y^2}}\left[\mathrm{e}^{-\frac{(z-H_r)^2}{2\sigma_z^2}}+\mathrm{e}^{-\frac{(z+H_r)^2}{2\sigma_z^2}}\right]\mathrm{e}^{-\frac{(x-ut)^2}{2\sigma_x^2}} \tag{7-73}$$

式中　　C——泄漏物质体积分数，%；

Q_V^*——泄漏量，m^3/s；

u——风速，m/s；

H_r——有效源高，m；

t——泄漏时间，s；

$x，y，z$——某点坐标，m；

$\sigma_x，\sigma_y，\sigma_z$——$x，y，z$方向上的扩散系数，m。

7.3.2.2　扩散系数

扩散系数是大气情况及释放源下风向距离的函数，大气情况可根据六种不同的稳定度等级进行分类，见表7-11，稳定度等级依赖于风速和日照程度。白天，风速的增加导致更加稳定的大气稳定度，而在夜晚则相反。

表 7-11　Pasquill-Gifford 扩散模型的大气稳定度等级

表面风速/(m/s)	白天日照			夜间条件	
	强	适中	弱	很薄的覆盖或者>4/8 低沉的云	≤3/8 朦胧
<2	A	A~B	B	F	F
2~3	A~B	B	C	E	F
3~4	B	B~C	C	D	E
4~5	C	C~D	D	D	D
>6	C	D	D	D	D

注：1. A—极度不稳定；B—中度不稳定；C—轻微不稳定；D—中性稳定；E—轻微稳定；F—中度稳定。

2. 夜间是指日落前 1h 到破晓后 1h 这一段时间。

3. 对于白天或夜晚的多云情况以及日落前或日出后数小时的任何天气情况，不管风速有多大，都应该使用中等稳定度等级 D。

对于连续源的扩散系数 σ_y 和 σ_x，由图 7-13 和图 7-14 中给出，相应的关系式由表 7-12 给出，表 7-12 中没有给出 σ_x 的值，但是有理由认为 $\sigma_x=\sigma_y$。烟团扩散模型的扩散系数 σ_y 和 σ_z 由图 7-15 给出，方程见表 7-13。烟团的扩散系数是基于有限的数据（见表 7-13）得到的，因而不是十分精确。

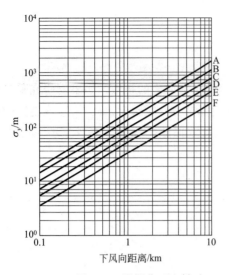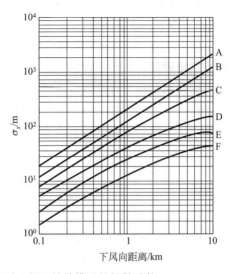

图 7-13　泄漏位于乡村时 Pasquill-Gifford 烟羽扩散模型的扩散系数

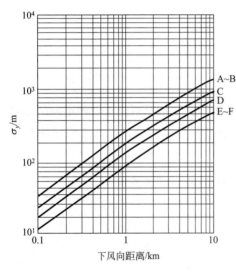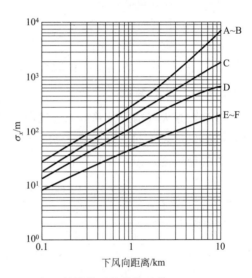

图 7-14　泄漏位于城市时 Pasquill-Gifford 烟羽扩散模型的扩散系数

表 7-12　烟羽扩散模型的扩散系数方程

Pasquill-Gifford 稳定度等级	σ_y/m	σ_z/m
乡村条件		
A	$0.22x(1+0.0001x)^{-1/2}$	$0.20x$
B	$0.16x(1+0.0001x)^{-1/2}$	$1.12x$
C	$0.11x(1+0.0001x)^{-1/2}$	$0.08x(1+0.0002x)^{-1/2}$
D	$0.08x(1+0.0001x)^{-1/2}$	$0.06x(1+0.0015x)^{-1/2}$
E	$0.05x(1+0.0001x)^{-1/2}$	$0.06x(1+0.0003x)^{-1}$
F	$0.04x(1+0.0001x)^{-1/2}$	$0.06x(1+0.0003x)^{-1}$

Pasquill-Gifford 稳定度等级	σ_y/m	σ_z/m
城市条件 A～B C D E～F	$0.32x(1+0.0004x)^{-1/2}$ $0.22x(1+0.0004x)^{-1/2}$ $0.16x(1+0.0004x)^{-1/2}$ $0.11x(1+0.0004x)$	$0.24x(1+0.0001x)^{1/2}$ $0.20x$ $0.14x(1+0.0003x)^{-1/2}$ $0.08x(1+0.0005x)^{-1/2}$

注：x 为下风向距离，m。

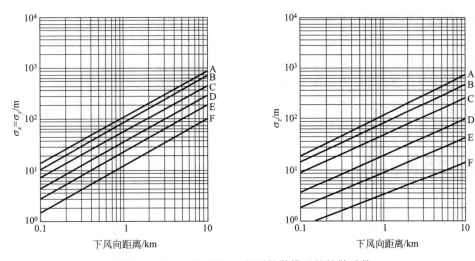

图 7-15　Pasquill-Gifford 烟团扩散模型的扩散系数

表 7-13　烟团扩散模型的扩散系数方程

Pasquill-Gifford 稳定度等级	σ_y/m 或 σ_x/m	σ_z/m
A	$0.18x^{0.92}$	$0.60x^{0.75}$
B	$0.14x^{0.92}$	$0.53x^{0.73}$
C	$0.10x^{0.92}$	$0.34x^{0.71}$
D	$0.06x^{0.92}$	$0.15x^{0.70}$
E	$0.04x^{0.92}$	$0.10x^{0.65}$
F	$0.02x^{0.89}$	$0.05x^{0.61}$

注：x 为下风向距离，m。

7.3.2.3　最坏时间情形

对于烟羽，最大浓度通常是在释放点处，如果释放点高于地面，那么地面上的最大浓度出现在释放处下风向的某一点。

对于烟团，最大浓度通常在烟团的中心，如果释放发生在高于地面的地方，烟团中心将平行于地面移动，并且地面上的最大浓度直接位于烟团中心的下面。对于烟团等值线，随着烟团向下风向的移动，等值线将接近于圆形，其直径一开始随着烟团向下风向的移动而增加，然后达到最大，最后将逐渐减小。

如果不知道天气条件或不能确定，那么可进行某些假设来得到一个最坏情形的结果，即估算一个最大浓度，Pasquill-Gifford 扩散方程中的天气条件可通过扩散系数和风速予以考虑，通过观察估算用的 Pasquill-Gifford 扩散方程，很明显扩散系数和风速在分母上。因此，通过选择导致最小值的扩散系数和风速的天气条件，可使估算的浓度最大。通过观察图 7-13 和图 7-14，能够发现 F 稳定度等级可以产生最小的扩散系数，很明显，风速不能为零，所以必须选择一个有限值，USEPA 认为，当风速小到 1.5m/s 时，F 稳定度等级能够存在，一些风险分析家使用 2m/s 的风速。在计算中所使用的假设，必须清楚地予以说明。

7.3.2.4 高斯模型的局限性

Pasquill-Gifford 或高斯扩散仅应用于气体的中性浮力扩散，在扩散过程中，湍流混合是扩散的主要特征，它仅对距离释放源 0.1~10km 范围内的距离有效。

由高斯模型预测的浓度是时间平均值，因此，局部浓度的瞬时值有可能超过所预测的平均浓度值，在应急处理时应该考虑这一点。这里介绍的模型是假设 10min 的时间平均值，实际的瞬时浓度一般在由高斯模型计算出来的浓度与其 2 倍浓度范围内变化。

7.3.3 重气扩散模型

密度大于其扩散所经过的周围空气密度的气体都称为重气，主要原因是气体的分子量比空气大，或气体在释放或其他过程期间因冷却作用所导致的低温的影响。

某一典型的烟团释放后，可能形成具有相近于垂直和水平尺寸的气云（在泄漏源附近）。随着时间延长，烟团与周围的空气混合并将经历三个阶段：①起初烟团在重力的影响下向地面下沉，气云的直径增加而高度减少；②由于重力的驱使，气云向周围的空气侵入，开始发生大量的稀释，之后随着空气通过垂直和水平界面的进一步卷吸，气云高度增加；③充分稀释后，正常的大气湍流将超过重力作用而占支配地位，典型的高斯扩散特征便显示出来。

通过量纲分析和对现有的重气云扩散数据进行关联，建立了 Britter-McQuaid 模型，该模型对于瞬间或连续的地面重气释放非常适用。该模型需要给定初始气云体积、初始烟羽体积流量、释放持续时间、初始气体密度，同时还需要 10m 高度处的风速、距下风向某一点的距离和周围空气密度。模型假设释放发生在周围环境温度下且没有气溶胶或小液滴生成，结果发现大气稳定度对结果影响很小因而不作为模型中的变量考虑。由于模型拟合中大多数数据都来自偏远且开阔的平原地区，因此，该模型不适用于地形对扩散影响很大的山区。

使用该模型时第一步是确定重气云模型是否适用。将初始气云浮力定义为：

$$g_0 = g(\rho_0 - \rho_a)/\rho_a \tag{7-74}$$

式中　g_0——初始浮力系数，m/s^2；

　　　g——重力加速度，m/s^2；

　　　ρ_0——泄漏物质的初始密度，kg/m^3；

　　　ρ_a——周围环境空气的密度，kg/m^3。

特征源尺寸依赖于释放的类型，对于连续泄漏释放，可以按照如下定义计算。

$$D_c = \left(\frac{q_0}{u}\right)^{1/2} \tag{7-75}$$

式中　D_c——重气连续泄漏的特征源尺寸，m；

　　　q_0——重力扩散的初始烟羽体积流量，m^3/s；

　　　u——10m 高处的风速，m/s。

对于瞬时泄漏释放，特征源尺寸定义为：

$$D_i = V_0^{1/3} \tag{7-76}$$

式中　D_i——重气瞬时泄漏释放的特征源尺寸，m；

　　　V_0——泄漏的重气物质的初始体积，m^3。

对于十分厚重的气云，需要用重气云表述的准则分两种情况，对于连续释放：

$$\left(\frac{g_0 q_0}{u^3 D_c}\right)^{1/3} \geqslant 0.15 \tag{7-77}$$

对于瞬时释放：

$$\frac{\sqrt{g_0 V_0}}{u D_i} \geqslant 0.20 \tag{7-78}$$

如果满足这些准则，那么图 7-16 和图 7-17 就可以用来估算泄漏点处下风向某一点的浓度，表 7-14 和表 7-15 给出了图中关系的方程。

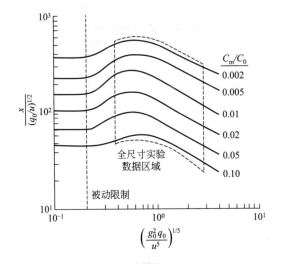

图 7-16　重气烟羽扩散的 Britter-McQuaid
关系模型

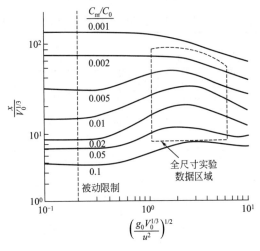

图 7-17　重气烟团扩散的 Britter-McQuaid
关系模型

表 7-14　描述图 7-16 中给出的烟羽的 Britter-McQuaid 模型的关系曲线的近似方程

浓度比(C_m/C_0)	$\alpha = \lg\left(\frac{g_0^2 q_0}{u^5}\right)^{1/5}$ 的有效范围	$\beta = \lg\left[\frac{x}{(q_0/u)^{1/2}}\right]$
0.1	$\alpha \leqslant -0.55$ $-0.55 < \alpha \leqslant -0.14$ $-0.14 < \alpha \leqslant 1$	1.75 $0.24\alpha + 1.88$ $0.50\alpha + 1.78$

浓度比(C_m/C_0)	$\alpha=\lg\left(\dfrac{g_0^2 q_0}{u^5}\right)^{1/5}$ 的有效范围	$\beta=\lg\left[\dfrac{x}{(q_0/u)^{1/2}}\right]$
0.05	$\alpha\leqslant-0.68$ $-0.68<\alpha\leqslant-0.29$ $-0.29<\alpha\leqslant-0.18$ $-0.18<\alpha\leqslant1$	1.92 $0.36\alpha+2.16$ 2.06 $0.56\alpha+1.96$
0.02	$\alpha\leqslant-0.69$ $-0.69<\alpha\leqslant-0.31$ $-0.31<\alpha\leqslant-0.16$ $-0.16<\alpha\leqslant1$	2.08 $0.45\alpha+2.39$ 2.25 $-0.54\alpha+2.16$
0.01	$\alpha\leqslant-0.70$ $-0.70<\alpha\leqslant-0.29$ $-0.29<\alpha\leqslant-0.20$ $-0.20<\alpha\leqslant1$	2.25 $0.49\alpha+2.59$ 2.45 $-0.52\alpha+2.35$
0.005	$\alpha\leqslant-0.67$ $-0.67<\alpha\leqslant-0.28$ $-0.28<\alpha\leqslant-0.15$ $-0.15<\alpha\leqslant1$	2.4 $0.59\alpha+2.80$ 2.63 $-0.49\alpha+2.56$
0.002	$\alpha\leqslant-0.69$ $-0.69<\alpha\leqslant-0.25$ $-0.25<\alpha\leqslant-0.13$ $-0.13<\alpha\leqslant1$	2.6 $0.39\alpha+2.87$ 2.77 $-0.50\alpha+2.71$

表 7-15 描述图 7-17 中给出的烟团的 Britter-McQuaid 模型的关系曲线的近似方程

浓度比(C_m/C_0)	$\alpha=\lg\left(\dfrac{g_0 V_0^{1/3}}{u^2}\right)^{1/2}$ 的有效范围	$\beta=\lg\left(\dfrac{x}{V_0^{1/3}}\right)$
0.01	$\alpha\leqslant-0.44$ $-0.44<\alpha\leqslant0.43$ $0.43<\alpha\leqslant1$	0.70 $0.26\alpha+0.81$ 0.93
0.05	$\alpha\leqslant-0.56$ $-0.56<\alpha\leqslant0.31$ $0.31<\alpha\leqslant1.0$	0.85 $0.26\alpha+1.0$ $-0.12\alpha+1.12$
0.02	$\alpha\leqslant-0.66$ $-0.66<\alpha\leqslant0.32$ $0.32<\alpha\leqslant1$	0.95 $0.36\alpha+1.19$ $-0.26\alpha+1.38$
0.01	$\alpha\leqslant-0.71$ $-0.71<\alpha\leqslant0.37$ $0.37<\alpha\leqslant1$	1.15 $0.34\alpha+1.39$ $-0.38\alpha+1.66$
0.005	$\alpha\leqslant-0.66$ $-0.66<\alpha\leqslant0.32$ $0.32<\alpha\leqslant1$	1.48 $0.26\alpha+1.62$ $0.30\alpha+1.75$
0.002	$\alpha\leqslant0.27$ $0.27<\alpha\leqslant1$	0.70 $-0.32\alpha+1.92$
0.001	$\alpha\leqslant-0.10$ $-0.10<\alpha\leqslant1$	2.075 $-0.27\alpha+2.05$

确定释放是连续的还是瞬时的准则，可使用式（7-79）进行判断

$$\frac{uR_d}{x} \qquad (7-79)$$

式中 u——10m 高处的风速，m/s；

$\quad R_d$——泄漏持续时间，s；

$\quad x$——下风向的空间距离，m。

如果该数值大于或等于 2.5，那么重气释放被认为是连续的；如果该数值小于或等于 0.6，那么释放被认为是瞬时的；如果介于两者之间，那么分别用连续模型和瞬时模型来计算浓度，并取最大浓度值作为结果。

对于非等温释放，Britter-McQuaid 模型推荐了两种稍微不同的计算方法。第一种计算方法是对初始浓度进行了修正；第二种计算方法是在泄漏源处将物质带入到周围环境温度，考虑此时的热交换而忽略热量传递的影响。对于比空气轻的气体（例如甲烷或液化天然气），第二种计算方法可能毫无意义。如果这两种方法的计算结果相差很小，那么非等温影响假设可以忽略；如果两种计算结果相差在 2 倍以内，那么就使用最大浓度为计算结果；如果两者相差很大（大于 2 倍以上），那么可选择最大浓度，并使用更加详细的方法进行更深入的研究。

Britter-McQuaid 模型是一种无量纲分析技术，它是基于由实验数据关联所建立起的相关关系，然而，由于该模型仅仅是由来自开阔平坦的平原地区的实验数据之上，因此，该模型仅适用于这种类型的释放，不能使用于山区等复杂地形的释放，它也不能解释诸如释放高度、地面粗糙度和风速的影响。

【例 7-9】 计算液化天然气（LNG）泄漏时，在下风向多远处其浓度等于燃烧下限，即 5% 的蒸气体积浓度。假设周围环境的温度和压力是 298K 和 101kPa。已知数据如下：液体泄漏速率 $0.23m^3/s$；泄漏持续时间 R_d 为 174s；地面 10m 高处的风速 u 为 10.9m/s；LNG 的密度为 $425.6kg/m^3$；LNG 在其沸点 $-162℃$ 下的蒸气密度为 $1.76kg/m^3$。

解： LNG 蒸气的体积泄漏速率由下式给出：

$$q_0 = 0.23 \times (425.6/1.76) = 55.6m^3/s$$

周围空气密度由理想气体定律计算，结果为 $1.22kg/m^2$，因此，由式（7-74）得：

$$g_0 = g\left(\frac{\rho_0 - \rho_a}{\rho_a}\right) = 9.8 \times \left(\frac{1.76 - 1.22}{1.22}\right) = 4.34m/s^2$$

步骤 1 确定泄漏是连续的还是瞬时的？对该例题，由式（7-79），对于连续泄漏，结果必须大于 2.5，将需要的数据代入，有：

$$\frac{uR_d}{x} = \frac{10.9 \times 174}{x} \geqslant 2.5$$

对于连续泄漏，有 $x \leqslant 758.6m$，即最终的距离必须小于 758.6m。

步骤 2 确定是否适用重气云模型？

使用式（7-75）和式（7-77），代入数据，得到：

$$D_c = \left(\frac{q_0}{u}\right)^{1/2} = \left(\frac{55.6}{10.9}\right)^{1/2} = 2.26m$$

$$\left(\frac{g_0 q_0}{u^3 D_c}\right)^{1/3} = \left(\frac{4.34 \times 55.6}{10.9^3 \times 2.26}\right)^{1/3} = 0.44 \geqslant 0.15$$

很明显，应该使用重气云模型。

步骤3 校准非等温扩散的浓度。Britter-McQuaid 模型提供了考虑非等温蒸气泄漏的浓度校准方法，如果初始浓度是 C^*，那么有效浓度是：

$$C = \frac{C^*}{C^* + (1-C^*)(T_a/T_0)}$$

式中 T_a——周围环境温度，K；

T_0——泄漏源的温度，K。

甲烷在空气中的爆炸极限浓度下限为 5%，即 $C^* = 0.05$，根据以上计算 C 的方程，得出了有效浓度 C 为 0.019。

步骤4 由图 7-16 计算无量纲特征数：

$$\left(\frac{g_0^2 q_0}{u^5}\right)^{1/5} = \left(\frac{4.34^2 \times 55.6}{10.9^5}\right)^{1/5} = 0.958$$

$$\left(\frac{q_0}{u}\right)^{1/2} = \left(\frac{55.6}{10.9}\right)^{1/2} = 2.26\text{m}$$

步骤5 用图 7-16 确定下风向距离。气体的初始浓度 C_0 是纯净的 LNG，因此 $C_0 = 1.0$，$C_m/C_0 = 0.019$，由图 7-16 得：

$$\frac{x}{\left(\frac{q_0}{u}\right)^{1/2}} = 126$$

因此，$x = 2.26 \times 126 = 285\text{m}$。而根据经验确定的距离是 200m。

7.3.4 释放动量和浮力的影响

图 7-12 表明，烟团或烟羽的释放特性依赖于释放的初始动量和浮力，因而初始动量和浮力改变了释放的有效高度。泄漏虽然发生在地面，但汽化液体向上口喷射的释放比没有喷射的释放具有更高的有效高度。同样，温度高于周围环境空气温度的蒸气的释放，由于浮力作用而上升，从而增加了释放的有效高度。

这两种影响通过如图 7-18 所示的典型烟囱排放得到了说明。从烟囱排放的物质具有动量，这是基于烟囱内的物质具有向上移动的速度，同时也具有浮力，因为其温度高于周围环境温度。因此，当物质从烟囱中排放出来以后，它将持续上升。随着排放物质的冷却和动量的消失，上升速度变慢，直至最后停止上升。

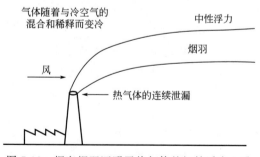

图 7-18 烟囱烟羽证明了热气体的初始浮力上升

对烟囱排放，Turner 建议使用 Holland 经验公式计算来自排放浮力和动量的额外高度：

$$\Delta H_r = \frac{\bar{u}_s d}{\bar{u}} \left[1.5 + 2.68 \times 10^{-2} pd \left(\frac{T_s - T_a}{T_s}\right)\right] \tag{7-80}$$

式中 ΔH_r——释放高度 H_r 的修正值，m；

$\overline{u}_s$——烟囱内气体的排出速度，m/s；

d——烟囱内径，m；

$\overline{u}$——风速，m/s；

p——大气压力，kPa；

T_s——烟囱内气体温度，K；

T_a——空气温度，K。

对于比空气重的蒸气，如果物质是在地面上方某一高度释放，那么物质最初将向地面下沉，直到其充分扩散后气云密度减小。

思考题

1. 化工企业中常见的泄漏源有哪些？

2. 根据泄漏机理的不同，泄漏可分为哪几种形式？试举例说明。

3. 13：00，工厂的操作人员注意到输送苯的管道中的压力降低了，压力被立即恢复为 690kPa。14：30，发现了管道上一个直径为 6.35mm 的小孔并立即进行了修补。请估算流出来的苯的总质量，苯的相对密度为 0.8794。

4. 圆柱形苯储罐高 8m，直径 3m，储罐内充装有氮气以防止爆炸，罐内表压为 1 个标准大气压且恒定不变，目前储罐内的液面高度为 6m。由于疏忽，铲车驾驶员将离地面 2m 的罐壁上撞出一个直径为 3cm 的小孔。请估算：（1）流出来多少苯？（2）苯全部流出需要多长时间？（3）苯通过小孔的最大质量流量是多少？该条件下苯的相对密度为 0.8794。

5. 一个直径为 30.48m、高为 6.096m 的储罐在离罐顶 0.6096m 以下装有原油。如果与储罐底部相连的一个直径为 152.4mm 的管道断裂并脱离了储罐，导致原油泄漏。储罐与大气相通，原油的相对密度为 0.9。如需要 30min 应急反应时间来阻止泄漏，估算原油的最大泄漏量。

6. 内径为 3cm 的管道同容量为 1t 的氮气储罐断开了，如果储罐内的初始压力为 800kPa，请估算气体的最大质量流量（kg/s）。温度为 25℃，周围环境压力为 1atm（101kPa）。

7. 一个直径为 1524mm 的装有甲苯的大型敞口储罐，假设温度为 298K，压力为 1atm（101kPa），试估算该储罐中甲苯的蒸发速率。

8. 气体或蒸气的扩散方式有哪几种？影响气体或蒸气扩散的因素有哪些？它们是如何影响扩散过程的？

9. 一个正在燃烧的煤堆估计以 3g/s 的速度释放出氧化氮，计算下风向 3km 处由该释放源产生的氧化氮的平均浓度是多少？已知风速为 7m/s，释放发生在一个多云的夜晚，假设煤堆为地面点源。

第8章

化工厂设计与装置安全

 学习要点

1. 化工厂定位、选址和布局的安全考虑
2. 化工工艺设计安全及放热反应过程设计
3. 化工工艺设计安全校核：HAZOP分析及应用
4. 化工厂其他安全附属装置设计：阻火器、火炬系统设计
5. 化工过程本质安全设计：本质安全的概念、原理及设计思路

化工厂设计是将一个化工生产过程由设想变为现实的重要环节，化工设计中应充分考虑安全问题，以便为后续的安全生产操作提供保障。某些操作过程中发生的事故虽然与操作失误直接相关，设计上的缺陷往往也是导致事故的间接原因之一。如果化工厂选址规划和设计、化工工艺设计中存在设计缺陷，则会对化工安全生产有潜在的影响。设计中如果出现错误或者纰漏，将为操作环节发生事故埋下严重的安全隐患。因此，在设计阶段应该纵观化工厂规划、设计、建厂、试车、投产的全过程，充分考虑化工厂运行过程中可能存在的安全隐患如工艺参数偏离设计值、人员误操作、压力容器设备超压及腐蚀等问题，利用人机工程学原理、设备故障诊断技术和工艺危险状况检测、报警和修复手段等技术，确保在设计阶段消除在化工厂操作和运行阶段可能存在的安全隐患，并且在设计审查阶段及时发现潜在的危险因素并予以修正。

8.1 化工厂设计安全

化工厂的设计应综合考虑经济性、安全性、原材料供应和产品输送等多种因素，这里我们重点考虑从安全的角度如何进行化工厂设计。一般来说，化工厂设计分为以下几种情况：

① 新建项目设计　新产品的生产工艺设计和采用新工艺或新技术的原有产品的设计，必须由具有资质的设计单位完成。这种情况下由于没有可以借鉴的经验，需要充分考虑安全问题并进行充分论证。

② 重复建设项目设计　根据市场需要，拟对某一原有产品按照已有的工艺进行再建的生产装置，必须由具有资质的设计单位完成。这种情况下，如果是在原有产品生产的地区再建设新厂，那么就可以按照以前的设计工艺方案进行，可供借鉴的经验非常丰富，新的安全问题较少。如果在不同于原有产品生产的地区再建设新厂，尤其是在一个较远的地区建设新厂，由于新厂与旧厂的自然条件、地理条件、气候条件可能存在较大的差别，需要在原有基础上对安全问题进行充分的考虑。

③ 已有装置的改造设计　有些情况下，由于一些老装置的产品质量或产量不能满足要求，需要对旧装置进行改造和优化，这可以由企业设计单位完成，但是安全问题也需要重新考虑和论证。

本节重点讨论的是关于新建项目和重复建设项目的设计。需要考虑工厂所在的地区、工厂性质和环境以及工厂内部组件之间的相对位置，这些因素对化工厂的安全运行至关重要，其中包括化工厂的定位、选址、布局和单元区域规划四方面的内容，这也是本章的主要内容。

在化工厂设计中根据自然条件如风向可以防止易燃物飘向火源，防止蒸气云或者毒性物质飘向人口密集区域。为此，需要了解某一地区的主导风向和最小风频，这对化工厂的定位和布局至关重要。主导风向是指一个地区一年中出现次数比较多的风向；最小风频则是指一个地区一年中出现次数最少的风向。通过地方的气象资料可以确定该地区一年中不同风向的百分率，从而确定主导风向和最小风频，在选址和布局中根据主导风向将易于产生化学品泄漏的区域置于主导风向的下风区域，将人口密集和易产生火源的区域置于主导风向的上风区域。虽然风向并不总是沿着主导风向吹，但是这样考虑是多重选择中最佳的一种，从概率上讲是合理的。

8.1.1　化工厂定位、选址与布局的安全考虑

(1) 化工厂定位

化工厂的定位是指根据市场需求计划建立一个工厂，这时候考虑的问题是把工厂建在哪一个地区。一般来说，工厂的定位选择需要考虑的因素很多，以经济效益最大化为目标，需要考虑的因素包括自然因素如原料供给、动力（燃料）、土地、水源等和社会经济因素如政策、工人、市场、交通等方面。事实上，完全能够满足所有条件的地区几乎为零，因此，根据工厂企业的性质，考虑主导因素可有以下五种不同指向型工业：原料指向型、市场指向型、动力指向型、技术指向型、廉价劳动力指向型。

化工原料和化工产品的运输过程中存在较大的安全隐患，一旦发生事故对周围环境和居民影响较大，尤其在交通条件不太好的地区，不仅运输成本高，而且运输安全性较差，因此，化工厂的定位应选择靠近化工原料的地区或者是市场需求旺盛的地区，属于原料指向型或者产品指向型定位原则。世界上大多数大型石化企业都建在原料产地附近或者市场需求较大的地区，就是出于原料流通经济上和安全上的考虑。如我国天津大港石化城、大庆石油化工城、乌鲁木齐石化炼油厂、兰州炼油厂、胜利油田、山东齐鲁石化城等属于原料指向型化工企业。北京燕山石化区、上海金山化工区、上海高桥石化城等属于产品指向型化工企业。再如美国得克萨斯州由于盛产石油，也是大型化工企业集中地区。

除此以外，化工厂定位还应该考虑一些自然条件因素，应避免将化工厂建在自然灾害如高风速、地震、雨雪量、雷电、滑坡、泥石流频发率高的地区。例如四川阿坝州地处环太平

洋地震带，且海拔较高约 2500m，又处于河流的上游地区，其排放的废物可能会污染下游水源，因此选择在四川阿坝州建立大型化工厂就不太适宜。

（2）化工厂选址

化工厂选址是在确定完化工厂定位之后进行的，此时考虑的焦点是工厂相对于周围环境的定位问题。主要应考虑以下因素：①化工厂对所在的社区可能带来的危险，如三废排放带来的污染及可能的事故带来的危险；由于废气的排放可能会影响到下风向的居民，因此，工厂应布局在居民区最小风频的上风地带或主导风的下风地带；考虑废液的排放可能会影响到下游居民的水源质量，应保证预期的排污方法不会污染社区的饮用水，特别要避免对渔业及海洋生物的污染，因此，污水排放口应远离水源地及河流上游；由于废渣的排放，化工厂要尽量远离居民区和农田。②工厂不应邻近高速公路。③地形也是一个要考虑的因素，厂区最好是一片平地，不要建在山区或地势不平的区域。④在考虑工厂选址时，还要考虑到周围环境及社区的发展，至少应该考虑未来 50 年的社区发展不会受到影响。如天津碱厂在最初建厂时期位于塘沽市区的远郊，但是随着 20 世纪 90 年代塘沽市区的发展和滨海新区的发展，天津碱厂已处于塘沽市区和滨海新区交界地带，周围居民楼林立，且紧邻新建的塘沽外滩风景区，尽管他们在三废治理上投入了很大精力并与建厂初期相比在环境上有很大改观，但是天津碱厂与周围的环境还是显得非常不协调，在此情形下，该厂于 2003 年决定搬迁至汉沽地区，这种搬迁使得原本还可以继续使用的一些仪器设备因为搬迁不得不报废，造成巨大的浪费，而且搬迁还需要投入巨额费用。

（3）化工厂布局

化工厂布局是指工厂厂区内部组件之间相对位置的定位问题，这是在化工工艺设计等任务完成后，结合当地自然条件如风向等，确定生产过程中各设备的空间位置。化工厂的布局一般采用留有一定间距的区块化的方法。化工厂厂区一般分为以下六个区块：工艺装置区、罐区、公用设施区、运输装卸区、辅助生产区、管理区。在考虑化工厂布局时，主导风方向和最小风频是重要的考虑因素。根据各个区块可能造成物料泄漏或工艺特点，对各个区块的安全要求如下：

8.1.1.1 工艺装置区

工艺装置区是化工生产过程的核心区域，也是工厂中最危险的区域，应遵循以下原则：①应离开工厂边界一定的距离，避免发生事故时对厂外社区造成伤害；②应该集中（有助于危险的识别）而不是分散分布，但不能太拥挤；③应置于主要的火源和人口密集区的下风区。

8.1.1.2 罐区

如气柜或液体储槽。罐区是需要特别重视的区域，因为该区域的每个容器都是巨大的能量或毒性物质的储存器，如果密封不好就会泄漏出大量毒性或易燃物质，比如 CO 气柜（水封）如有泄漏就会发生中毒事件。考虑到储罐有可能排放出大量的毒性或易燃性的物质，所以务必将其布置在工厂的下风区域并在人员、操作单元、储罐间保持尽可能远的距离，其分布要考虑以下 3 个因素：①罐与罐之间的间距；②罐与其他装置的间距；③设置拦液堤（围堰）所需要的面积。罐区一般用围堰包围，防止泄漏的液体外溢。围堰高度统一定为 20cm，其体积不小于最大储罐的体积，里面为水泥地，不允许种花草或堆放杂物。在南方地区雨水较多的地方要在内侧留有沟槽，用于抽取积存的雨水用。

8.1.1.3　公用设施区

公用设施区应远离工艺装置区、罐区和其他危险区，以便遇到紧急情况时仍能保证水、电、汽等的正常供应。供给蒸汽、电的锅炉设备和配电设备可能会成为火源，应设置在易燃液体设备的上风区域。管路一定不能穿过围堰区，以免发生火灾时毁坏管路。

8.1.1.4　运输装卸区

如果是铁路运输，一般不允许铁路支线通过厂区，而是将铁路支线规划在工厂边缘地区。原料库、成品库和装卸站等机动车辆进出频繁，不应设在通过工艺装置和罐区的地带，一般设在离厂门口比较近的地方，并与居民区、公路和铁路要保持一定的安全距离。

8.1.1.5　辅助生产区

维修车间和研究室是重要的火源和人员密集区，因此要远离工艺装置区和罐区，且应置于工厂的上风区域。此外，废水处理装置是工厂各处流出的毒性物质或易燃物汇集的终点，应该置于工厂的下风远程区域。

8.1.1.6　管理区

每个工厂都需要一些管理机构，从安全角度考虑，管理机构人员流动和人口密度较大，一般应设在工厂的边缘区域，并尽可能与工厂的危险区隔离。

8.1.2　化工单元区域规划

化工单元区域规划是定出各单元边界内不同设备的相对物理位置，但这并非易事。因为从费用考虑，单元排列越紧密，配管、泵送和地皮不动产的费用越低，但从安全角度考虑，单元排列应比较分散，为救火或其他紧急操作留有充分的空间。下面分别讲述：

(1) **基本形式选择**

① 流程线状布置　按照工艺流程布置塔、槽、换热器、泵等。适合于小型装置或比较少的大型装置。

② 分组布置　将塔、槽、换热器、泵等同类设备分组分设在各区。适用大型装置，这是出于安全考虑，而且也便于维修。

(2) **设备的平面布置**

装置内的设备：

① 质量大的设备在地基最好的地方；

② 换热器尽量在地上；

③ 留出施工所需的道路和安装所需要的空间；

④ 考虑运转或维修中可能有化学危险物流出，应对泵、换热器、塔、槽等用高于15cm的围堰围住；

⑤ 设备与设备间的通道宽度在0.8m以上；

⑥ 装置内道路两个方向都是通路，不能有死路，以免发生火灾时消防车的进出；

⑦ 装置内设施应通风良好，不能有滞留气体的地方。

加热炉、换热器、泵及压缩机、塔、槽、钢结构及管架等一般置于主要设备的两端。

(3) **各设备的间距和基础高度**

安全间距设计标准有很多，这是最基本的安全防护措施，具体可参考 GB/T 37243—

2019《危险化学品生产装置和储存设施外部安全防护距离确定方法》。同一区域内设备的间距应根据运转操作、维修、工艺特点等各方面的要求限定其安全间距（表 8-1）。设备基础的地上高度，应根据该地区的洪水记录决定最低地上高度，以防发生洪水时电机浸水等隐患发生。

表 8-1　设备间距的一般考虑

设备名称	工艺单元-工艺单元	塔-泵	泵-换热器	压力容器-所有设备	变电室-所有设备	加热炉-塔、槽、泵、加热炉等	塔-塔
间距/m	30	4.5	4.5	23	15	15～23	$(7～8)d_{平均}$

此外，对于一些可能导致重大事故如事故潜在危害大、社会影响恶劣的化工装置，通常基于事故后果严重度确定化工装置的外部安全距离；事故后果包括火灾、危险物质泄漏、扩散及爆炸尤其是蒸气云爆炸能够产生大量的热辐射和强烈的爆炸冲击波等。GB 50160—2008《石油化工企业设计防火标准（2018 年版）》中的防火间距主要考虑局部设备火灾事故的影响范围，没有考虑重大火灾、爆炸事故的影响范围。对于工艺危险而复杂、危险化学品数量多、事故后果有时严重但整体事故风险可通过一系列安全措施控制的化工装置，可采用定量风险评价方法，计算此类化工装置的个人风险和社会风险，并根据可接受的风险标准来确定装置的外部安全距离。这方面的内容可以参考相关书籍。

（4）配管设计方面应考虑的事项

① 防泄漏设计　管线的长度应尽量短；排放口数量应尽量少。

② 软管系统的配置　对于液体物料的装卸，软管的选择和应用需格外谨慎。

③ 管线配置的安全考虑　管件和阀门配置要简单和易于识别。

（5）电器配管、仪表配管、配线

这方面的内容对于化工厂安全生产也非常重要，由仪表工程师负责设计，不属于化工专业人员负责的部分，因此不做赘述。

完成以上设计后，再利用 AutoCAD 软件按照某一比例进行平面设计，完成布局方面的安全分析，直到得到最佳平面布置为止。

8.2　化工工艺设计安全

化工工艺设计是为实现某一生产过程而提供设计制造和生产操作的依据，并为经济性评价和安全性评价提供基础。要在设计阶段做到安全，首先需要掌握化工工艺设计的基本知识和技能，遵循设计规范并借鉴相关方面的经验；其次是在设计中认真负责，杜绝因为粗心大意造成的低级错误；最后要通过第三方的安全校核进行把关。为了掌握设计的基本知识，下面简要介绍一下化工工艺设计内容及需要考虑的安全问题。

8.2.1　什么是化工工艺设计

化工工艺设计的主要任务之一是完成带控制点的工艺流程图的绘制，也称为管路与仪表流程图（Process & Instrument Diagram，PID 图）。PID 图把各个生产单元按照一定的目的要求，有机地组合在一起，形成一个完整的生产工艺过程流程图，它是描述某一生产过程的文件，显示出了主要工艺过程、主要设备、主要物流路线和控制点。

① 主要工艺过程　如反应过程：氧化、硝化等，确定反应器结构和大小；分离过程：确定分离塔结构和尺寸；

② 主要设备　反应器、塔、槽、罐、泵等的材质和强度，耐腐蚀和耐疲劳性；

③ 主要物流路线　连接各工艺过程和设备的管线，如液氨输送对管线焊接要求高；

④ 控制点　温度、压力、流量、组成等控制点，并确定其控制范围。

总体上说，PID 图包括工艺设计和设备设计。这个工作一般由研究单位提供工艺软件包给设计单位，由设计单位依据设计原则来完成；而工艺软件包的完成是在大量的实验基础上，经过从实验室到工业化的逐级放大实验验证后提出的。

8.2.2　从实验室到工业化的实验过程

(1) 工艺软件包的完成

一般经历以下几个步骤：生产方法和工艺流程的选择；工艺流程设计；管路与仪表流程图（PID 图）设计；典型设备的自控流程。

(2) 生产方法和工艺流程的选择

过程路线的选择是在工艺设计的最初阶段完成的。以合成氨工艺为例：

$$0.5N_2 + 1.5H_2 \rightleftharpoons NH_3$$

$$\Delta H^{\ominus}_{298} = -46.22 \text{kJ/mol}$$

氮气来源于空气，氢气可以从焦炭、煤、天然气、重油等原料获得。氢气的来源不同使用的工艺过程也不同，在此过程中，既要考虑到经济性，也要考虑安全性。以焦炭为原料为例，合成氨的原则工艺流程如图 8-1 所示。

(3) 反应器设计及其安全问题

化工工艺设计是在大量计算和试验工作基础上完成的，一般要经历实验室小试→模试→中试→工业化生产等环节。而实验室小试→模试→中试研究这部分内容一般由研发单位完成。一个新的工艺设计要根据生产规模的大小来确定反应器的大小和生产能力，依次来确定其他装置

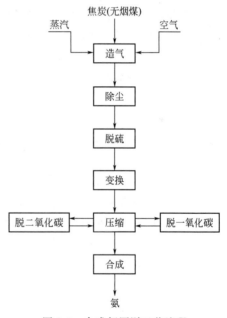

图 8-1　合成氨原则工艺流程
（以焦炭为原料）

的规模，如精馏塔、原料发生器等。以硫酸的生产、草酸的生产等为例说明反应器设计在整个工艺设计中的重要性。

以硫铁矿制备硫酸和草酸生产工艺过程为例可以说明反应过程在一个产品生产工艺中的重要性。其反应分别为：

以硫铁矿制备硫酸主要包括以下反应

$$4FeS_2 + 11O_2 \longrightarrow 2Fe_2O_3 + 8SO_2$$

$$2SO_2 + O_2 \longrightarrow 2SO_3$$
$$SO_3 + H_2O \longrightarrow H_2SO_4$$

一氧化碳气相催化合成草酸主要包括以下反应

$$2CO + 2C_2H_5ONO \longrightarrow (COOC_2H_5)_2 + 2NO$$
$$2C_2H_5OH + 2NO + 1/2O_2 \longrightarrow 2C_2H_5ONO + H_2O$$
$$(COOC_2H_5)_2 + 4H_2O \longrightarrow (COOH)_2 \cdot 2H_2O + 2C_2H_5OH$$

因此，通过以上例子说明，反应器设计是化工工艺设计的核心任务和瓶颈，这一任务的完成是基于大量的实验基础之上的，一般需要经历从实验室研究阶段和逐级放大实验阶段，即实验室小试→模试→中试，之后由研究单位提供工艺设计软件包，在此基础上由设计单位完成反应器及工艺设计。工业生产中的工艺安全、设备安全和操作安全问题是需要在实验室阶段和逐级放大阶段都要考虑的问题，这样才能避免在工业生产阶段发生较大的化工事故。下面就催化反应过程分析一下设计反应器在不同研发阶段需要考虑的安全问题。

1）实验室研究阶段：催化剂的用量一般为 $0.01\sim 3g$（$100\sim 3000mg$）

在此阶段，需要对主、副反应的热力学和动力学方面进行研究，确定适宜的工艺条件。从安全角度考虑，应对反应原料、中间产物、副产物和产物的危险性进行全面的分析，考察主、副反应及其化学平衡和反应焓随温度、压力等条件的变化，对于易燃性物质的氧化反应（如甲烷部分氧化制合成气、正丁烷氧化制顺酐等），需要考虑爆炸极限问题，以确定物料的安全浓度范围。针对易燃物质的氧化放热反应，需要考虑的原则如下：

① 考虑爆炸极限，选择小于爆炸下限的浓度范围；如正丁烷氧化制顺酐，需要选择正丁烷浓度低于 1.9%（正丁烷在空气中的爆炸极限为：1.9%～8.4%）；再如甲烷部分氧化制合成气，需要选择甲烷浓度低于 5%（甲烷在空气中爆炸极限 5%～15%）；也可以通过加入惰性气体调节其爆炸极限浓度范围。

② 选择化学平衡常数和放热量随温度和压力等参数变化不大的参数范围。

③ 防止产生热量的累积导致温度大幅升高而产生飞温；在放大设计时要考虑足够的冷却容量。

④ 从动力学方面考虑，应该选择反应速率随温度、压力和进料浓度变化相对比较平缓的参数区域，避免将来在实际生产中，当工艺操作参数波动时出现失控现象（如温度的累积和压力激升等）而导致事故。

下面结合一些具体工艺过程进行分析。

讨论 1：合成氨工艺

$$N_2 + 3H_2 \Longleftrightarrow 2NH_3$$

合成氨反应为可逆放热反应，从热力学上考虑，高压、低温有利于反应。反应热随温度和压力的变化如表 8-2 所示。可见，在一定温度和压力范围内，反应热随温度和压力变化不大。

表 8-2　不同温度和压力下 $3H_2$-N_2 混合气生成 $\varphi_{NH_3} = 17.6\%$
系统反应的热效应　　　　　　　　　　　　单位：kJ/mol

p/MPa		0.1	10.1	20.2	30.4	40.5
$t/℃$	400	52.7	53.8	55.3	56.8	58.2
	500	54.0	54.7	55.6	56.5	57.6

过程物料危险：煤的主要危险是自燃，煤粉碎时的粉尘可能爆炸等；H_2，易燃、易爆气体，与空气混合易爆炸（4.1%～74.2%）；液氨，有毒，液氨会烧伤皮肤，与空气混合易爆炸。

工艺过程危险：高温、高压反应装置，对反应器材质和加工质量要求高；液氨输送装置，液氨有强腐蚀性，输送管线破裂易导致事故。另外，氨对铜、银、锌及其合金有强腐蚀作用，而铸铁和钢是最适于制造合成氨用设备和管道的材料。但无水氨在空气和CO_2存在下对钢管也有强腐蚀作用，所以为了防止碳钢发生腐蚀破坏，常在液氨中加2%的水。

工业上合成氨的各种工艺流程，一般以压力的高低分类：

高压法：70～100MPa，550～650℃。

中压法：450～550℃，40～60MPa；

　　　　　　　　20～40MPa；

　　　　　　　　15～20MPa。

低压法：10MPa，400～500℃。

从化学平衡和反应速率两方面考虑，提高操作压力可提高生产能力；但压力高时，对设备材质、加工制造的要求都高，但是最初开发的催化剂仅在高温下具有一定的活性，因此最初多使用高压法，由于是高压且反应温度较高，催化剂使用寿命短，所有这些都不利于安全生产。随着新型合成氨催化剂的研制开发，中压法逐渐取代了高压法，后来又开发了低压法，低压法安全程度高，但是大规模生产一般不采用此法。因此，中压法是目前世界各国普遍采用的方法。

讨论2：合成甲醇工艺

$$CO + 2H_2 \Longrightarrow CH_3OH$$

合成甲醇为可逆放热反应，从热力学上考虑，高压、低温有利于反应。反应热效应分析如图8-2所示，可见，在温度低于300℃时，反应热随温度的变化较大，属于温度敏感区域。

过程物料危险分析：H_2，易燃、易爆气体，与空气混合易爆炸（4.1%～74.2%）；CO，易燃气体，爆炸极限为12.5%～74.2%，与空气混合能成为爆炸性混合物，漏气遇火种有燃烧爆炸危险；甲醇，有毒，易

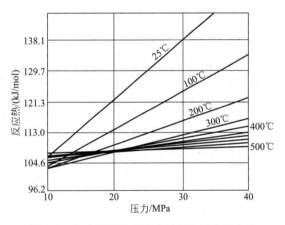

图8-2　合成甲醇反应热随温度和压力变化图

燃，有麻醉作用，对眼睛有影响，其蒸气能与空气混合形成爆炸性混合物，遇明火、高温、氧化剂有燃烧爆炸危险。

工艺及装置危险分析：此反应为可逆放热反应，温度过高，会使副反应加剧（主要是高级醇，如反应过程中会有乙醇、丁醇的生成），催化剂会发生熔结现象而使其活性下降，因此要求在反应过程中将放出的热量不断移走，以保证理想的反应状态。

高压法：400℃，30～50MPa，$ZnO\text{-}Cr_2O_3$催化剂。

低压法：230～250℃，5～15MPa，Cu-Zn-Cr催化剂。

从热力学上看，低温高压对反应有利。但如果反应温度高，则必须用高压。

2）模试实验研究阶段——1t/a（放大300倍）

从安全角度考虑,这一阶段需要根据物料性质选择设备材质并进行设备的材质试验(可以将挂片放入反应器中考察其耐腐蚀情况、强度和厚度等变化情况、表面光滑度变化情况);要考虑原料中杂质对反应及工艺的影响;通过进行故障分析对设计进行反馈。

3)中试实验——百吨级/年(放大100倍以上)

在这一阶段需要验证工艺过程及装置的安全性、可靠性和可操作性;应对物料的危险性、工艺过程的危险性、设备的危险性及人的危险因素等进行全面的分析,在此基础上针对装置的总的危险性、各个机器设备输送过程和维修中的危险性,提出综合的技术预防设施和手段。通过进行故障分析完成对设计的反馈,以保证生产过程中的安全。此外,还要考虑开车和停车,检修和三废处理等过程中的安全考虑。为工业化生产设计和操作提供方案。

4)工业化生产——(放大100倍以上):万吨级/年

由专门的化工设计院进行设计,完成PID图设计,对设计的PID图进行安全校核分析如HAZOP分析。

8.2.3 装置工艺设计安全分析

装置的安全设计应该从工艺设计阶段就给予足够的重视,在工艺流程的设计中完成安全设计,如安全阀的设置、放空系统的设计、安全联锁的设计等。另外,还要考虑所有的操作工况下的安全问题,对包括开车、停车、维修、操作、人身安全、配管、仪表、故障状况、紧急停车等的安全性进行一次全面的分析。进行安全分析时,先从个别单元开始,审核单元的操作程序,设计应保证操作程序的可行性和准确性,并在PID图上补充作为保证操作程序正确执行及维持正常操作所必需的全部设施。当所有的单元检查完毕后,再按照整个系统的要求检查一遍,即按照系统流程从第一个单元设备开始,检查正常操作时,单元与单元之间的相互关系及影响(如操作程序、自控方案、电气的联锁等)。主要包括以下内容:

8.2.3.1 工艺安全分析

(1)高压介质进入低压区

高压介质可能通过多种途径进入低压区而导致低压区超压造成事故。如换热器的换热管破裂、离心机突然停车、活塞泵出口受堵(很多小型的柱塞泵可以产生6MPa以上的压力)等,此时要求采取泄压保护措施,以免低压侧超压而损坏。

(2)高温介质进入低温区

由于操作程序错误或者设计考虑不周,可能发生高温介质进入低温区的现象。此时,除了应考虑设备及管线对高温的承受能力外,还应注意物料本身发生的变化,如液体蒸发成气体,物料受热后裂解、聚合或分解。这些变化往往并不是生产过程所期望的,应采取措施避免。

(3)低温介质进入高温区

低温介质突然进入高温工作区,会使管道产生剧烈的收缩而造成振动,或者使设备和管道材料在低温下变脆而造成损坏,亦可能使物料凝固或者物料所含水分析出结冰而堵塞设备及管道,有时亦会使低温物料突然升温汽化而产生压力。水若进入热油罐,即被热油加热,直至汽化成蒸汽,体积剧增,从而把油顶出油罐而造成冒顶。所以,热油罐(油温可能超过100℃的油罐)不应采用装在罐内的蒸汽加热盘管,以免蒸汽盘管长久运行腐蚀后造成冒顶。

（4）出现化学反应

在正常操作条件下，很多化学反应是不会发生的。但在某些特定条件下（如温度、压力在某个特定的范围内，物料混合不均匀，加料次序错误，催化剂老化等），可能导致不希望的化学反应发生。这些化学反应可能造成下列后果：

① 产生副产品　大多是由于加入的原料不纯，或者温度的转变而引起的。产生的副产品可能无商业价值，需要进行处理后才能废弃，造成生产成本加高。

② 腐蚀　很多腐蚀在低温下并不显著，但随着温度的升高，腐蚀急剧加快。在设计中应考虑由于温度超出正常操作范围而引起的腐蚀问题。

③ 反应失控　有些化学反应在一定的温度（或其他条件）下是很稳定的，但如果超出一定的范围就可能发生失控现象。设计时应确保温度等控制在预定的范围内，以免反应失控。例如，利用反应产品的热量预热反应器的进料时，反应产物、进料或者反应过程三者中的任一个温度升高，都可能产生正反馈而导致温度连续上升，使反应失控。

对于反应失控，原则上应在工艺设计和系统设计阶段采取措施来避免。即采用减少进料量、加大冷却能力的方法，或采用多段反应等措施来控制反应。在采用上述措施还不能避免反应失控时，应考虑其他的保护措施，如给反应器通入低温介质，使反应器降温；向反应器内输入易挥发的液体，通过其挥发来吸收热量；往反应器内加入阻聚剂来抑制反应速率等。

④ 爆炸　除空气或氧气进入工艺系统可能产生爆炸外，粉尘达到一定的浓度，在有氧化剂（如氯气）存在、压力和温度转变等条件下，亦可能产生爆炸。

（5）物料本身的性质

应注意工艺过程中的一切物料，包括原料、半成品、成品、副产品、废料、催化剂、洗涤剂及其他化学品的性质，以免造成生产过程的不安全性。这些性质包括温度、压力及物料本身的状态、稳定性、毒性、辐射性、腐蚀性、燃烧性、氧化性等。

对一些比较重要设备的控制方案，例如开、停车和操作程序、联锁等都应考虑并制定严格的方案。这些设备包括加热炉、压缩机、汽轮机、反应器等。此外，除了正常操作工况外，还应研究设备的异常情况，包括产生异常工况的原因。异常工况包括压力、温度、流量、液位等完全没有或消失；其他如杂质进入工艺系统参与反应或物料成分改变等。

8.2.3.2　工艺系统安全分析

（1）负荷情况

在设计中，不仅要考虑装置的全负荷运行，也要考虑装置的低负荷运行。当装置的生产负荷降低时，管道内物料的流速也随着降低。此时，应研究管内流动的物料是否会因此而产生沉积、凝结而导致管道堵塞。此外，在低负荷运行时，不是所有的设备都能同等程度地降低负荷，有的需要采取一些特别措施才能保证设备的正常运行，如加循环管等。

（2）开、停车情况

应当考虑主要设备、工艺生产的非主要系统（副系统或部分生产系统）因故障或停车而产生的后果及影响，如物料可能从未停车部分流入停车部分而产生不良后果等。

对下列管道进行安全初步分析时应特别注意，如处理不妥或忽视潜在的危险性会导致生产的中断。

① 两相流管道　气液两相流管道处理不好易产生振动，液固两相流管道易产生沉积而堵塞。应采用加大弯头的曲率半径、采用特殊的管件、保持管道一定的坡度等来减少和避免管道的振动和堵塞。

② 输送易凝固物料的管道　有些物料温度降低时易凝固而堵塞管道，如石蜡、沥青、渣油等，可能需要设计伴热或者夹套管来输送，以保证物料的输送温度。有时，可能还需要设计轻油吹扫系统，以便吹扫被堵塞的管道。

③ 重力流管道　由于可提供用于克服摩擦的压头有限，因此在设计中应做一些特殊的考虑，以保证达到设计工况。

在进行系统设计时，应考虑对操作人员可能造成危害的因素，如物料的毒性、物料的腐蚀性、辐射性、操作环境的粉尘、操作环境的噪声、操作环境的通风等。因此，需要在装置内设置安全淋浴设施、洗眼器，设置通风除尘系统或者隔音罩等，以保证操作人员的安全和健康。

8.2.3.3　PID图安全性分析

对于PID图的安全性分析，需要工艺设计师、仪表设计师、安全工程师、操作人员等组成的小组共同参与，目前也有寻找比较权威的第三方进行安全与风险评估的。

PID图的安全审核一般放在PID图的内部审核版和发表供建设单位批准版之间。其目的是从安全的观点审查设计；确认设计中没有对安全生产考虑不周之处；确认设计符合现行标准、规范中的有关要求；对开车、停车或者事故处理所需的设备、管道、阀门、仪表在管路与仪表流程图上都有所体现；对任何尚未解决的安全问题进行研究，并寻求解决办法；记录有关资料，以备写操作手册时使用。审查过程中对管路与仪表流程图的每一项修改都必须有完整的记录，并记下修改者姓名，会后归入工程档案。

PID图安全分析提纲如下：

(1) 操作安全分析

装置操作安全分析包括下列操作工况：第一次开车，正常开车、正常操作工况下运行和正常停车。

1）对整个装置正常操作工况下进行安全分析，应考虑下列内容：

① 设计中对所有可能发生的不正常工况是否都已作了考虑，除了开车、停车工况外，还要考虑设备被旁通时、再生、催化剂老化、蒸汽吹扫、系统干燥、除焦和减压等工况。

② 设计对公用工程系统的故障是否已作了充分的考虑，包括停电、冷却水故障、冷冻站故障、仪表风故障和蒸汽系统故障；装置是否有后备的公用工程系统，如备用电源、仪表风储罐等。

③ 设计中是否已采取能控制反应、避免反应失控的措施。

④ 设计中是否需要设置合适的氮气系统，氮气系统的气源是否可靠，系统配置是否合理等，应绝对避免其他气体从别的系统倒入或漏入氮气系统。

⑤ 关键设备（如阻聚剂泵）的损坏是否会造成生产事故，是否需要备用。

⑥ 所有设备在安装时所必须保证的标高要求在管路与仪表流程图上是否都已标注。

⑦ 要避免出现热油和水混合的可能，两者混合时可能使水急剧汽化而使压力急剧增加。当蒸汽用于汽提热油时，蒸汽管道在对含油设备送汽前，要有足够的预热，并在蒸汽管道上设置排出冷凝液的设施。

⑧ 应避免水或工艺介质从某一点漏到另一点而产生危险。若任意两个系统输送的介质混合时，如可能产生危险，这两个系统最好不要接在一个公用工程系统上。若无法避免，应采用双切断阀，或采用其他安全方法。

⑨ 系统内是否有高度危险物质，如乙炔、环氧乙烷，设计中是否已考虑了足够的安全

措施和控制方法。

⑩ 加热介质的温度不可高于反应过程安全操作的最高允许温度，以免反应失控。

⑪ 设计是否提供了合适的取样装置，应保证取出的试样不被污染，并能适当地制止继续出料。

2）对装置开车、停车安全分析

① 制定开、停车方案，考虑开、停车时可能发生何种不正常工况，用什么措施来避免和控制。

② 装置是否能方便、安全地开、停车，或者从热备用状态投入使用。

③ 在发生大事故时，装置系统内的压力能否有效地降到安全范围内，工艺物料能否控制在安全范围内。

④ 操作参数超出正常工作范围时，有无措施使参数调到安全范围内，工艺物料能否控制在安全范围内。

⑤ 操作工况不正常时，到什么极限必须采用停车措施，是否设置了必要的报警和联锁装置。

⑥ 在开、停车过程中，工艺物料与正常生产时相比，有无相的变化，是否容许。

⑦ 装置的排放和泄压系统能否满足开车、停车、热态备用、试车以及火灾时的大量非正常排放量的需要。

⑧ 装置内的各个位置在需要时能否及时得到氮气的供应，装置内公用工程软管站的布置是否合理。

⑨ 在开车和停车过程中，有无和工艺物料接触会产生危险的物质存在。

（2）配管安全分析

配管是化工装置的一个重要组成部分，起到连接各个设备、输送物料和能量的作用。随着化工装置日趋大型化，配管的重要性日益显著，其安全性设计是整个装置安全的核心问题之一。一定意义上可以认为管线是装置的"动脉"和"静脉"。主要考虑内容应包括配管材料的力学性能、管内物料的性质及状态、阀门型式及位置等。具体如下：

① 所有管道的材料选用是否合适，管路等级的使用是否合适。

② 管路与仪表流程图中管路等级分界线的配置是否合适，重点是接往装置外的管道，调节阀组和带检查阀的双阀组等处。

③ 当管路中介质产生反向流动时是否会产生危险。由于大部分止回阀都不能完全关严，所以，当止回阀的少量泄漏可能导致生产过程产生危险时，要采用双阀组加检查阀或特殊的密封阀来杜绝泄漏。

④ 当从低压储罐用泵向高压系统送料时，可能需要一低流量开关来控制阀门，切断流体，以杜绝倒流。

⑤ 若泵的出口无止回阀，而泵又有备用，且泵入口管上亦无其他的保护措施，则泵入口管的设计压力可能要按泵出口管考虑。

⑥ 对泵、压缩机出口管道上的止回阀，要研究其动作特点是否能很快、有效地防止介质倒流，并避免泵、压缩机及驱动机的倒转。这个动作特性对大流量尤为重要。

⑦ 当几个换热器设备或其他设备平行连接时，设计中是否采取了对称布置，以保证流量的均匀分配。

⑧ 两相流管道的设计要尽量减少产生振动和管道堵塞的可能。对两相流管道，配管专

业在设计时要采取一些特殊的措施，如管架的加固等。

⑨ 当输送两种介质的管道连接时，要注意由于介质流向的不合适，可能会产生估计不到的麻烦。

⑩ 设计中要采取措施来避免由于工人误操作或换热器管束破裂而导致烃类或其他可能产生危险的物质进入蒸汽系统或其他的公用工程管道，并随公用工程系统散布到整个工厂。

⑪ 所有放空管的排放位置是否合适，排放时是否会产生危险。

⑫ 管道中是否有死端，是否可能会给装置的安全运行带来麻烦。

⑬ 汽轮机的入口蒸汽管和排气管在设计中是否考虑了合适的疏水和排凝设施。

⑭ 压缩机出口管道到洗料口是否有旁通管道，若有旁通管道，应检查是否有冷却系统。

⑮ 换热器管道和阀门的布置是否合理，在冷却水系统或者其他冷却介质系统发生故障时，换热器内能否保留一部分冷却水或冷却介质，而不致倒空。

⑯ 装置内是否有容易被堵塞的管道，设计中是否已考虑管道的防堵和清堵设施，评估管道一旦堵塞后所造成危险的可能性大小。

⑰ 设备和管道的热表面是否有合适的保温或其他措施来保护操作人员免受烫伤，未保温的热管道是否可能由于突遭雨淋而产生过大的压力。

⑱ 由于某个阀门或调节阀的误操作，是否会造成生产事故，应采用什么措施来避免此类事故。

⑲ 对绝对不允许有渗漏的（如工艺系统在除焦或催化剂再生时是不允许有空气渗入的），是否使用了特殊结构的无渗漏阀门或者双切断阀加检查阀。更可靠的办法是采用一段可拆卸的软管或短管连接，则在此段管道拆卸时就可完全避免渗漏。

⑳ 泵有故障时，物料是否能从最小流量旁通管道倒流。

㉑ 是否已设置足够的用于装置维修或事故处理的盲板和切断阀，是否能安全地对装置进行维护、修理。单个切断阀不能保证设备与系统的完全切断，不适于需要人进入的容器的切断。双切断阀加检查阀的连接方式适用于大部分的完全切断。"8"字盲板也可达到完全切断的目的，同时也能满足检修人员进入储罐的要求。可拆卸短管适用于系统需要绝对切断之处，可防止物料混合而产生不期望的化学反应，并能满足人进入容器的需要。但设置可拆卸管段时，必须考虑管段拆卸前的泄压措施。

㉒ 为了能及时处理发生的事故，装置中是否设置了必要的遥控阀，并检查使用这些遥控阀处理事故时是否会产生新的潜在的危险。

㉓ 设备和管道是否设有合适的放空和放净阀，是否能对系统进行完全的吹扫，是否已有独立设施如阀门，用来检查设备是否已完全放净。

㉔ 对危险性物料放净时要设双阀。

㉕ 对需要锁开、锁闭或者铅封开、铅封闭的阀门必须在管路与仪表流程图上注明。

㉖ 液封处在正常生产和不正常生产时，是否都能保持正常的液封，与工艺生产过程的要求是否一致。

㉗ 重力流管道上升时，是否可能由于虹吸而把储罐排空。

㉘ 蒸汽和其他公用工程管道与工艺管道相接时，是否设有止回阀，以防止工艺物料倒流入公用工程系统。

㉙ 管道内被输送的固体物料是否可能在管道的死端、袋形、缝隙或者急剧变形处积累。

㉚ 泵、压缩机和透平的辅助管道是否和工艺管道一样进行了详细的分析和研究。

㉛ 当系统设有复杂的废热回收系统时，在开车时能否使废热回收系统通过旁路而切掉，以简化开车工况。

㉜ 装置所在地区是否要考虑严寒时管道和设备的防冻问题，特别是注意冷水管道、仪表接管、安全阀后排入大气的管道及其死端的防冻问题。整个工厂是否能在冬天进行有效的紧急停车。

㉝ 装置内的设备和管道是否设置了合适的安全阀。主要考虑下列内容：每台设备的设计压力和设计温度的选择是否恰当，是否已考虑了各种可能发生的不正常工况；各个安全阀的设计负荷是否能满足安全排放时的最大流量需要；安全阀是否装在合适的位置；安全阀后管道是否可能积液，是否可能冰冻，是否已采取必要的措施来免除积液或防冻，如采用带坡管道来避免积液，采用放净和伴热来避免积液和防冻；透平排气管安全阀的排放量要满足制造厂的最大排气量要求；换热器的安全阀能否满足换热管破裂的泄压需要；一般情况下，安全阀和被保护的容器间不要设切断阀。

㉞ 放空和放净时不能把有毒的气体或者液体直接排入大气。

（3）仪表安全分析

虽然仪表设计不是化工工艺人员承担的工作，但是工艺设计者有义务为仪表专业设计人员提供一份可能影响仪表选用的各种因素表，以保证仪表设计符合工艺生产的需要，内容包括：操作环境、物料的物理及化学性质、仪表的精度要求、仪表的安装要求等。具体如下：

① 图纸上是否标示了所有必需的温度、压力和液面的报警及联锁装置（包括正常操作工况和非正常工况），它们与设备的操作极限间是否留有一定的安全裕量。

② 所有调节阀的常开或者常闭是否都已正确标注。

③ 加热炉的燃烧系统设计中，是否考虑了加热炉安全地开车、操作、停车的仪表要求。在炉膛内，空气和燃料的混合物浓度达到爆炸极限范围内时再点火，就可能产生爆炸，所以要设点火用长明灯。长明灯与燃料管道间要有联锁，使得在长明灯着火前打不开燃料管道的阀门。长明灯燃料气压力过低时要有报警信号，并且主燃料阀也要处于打不开的状态。当使用重油作燃料时，需要根据燃料量来调节供给的雾化蒸汽量，雾化蒸汽量压力过低时要有报警。

④ 每个换热器的冷却水出口是否设有测温设施，因为温度过高会导致结垢和腐蚀。

⑤ 冷却水回水管的高点是否设有烃含量检测设施，以检查换热器是否泄漏。

（4）紧急停车时的安全分析

在某些故障情况下，装置需要紧急停车，以保证装置的安全并减少损失。由于紧急停车的情况是无法预见的，紧急停车时可能会面临人手短缺、工作压力大等不利情况，而紧急停车又要求在短时间内对故障情况进行判断，并采取有效措施进行处理，因此容易产生操作失误。另外，紧急停车时系统内尚有大量物料仍处于生产状态中，因此，紧急停车是比较危险的。这就要求在设计环节，对可能的紧急停车做出周密考虑，如紧急停车方法是否可靠以及紧急停车后的再开车是否可行和安全，停车过程中的仪表、配管、供电等情况是否安全。

（5）维修安全分析

在设计中，应考虑装置检修的可能性和进行维修时所必需的安全设施。所有的管道都应该有阀门，使之与被检修部分断开。

（6）人身安全分析

应设立必要的设施，包括用阀门切断管道和在管道上设置盲板，在系统中设置排放、吹扫、清洗管道等装置，以防止人身接触有害物品。应设置必要的安全保护措施，如防烫设施、除尘、通风及各种消声防噪设施，还应设置救护设施如洗眼区和安全淋浴，机械转动设备需要设置紧急停车按钮等。

(7) 其他安全分析

如安全阀的数量和规格、安装位置等，消防系统是否根据相关的标准和规定进行设计。

对于工艺安全校核常使用的一个方法是危险与可操作性（HAZOP）分析，这将在 8.7 介绍。

8.3 化工过程装置与设备设计安全

过程：从原材料到产品要经历一系列物理的或化学的加工处理步骤，这些加工处理步骤称为过程。

装置与设备：工艺过程是由一系列的装置、机器和设备，按一定流程方式用管道、阀门等连接起来的一个独立的密闭连续系统，再配以必要的控制仪表和设备，制造出新的化工产品的系统。典型的装置和设备包括储存设备、换热设备、塔设备、反应设备、过滤器；压缩机、泵等。

8.3.1 过程装置设计安全

8.3.1.1 设计条件的确定

设计压力和温度：设计压力一般要高出预期的最高压力 5%～10%；设计温度为高出不会引起规范许可应力减小的最高温度 30℃。

对于其他条件如流体流量、泵的输出压力和输出量等，一般都加 10%裕量。

设备开车或停车过程中可能出现压力急剧升高或真空现象，因此要把开、停车的情况考虑进去。

8.3.1.2 材料安全设计

(1) 确定使用条件

应考虑在正常运行、开车和停车、催化剂再生、维护以及设备检修等各种工况下，与设备材料接触的工艺物料、蒸汽、水等公用工程辅助流体对设备材质的各种影响作用。

不同工艺条件下设备材料是否能够满足安全需要？因为工艺条件不同时，对设备材料的腐蚀性等会有所不同，有时微量组分的影响很大，如物料是否含有水会对材料造成不同程度的腐蚀。

(2) 材料的耐腐蚀性

耐腐蚀性是指装置抗腐蚀的能力，它对保证化工设备能否安全运转十分重要。化工生产中涉及的许多介质或多或少具有一些腐蚀性，它会使整个装置或某个局部区域变薄，致使装置的使用年限变短。装置局部变薄还会引起突然的泄漏或爆破，危害更大。因此，设计中选择的耐腐蚀材料或采用正确的防腐措施是提高设备耐腐蚀能力的有效手段。

在使用条件和环境下，材料的耐腐蚀性主要取决于以下因素：

① 化学亲和力小；

② 材料与环境间的能差低于某一限度，使得相互间的反应难以进行；

③ 由于材料与环境间的能差大于一定的额度，因此，在材料表面可形成稳定的化合物薄膜。

然而，在任何使用环境下都完全能耐腐蚀的材料是不存在的，也没必要使用完全能耐腐蚀的材料。只要在所使用的环境中，材料的腐蚀裕度在运行范围内即可。按照腐蚀裕度，材料的耐腐蚀性分为 A 级（低于 0.125mm/a）、B 级（0.125～1.25mm/a）、C 级（高于 1.25mm/a）三个等级。C 级材料为不适宜使用的材料。

(3) 材料的稳定性

稳定性是指装置或零部件在外力作用下维持原有形状的能力。长细杆在受压时可能突然变弯，受外压的设备也可能出现突然被压瘪的情况，从而使得设备不能正常工作。因此，装置需要足够的稳定性，以保证在受到外力作用时不会突然发生较大变形。

(4) 材料的强度、刚度和加工性

强度是指设备及其零部件抵抗外力破坏的能力。化工设备应具备足够的强度，若设备的强度不足，会引起塑性变形、撕裂甚至爆破，危害化工生产及现场工作人员的生命安全，后果极其严重。但是，也不能盲目提高强度，否则会使设备变得笨重，浪费材料，这也是不经济的。

刚度是指设备及其零部件抵抗外力作用下变形的能力。若设备在工作时，强度虽满足要求，但是在外力作用下发生较大变形，也不能保证其正常运转。例如，常压容器的壁厚，若根据强度计算的结果数值很小，那么在制造、运输及现场安装过程中会发生较大变形，因此还应根据其刚度要求来确定其壁厚。

材料的加工性是指焊接问题。另外，表示机械加工性的强度也是选材的一个指标。

(5) 材料的密封性

密封性是指设备阻止介质泄漏的能力。化工设备必须具有良好的密封性，对于那些易燃、易爆、有毒的介质，若密封失效，会发生物料泄漏从而引起环境污染、中毒甚至燃烧或爆炸，造成极其严重的后果，所以必须引起足够的重视。

对于运转设备如泵和压缩机，还要求具有运转平稳、低振动、低噪声、易润滑等性能。

8.3.2 典型设备设计安全

典型设备包括分离塔、反应器、换热器、储罐等压力容器和分别用于输送液体和气体的泵和压缩机。在化工生产过程中，泵和压缩机是输送液相和气相物料的动力设备，其功能类似于人体的心脏和肺部，而分离塔、反应器、换热器、储罐等压力容器相当于人体的各个重要器官，其安全状态对化工过程的安全生产至关重要。因此，本节主要就泵和压缩机的设计原则进行阐述。关于压力容器将在第 9 章叙述。

8.3.2.1 泵的安全设计

在化工过程中，泵是输送液体的设备，根据工作原理可以分为容积泵、叶片泵、其他类型的泵三种类型，分别适用于输送不同性质的液体和不同的输送任务。容积泵也叫往复泵，它利用工作容积周期性变化来输送液体，例如：活塞泵、柱塞泵、隔膜泵、齿轮泵、滑板泵、螺杆泵，适用于小流量、高压强的场合。叶片泵利用叶片和液体相互作用来输送液体，例如：离心泵、混流泵、轴流泵、旋涡泵等，其中，离心泵是化工中最常用、使用范围最广的一种；轴流泵的流量大、结构简单。其他类型的泵如喷射泵等。

泵的安全设计需要考虑以下问题：

- 泵类型：根据用途、输送液体介质、流量、扬程范围确定。
- 流量和扬程：①最大流量为基础。②扬程：单位重量液体通过泵所获得的能量叫扬程。
- 有备用。一般一开一备，大流量及特殊场合也可以几开一备。
- 泵的出入口均应设置切断阀，一般采用闸阀。
- 为防止离心泵未启动时物料倒流，出口处应安装止回阀。
- 为便于止逆阀拆卸前的泄压，止逆阀上方应加装一个泄液阀。
- 压力是泵安全的主要参数，在泵的出口处应安装压力表。
- 通常入口比出口管径大一个等级，以便安全运行。
- 为防杂物进入泵体损坏叶轮，应在泵吸入口设过滤器。

泵的选型中需要考虑的安全问题：

耐腐蚀问题：腐蚀是化工设备最头痛的危害之一，轻则损坏设备，重则造成事故甚至引发灾难。据统计，化工设备的破坏约有 60% 是由于腐蚀引起的，因此在化工泵选型时首先要注意选择材料的科学性。千万不能认为不锈钢是"万能材料"，不论什么介质和环境条件都选用不锈钢是很危险的，选材时应多查阅相关资料并借鉴成熟的经验。另外，还要考虑密封问题、冷却问题和黏度问题。

8.3.2.2 压缩机的安全设计

(1) 单级活塞式压缩机的工作原理

在一些化工过程中，需要将低压气体增加到一定压力，如合成氨工艺中多种气体需要压缩到一定压力（$N_2 + H_2$，空气，变换气等）。因此，压缩机是气体增压的重要部件。下面简要介绍压缩系统过程原理。

压缩系统过程原理：气体被压缩时，会产生大量热，原因是外力对气体做了功，受压缩程度越大，则其受热程度会越高，温升也越高。理想的压缩过程：等温过程（气体不吸热，所有热量都被及时散走）和绝热过程（不散热，所有热量都被气体吸收）。

气体压缩基本上是绝热过程，压力升高后，温度也上升，压缩后的温度可由气体绝热方程式算出：

$$T_2 = T_1 (p_2 / p_1)^{(k-1)/k}$$

式中　T_1，p_1——压缩前的温度和压力，K，MPa；

　　　T_2，p_2——压缩后的温度和压力，K，MPa；

　　　k——绝热指数或多变指数，$k = c_p / c_V$。

而实际上压缩过程是介于等温和绝热过程之间的一个多变压缩过程。如果需要用一段压缩机将气体压到很高的压力，压缩比必然很大，压缩以后气体温升也很高，从而导致以下安全隐患：

① 润滑油失去原有性质（如黏度降低，烧成炭渣等），使润滑发生困难，机件易遭损坏；

② 被压缩的气体由于温度升高可能发生分解、聚合等化学变化，引起体系物料的不稳定性。

当一段压缩不能达到增压目的时，可以考虑采用双级压缩或者多级压缩。

(2) 双级活塞式压缩机的工作过程

当一段压缩后的气体温度超出工艺要求时，可以采用两段压缩，将一段压缩后的气体用冷却水降至其初始温度，再进入第二段压缩将气体增压到需要的压力。采用等压缩比是比较有效的方法，此时压缩比可由下式计算：

$$\beta = \frac{p_2}{p_1} = \frac{p_3}{p_2} = \sqrt{\frac{p_3}{p_1}}$$

m 级压缩，最佳增压比为：

$$\beta = \frac{p_2}{p_1} = \frac{p_3}{p_2} = \cdots = \frac{p_m}{p_{m-1}} = \frac{p_{m+1}}{p_m} = \sqrt[m]{\frac{p_{m+1}}{p_1}}$$

所以对于压缩比较大的体系，常采用多段压缩。即将压缩机的气缸分成若干等级，并在每段压缩后，设置中间冷却器以冷却每段压缩后的高温气体。

采用多段压缩，可使压缩过程接近等温过程，既省功，又能保护压缩机正常运转。但段数越多，造价越高，所以一般以不超过 7 段为宜。一般各段压缩比不超过 4。200kgf/cm^2（19.6MPa）以上的压缩，段数以 5～6 段为宜。

(3) 压缩过程中有哪些安全问题呢？

① 工艺故障　润滑油或冷却水中断。

冷却水的作用很大，用于气缸水夹套、水冷却器、循环油冷却器、水封槽等，用过的回水经过两个回水槽流入地沟。回水槽上有回水控制阀，根据回水温度来调节冷却水量。冷却水中断使压缩过程中产生的大量热量不能被带走，从而使气体温度迅速升高，导致一系列问题如润滑油炭化、润滑状况恶化、密封不好等。

② 机械故障　运动部件发热，撞击。

③ 措施　加强检查，通过看、听、摸等措施及早发现问题并予以排除。

【例 8-1】 某两级压缩、中间冷却的活塞式压缩机。每小时吸入 $p_1 = 0.1$MPa，$T_1 = 17℃$的空气 108.5kg，可逆多变压缩到 $p_2 = 6$MPa（绝压）。设各级多变指数为 1.2，试分析这个装置的工作情况，并与单级多变压缩（$k = 1.2$）至同样增压比时的情况相比较。

解： 单级多变压缩时排气温度为：

$$T_2 = T_1 \left(\frac{p_2}{p_1}\right)^{\frac{k-1}{k}} = 290 \times \left(\frac{6}{0.1}\right)^{\frac{1.2-1}{1.2}} = 573.79\text{K}(300.64℃)$$

两级压缩时，每级的压缩比为 $(6/0.1)^{0.5} = 7.75$，因此每级压缩后的出口温度为：

$$T_2 = T_1 \left(\frac{p_2}{p_1}\right)^{\frac{k-1}{k}} = 290 \times 7.75^{\frac{1.2-1}{1.2}} = 407.96\text{K}(134.81℃)$$

可见采用两级压缩可将出口温度控制在可接受的温度范围，而一级压缩的出口温度超出了可接受范围。

【例 8-2】 某裂解气体需自 20℃，0.105MPa 压缩到 p_2 为 3.6MPa，$k = 1.228$，如采用单段压缩，则排气口温度为：$T_2 = (273.15 + 20) \times (3.6/0.105)^{0.228/1.228} = 565.08\text{K}$（291.9℃）。

在 291.93℃高温下，二烯烃易发生聚合生成树脂，润滑油质量恶化，影响压缩机安全运行。如采用五段压缩，则每段压缩比为 2.03，每段压缩后气体经段间冷却以保持低的入口温度，从而保证出口温度不高于 90～100℃。

解:按照多段压缩，每段压缩比相同，计算出每段的出口气体温度为：

多段压缩	3 段	4 段	5 段
出口温度	92℃	72℃	61℃

以上计算结果表明，采用 3 段压缩即可满足工艺要求。

8.4 储存设备安全设计

8.4.1 储存液化气体、危险液体的装备技术安全

液化气体储罐的安全操作在很大程度上取决于设备的可靠性。设计和制造液化气体用设备，尤其是要在低温条件下操作的设备，需要有专门技能。许多国家已编制了有关储罐设计、制造和操作的专门规程。储量很大的液化气体使用余压不高的平底立式圆形储罐储存，常压储罐的操作压力主要是由液化气体的液柱静压造成的。另外，储罐与进料管和出料管的连接设计也关系储罐的安全操作。

储存液氨广泛使用外有保温层的钢制竖式单壁储罐和壁间保温的双壁储罐。储罐内壁用能耐低温的钢材制成，内外壁间的空间填有保温材料。双壁储罐外壁的作用是保护保温层不受大气影响，内壁损坏时，储罐仍能储存液化气体；储罐内外壁的间隔为 0.6～0.9m，壁间填装工业用珠光石——焙烧过的火山灰（密度约为 0.043kg/L）。单壁和双壁储罐应考虑余压不高（6800～9800Pa）、储存液体表面上方的气相空间保持压力在 490Pa 以下，设计条件要考虑最高和最低的大气压、承受的最大风力、强风时在背风一侧形成真空而产生的补充负荷、雪负荷和其他负荷等。双壁立式储罐在外壳上应设有添加干燥氮气用的管接头、取样阀以及当内壁漏气时排出双壁间的气体的管接头。液化气体立式等温储罐上的注入排出用管接头以及人孔均应安在储罐下部，仅高于冷却储罐液体液面处。人孔不少于两个，相对配置。通过立式储罐两壁间隔区的管接头应设有补偿器，排料管接头应能确保将储罐内液体完全放空。

就地焊接的容器通常不经过热处理，避免产生应力。这种容器应用特种钢材制造；复杂的部件，例如人孔的筒体，在最后焊接前应经过热处理工序。每个储罐至少应安装两个安全阀，其中一个备用。安全阀应设有转换装置（联锁装置），保证有一个安全阀一直与储罐连通。内罐和外罐都要安装安全阀。外罐安全阀的作用是内罐漏气时可以排出气态物料。安全阀的通过能力应按蒸发物料的最大流量计算。立式储罐装有真空阀，防止真空度大于490Pa。储罐内高于最高液位处应设有喷雾装置，在储罐使用前用蒸发气体的方法冷却储罐。液氨在等温储罐内的储存压力一般为 0.0014MPa，用压缩机排出的氨蒸气维持。为保证安全生产，安装在仓库里的一台压缩机用电传动，另一台用柴油传动。等温储罐的液氨入口处和出口处都安装有遥控操纵的截流阀，一旦发生事故，能迅速将储罐与其他管道切断。当压力升高到 0.01MPa 以上时，安全阀将气体排入本系统的火炬装置。为防止压力下降，储罐设有通风阀。当储罐出现真空时，通风阀开启，储罐与大气连通。储罐内氨蒸气压力下降到低于标准指标时，用截流阀停止往氨压缩机中供气态氨。

储罐内产生最高压力时，安装在仓库内的压缩机自动启动；出现最低压力时，压缩机自

动切断。以柴油传动的氨压缩机是备用的。液化气体用的管道、管件、垫板、填料函和其他材料等，应考虑到储存物料的特殊物化性能和腐蚀性能。在任何情况下，可燃气体和有毒气体（氨、氯、天然气等）用的管道和管件都应符合可燃气体、有毒气体和液化气体用管道的安装和安全操作规程。根据规程要求，液化气体不允许使用铸铁管件和铸铁异形管件，所有的管件和接头均应使用钢制品。在氨介质中不允许使用铜制和铜合金制的管件和接头。管道上的法兰接头应尽量坚固，最好使用焊接管道。接触氨的镀锌零件应刷上油漆，锌在氨的水溶液中会溶化。接触液氨和液氯的垫板材料可用石棉橡胶板，这种材料在操作温度下具有较高的弹性，但不宜使用橡胶垫板。

不管用什么方法储存液化气体，温度恒定是安全使用储罐的重要因素。当环境温度变化时，高压液化气体储罐内温度和压力可能剧烈波动，因环境热流所形成的蒸气会在储槽内部分冷凝，所以必须保持稳定的槽内压力。

液化气体用的容器、储罐和管道均应安设可靠的保温层，以免受环境影响。低温液化气体储罐的保温系统与其他低温物料用储槽的保温系统基本上没有区别。液氨在$-33.3℃$下储存，与丙烷的储存条件相似，后者在$-45.5～-42.7℃$下为液态产品。液化气体储罐保温层应根据液化气体的操作压力、储存温度以及周围空气在冬季和夏季的温度等条件进行计算；所有保温表面的保温层质量应当可靠地保证储罐（特别是等温储罐）和全部设备的正常操作条件。

储罐和其他设备的外表面保温层以及管道的保温层均应不透水、不燃烧，应当安装密闭罩，防止雨水渗入。密闭罩可用皱纹铝板制成，带有顶盖，可防止大气腐蚀。立式双壁等温储罐的罐壁和罐盖可用内壁有一部分衬矿渣棉的弹性橡胶板，两壁间的空间填充粒状珠光石，储罐底部用砌在壁间的珠光石砖保温等。使用单壁储罐时，储罐露在外面的表面要敷设可靠的防水层，防止水分渗入。泡沫玻璃砖可起防水作用，其连接处应当密闭。采用类似材料时，在保温层和容器间不允许结冰，即保温层的外保护层必须可靠密闭。为减少外部传热，防止太阳辐射，液化气体设备应漆成浅色色调，或者包一层反射力很强的抛光铝板。储罐底座的管道支架的材料及结构应按液化气体大量流出或泄出时冷却以及因储存的液化气体冷却而使基础结冰的情况选择。底座的敷设厚度和对土壤的负荷应避免出现液化气体流出或泄出时，土壤冻结膨胀而出现的不允许的下降、倾斜和损坏。

球形储罐可使用钢柱支架或不用支架安放在底座上。不用支架时，其底座是空心结构，内部有通道，整个支撑是环状的。在可压缩性强的土壤上设计和建设立式或其他大型储罐时，应仔细测定储罐附近是否会下沉，并采取相应措施。设置在地面上的液化气体常压储罐应加以防护，因为在充水和冻结时会受土壤膨胀作用的影响。在充水地区，储罐基础和土壤之间应敷设保温层和加热元件，克服土壤发生膨胀的现象。储罐必须控制加热和调节温度，美国约有25%的液氨等温储罐都设置有这种加热系统。使用固定在桩子上的储罐时，下部钢筋混凝土板和土壤之间应设有供空气循环的空间，以防止土壤结冰。桩子埋入深度应超过冻土层深度，也可使用整体浇注混凝土底座，这种底座应有必要的强度，不怕冻结。

液化气体储槽，尤其是接近常压的储罐，不能排除形成真空的可能，而系统中形成真空装置不能防止罐壁免受挤压作用。当储罐迅速而不均匀冷却时，罐壁金属会产生很大的应力。储罐在加料前应该用氮气吹扫，再用将要储存的气态物料将氮气置换出来。储罐应冷却到操作温度再注入液化气体。液化气体通过专用喷雾装置喷入储罐，使储罐冷却。设备中的气体量和气体分布情况应确保气体全部蒸发，确保储罐金属筒体的温度均匀下降。喷射的气体量应逐渐增加，严格调节气体的流量，控制容器中的压力。当出现液位时，储罐的冷却过程即告终止。在冷凝过程中严格控制局部过冷现象，液化气体不能以气流形式送入罐内，应在储罐内喷成雾状。有时当储罐冷却时，为了防止罐壁受液化气体的作用，罐内安有钢板，接近常压的大型储罐（储存 10000～20000L 液化气体）的冷却过程一般需要好几天。在加料开始阶段，通过冷却系统开车，检查冷却系统的效率，在冷却系统正常起作用的情况下，方可将液化气体加入储罐直至安全的液位。在常压液氨储罐中不能喷水吸收气态氨，这种情况下会造成负压，真空阀也来不及动作，储罐就会在大气压的作用下被压坏。

液化气体储罐的安全运转，应注意控制储罐内的液位和压力。每个储罐都应装设两个独立的液位计（精确度不低于 0.25%）和两个压力计（精确度 0.25%～0.5%）。装卸液化气体用的管道上安装快速自动关闭装置（断流器）。

可用浮标（用软线与指示器连接）测定等温储罐内液体的液位。但液位计的零件受机械作用容易损坏，记录装置可采用差动发送器。差动发送器和二次仪表配套可以测量液柱的静压。液氨储罐和容器均装有各种液位计如浮标液位计、放射性液位计等。一般不使用计量玻璃管测量液化气体的液位。常压的液化烃类气体储罐中安装最高液位和事故液位信号的继电器。液位发送器是防爆式的。温度发送器的传感元件是在液体中浮动的部分——包括一系列测量各层液体温度的温度计。温度发送器的线路和出口都是防爆式的。安装在储罐上部和下部罐外支柱上的气动浮标液位计，可以分别反映储罐上部和下部液位的信号。当储罐内液位下降到距底部标高 500mm 和 300mm 时，下部液位计发出信号。储罐内不同高度的物料温度和罐壁温度可根据安装在储罐侧面的电阻温度计的读数来测定。

控制室内要安装遥控和调节装置，如储罐压力计和液位计（附读数记录）、液化气体进出量的测定仪表以及蒸气冷却站、联锁保护装置和遥控装置的主要参数极限值的信号仪表等。中压等温储罐和中压储罐的蒸气冷凝用压缩机装置实现自动控制。当储罐内的压力达到最高极限或最低极限时，压缩机应自动启动或关闭。为提高控制和供电的可靠程度，液化气体装有用于控制和调节仪表线路用的蓄电池，使等温储罐中气体冷凝及加压的设备（如液化气体冷凝用压缩机站）有两个供电电源。也可以使用柴油发电机的紧急备用发电装置。

8.4.2 呼吸阀的安全设计

呼吸阀是一种用于常压罐的安全设施，它可以保持常压罐中的压力始终处于正常状态，以降低常压储罐内挥发性液体的蒸发损失，并保护储罐免受超压或真空度的破坏。呼吸阀的内部结构是由一个低压安全阀（即呼气阀）和一个真空阀（吸气阀）组合而成的，习惯上把它称为呼吸阀。目前石油化工企业中常用的呼吸阀可分为两种基本类型：重力式呼吸阀（或称阀盘式呼吸阀）和先导式呼吸阀。当罐内压力正好等于大气压时，呼吸阀内的压力阀和真空阀的阀盘都不动作，仅靠阀座上的密封结构所具有的"吸附"效应就可保持良好的密封作用。重力式呼吸阀的结构特点是压力阀和真空阀的阀盘互不干涉、独立工作，当罐内压力升高时，呼气阀动作，向罐外排放气体，而当罐内压力降到设定的负压以下时，吸气阀动作，向罐内吸入大气。压力阀阀盘和真空阀阀盘既可并排布置，也可重叠布置，但是在任何时候，呼气阀和吸气阀不能同时处于开启状态。先导式呼吸阀的结构是由一个主阀和一个导阀组成，两阀先后动作来联合完成呼气或吸气动作。导阀借助合适的材料制成的薄膜来控制主阀的动作，由于导阀采用薄膜结构，薄膜面积大，故在很低的工作压力下，仍可以输出足够的作用力来控制主阀的动作；在导阀开启前，主阀不受控制流的作用，关闭严密，无泄漏现象；主阀的密封型式为软密封；在 API 620《大型焊接低压储罐设计与建造》中推荐使用先导式呼吸阀，这样有利于达到所需的控制精度，有利于保证安全生产。其工作原理简述如下。

在正常情况下作用于主阀膜片上下的压力 p_1、p_2 和作用于导阀膜片上的压力相等，主阀膜片处于关闭状态，而导阀上的弹簧作用力大于导阀膜片向上的作用力，使导阀也处于关闭状态。

当系统压力上升达到定压值时，作用在导阀膜片上的作用力刚好超过弹簧作用力，导阀开启，封闭在主阀气室内的气体通过导管经节流孔向外排出，使主阀气室内的压力降低，此时作用于主阀膜片上下的压力 $p_1 > p_2$，使主阀膜片迅速打开，系统内超高的压力得到泄放。当系统压力降低到定压值以下时，作用在导阀膜片下方的压力小于弹簧作用力，导阀被关闭。系统内的气流通过导管进入主阀气室，使压力 $p_1 = p_2$，而由于主阀膜片上方（气室内一侧）受压面积大于阀座下方的受压面积，使两侧受力不等，从而使主阀膜片关闭而密封。

当系统处于真空状态并达到设定的真空度时，存在于主阀膜片上面气室的压力 $p_2 > p_1$，此时，气室内的气体通过导管经节流孔进入储罐，使气室压力 p_2 下降，而外部的大气压力使主阀膜片开启，并在阀内形成气流，从而解除系统真空，最后，大气压力再通过导管经节流孔进入气室使主阀关闭。

先导式呼吸阀的一个显著特点是定压范围可低于 $0.0021kgf/cm^2$（21.97mmH$_2$O），因此也可用于低压罐上。此外，由于该阀设计成"导阀一旦打开，主阀就完全打开；导阀一旦关闭，主阀就迅速关闭"的操作，因此在泄压时达到最大流量的超压非常小，可以忽略不计；而当阀门在吸入时，由于导阀不起作用，因此超负压的作用等同于阀盘式呼吸阀。先导式呼吸阀的不足之处是，该类呼吸阀中有些设计是当储罐压力比呼吸阀定压低时它才关闭，这无疑增大了呼吸损耗，选用时应当注意。

实际应用中呼吸阀分为以下几种基本型式。

① 标准型呼吸阀　安装在储罐上，能保持罐内压力正常，不出现超压或负压状态，但没有防冻、防火功能。

② 防冻型呼吸阀　安装在储罐上，具有防冻功能，能用于寒冷地区。

③ 防冻型防火呼吸阀　安装在储罐上，对罐内压力的保护功能同以上内容，同时又具有防冻、防火功能，能用于寒冷地区。它的防火功能是指当发生火灾事故时，安装了这种呼吸阀的储罐可以阻挡火苗窜入罐内，这相当于安装了一个阻火器。

④ 呼吸人孔　只适用于常压罐，可直接安装在人孔盖上，而且对罐内介质的要求是，在常温下基本不挥发或少量挥发但不会对环境造成污染，并且它也能保护罐内不出现超压或负压状态。

⑤ 真空稳压阀　只适用于防止储罐出现真空状态。

⑥ 泄压阀　只适用于防止储罐出现超压状态。

(1) 确定呼吸量

呼吸阀的计算内容主要是确定呼吸量。呼吸量的确定需要考虑以下几个因素：

① 储罐向外输出物料时，造成储罐内压力降低，需要吸入气体保持储罐内压力平衡；

② 向储罐内注入物料时，造成储罐内压力升高，需要排出气体保持储罐内压力平衡；

③ 由于气候等因素的影响引起储罐内物料的蒸气压增大或减小，产生了呼出和吸入（通移热效应）热效应，由此热效应引起的呼吸气量见表 8-3；

④ 火灾时储罐受热，引起蒸发量骤增而造成的呼出气量。

前三个原因引起的呼吸量称为正常呼吸量，后一个原因引起的呼吸量称为火灾呼吸量。

表 8-3 热效应引起的呼吸气量

罐的容积 /m³	热效应引起的吸入气量(适用各种闪点) /(m³/h)	热效应引起的呼出气量 /(m³/h)		罐的容积 /m³	热效应引起的吸入气量(适用各种闪点) /(m³/h)	热效应引起的呼出气量 /(m³/h)	
		闪点 38℃及以上的油品	闪点 38℃及以下的油品			闪点 38℃及以上的油品	闪点 38℃及以下的油品
9.5	1.7	1.1	1.7	5564.3	877.8	538.0	877.8
16.9	2.8	1.7	2.8	6359.2	962.8	594.7	962.8
79.5	14.2	8.5	14.2	7154.4	1047.7	651.3	1047.7
159.0	28.3	15.1	28.3	7949.0	1132.7	679.6	1132.7
318.0	56.6	34.0	56.6	9538.8	1245.1	764.6	1245.1
475.1	85.0	51.0	85.0	11128.6	1359.2	764.6	1245.1
635.1	113.3	68.0	113.3	12718.4	1472.5	877.8	1472.5
794.9	141.6	85.0	141.6	14308.2	1586.7	962.8	1586.7
1589.8	283.2	169.9	283.2	15898.0	1699.0	1019.4	1699.0
2384.7	424.8	254.9	424.8	19077.6	1926.5	1161.0	1926.5
3179.7	566.3	339.8	566.3	22257.2	2123.8	1274.3	2123.8
3974.6	679.6	424.8	679.6	25436.8	2325.0	1416.8	2325.0
4769.4	792.9	481.4	792.9	28616.4	2548.5	1529.1	2548.5

注：热效应呼吸气量指在 1atm（绝压）和 15.6℃时，以空气为介质经试验测得的数据；表中未列出的储罐容量的计算值可用内差法算出。

(2) 火灾呼吸量的计算

对于不设保护措施（如喷淋、保温等）的储罐，火灾时的排气量计算可查表 8-4，该表的使用条件是 1atm（绝压）和 15.6℃。

表 8-4 火灾时紧急排气量与湿润面积的关系 [在 1atm（绝）和 15.6℃条件下的计算值]

湿润面积 /m²	排气量 /(m³/h)	湿润面积 /m²	排气量 /(m³/h)	湿润面积 /m²	排气量 /(m³/h)	湿润面积 /m²	排气量 /(m³/h)
1.858	597.5	9.3	2973.3	32.5	8156.2	111.5	15772.3
2.787	894.8	11.2	3567.9	37.2	8834.8	130.1	16622.0
3.716	1192.1	13.0	4263.6	46.5	10024.2	148.6	17386.5
4.645	1492.3	14.9	4757.2	56.7	11100.2	167.2	18094.4
5.574	1789.6	16.7	5380.2	66.0	12119.6	186.8	18746.7
6.503	2085.1	18.6	5974.9	74.3	13082.4	229.7	19936.0
7.432	2384.3	23.2	6767.2	83.6	13960.2	260.1	21011.1
8.361	2684.4	27.9	7503.9	92.9	14838.0	260.1 以上	

对于设计压力超过 1atm（绝压）和容器的湿润表面积大于 $260m^2$ 的储罐，火灾时的总排气量可按以下公式计算。

$$CFH = 1107A^{0.82}$$

式中　CFH——排气量，ft^3/h［绝压，相当于 1atm（绝）和 15.6℃时的空气排气量，$1ft = 0.3048m$］；

　　　A——湿润表面积，ft^2。

8.5　化工厂其他安全附属装置设计

8.5.1　阻火器安全设计

8.5.1.1　阻火器设计分析

阻火器应根据不同的火焰速度设计成不同的结构，而火焰速度又与所使用的介质种类和点火距离（点火点距阻火器之间的距离称为点火距离）有关。不同性质的气体在不同的点火距离下有不同的火焰速度。一般情况下，应使点火距离尽可能短，这样可以降低回火火焰速度，设计出更为经济的阻火器。需要注意的是，回火距离（火焰距设置阻火器之间的距离）随着管径的增大而增大。此外，当管道内有少许的阻碍物时（约为管道断面的 5%）或小的弯角三通时，就会加快管道内的火焰产生速度，爆炸压力也会增大，故在选择安装阻火器位置时最好要远离管道的弯角或阻碍物。

(1) 开口端点火时的火焰速度

靠近管道开口端点火情况如图 8-3 所示，火焰由开口一端进入密闭的设备或管道内，这时阻火器内的火焰速度取决于可燃气体的性质和点火距离。表 8-5 给出了点火点靠近管道开口一端时几种不同性质气体的火焰速度，这些数值是在没有阻碍的光滑直管内测定的，对于管径介于 300~900mm 的管道也可参考。

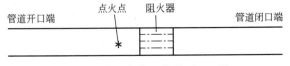

图 8-3　点火点靠近管道开口一端

丙烷和其他饱和烃及许多易燃性气体与空气混合的火焰速度可达 1768m/s，城市煤气/空气和氢气/空气的火焰速度可达 2133m/s。对于此种情况，点火距离最好不超过 10m。在某些特殊情况下需要超过 10m 时，设计的管道阻火器应能承受 3.5MPa 的压力，并设置泄爆孔。

(2) 闭口端点火时的火焰速度

靠近管道闭口端点火时的火焰由闭口一端进入密闭的设备或管道内，这时阻火器内的火焰速度取决于可燃气体的性质和点火距离，表 8-6 给出了点火点靠近管道闭口一端时几种不同性质气体的火焰速度，同样，这些数值也是在没有阻碍的光滑直管内测定的，对于管径介于 300~900mm 的管道也可以参考使用。

表 8-5　几种不同性质气体的火焰速度

（点火点靠近管道开口一端，管道直径 300mm）

气体名称	点火距离/m			
	0.340	1.5	3	10
	火焰速度/(m/s)			
丙烷/空气	4.8①	70	100	100
乙烯/空气	30	70	152	2133②
城市煤气/空气	30	—	2133②	2133②
氢气/空气	—	2133②	2133②	2133②

① 表示点火距离小于 0.076m 时，火焰速度可取 1.2m/s。

② 爆轰火焰速度，其值可达 2133m/s。

表 8-6　几种不同性质气体的火焰速度

（点火点靠近管道闭口一端，管道直径 300mm）

气体名称	点火距离/m			
	0.340	1.5	3	10
	火焰速度/(m/s)			
丙烷/空气	33.5	116	128	149
乙烯/空气	—	—	—	2133①
城市煤气/空气	—	—	2133①	2133①
氢气/空气	—	2133①		

① 爆轰火焰速度，其值可达 2133m/s。

对于这种情况，点火情况最好不超过 10m。在某些特殊情况下需要超过 10m 时，设计的管道阻火器应能承受爆震所产生的压力（可能超过初始内压的 40 倍）。

8.5.1.2　阻火器阻火层的设计

应根据使用气体的组分、温度、压力、流量、压降及其安装位置来进行阻火层的设计。

(1) 熄灭直径的计算

通常通过试验得到易燃气体的熄灭直径，几种气体的标准燃烧速度和熄灭直径见表 8-7，也可以通过式（8-1）估算熄灭直径。

$$D_0 = 6.976H^{0.403} \tag{8-1}$$

式中　H——最小点火能量，mJ；

　　　D_0——熄灭直径，mm。

表 8-7　几种气体的标准燃烧速度和熄灭直径

气体名称	甲烷/空气	丙烷/空气	丁烷/空气	己烯/空气	乙烯/空气	城市煤气/空气	乙炔/空气	氢气/空气
标准燃烧速度/(m/s)	0.365	0.457	0.396	0.396	0.701	1.127	1.767	3.352
熄灭直径/mm	3.68	2.66	2.8	3.04	1.9	2.03	0.787	0.86

(2) 阻火层能够阻止的最大火焰速度的计算

阻火层的有效阻止火焰速度要通过试验决定，但作为参考，波纹型、金属网型和多孔板型阻火层能够阻止的最大火焰速度可用式（8-2）进行计算。

$$v = 0.38ay/d^2 \tag{8-2}$$

式中　v——阻火层能够阻止的最大火焰速度，m/s；

　　　a——有效面积比（即阻火层面积与阻火层空隙面积之比）；

　　　y——阻火层的厚度，mm；

　　　d——孔隙直径，cm。

使用式（8-2）应注意：①d 值不超过气体熄灭直径的 50%；②对于波纹型阻火器，y 值至少为 13mm；③适用于单层金属网。

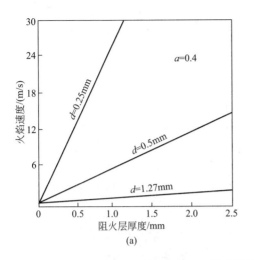

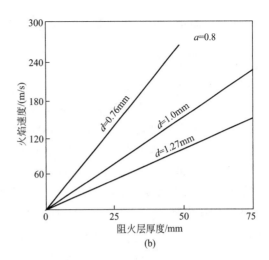

| | (a) | | | (b) |

图 8-4 阻火层厚度与火焰速度的关系

图 8-4（a）、（b）给出了阻火层厚度与火焰速度的关系。

(3) 阻火层厚度计算

波纹型阻火器阻火层厚度与波纹高度及气体的分级有关，参见表 8-8。图 8-5 给出了波纹高度与压力的关系，而图 8-6 则给出了波纹高度与温度的关系。

表 8-8　波纹型阻火器阻火层厚度与波纹高度及气体分级的关系

气体分级	ⅡA	ⅡB	ⅡC
波纹高度/mm	0.61	0.61	0.43
阻火层厚度/mm	19	38	76

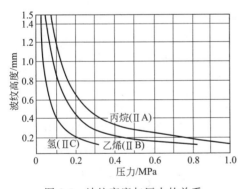

图 8-5　波纹高度与压力的关系

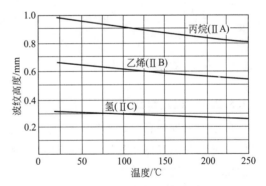

图 8-6　波纹高度与温度的关系

8.5.1.3　阻火器压力降的计算

金属网型阻火器压力降计算如下。雷诺数为

$$Re = \rho u d (1-Md)^2 / [4\mu\varepsilon(1-\varepsilon)] \tag{8-3}$$

根据以下经验公式计算。

$$N = pD_1^2 / [4h(1-\varepsilon)\rho u^2] \tag{8-4}$$

$$\lg 15N = 1.75 Re^{-0.203} \tag{8-5}$$

式中　ρ——流体密度，lb/ft^3（1lb=0.45359237kg）；

u——阻火器内流体速度，ft/s；

d——金属网丝直径，ft；

M——金属网目数；

μ——流体黏度，lbf·s/ft^2（1lbf=4.44822N）；

ε——阻火层体积空隙率，为阻火层有效空间体积与总体积之比，%；

p——金属网型阻火器压力降，inH$_2$O（1in H$_2$O=25.4mm H$_2$O=249.09Pa）；

D_1——孔隙的水力直径，in（1in=0.0254m）；

h——金属网层厚度，in。

利用以上关系式绘制成压力降计算图（如图 8-7 所示），通常可以利用此图计算金属网型阻火器的压力降。

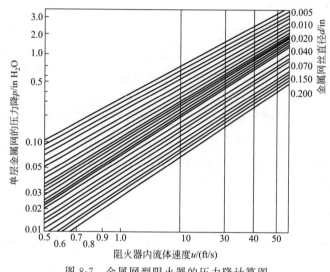

图 8-7　金属网型阻火器的压力降计算图

8.5.2　火炬系统安全设计

8.5.2.1　火炬系统

火炬是用来处理石油化工厂、炼油厂、化工厂及其他工作或装置无法收集和再加工的可燃气体和可燃有毒气体及蒸气的特殊燃烧设施，是保证工厂安全生产、减少环境污染的一项重要措施。处理的办法是设法将可燃气体和可燃有毒气体及蒸气转变为不可燃的惰性气体；将有害、有臭、有毒物质转化为无害、无臭、无毒物质，然后排空。因为低发热值大于8400kJ/m^3 左右的废气可以自行燃烧，而低发热值在 4200～8400kJ/m^3 之间的废气不能自行燃烧。因此若装置中有其他高发热值的废气，可以予以混合，使其低发热值接近 8400kJ/m^3，然后将这部分废气送往火炬处理。低发热值低于 4200kJ/m^3 的废气不能在火炬中安全燃烧，需补充燃烧气后作燃烧处理或采取其他特殊方法处理。

火炬系统由火炬气排放管网和火炬装置（简称火炬）组成。一般来说，各生产装置或生产单元的火炬支干管汇入火炬气总管，通过总管将火炬气送到火炬。火炬有全厂公用和单个生产装置或储运设施独用两种，火炬的主要作用如下：

① 安全输送和燃烧处理装置正常生产情况下排放出的易燃易爆气体。如生产中产生的

部分废气可能直接排往火炬系统；催化剂或干燥剂再生排气、连通火炬气管网的切断阀和安全阀不严密而泄漏到火炬气排放管网的气体物料。

② 处理装置试车、开车、停车时产出的易燃易爆气体。大型石油化工企业有多个工艺装置和多个生产工序，而且其开、停车是陆续进行的。因此，在前一个装置或工序生产出来的半成品物料在后一道装置或工序中往往有一部分甚至全部不能被使用。这些半成品物料的气体不便于储存，而且绝大部分是易燃易爆的，为了保证试车、开车、停车的安全进行和减少环境污染，一般都将这部分气体排放到火炬系统。

③ 作为装置紧急事故时的安全措施。工艺装置的事故，可能是由于停水、停电、停仪表空气，生产原料的突然中断、设备故障、着火和误操作等因素造成的。当事故造成无法继续生产或者部分流程中断时，必须采取有效措施：一方面将整个流程或主要设备中的可燃气体紧急排放到火炬系统；另一方面通入不燃性气体，如氮气、蒸汽等，以保证人身和装置的安全，不使事故的影响程度继续扩大。

由此可见，火炬是石油化工厂安全生产的必要设施。尽管人们对火炬烧掉的大量可燃气体感到可惜，希望将这些气体加以利用。但由于火炬气排放量变化很大，从几乎为零到每小时几百吨，气体组成变化也很大，很难将这些气体全部回收利用，所以，目前火炬应视为生产流程的有机组成部分之一，某种意义上来说，从火炬的燃烧情况也可推断出生产装置的运转正常与否。

8.5.2.2 火炬安全设计分析

(1) 火炬系统安全设计

1) 设计范围

火炬系统的设计内容一般包括火炬气排放管网和火炬装置两部分。排放管网的设计内容包括火炬气管道、凝液回收输送设备和管道的工艺、配管、土建、电气等的设计。火炬装置的设计内容包括火炬头、火炬筒体、分液罐、水封罐、点火器、泵等设备及相应的工艺、配管、电气、电信、自控、土建、给排水、环境保护等设计。

2) 设计基本原则

火炬对生产装置的安全有着很大的影响，因为火炬是"明火"，且会产生热辐射、噪声、光害和污染，其设置位置、高度、与生产装置设备及操作人员的距离等都直接影响装置的安全。火炬本身是为了保障工厂在紧急事故时的安全而设置的，但若火炬的性能不可靠，在关键过刻熄了火，就不但不能起安全作用，反而将原来有可能是分散在各处少量排放的可燃气体集中在一起大量排放，成为一个大"祸源"。如果火炬系统没有设置有效的分液罐，可燃气夹带大量可燃液体，就会造成下"火雨"。如果设计不正确，火焰燃烧的强烈热辐射不仅会损伤设备，而且会烧伤操作人员，影响人身及设备安全，并且"浓烟滚滚"的火炬也是不适合的。综上所述，对于火炬系统绝不可以认为无非一把火烧掉就完了，必须遵循有关设计规范，进行科学的计算，慎重地选择设备材质，并根据现场使用经验进行认真细致的设计。

归纳起来，对火炬的要求主要有以下几点：能稳定地燃烧，希望所设计的火炬在预定的最大气量和最小气量之间的任何气量下，在预计的气体成分变化范围内，在恶劣的气候条件中都能产生稳定的火焰；火炬系统能阻挡或分离火炬气中直径大于 $30\mu m$ 的液滴，使之不被夹带至火焰中而造成"火雨"事故；要有可靠的长明灯或其他可靠的点燃装置，做到火焰气随来随烧而不致未经燃烧即排空；燃烧要完全，使易燃和有害物质尽可能完全转变为不燃和无害物质，完全燃烧时的火焰几乎不产生烟雾，故一般称为无烟火炬，噪声也小。有人提出"无烟、无光、无声火炬"，实际上目前还很难做到，但可以使噪声尽量减小；要考虑火炬火焰所产生的热辐射对周围和地面上的设备和人员的影响，从而保证设备和人身安全；要考虑明火与其他装置及设备的安全距离；如果火炬不能彻底除去有害成分，还要考虑有害成分扩散后在周围地面，特别是下风向的聚集深度能够符合环境保护法规的要求。

（2）系统分析

在火炬区所限定的范围内，可以设置一座或多座火炬。火炬筒的高度由该地区的面积及允许辐射热强度决定，但高度最低应为 50m。从运行和保养方面来看，设置多座火炬时，最好将其中一座火炬规定为处理正常运转时的过剩气体、废气、少量的安全阀排放气体等的常用火炬设备，而将其他火炬定为紧急时处理大量气体的紧急火炬设备，平时使用常用火炬设备处理废气即可。在将多座火炬集中到一个支架内设置时，应仅限于最大气体量的燃烧时间很短的场合。其他场合从维护的方面来看，最好在某种程度上保持火炬筒的间距，使之成为单独的火炬。但是，前面提到的酸性气体单独使用的烧嘴一般是和主烧嘴组合在一起的。下面介绍火炬的结构，火炬是由火炬烧嘴、常燃烧嘴、消烟装置、防止回火装置、火炬筒及常燃烧嘴点火装置组成的。

① 火炬烧嘴　一般的形式为耐热金属如铬镍铁合金制的圆筒型，烧嘴长度根据气体处理量而定。此外，大口径（73 cm 以上）的烧嘴，最好用高纯度氧化铝烧铸成型，并对烧嘴上部内面（上部 1～2m）敷设衬里。

② 常燃烧嘴　通常，常燃烧嘴几乎都是预混合和经常燃烧型，等间距地安装在火炬烧嘴上部的周围，其数量因火炬烧嘴的直径大小而异。

表 8-9 表示了烧嘴直径、烧嘴长度、常燃烧嘴数量的关系。此外，用于常燃烧嘴的燃料气体在 LHV（低热值）＝41800kJ/m³（标准状态）以上时，最好组分变动不大，每个常燃烧嘴的燃料消耗量为 209000kJ/（h·根）左右。

表 8-9　烧嘴直径、烧嘴长度、常燃烧嘴数量

火炬烧嘴直径 /in	约 20	20～40	40 以上
火炬烧嘴长度 /mm	3000～4000	4000	4000 以上
常燃烧嘴数量	2～3	3	4 以上

③ 消烟装置　供给燃烧所需的空气是无烟燃烧的必要条件，而对火炬烧嘴一般是边吹入蒸汽边供给空气的。近年来正在开发和使用直接对火炬烧嘴供给空气的方法，此方法是通过设置在火炬筒底部的鼓风机供给空气的，烧嘴的形状也与以前的形式稍有不同。

④ 防止回火装置　在火炬烧嘴下部大多设防止回火装置（干密封），特别是前面谈到在酸性气体或低温气体的情况下一般都不设置密封罐，最好设置这种密封装置。该装置是利用少量的排放气体（密封气体）来防止空气倒流向火炬筒。在型式上有迷宫型和挡板型。

⑤ 火炬筒　是指所谓的主管，在其顶部连接火炬烧嘴。火炬筒由支架或钢丝接线支撑，支撑方法要在考虑地区的面积、火炬筒的直径和高度等之后决定。

⑥ 常燃烧嘴点火装置   一般称为 FFG（点火器），是由为得到一定比例的空气和燃烧气体的混合气体而设置的压力控制阀、烧嘴及火花塞等组成。电源为直流 $100\sim200V$ 或者压电元件，但压电式耐潮性比较差且稍欠可靠性。FFG 最好设在能看到火炬烧嘴的地方，因此通常设置在火炬区的边界附近。

(3) 火炬安全设计

① 火炬的高度和火炬区   火炬高度是根据火炬区和允许辐射热强度的关系决定的，这些关系示于 API RP 521，因此，参照该标准即可决定火炬的高度。然而，对于处理硫化氢等有害气体的火炬筒来说，其高度的决定，必须使其能满足辅助设备发生故障（灭火）时的未燃烧的有害气体的落地浓度规则，但要注意如果对应急火炬筒采用上述高度，有时是不合适的，这些方面可参照 API 手册中关于炼钢厂的废气处理——大气中的扩散部分来进行设计。

② 火炬烧嘴尺寸   一般情况下，确定火炬烧嘴尺寸时，烧嘴出口的气体流速为常用火炬 $0.2Ma$ 以下，应急火炬 $0.5Ma$ 以下，这时的压力损耗，一般在火炬喷嘴中为 $1000\sim3000mmH_2O$，在干密封中为 $500\sim1500mmH_2O$，在火炬总管中为 $1000\sim5000mmH_2O$，因此，决定火炬烧嘴尺寸前，必须研究整个火炬系统压力平衡和安全阀允许背压的关系。

③ 火炬总管   由于总管口径大、气体流速大等原因，火炬总管的当量长度在多数场合下，远远超过一般配管的当量长度。因此，在配管尺寸及根数、安全阀的数据表齐备时，对所有的安全阀都必须做压力平衡检查，这时使用的计算式一定是要充分考虑了压缩性的式子。

8.5.2.3   火炬系统的自动控制和安全防护

(1) 自动控制

① 长明灯和火炬燃烧状态的监测   为了保证火炬系统的安全运转，在火炬头上设置热电偶测温，温度达到低限时报警，现场点火器上有长明灯的燃烧状态指示灯，并从点火器上引出长期灯的开关状态信号到控制室的 DCS 系统。在控制室设置电视监视器，及时观测火炬的燃烧情况及消烟效果，可从火炬的颜色和高低等来判断火炬的燃烧程序，从火焰长度的变化也可看出火炬气流量的变化，从而也反映出有关装置的运行情况，并根据燃烧情况调节烟蒸气量。

② 蒸汽流量的控制   火炬气燃烧过程中会产生烟雾和烟尘，其主要原因是火炬气没有达到完全燃烧。也就是在氧气不充分的条件下，烃类气体在燃烧时，从烃类分解出的炭粒不能生成 CO_2，有些烃类还可能聚合成高分子的烃类，这些炭粒和高分子的烃类在大气中遇冷形成烟雾和烟尘。因此，要想消除火炬气在燃烧中形成的烟雾，不仅要达到完全燃烧，还要消除燃烧产物中的 CO 等有害气体。

要想达到上述目的，需要采取一些措施，其中一个常用的方法就是防止蒸汽过量，火炬由于吸入蒸汽而产生吸热作用，从而降低了火焰燃烧区温度，延长了烃类介质的氧化时间并减小了其分子量，适量的蒸汽能促进燃烧反应，从而达到无烟燃烧，但过量的蒸汽不仅浪费蒸汽，噪声也显著增加，并且还会导致火焰脉动，使燃烧不稳定甚至熄灭。为此，应尽量避免或防止蒸汽过量。在目前国内外火炬装置中，一般是根据火炬气量和火焰的发烟状态来确定蒸汽用量。操作人员按火炬气量和观测的火焰发烟状况，在控制室内遥控蒸汽流量来保持比例一定。由于当前国内对流量和组分变化幅度较大的火炬气流量测量尚存在问题，因此，主要的控制手段是通过观测火焰的状况来调节蒸汽的流量，这也是当前国外火炬装置中普遍采用的控制方式。

据资料介绍，英国针对火炬装置的特点，提出了称为"Flanscan"火焰黑烟的控制系统，它是一种调节无烟火炬头所需蒸汽量的控制系统。其原理是火焰辐射率随被燃烧气体的成分不同而有所差异，一般随着产生黑烟趋势的增大而增大。"Flanscan"系统实质上是一套附有蒸汽自动调节器的辐射率测量装置，它把火焰的辐射率作为被控变量，蒸汽量作为操纵变量，火炬气流量、组分的变化都将引起辐射率的变化。因为它们中任何一个参数变化都将反映生成烟的多少，而辐射率又恰恰与生成烟的多少有关。如果把随机的火炬气量和组分由辐射率来表示，并由它来控制喷注的蒸汽量，这样就能达到无烟燃烧的目的。系统包括有四个监视火焰的探头和一个用于校正环境温度的补偿器。这四个探头等间距布置在火炬头的周围，并连接在一起，使得不论刮什么方向的风都能得到平均信号；除探头之间连接外，电路中的通往控制单元的干线电缆应是屏蔽铜导线的双电路系统，其长度不受限制。探测头的信号被转换为标准的 $4 \sim 20 \text{mA DC}$，并传给电子控制器，它包括一个输入和输出的指示器，一个可调放大给定器和一个自动或手动的转换器。

"Flanscan"可用于利用蒸汽消烟的任何火炬系统上，它能显著地节约蒸汽，且不需要目视去连续观测，从而实现昼夜控制。

③ 燃料气和空气流量的调节　燃料气用于引火和长明灯，空气的作用是引火。火炬装置投入运行时，首先要引燃长明灯，通过调节空气和燃料气流量比例用点火器产生火花，以便迅速可靠地引燃长明灯。长明灯的作用是用来及时点燃火炬筒中排出的火炬气，因为生产装置在正常运行过程中为了平衡生产，可能会排放部分气体。虽然生产装置的开停车是预知的，但生产装置的事故则是难以预测的，为了维持生产装置的正常运行和事故迅速排除，长明灯的燃灭是十分关键的，故设置了燃料气流量定值调节系统。燃料气管道上还设有压力检测仪表，压力低于定值时就会报警，以便操作人员在控制室内对运行情况进行监视并采取适当措施，保证火炬装置的正常运行。

新近推广应用的火炬自动点火装置由于其技术先进，节能效果显著，正在逐步取代传统的火炬点火方式。

④ 吹扫气体的检测控制　为了防止空气进入火炬筒体内发生爆炸事故，火炬筒体内一般会通入密封气体。以前常在火炬头与火炬筒之间安装分子密封器（又称迷宫密封或曲折密封）。装置正常生产时火炬管网系统处于正压，空气侵入的可能性比较小，但当火炬气流量减小到一定值，火炬气先热后紧接着被冷却以及由于夜晚比白天的气温低时火炬气中的重组分将发生冷凝作用，有可能产生真空，引起空气从筒体顶端倒流入筒体内。有时火炬气中央带有氧气，在一定条件下将造成火炬系统内达到爆炸极限范围，此时若遇到燃着的长明灯或有其他足够能量的火源时，即会发生爆炸或产生回火。因此，火炬头出口要保持一定流量的吹扫气体，吹扫气体管道上设置压力调节阀和孔板，还设计压力检测仪表，压力低于定值时报警，保证火炬装置的正常运行。

⑤ 分液罐和水封罐的检测控制　分液罐和水封罐是火炬系统正常运行必不可少的设备，它们的运行状况也要在控制室监视，主要根据罐内介质的液位、温度、压力参数变化来判断它们的运行情况。

由分液罐里的液位控制凝液泵的开停。液位高时泵自动启动，液位低时泵自动停止。泵自动开停失灵时，当液位达到高限或低限就会报警。以便操作人员及时采取适当措施，防止事故发生。

水封罐的液位靠液流保持。水封罐的液位和温度也可在控制室内监视，在气候寒冷的天气条件下或有可能排放低温气体的情况下，为了防止水封结冰，根据温度参数自动控制通入加热蒸汽或采取其他加热措施。

⑥ 航标灯的控制　火炬的防空标志和灯光保护应按有关规定执行。航标灯的启动要求自控，并将其运行信号送到控制室内。

(2) 安全防护

① 防止回火和爆炸　火炬系统自身就是一项安全设施，应保证其安全运转，而高架火炬系统的潜在危险是回火或爆炸。火炬越高空气越易进入火炬筒内，因而形成爆炸性混合物，引起回火或爆炸。采取密封是防止回火或爆炸的重要手段，它包括火炬筒体的气体密封和火炬气管道上的液封，液封大部分是用水作为密封液体。火炬筒体一般采用在火炬头中设置挡板以起密封作用，也有的是在火炬头下安装阻火器及分子密封器。而火炬管道上的液封早期是采用在火炬气管道上安装阻水器来防止回火。

阻火器：在火炬气管道上设阻火器也是一个防止回火的措施。其工作原理是：易燃易爆混合气体火焰不能通过狭窄的细缝和间隙传播，因为火炬在这些缝隙中会很快地冷却到着火温度以下。国内炼油厂采用过阻火器，但是由于阻火器容易发生堵塞、被腐蚀或被烧掉，而且当火炬气排放先热后紧接着被冷却时，空气有可能通过阻火器而被倒吸入到火炬系统，因此，阻火器用于火炬系统上的效果较差，一般不宜采用。阻火器仅被推荐用于火炬气是非腐蚀的、干燥的且不含有任何可能凝结液体的情况下，显然，这种条件是很难遇见的。

② 气体密封　在火炬环境条件下，不会达到露点的无氧气体都可用作吹扫气体，如氧气、天然气、富甲烷燃烧气等都是理想的吹扫气。若吹扫气体的分子量小于 28，那么吹扫气的体积要增加，另外，不推荐蒸汽吹扫气体，因为蒸汽冷凝时体积会缩小，这样会将空气抽入火炬系统，且蒸汽的冷凝水会留在火炬系统内，会使部分系统堵塞，存在结冰的危险，同时潮湿将加快材料的腐蚀。

③ 液封　在火炬筒体前的气体总管上设水封罐是保护上游设备和管道、防止回火和爆炸的一项常用安全措施。在有火炬气回收设施时，水封罐还作为压力控制设备，但缺点是增加了火炬气的排放阻力，排放时可能会引起水封罐周围管道的较大振动；而且在火炬气量小时，还可能会引起火焰形成脉冲，也不能起到保护火炬筒体的作用。

水封罐的水封高度应根据排放系统在正常生产时能阻止火炬回火，在事故排放时排放气体能冲破水封排入火炬所需控制的压力确定；当设有可燃性气体回放设施时，还应根据用于需要或气柜所控制的压力综合考虑确定。

④ 绝对禁止误将工艺空气排入火炬系统。

⑤ 防止烧坏火炬头　火炬在点燃的情况下，在火炬头处保持连续供应一定量的蒸汽，以便能对火炬头起冷却保护作用，即使无排放气体时，也不允许停止保护蒸汽的供应，当排放量较大时，应及时调节控制阀，加大蒸汽量。

⑥ 防止下火雨　火炬下火雨是火炬气中带液燃烧造成的，这种情况极易引起事故，尤其是火炬设在装置区内时。防止下火雨的根本方法是严格控制装置的排入，可燃液体必须经蒸发器后才允许放入火炬系统，同时严格禁止向火炬系统排放重烃液体。在设计分液罐时应保持有足够的容积，还应经常检查凝液泵入口滤网，防止杂物、聚合物堵塞泵入口，并经常检查分液罐的液位。

⑦ 防止冻堵　排放低温物料时速度不能过快，排放速度过快易造成火炬管线冷萃。特别是当分液罐和管线有水时，可造成冻堵。

⑧ 其他　火炬应避免布置在窝风地段，以利于排放物的扩散；火炬产生的热辐射、光辐射、噪声及污染物浓度应不超过有关标准规定值；高架火炬应按规定设置航标灯；厂外火炬及其附属设备应用铁丝网或围墙围起来。

（3）安全和环保措施

工艺装置的火炬气，一般来自不平衡物料的排放、泄漏物料的排放、安全阀的排放和紧急事故的排放。由于这些排放物料是易燃、易爆的介质，因此在处理时要特别注意。火炬气回收系统是在确保火炬系统能安全排放基础上考虑增设火炬气回收装置的。要想做到既能回收火炬气，又必须确保火炬系统的安全，火炬气回收应采取以下几条措施来保证安全。

① 氧含量分析控制　火炬气中可能夹带有氧，当氧含量达到一定值时可能形成爆炸性混合气体（见表 8-10）。为了防止爆炸，确保安全，在压缩机入口管线上安装连续氧含量分析仪，当氧含量高于一定值时报警，若再继续升高到另一给定值时，则压缩机联锁停车，并安装临时取样口，定期分析火炬气中的氧含量，以便校对氧含量分析仪的准确性。

表 8-10　火炬气组分的爆炸极限（摩尔分数）

项目　　介质名称	H_2	CH_4	C_2H_6	C_2H_4	C_3H_8
爆炸下限/%	4.1	5.0	3.22	3.05	2.37
爆炸上限/%	74.2	35.0	12.45	28.6	9.5

② 水封系统　在火炬前的火炬总管上设置水封罐，一是作为防止火炬回火的措施；二是作为火炬气回收系统的压力控制设备，防止压缩机抽空。另外，需要将火炬头气封（分子封或液体密封）的氮气设在移动水封罐后的火炬气总管上，既保证火炬顶部气封的正常作用，又能防止回收火炬气中含有大量氮气。

③ 压力控制和温度控制　为防止压缩机抽空，在压缩机的入口管线上应设置低压报警联锁和压缩机进出口压力调节设施。为保证燃料气管网的安全，当压缩机出口压力达到一定值时压缩机进口蝶阀关闭，压缩机内部打回流，反之，当出口压力超过一定值时，压缩机联锁停车。

为保证压缩机正常运行，压缩机入口管线上设置低温报警联锁措施；压缩机出口管线上设置高温报警联锁措施；另外，压缩机还有油压、油温等联锁措施。

④ 手动控制　现场设置开停车按钮，控制室设置停车按钮，以便及时处理突发事故。保证整个系统的安全。

⑤ 防火防爆　火炬气回收设施属于甲级防火，二区防爆，因而所有现场仪表、电气设施都应选用防爆型。此外，还应考虑防雷措施；现场还要安装可燃气体检测器，及时发现可燃气体泄漏；压缩机周围要设置消防系统。

⑥ 其他安全措施　为了防止火炬气泄漏和空气窜入压缩机，影响系统的安全，压缩机设置一系列的密封措施（包括油封、氮气气封等）；此外，压缩机组的气液分离罐上设置了安全阀，压力超过安全阀的设定值时安全阀启跳，燃料气排到火炬系统。

8.6 化工设计安全校核、安全评价及环境评价

一个新建化工项目需要通过有关部门的审核，在安全评价和环境评价符合要求后方可开始建设。在化工项目建设之初，就需要确定并遵循该项目需要执行的各种设计标准和规范，这些设计标准和规范可以是国内的，也可以是国际常用的；另外，还需要提供详细的设计资料作为评价依据。

8.6.1 评价的目的

预评价的基本目的是提高建设项目（工程）劳动安全卫生管理的效率、环境效益及经济效益，确保建设项目建成后实现安全生产、使事故及危害引起的损失最少，优选有关的对策、措施和方案，提高建设项目（工程）的安全卫生水平，获得最优的安全投资效益。

预评估的主要作用为：

① 预评价作为建设项目（工程）初步设计中安全设计的主要依据，将找出本项目生产过程中固有的或潜在的主要危险、有害因素及其产生危险、危害后果的主要条件，并提出消除危险、有害因素及其主要条件的最佳技术、措施和方案，为从设计上实现建设项目的本质安全化提供服务；

② 预评价作为建设项目（工程）施工及运行阶段安全管理的主要依据，将找出本项目施工及运行过程中固有的或潜在的主要危险、有害因素及其产生危险危害后果的主要条件，提出消除危险有害因素及其主要条件的最佳措施和方案；

③ 预评价作为建设单位安全管理的依据和条件；

④ 预评价作为建设项目（工程）行政监管部门对项目安全审批的主要依据；

⑤ 预评价作为建设项目（工程）进行安全设施"三同时"验收的主要依据；

⑥ 预评价作为各级安全生产监督管理部门和上级主管部门进行安全生产监督管理的重要依据。

8.6.2 安全评价的依据和原则

8.6.2.1 安全评价原则

① 严格执行国家、地方与行业现行有关安全方面的法律、法规和标准，保证评价的科学性与公正性；

② 采用国内外可靠、先进、适用的评价方法和技术，确保评价质量，并突出防火、防爆、防中毒等重点；

③ 从实际的经济、技术条件出发，提出有针对性的对策措施和评价结论。

8.6.2.2 安全评价依据

(1) 法律、法规

《中华人民共和国安全生产法》

《化学工业部安全生产禁令》（化学工业部令第 10 号）

《化工企业安全管理制度》（化学工业部第 247 号）

《安全生产许可证条例》（中华人民共和国国务院令第 397 号）

《化学工业设备动力管理规定》（1989.1）

《固定式压力容器安全技术监察规程》

《建设工程安全生产管理条例》

《仓库防火安全管理规则》（公安部令第 6 号）

《危险化学品安全管理条例》

《易制毒化学品管理条例》（国务院令第 445 号）

《中华人民共和国监控化学品管理条例》（1995.12）

《化学危险物品安全管理条例实施细则》（化学工业部第 677 号）

《使用有毒物品作业场所劳动保护条例》（中华人民共和国国务院令第 352 号）

(2) 标准、规范

1）国家标准、规范

GB 18218—2018《危险化学品重大危险源辨识》

GBZ 1—2010《工业企业设计卫生标准》

GB 5083—1999《生产设备安全卫生设计总则》

GB/T 12801—2008《生产过程安全卫生要求总则》

GB 50187—2012《工业企业总平面设计规范》

GB 50116—2013《火灾自动报警系统设计规范》

GB 4717—2005《火灾报警控制器》

GB 50084—2017《自动喷水灭火系统设计规范》

GB/T 8196—2018《机械安全防护装置　固定式和活动式防护装置设计与制造一般要求》

GB/T 12331—1990《有毒作业分级》

GBZ 230—2010《职业性接触毒物危害程度分级》

GBZ 2.2—2007《工作场所有害因素职业接触限值　第 2 部分：物理因素》

GB 13690—2009《化学品分类和危险性公示　通则》

GB 2893—2008《安全色》

GB 2894—2008《安全标志及其使用导则》

GB 50034—2013《建筑照明设计标准》

2）行业标准、规范

AQ/T 3033—2022《化工建设项目安全设计管理导则》

HG 20571—2014《化工企业安全卫生设计规范》

HG 20559—1993《管道仪表流程图设计规定》

HG/T 20549.5—1998《化工装置管道布置设计技术规定》

HG/T 20546—2009《化工装置设备布置设计规定》

HG/T 20675—1990《化工企业静电接地设计规程》

3）规范性文件

《安全评价通则》（国家安全生产监督管理总局）

《安全预评价导则》（国家安全生产监督管理总局）

（3）工程设计、批复文件

批复文件为项目审报获批的文件。工程设计文件一般包括如下内容。

① 项目基本概况；　　　　　　　　　⑥ 项目总平面布置图；

② 项目建设的环境条件；　　　　　　⑦ 主要原料消耗；

③ 产品方案；　　　　　　　　　　　⑧ 主要生产设备；

④ 生产班次及定员；　　　　　　　　⑨ 原材料、产品的储运方案；

⑤ 工程建筑工程；　　　　　　　　　⑩ 公用工程方案。

（4）委托文件

其他文件。

8.6.3　环境评价依据

8.6.3.1　环境评价方面的法律、法规

① 中华人民共和国主席令［2014］第 9 号《中华人民共和国环境保护法》（2015 年 1 月 1 日施行）；

② 中华人民共和国主席令［2016］第 48 号《中华人民共和国环境影响评价法》（2016 年 9 月 1 日施行）；

③ 中华人民共和国主席令［2018］第 16 号《中华人民共和国大气污染防治法》；

④ 中华人民共和国主席令［2017］第 70 号《中华人民共和国水污染防治法》（2018 年 1 月 1 日施行）；

⑤ 中华人民共和国主席令［1996］第 77 号《中华人民共和国环境噪声污染防治法》（1997 年 3 月 1 日施行）；

⑥ 中华人民共和国主席令［2020］第 43 号《中华人民共和国固体废物污染环境防治法》（2020 年 9 月 1 日施行）；

⑦ 中华人民共和国主席令［2016］第 48 号《中华人民共和国节约能源法》（2016 年 9 月 1 日施行）；

⑧ 中华人民共和国主席令［2012］第 54 号《中华人民共和国清洁生产促进法》（2012 年 7 月 1 日施行）。

8.6.3.2　建设项目设计依据

（1）项目可行性研究报告

1）项目概况及设计依据

① 建设单位概况及性质；

② 项目名称及工程技术经济指标；

③ 拟建项目组成；

④ 产品规模及产品方案；

⑤ 设计依据。

2）厂址概况

① 自然环境概况；

② 厂址地理位置；

③ 地表水系；

④ 气候气象条件。

3）环境保护措施及环境影响分析

① 主要污染源及主要污染物：大气污染分析；水污染分析；固体废物分析；噪声分析；

② 环境影响分析；

③ 环境保护措施及预期效果。

4）绿化设计

5）环境保护管理与检测：大气；废水；噪声

6）环保设施投资概算

7）存在的问题及解决意见

（2）建设项目环境影响分析报告

（3）环境标准和排放标准

HJ 2.1—2016《建设项目环境影响评价技术导则 总纲》

HJ 2.2—2018《环境影响评价技术导则 大气环境》

HJ 2.3—2018《环境影响评价技术导则 地表水环境》

HJ 2.4—2021《环境影响评价技术导则 声环境》

8.7 危险与可操作性(HAZOP)分析

8.7.1 HAZOP 分析原理及技术进展

HAZOP 分析是危险（Hazard）与可操作性（Operability）分析研究的英文字母缩写。1963～1964 年间，英国帝国化学工业公司（ICI）在设计一个异丙基苯生产苯酚和丙酮的工厂的过程中，首次提出 HAZOP 分析方法。该公司的 Trevor Kletz 等于 1974 年在美国 *AIChE Loss Prevention Symposium* 上发表了关于 HAZOP 分析的第一篇论文。

HAZOP 分析的原理是它认为化工过程中的危险来源于对设计意图的偏离，如果一切按照设计意图进行生产和操作，就不会有不可承受的风险，而事实上，化工厂的装置完全按照设计意图运行的很少。因此，HAZOP 分析是研究某一参数偏离设计参数后可能导致的风险分析与评估。

8.7.2 什么是 HAZOP 分析

HAZOP 分析是指通过分析生产运行过程中工艺状态参数的变动、操作控制中可能出现的偏差以及这些变动与偏差对系统的影响及可能导致的后果，找出出现变动和偏差的原因，明确装置或系统内及生产过程中存在的主要危险、危害因素，并针对变动与偏差的后果提出应采取的措施。

经验和一系列事故调查结果表明，传统的设计方法中对安全的考虑是不够的，容易疏漏设计缺陷，从而为后续的生产操作环节埋下隐患。原因如下：

① 设计小组注意力集中在单个设备，对工艺如何作为一个整体发挥其功能强调得不够；

② 设计人员的知识和经验范围所限；

③ 受设计时间有限、建设成本有限和人力资源有限等因素影响；

④ 用错了标准或标准不够全面；

⑤ 信息交流不够，还有一些低级的错误如笔误或简单的拷贝。

而 HAZOP 分析作为一种工艺危害分析工具，已经广泛应用于识别装置在设计和操作阶段的工艺危害，形成了 IEC 61882 等国际相关标准。一般来说，HAZOP 分析应该由一组多专业背景的人员（工艺设计师、仪表工程师、安全工程师、经验丰富的操作人员等）以会议的形式，按照 HAZOP 分析执行流程对工艺过程中可能产生的危害和可操作性的问题进行分析研究。

8.7.3　HAZOP 分析小组成员及职责

HAZOP 分析小组成员来自设计方、业主方、承包商，小组成员应具有足够的知识和经验，并回答和解决各种问题。工作组至少包括如下人员：

① 组长；　　　　　　　　　　　⑤ 安全工程师；

② 秘书；　　　　　　　　　　　⑥ 操作/开车人员代表；

③ 工艺工程师；　　　　　　　　⑦ 其他专业工程师/代表。

④ 仪表工程师；

组长应由过程危险分析专家担任，应客观公正地看待问题，在 HAZOP 分析讨论中起主导作用；应鼓励和引导每位成员从不同角度和侧面参与讨论并提出问题；并引导工作组按照必要的步骤完成分析，确保工艺和装置的每个部分、每个方面都得到充分考虑，确保所分析的各项内容均依据其重要程度得到了应有的关注。

其他成员应具有相应的能力和经验，充分了解设计意图和运行方式，积极参与分析和讨论。秘书负责记录会议内容，并协助会议组组长编制 HAZOP 分析报告内容。秘书必须是经过培训的，而且能够熟悉 HAZOP 分析工作程序、方法、工程属性，能够准确理解、记录会议讨论内容。

8.7.4　HAZOP 分析步骤及分析举例

（1）HAZOP 分析

① 设计阶段的 HAZOP 审核一般可分两期开展，分别设在基础设计阶段的管道与仪表流程图（PID）批准前和重要设备下订单前，以及详细设计阶段 PID 或成套设备厂家图纸批准施工前。

② HAZOP 分析也可用于已建装置或设施的风险分析。

（2）HAZOP 分析内容

HAZOP 分析的文件资料为管道与仪表流程图（PID）和相关文件说明。它是一种风险辨识方法，用于提高已有设计工艺方案的安全性，而不能够作为改进设计的手段。首先将装置划分为若干个小的节点，然后使用一系列的参数和引导词，逐一进行审查，评估装置潜在的设计失误或误操作，以及对整个设施的影响。分析内容包括：

① 审查设计文件，对故障或误操作引起的任何偏差可能导致的危险性进行分析，考虑该危险对人员、设备及环境的各种可能影响；

② 根据风险矩阵，对偏差进行风险定级；

③ 审查已有的预防措施是否足以防止危险的发生，并将其风险降至可接受的水平；

④ 审查已有的防护措施是否足以将其风险降至可接受的水平；

⑤ 核查与其他装置之间连接界面的安全性；

⑥ 核查开/停车、生产过程、维修等环节的安全性。

（3）HAZOP 分析步骤

1）HAZOP 分析输入

在分析前必须收集的资料包括：

① 工艺流程图（PFD）；　　　　　　⑤ 工艺控制说明；

② 管道与仪表流程图（PID）；　　　⑥ 仪表控制逻辑图或因果图；

③ 设计基础；　　　　　　　　　　　⑦ 总平面布置图。

④ 物料和热量平衡；

2）HAZOP 分析流程

HAZOP 分析流程如图 8-8 所示，首先对 PID 图进行节点划分，根据其设计意图，逐一完成偏差分析后，编制完成分析报告，分析清单格式如表 8-11 所示。

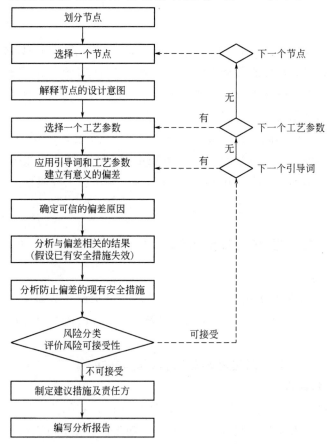

图 8-8　HAZOP 分析流程

表 8-11 分析清单格式

HAZOP 流程						序号：	
节点描述						PID	
节点：							
节点描述：							
设计意图：							
设计条件							
压力：							
温度：							
偏差 （参数＋引导词）	原因	后果	已有的安全措施	建议措施	负责响应方	状态	
参数＋More							
参数＋Less							
参数＋Reverse							

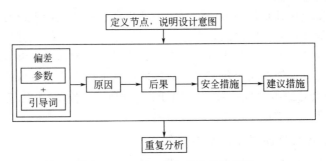

图 8-9 HAZOP 节点偏差分析框图

HAZOP 节点偏差分析如图 8-9 所示，其中一些基本概念解释如下：

① 设计意图 被分析的系统或单元按设计要求应实现的功能；

② 参数 工艺过程描述说明，如流量、压力、温度、液位、相态、组成等；

③ 引导词 典型引导词有 No/None（无）、More（多）、Less（少）、Reverse（反向）、Other than（其他）、As well as（还有）、Part of（部分）；

④ 偏差 设计意图的偏离，偏差的形式通常是"引导词＋参数"；

⑤ 原因 发生偏差的原因；

⑥ 后果 偏差所造成的结果，HAZOP 分析时假定发生偏差时已有安全措施失效；

⑦ 安全措施 为消除偏差发生的原因或减轻其后果所采取的技术和管理措施（如联锁、报警、操作规程等）。

8.8 化工过程本质安全设计

8.8.1 化工过程本质安全原理

本质安全的提出为化工安全提供了新思路，本节简要介绍化工过程本质安全的概念、原理及选择，希望读者能够理解本质安全的内涵和应用。

8.8.1.1 化工过程本质安全的概念

伴随着化学工业的高度发展，其带来的事故风险也达到了前所未有的程度。一些重大的化工事故如 1984 年 12 月 3 日印度博帕尔毒气泄漏事故、1986 年 4 月 26 日苏联切尔诺贝利核事故以及 2005 年 11 月 13 日吉林石化爆炸事故等，使人类深刻认识到规模超大、能量密集的现代化工过程急需可靠的安全技术将事故风险控制在可接受的水平。通过附加安全系统如使用安全连锁装置可以一定程度上控制与化工工艺和设备有关的危险，但是依靠附加安全系统的安全设计思想不仅技术复杂、成本高，而且附加安全系统的失效也是导致灾难性事故的重要原因之一，因此迫切需要新的设计方法在确保经济效益的同时，尽可能从源头上消减危险。1977 年 12 月 14 日，帝国化学工业公司（ICI）的安全顾问 Trevor Kletz（克莱兹）教授在英格兰的威德尼斯（Widnes）召开的英国化学工业协会周年纪念大会上首次提出了化工工艺和设备本质安全的概念。他指出，消除事故的最佳方法不是开发更加可靠的安全装置或设备，而是通过改变工艺，通过工艺中本质地、永久地隔绝危险来达到消除或缩减危险，从而降低事故的严重性。

化工过程本质安全设计是指通过设计等手段使生产设备或生产系统本身具有安全性，通过利用物理和化学的知识来预防事故，而不是依靠控制系统、互锁、冗长而特殊的操作程序来预防事故，一定意义上说化工过程本质安全是容许有过失的，即能够容忍操作人员的失误和不正常的情况出现，即使在误操作或发生故障的情况下也不会造成事故发生。具体包括失误-安全（误操作不会导致事故发生或自动阻止误操作）、故障-安全功能（设备、工艺发生故障时还能暂时正常工作或自动转变安全状态）。

8.8.1.2 化工过程本质安全的基本原理

工艺过程本质安全归结为：最小化、替代、弱化、缓和及简化 5 项技术原则。下面分别做简要叙述。

最小化原理：采用措施消除或者减少系统中的危险因素。系统中的危险因素越少，发生事故的可能性越小；危险物质的数量越少，发生事故可能造成的严重程度越小。因此，最小化原理具体是指在反应器、蒸馏塔、储存容器和管道内使用较少的危险性物质来减少危害；尽可能使用即生即用技术，使危险性物质在指定区域内产生和消耗，以减少危险性原料和中间产物在工艺过程中的储存和输送。

替代原理：在系统中使用相对更安全的物质来替代危险的物质，即使用另外一种满足工艺要求的低危险性物质，或者使用工艺过程条件不苛刻的化学反应来实现。尽可能使用低危险性的溶剂（例如基于水的涂料和黏合剂，以及含水或干的易流动的配方设计）替代有毒的或可燃的溶剂。

弱化/缓和原理：当必须使用含危险性的物质时，无论是在生产过程还是在储运过程，都应尽量采用具有危险或有害物质的最小危险形态或造成最小危险的环境、工艺等条件。

简化原理：保证系统中的工艺、设备、管理程序、制度等以保持简洁、科学、合理（标准化、科学化、合理化）性。

除了以上基本原理，化工过程生产装置本质安全设计还包括如下补充性的原则，尽管这些原则并不符合"从源头上消除危险"这一本质安全最核心的定义，但它们确实可以提高化工生产过程的安全性。

① 避免多米诺效应原则：多米诺效应是指事故的影响在装置之间、区域之间不断蔓延、后果不断加剧的现象。为了避免多米诺效应，可从以下几方面入手：a. 合理的设备布局和充足的设备间距；b. 设置防火墙和防溢堰等措施，防止泄漏的液体或气体蔓延到其他区域；

c.考虑设备失效情况下的状态是否安全，例如，当控制系统失效时，所控制的阀门应处于相对安全的状态（一般是关闭状态）；d.尽可能避免共因失效，这样部分系统或设备的故障不会导致整个装置多重失效。

② 防止错误装配原则：通过设备连接处的设计或者标识，使错误的装配变得不可能或者非常困难。例如，将接头设计成特殊形状，使其只能和配套的接头连接，这样可以避免乱接错误导致的问题。其他部件如过滤器等的设计也可以按照相同的思路进行优化。

③ 标识清楚原则：设计控制系统、报警系统、现场指示物及其他人机交互界面时，都应该表达清楚、鲜明可辨，不要模棱两可或者引起误解，这样可以使操作人员迅速判断设备状态。例如，通过指示灯判断泵是否正常允许，通过一些小标识判断阀门的开、闭等，使操作者能清楚地了解装置的状态。

④ 容错原则：即容忍操作失误、安全不良和设备故障。

⑤ 便于控制原则：采用少量的仪器仪表和简单的控制系统。

⑥ 软件简单，便于使用和理解原则。

8.8.1.3 化工过程本质安全的选择

本质安全化必须在化工过程设计阶段就要考虑，影响过程设计潜在的最大危险往往产生于过程研发的小试阶段，这一阶段涉及化学物质、溶剂、原材料、过程介质、单元操作、设备地点及工艺参数等的选择。工艺过程一旦形成进入后续放大生产阶段，再想改变工艺过程的危险性质就变得很困难，而且投资花费会很大。因此，本质安全的观点和思维方式应该在过程研发的小试阶段就予以考虑且贯穿整个过程的始终。

在选择本质安全设计还是传统的保护层设计上，需要考虑安全经济学问题，寻求最合理的结合点。有时为本质上更危险的工艺提供保护层的传统方法可能更有效，但储存和维护保护层资源消耗可能很大；但有些情况下，本质上更危险的工艺益处足以弥补为减少风险到可忍受的水平时需要提供保护层的费用。为了更好地理解，以大家熟悉的交通工具为例说明一下。1995年，Hendershol曾对飞机与汽车交通本质上的安全特性进行了比较，得出汽车交通本质上是更安全的，原因如下：

① 汽车在地面上若发动机失效会停下来，然而飞机则会快速下降，而且可能不会安全着地；

② 汽车以较低的速度行驶；

③ 汽车容纳的乘客数量较少；

④ 与飞机相比，汽车的驾驶控制更简单（平面），飞机则必须是三维控制。

虽然汽车交通本质上更安全，但是空运的好处首先是速度，这对于长途旅行是一个很具吸引力的选择。这些好处已经能调整用于提供保护层以克服空运本质上危险的巨大花费。因此，空中旅行虽然本质上较危险，但实际上对长途旅行来说这比汽车旅行更安生，在化工工艺的选择上也有同样的情况。

8.8.2 化工过程本质安全设计与传统过程安全设计的区别

8.8.2.1 本质安全与过程危险

"本质安全"的化学工程意思是什么呢？"本质"被定义为"某事物中固有的，不可分割的要素、特征和性质"，如果化学生产过程减少或消除了与过程中有关的材料和操作的危险，那么就是本质上更安全。为完全理解该定义，有必要理解"危险"的定义。"危险"被定义为"对人、环境或财产产生危害的物理的或化学的潜在特征"。过程危险来自两个方面：

（1）化学品的危险特性

化学品的危险特性具体表现为如下事例：

① 吸入氯气是有毒有害的；

② 硫酸对皮肤有腐蚀性；

③ 乙醇可燃；

④ 丙烯酸聚合会释放大量的热。

这些危险是不可能改变的，因为它们是材料及使用条件的基本特性。本质上更安全的方法就是通过减少危险材料的数量或能量，或完全去除危险材料以减少危险（工艺条件允许的条件下），保证安全。

（2）所用的设备和工艺过程中的危险参数

所用的设备和工艺过程中的危险参数则可以通过改变设备、化学品和过程工艺参数来缩减或消除。不存在没有危险的化学过程，但所有的化学过程都可以通过应用本质上更安全的工艺使之更趋于安全化。

8.8.2.2 化工过程本质安全设计与传统过程安全设计的区别

事故的发生一般经历三个步骤。①引发阶段：使事故发生的事件；②传播阶段：使事故扩大化的事件；③终止阶段：停止事故发生或消除事故的事件。传统过程安全设计是关注传播阶段②和终止阶段③，本质安全的设计关注引发阶段①和传播阶段②。传统过程安全设计是末端控制危险，通过关注事故预防措施和应急措施，被动地通过危险性分析查找危险，即通过危险与人、财产和环境之间的保护层来控制危险，这些保护层包括对操作工的监督、控制系统、警报、连锁装置及物理保护装置，还有应急响应系统和其他安全策略减轻事故后果。而化工过程本质安全设计理念则是从源头消减危险，优先考虑防止事故的引发，其次是在减少事故传播的潜在性或在早期终止事故，即在设计阶段将产生危险的因素和预防事故的措施纳入设计之中，将安全性能作为过程设计的目标和出发点，将本质安全特性作为过程设计的目标和出发点之一，寻求风险最小化的途径和方案。化工过程本质安全设计与传统过程安全设计的区别如表8-12所示。化工过程本质安全设计是从源头消减危险，若消除或减少了危险，将不再需要那些保护层来控制危险。本质安全设计在项目初期可能需要更大的投资，但纵观全局，本质安全带来的经济效益会突显出来，另外，未来本质上更安全的新技术的研制给工艺安全目标的实现将带来更可靠、更经济的前景。

表8-12 化工过程本质安全设计与传统过程安全设计的区别

比较因素	传统安全设计	本质安全设计
设计依据	依据用户提出的功能、质量及成本等要求来设计	将本质安全特性、功能、质量和成本要求作为目标来设计
设计构思	在工艺构思及设计初期较少考虑过程中的危险及对人、环境造成的影响	在工艺构思及设计初期，必须考虑工艺危险对人、财产和环境的影响，尽量消减危险
设计技术或工艺	采用附加安全系统控制危险	采用本质安全设计将安全功能融入过程属性
设计目的	以需求为主要设计目的	提高本质安全度，满足可持续性化工要求
产品	普通产品	本质安全产品

8.8.3　化工过程本质安全设计思路

化工过程本质安全设计考虑生命周期过程中的危险因素，在保证经济效益的前提下，将过程中的质量特性、生产率特性、经济性与本质安全特性有机地融合在一起。化工过程本质安全设计的层次结构模型如图 8-10 所示。在化工过程本质安全设计理论的基础上，提出一套系统的本质安全设计方法，为实现本质安全工艺、设备和管理提供具体的操作技术和方法，工艺、设备和管理三者相辅相成，最终实现化工过程的本质安全，建立绿色和可持续性化工。

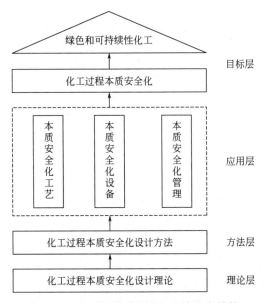

图 8-10　化工过程本质安全设计层次结构

化工过程本质安全设计主要包括化学路线和工艺设备两大部分，在化学路线中确定所用原料、助剂、催化剂、反应条件等；在工艺设备阶段确定间歇或连续操作、主要设备、控制规程以及管道系统、阀门/设备尺寸、输送等。

8.8.3.1　化学路线

化学反应是化工过程的核心，是减少本质危险的关键，合理选择和组织化学路线将对消减化工过程危险至关重要。在目标产品确定的情况下，可行的化学反应体系路线数量是十分庞大的，从中选择最优的化学路线是化工过程本质安全设计的关键。化学路线应尽量采用不易燃易爆、低毒的原料，化学反应具有高选择性、反应热少、速率适当、副产物少而无害、催化剂及助剂无害等特点，同时能兼顾经济合算、热力学可行、废物最小化等指标。例如，一个工艺流程目标产品为 T，初始化原料为 C 或多种不同原料，则化学路线可能是十分复杂的网络图，可采用反向搜索、反应网络等方法来寻找合适的化学路线（图 8-11）。

当收集到尽可能多的化学路线后，根据目的和约束条件筛选出一条或两条较为可行的路线，然后选用合适的催化剂和助剂以缓和的反应条件、降低过程危险、提高反应选择性，再利用化工过程本质安全设计指数进行详细评价以实现化学路线的本质安全最大化（图 8-12）。

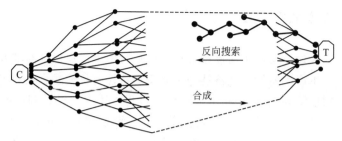

图 8-11　化学反应路线示意图

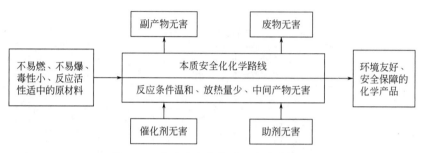

图 8-12　本质安全化化学反应路线框图

8.8.3.2　工艺设备

在化学路线确定后，确定相关的工艺条件和设备型号，在过程设备集成优化时将本质安全作为约束条件来处理，将安全性能与经济目标放在同等重要的位置，危险考虑由约束条件转变为目标函数。本质安全化工艺设备设计思路如图 8-13 所示。可以利用逆向设计方法，根据以往的事故、预先危险性分析等确定最恶劣的危险因素出发，进行逆向的思维分析。利用事故树、故障失效分析等方法来逐次分析，将影响过程风险的本质原因找出来，在设计时采用化工过程本质安全设计原则尽可能地消减危险，对于残余风险采用无源、有源和程序安全策略将其控制在可接受的水平以下。

图 8-13　本质安全化工艺设备设计思路

8.8.3.3　基于生命周期的化工过程本质安全设计过程

一个化工生产项目一般要经历如下几个阶段：实验室研发、放大实验、工艺设计、施工设计和建设、装置运行和维护、废置处理。这些阶段统称为项目的生命周期。本质安全设计理念在研发和设计阶段使用可以取得最好的效果，但是也可以在整个生命周期的其他阶段发挥作用，改善生产项目的安全性。基于生命周期的化工过程本质安全设计过程如图 8-14所示。

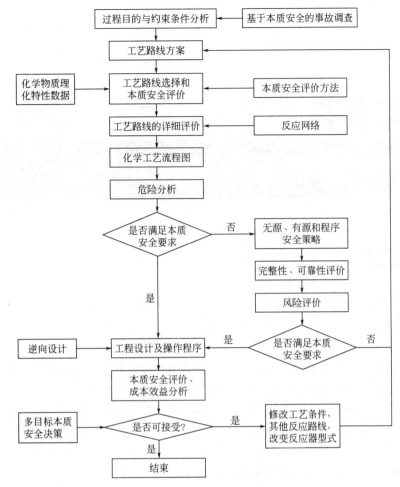

图 8-14　基于生命周期的化工过程本质安全设计过程

思考题

1.碳钢釜内处理含有盐酸的物系会有什么安全隐患？处理含有盐酸的物系应该选择哪种材质的设备？

2.将工艺装置区设置在管理区的上风区域会导致什么安全问题？

3.罐区周围没有设置围堰会有什么安全问题？

4.一高温反应器和框架之间没有设膨胀空间会造成什么后果？

5.将一个化工厂建在人口密集的市区会有什么安全问题？

6.由于设计者疏忽，门高 2000mm 写成了 200mm，会导致什么问题？

7.本质安全设计的内涵和原则是什么？

8.针对某放热反应中溶剂的选择，研发人员提出了使用乙醇和苯的两种方案，从本质安全的角度考虑，哪种溶剂是更好的选择？

第9章
压力容器设计与使用安全

 学习要点

1. 压力容器设计与使用安全
2. 压力容器安全附属装置设计：安全阀和爆破片的安全设计
3. 压力容器设计、制造及使用的相关国标

压力容器在化工生产过程中使用广泛，由于其内部或外部承受气体或液体压力，是一类对安全性有较高要求的密封容器。随着化工和石油化工等工业的发展，压力容器的工作温度范围越来越宽，容量不断增大，而且要求耐介质腐蚀。压力容器在使用中如发生爆炸，会造成灾难性事故。为了使压力容器在确保安全的前提下达到设计先进、结构合理、易于制造、使用可靠和造价经济等目的，必须遵循有关压力容器的标准、规范和技术条件，在压力容器的设计、制造、检验和使用等方面遵循具体的规定。

压力容器可分蒸汽锅炉和非燃火压力容器两大类型。锅炉作为产生蒸汽的热力设备，在化工生产中有着重要作用，可提供不同品位的蒸汽；如果锅炉设计、制造不合理，或者使用管理不当，会导致很严重的事故。多年来锅炉的安全工作一直受到国家劳动部门的重视，相继颁发了关于锅炉安全运行的规定，收到了显著效果。本章不涉及蒸汽锅炉部分的内容，主要讨论非燃火压力容器的安全。

非燃火压力容器（以下均简称压力容器）在化工过程中应用广泛，包括反应器、分离塔、储罐等设备，由于在其中进行反应、分离、传热、储运等化工过程，会伴随一定的化学腐蚀和热力学环境，所处理的工艺介质多数易燃、易爆、有毒，一旦发生事故，所造成的损害要比蒸汽锅炉或常温常压机械设备大得多，而且还会引发中毒、火灾、爆炸等次生灾害，扩大事故后果。因此，对这一类压力容器的设计、使用和管理都要遵循规范并进行后期的安全监察和安全管理。

9.1 压力容器概述和分类

从原料输入、工艺过程到产品产出的流程中，有时是连续的，有时是间歇的。即使是连

续的，不同瞬间的流量也并非一致。为了缓冲流量变化及处理流程中的故障，要设置一系列储存设备，也叫容器或储罐，而其中压力容器的危险性较大。在化工生产中，因为压力容器破裂造成物质泄漏而引发事故的比例较高，如1979年9月7日国内某电化厂的415L液氯气钢瓶爆炸，导致大约10t液氯外泄，波及7km范围，59人死亡，779人严重中毒。1984年12月3日印度博帕尔市农药厂异氰酸甲酯储罐发生泄漏，导致5000余人死亡，12万人中毒，5万人失明，成为迄今为止化工史上最惨烈的事故。这些事故警醒世人要对压力容器的设计和使用给予足够的重视。本节就压力容器的应用特点和分类进行介绍。

9.1.1 压力容器应用特点

(1) 应用的广泛性

压力容器主要用于石油化工、化学工业和冶金工业等，用于完成各种工艺功能。如一个年产30万吨的乙烯装置，其中就有281台压力容器，占设备总量的35.4%；至于工厂用的液化石油气瓶、氧气钢瓶、氢气钢瓶，更是随处可见。此外，压力容器在医药、机械、采矿、航空航天、交通运输等工业部门也有广泛应用。

(2) 操作的复杂性

压力容器的操作条件极为复杂，有些甚至达到苛刻的地步。从−196℃低温到1000℃以上的高温；从大气压以下的真空到100MPa以上的超高压，例如加氢反应的压力可达10.5～21.0MPa；合成氨反应的压力可达10～100MPa，高压聚乙烯装置的操作压力为100～200MPa。可见温度和压力变化范围相当宽泛，而且处理的介质多为易燃、易爆、有毒、腐蚀等有害物质，有数千个品种。操作条件的复杂性使压力容器从设计、制造到使用、维护都不同于一般机械设备而成为一类特殊设备。

(3) 安全的高要求

压力容器的结构并不复杂，但因其承受各种静、动载荷或交变载荷，还有附加的机械或温度载荷，并且加工的物料多为有危险性的饱和液体或气体，容器一旦破裂就会卸压，导致液体蒸发或蒸气、气体膨胀，瞬间释放出大量的破坏性能量。承压容器多为焊接结构，容易产生各种焊接缺陷，一旦发生爆炸破裂，容器内的易燃、易爆、有毒介质将向外喷泻，会造成灾难性后果。所以压力容器比一般机械设备有更高的安全要求。

另外，目前压力容器向着大容量、高参数发展，如煤气化液化装置压力容器工作压力为17.5～25MPa，工作温度为450～550℃，内直径3000～5000mm，壁厚200～400mm，重400～2600t，因此对这类容器的工艺要求和运行可靠性要求更高。

9.1.2 压力容器分类

压力容器主要用于石油、化学和冶金工业，种类繁多、型式各异。压力容器按照其工艺功能划分为反应容器、换热容器、分离容器和储运容器四个类型。

① 反应容器：主要用来完成物料的化学转化。如反应器、发生器、聚合釜、合成塔、变换炉等。

② 换热容器：主要用来完成物料和介质间的热量交换。如热交换器、冷却器、加热器、蒸发器、废热锅炉等。

③ 分离容器：主要用来完成物料基于热力学或流体力学的组元或相的分离。如分离器、过滤器、蒸馏塔、吸收塔、干燥塔、萃取器等。

④ 储运容器：主要用来完成流体物料的盛装、储存或运输。如储罐、储槽和槽车等。

承受压力负荷是压力容器的显著特征。压力容器按照其设计压力 p 的大小，可以划分为低压容器、中压容器、高压容器和超高压容器四个类型。

① 低压容器：$0.1\text{MPa} \leqslant p < 1.6\text{MPa}$。

② 中压容器：$1.6\text{MPa} \leqslant p < 10\text{MPa}$。

③ 高压容器：$10\text{MPa} \leqslant p < 100\text{MPa}$。

④ 超高压容器：$p > 100\text{MPa}$。

9.2 压力容器设计安全

本节就压力容器的设计和使用安全等进行介绍。

9.2.1 压力容器的设计

9.2.1.1 压力容器设计的一般要求

① 设计单位资格。

② 压力容器结构 压力容器设计应该尽可能避免应力的集中或局部受力状况的恶化。受压壳体的几何形状突变或其他结构上的不连续，都会产生较高的不连续应力。因此，应该力求结构上的形状变化平缓，避免不连续性。

③ 材料的选用。材料的质量和规格应该符合国标、部标和有关的技术要求。材料选择关系到设备的安全性，如含有盐酸的反应釜和储罐切记不能使用碳钢材质，否则很容易导致釜体腐蚀。如果物料具有氧化性，还可能引起爆炸，因为盐酸和铁反应可以生成氢气。另外，碳钢釜配的搅拌桨一般也是碳钢的，螺栓会被腐蚀导致桨叶脱落，如果反应比较剧烈，没有搅拌容易导致局部反应过热，发生冲料甚至爆炸风险。不锈钢材质也不适用于含有盐酸的物系，需要依据盐酸浓度和工艺温度等参数选择相适应的材质。

9.2.1.2 设计基础

(1) 设计压力和设计温度

对于非旋转容器，设计压力一般要高出操作压力 0.1MPa 或 10%；而旋转容器的设计压力则要高出预期最高压力的 5%～10%。

(2) 最小板材厚度

设计规范规定，大直径压力容器的板材厚度不应小于 $(D-2.54)/1000$，其中，D 是筒体的最小直径，m。焊接结构的最小板材厚度许多组织规定为 5mm 或 6mm。

(3) 外压或真空

许多过程容器是在外压或真空下，或偶尔是在这些条件下操作。设计规范规定，压力容器偶尔承受 0.1MPa 及其以下的外压，可以考虑不按外压进行设计。

(4) 材料选择

材料在设计压力和温度下的允许应力并不需要过量的壁厚。一些材料，如铜、铝、它们的合金和铸铁都有具体的温度限度。

(5) 非压力负荷

容器及其支架的设计必须与以下各项负荷匹配：容器及其内容物的重量；料盘、隔板、蛇管等内件的重量；装置、搅拌器、交换器、转筒等外件的重量；建筑物、扶梯、平台、配管等外部设施的重量；固定负载和移动负载的重量；隔离板和防火墙的重量；风力和地震负荷。除上述之外，还必须考虑支撑耳柄、环形加强肋以及热梯度的作用，这些负荷都可以引起过量的局部应力。

(6) 支架

立式容器一般用立柱和耳柄支撑，有时还会用到环形槽钢或折边。对于用立柱或耳柄支撑的大型容器，应该详细考察支撑物对壳体的作用。可以有几种方式完成折边连接，比较一致的意见是，折边和壳体外径应该相同，折边和封头转向节应为平焊连接，而这种连接方法只适用于椭球形或球形封头；对于凸面或碟形封头，折边应该和底封头凸缘的外径吻合，角焊连接。

大型卧式容器常用三个或更多的鞍形托架支撑。对于铆接结构，每个铆接环缝与一个鞍形托架邻接，防止铆接缝的泄漏。设计和安装鞍形托架，可以利用封头的强度保持壳体的圆度，应用加强环也可以实现这个功能。

对于小型容器，不管是卧式的还是立式的，由于支撑附件造成的二次应力、扭矩和剪切力，其支架的设计可能会比大型容器复杂得多。

(7) 封头

压力容器封头有半球形、椭球形、锥形、准球形、平板形等几种类型。在材料、直径和压力负荷都相同的条件下，前四种类型封头的壁厚按序增加，而平板形封头的壁厚还没有简单的计算关系。

半球形封头在各种类型封头中应力分布最好，而且一定的容积所需要的材料最少。但是半球形封头会使筒体产生较大的附加弯曲应力，因而只适用于直径较小、压力较低的无毒、非易燃介质的容器。

长短轴之比为2的椭球形封头与准球形封头比较，前者的应力分布要好一些；直径超过1.5m、压力负荷在1MPa以上，前者的制造也要经济一些。与凸面形和碟形封头一样，椭球形封头的大小也是由其内径而不是由其外径来决定。

锥形封头一般是冲压，而不是滚压或旋压制造，其制造费用相当高。锥形封头常用于蒸煮或提炼容器，有时用于排除固体或浓稠物料。截头锥形封头常用做容器直径不同的两部分之间的过渡段。设计规范允许在某些情况下，可以应用无过渡转向节的锥形封头，但这些封头只能在低温、低压条件下使用。

标准折边碟形封头的碟形凸面半径应该等于或小于封头折边的外径，但凸面和折边间的过渡转向节的半径应不小于封头折边外径的6%，而且不小于封头壁厚的三倍。

平板焊接封头除小型低压容器密封外，一般压力容器不宜采用。平板封头会把严重不连续的应力引入圆柱形壳体，如确需应用，壳体和封头应该有足够的厚度，而且要采用全焊透的焊接结构。

9.2.2 压力容器的制造和安装

压力容器的制造和安装必须由具有资质的单位完成，遵循如下的标准。

GB 150.1~GB 150.4—2011 压力容器

GB/T 18442.1~6—2019，GB/T 18442.7—2017 固定式真空绝热深冷压力容器

GB 50094—2010 球形储罐施工规范

GB 50128—2014 立式圆筒形钢制焊接储罐施工规范

JB 4732—1995 钢制压力容器分析设计标准

JB/T 4734—2002 铝制焊接容器

NB/T 47003.1—2009（JB/T 4735.1） 钢制焊接常压容器

JB/T 4736—2002 补强圈钢制压力容器用封头

JB/T 4745—2002 钛制焊接容器

JB/T 8930—2015 冲压工艺质量控制规范

SY/T 0404—2016 加热炉安装工程施工规范

SY/T 5262—2016 火筒式加热炉规范

SY/T 0448—2008 油气田地面建设钢制容器安装施工技术规范

SY/T 0538—2021 管式加热炉规范

SY/T 0441—2018 油田注汽锅炉制造安装技术规范

SY/T 4081—1995 钢质球型储罐抗震鉴定技术标准

SY/T 6279—2016 大型设备吊装安全规程

SY/T 6444—2018 石油工程建设施工安全规范

SY/T 10006—2000 海上井口地面安全阀和水平安全阀规范

HG/T 20517—1992 钢制低压湿式气柜

HG 20536—1993 聚四氟乙烯衬里设备

HG/T 20545—2018 化学工业炉受压元件制造技术规范

HG/T 20589—2011 化学工业炉受压元件强度计算规定

HG 21502.1—1992 钢制立式圆筒形固定顶储罐系列

HG 21502.2—1992 钢制立式圆筒形内浮顶储罐系列

HG 21503—1992 钢制固定式薄管板列管换热器

HG/T 21504.1—1992 玻璃钢储槽标准系列（VN0.5~100m^3）

HG/T 21504.2—1992 拼装式玻璃钢储罐标准系列（VN100~500m^3）

HG 21505—1992 组合式视镜

HG 21506—1992 补强圈

HG/T 3112—2011 浮头列管式石墨换热器

HG/T 3110—2009 橡胶单螺杆挤出机

HG/T 3117—1998 耐酸陶瓷容器

HG/T 3124—2020 焊接金属波纹管釜用机械密封技术条件

HG/T 3126—2017 搪玻璃蒸馏容器

HG/T 3129—1998 整体多层夹紧式高压容器

HGJ 230—1989　乙烯装置裂解炉施工技术规定

SH/T 3074—2018　石油化工钢制压力容器

SH/T 3075—2009　石油化工钢制压力容器材料选用规范

SH/T 3512—2011　石油化工球形储罐施工技术规程

SH/T 3510—2017　石油化工设备混凝土基础工程施工质量验收规范

SH/T 3524—2009　石油化工静设备现场组焊技术规程

SH/T 3065—2005　石油化工管式炉急弯弯管技术标准

SH/T 3086—2017　石油化工管式炉钢结构工程及部件安装技术条件

SH/T 3087—2017　石油化工管式炉耐热钢铸件技术条件

SH/T 3110—2000　石油化工设计能量消耗计算方法

SH/T 3114—2017　石油化工管式炉耐热铸铁件工程技术条件

SH/T 3414—2017　石油化工钢制立式储罐罐用采样器选用、检验及验收规范

SH/T 3504—2014　石油化工隔热耐磨衬里设备和管道施工质量验收规范

SH/T 3506—2007　管式炉安装工程施工及验收规范

SH/T 3529—2018　石油化工厂区竖向工程施工及验收规范

SH/T 3530—2011　石油化工立式圆筒形钢制储罐施工技术规程

SH/T 3534—2012　石油化工筑炉工程施工质量验收规范

SH/T 3537—2009　立式圆筒形低温储罐施工技术规程

9.2.3　压力容器检验

（1）检验周期

压力容器的定期检验周期，可分为外部检查、内外部检验和全面检验三个类型的周期。检验周期由使用单位根据容器的技术状况和使用条件自行确定，但至少每年做一次外部检查，每三年做一次内外部检验，每六年做一次全面检验。

（2）检验内容

① 外部检查　外部检查的主要内容是：压力容器及其配管的保温层、防腐层及设备铭牌是否完好无损；容器外表面有无裂纹、变形、腐蚀和局部鼓包；焊缝、承压元件及可拆连接部位有无泄漏；容器开孔有无漏液漏气迹象；安全附件是否完备可靠；紧固螺栓有无松动、腐蚀；设备基础和管道支撑是否适当，有无下沉、倾斜、裂纹、不能自由胀缩等不良迹象；容器运行是否符合安全技术规程。

② 内外部检验　除外部检查的各款项外，内外部检验还包括以下内容：内外表面的腐蚀、磨损情况；所有焊缝、封头过渡区、接管处、人孔附近和其他应力集中部位有无裂纹；衬里有无突起、开裂、腐蚀或其他破损；高压容器的主要紧固螺栓应进行宏观检查并做表面探伤。

③ 全面检验　全面检验除包括内外部检验的全部款项外，还应该做焊缝无损探伤和耐压试验。

（3）压力试验

压力容器的耐压试验和气密性试验，应在内外部检验合格后进行。除非规范设计图纸要求用气体代替液体进行耐压试验，不得采用气压试验。需要进行气密性试验的压力容器，要

在液压试验合格后进行。耐压试验是检验容器强度、制造工艺质量等的综合性试验，而气密性试验是为了检验容器的严密性。

如果压力容器的设计压力是 p，液压试验的压力为 $1.25p$；气压试验的压力，低压容器为 $1.20p$，中压容器为 $1.15p$。对于高压或超高压容器，不采用气压试验。气密性试验一般在设计压力下进行。

耐压试验后，压力容器无泄漏、无明显变形；返修焊缝经无损探伤检查无超标缺陷；要求测定残余变形率的，容积残变率≤10%，或径向残变率≤0.03%，即可认为压力容器耐压试验合格。

对于气密性试验，达到规定的试验压力后保持 30min，在焊缝和连接部位涂肥皂水进行试验。小型容器亦可浸于水中进行试验，无气泡即可认为合格。

9.3 压力容器安全附属装置设计

本节以压力储罐为例说明一下压力容器的结构并重点介绍一下安全附属装置。压力储罐包括简体、封头、支座、开孔与接管、密封装置、安全附件，其中压力容器安全附件是压力设备安全运行的重要组成部分，包括如下部件：

检测仪表：用于指示压力容器内的工艺参数如压力表、液位计、温度计；

卸压装置：用于超压时能够自动启动排放，保持压力容器内的压力在设计的安全范围内，如安全阀、爆破片、易熔塞等；

报警装置：出现不安全因素致使容器处于危险状态时能自动发出音响或其他明显报警信号的装置，如压力报警器、温度报警器等；

流量控制装置：用于在紧急状况下控制进、出压力容器的流量从而使其处于安全状态，如紧急放空阀、单向阀、限流阀、紧急切断装置；

联锁装置：为防止操作失误而设置的控制机构，如联锁开关、联动阀等；

应急处理和安全装置：压力容器遭雷击或爆炸后一旦发生物料泄漏，通过应急装置控制外泄物料在某一区域，如喷淋冷却装置、静电消除装置、防雷击装置。

下面介绍压力容器最常用的几种安全附件及其设计。

9.3.1 压力容器常用安全附件

(1) 检测仪表

检测仪表如温度计、压力表和液位计，是为了指示压力容器内的状态而设置的。

温度计是用于指示容器内温度的仪表，在此不再赘述。

压力表应该根据容器的设计压力或最高工作压力正确选用精度级。低压设备的压力表精度级不得低于 2.5 级；中压不应低于 1.5 级；高压或超高压不应低于 1 级。为便于观察和减少视差，表盘直径不得小于 100mm。选用压力表的量程最好为最高工作压力的两倍，一般应掌握在 1.5～3 倍为宜。

液位计有多种形式，应安装在容器的便于观察并有足够照明的部位。玻璃管式液位计一般安装于高度大于 3m 的容器，但不适用于易燃或有毒的液化气容器。玻璃板式液位计适于高度小于 3m 的容器。此外，还有浮子式、浮标式、压差式等多种类型的液位计。

锅炉水位计是锅炉的主要安全附件之一。在设计和安装中，为了防止汽、水连通管阻塞出现假水位，连通管内径不得小于 18mm。每台锅炉至少应该安装两个独立的水位计。

(2) 报警或泄放装置

报警或泄放装置是当压力容器内出现超出安全限值后而设置的安全保护装置，如安全阀、爆破片、泄压装置等。

安全阀主要用于防止超压引起的物理爆炸。其特点是当压力容器在正常工作压力条件下，安全阀保持严密不漏，当容器内压力一旦超过规定值，安全阀能够自动迅速地排泄容器内的介质，使容器内压力保持在允许范围之内。安全阀排放过高压力后可自行关闭，容器和装置可以继续使用。

安全阀的选用，应该根据压力容器的工作压力、温度、介质特性来确定。压力不高的承压设备大多选用杠杆式安全阀；高压容器多半选用弹簧式安全阀。流量大、压力高的承压设备应选用全开式；介质为易燃易爆或有毒物质的应选用封闭式。选用的安全阀不管其结构和型式如何，都必须具有足够的排放能力，在超压时能把介质迅速排出，保证承压设备的压力不超过规定值。

爆破片（防爆膜）主要用于防止超压引起的化学爆炸。它是一种断裂型安全装置，具有密封性能好，泄压反应快等特点。爆破片排放过高压力后不能继续使用，容器和装置也要停止运行。

爆破片主要用于以下几种场合：有爆燃或异常反应使压力瞬间急剧上升的场合；不允许介质有任何泄漏的场合；运行产生大量沉淀或黏附物的场合。弹簧式安全阀由于惯性难以适应压力的急剧变化，各种型式的安全阀一般都有微量泄漏，而障碍物又会妨碍安全阀的正常操作，这便使得爆破片显示出其独特的功能。

爆破片一般有平板形和预拱形两种型式。相同材料制成的两种型式的爆破片的起爆压力相同，但预拱形爆破片有较高的抗疲劳能力。爆破片的设计包括材料选用、泄放面积计算、爆破片厚度的计算。爆破片一般满 6 个月或 12 个月更换一次。此外，容器超压后未破裂或正常运行中有明显变形的爆破片应立即更换。

泄压装置是一种超压保护装置。泄压装置有这样的功能：当容器在正常压力下运行时保持严密不漏，而一旦容器内压力超过限度，它就能自动、迅速、足够量地把容器内的气体排出，使容器内的压力始终保持在最高许可压力以下；同时它还有自动报警作用。在设计时设计压力应取最大值，不能太小。泄压装置按其结构型式可以分为阀型、断裂型、熔化型和组合型等几种类型。

以上报警或泄放装置中，安全阀和爆破片是最常用的附属装置。下面对其安全设计进行介绍。

9.3.2　安全阀的安全设计

9.3.2.1　概述

(1) 适用范围

在化工生产过程中，为了防止由于生产事故或非控制排泄，造成生产系统压力超过容器和管道的设计压力而发生爆炸事故，应在容器或管道上设置安全阀。选择安全阀时要考虑安全排放量。

对于安全阀的描述在国际上多遵循美国的 ASME 标准，在该标准中"安全阀"仅指用于蒸汽或气体工况的泄压设施，而用"安全泄压阀"表示包含安全阀、泄压阀、安全泄压阀在内的全部泄压设施。由于历史的原因，在中国是用"安全阀"代表了 ASME 的安全泄压阀的含义。

（2）有关安全阀的专业名词

1）安全阀的几何尺寸特征

① 实际排放面积　实际排放面积是实际测定的决定阀门流量的最小净面积；

② 空面积　空面积是当阀瓣在阀座上升起时，在其密封面之间形成的圆柱形或圆锥形通道面积；

③ 有效排放面积　有效排放面积不同于实际排放面积，它是介质流经安全阀的名义面积或计算面积，用于确定安全阀排放量的流量计算公式中；

④ 喷嘴面积　也称喷嘴喉部面积，是指喷嘴的最小横截面积；

⑤ 入口尺寸　除特别说明外，均指安全阀进口的公称管道尺寸；

⑥ 出口尺寸　除特别说明外，均指安全阀出口的公称管道尺寸；

⑦ 开启高度　是当安全阀排放时，阀瓣离开关闭位置的实际行程。

2）安全阀的操作特征

① 最高操作压力　设备运行期间可能达到的最高压力；

② 背压力　安全阀出口处压力，它是附加背压力和排放背压力的总和；

③ 整定压力（或开启压力）　安全阀阀瓣在运行条件下开始升起的进口压力，在该压力下，开始有可测量的开启高度，介质呈由视觉或听觉感知的连续排放状态；

④ 排放压力　阀瓣达到规定开启高度的进口压力；

⑤ 回座压力　排放后阀瓣重新与阀座接触，即开启高度变为零时的进口压力；

⑥ 超过压力　排放压力与整定压力之差，通常用整定压力的百分数来表示；

⑦ 启闭压差　整定压力与回座压力之差，通常用整定压力的百分数来表示；

⑧ 排放背压力（也称"积聚背压"或"动背压"）　由于介质通过安全阀流入排放系统，而在阀出口处形成的压力；

⑨ 附加背压力（也称"叠加背压"或"静背压"）　安全阀动作前，在阀出口处存在的压力，它是由其他压力源在排放系统中引起的；

⑩ 冷态试验压力　是安全阀在试验台上调整到开启时的进口静压力。这个试验压力包含了对于背压和温度等工作条件的修正；

⑪ 积聚压力　在安全阀排放期间，安全阀的入口压力超出容器的最高操作压力的增值。以压力的百分数表示。

9.3.2.2　安全阀的结构型式及分类

① 重力式安全阀　利用重锤的重力控制定压的安全阀被称为重力式安全阀。当阀前静压超过安全阀的定压时，阀瓣上升以泄放被保护系统的超压；当阀前压力降到安全阀的回座压力时，可自动关闭。

② 弹簧式安全阀　通用式弹簧安全阀，为由弹簧作用的安全阀，其定压由弹簧控制，其动作特征受背压的影响。平衡式弹簧安全阀，为由弹簧作用的安全阀，其定压由弹簧控

制，用活塞或波纹管减少背压对安全阀的动作性能的影响。

③ 先导式安全阀　为由导阀控制的安全阀，其定压由导阀控制，动作特性基本上不受前压的影响。导阀是控制主阀动作的辅助压力泄放阀。带导阀的安全阀又分快开式（全启）和调节式（渐启）两种；导阀又分流动式和不流动式两种。

本书所说的安全阀实际包括以上这三种压力泄放阀。

④ 微启式安全阀和全启式安全阀　微启式安全阀，当安全阀入口处的静压达到设定压力时，阀瓣位置随入口压力升高而成比例地升高，最大限度地减少排出的物料。一般用于不可压缩流体。阀瓣的最大上升高度不小于喉径的 $1/40 \sim 1/20$。

全启式安全阀，当安全阀入口处的静压达到设定压力时，阀瓣迅速上升到最大高度，最大限度地排出超压的物料。一般用于可压缩流体。阀瓣的最大上升高度不小于喉径的 $1/4$。

9.3.2.3　安全阀的选择

(1) 安全阀的选择原则

排放不可压缩流体（如水和油等液体）时，应选用微启式安全阀；排放可压缩流体（如蒸汽和其他气体）时，应选用全启式安全阀。

下列情况应选用波纹管安全阀：由于波纹管能在一定范围内防止背压变化所产生的不平衡力，因而弹簧力所平衡的压力值即为定压值；波纹管还能将导向套、弹簧和其他顶部工作部件与通过的介质断开，故当介质具有腐蚀性或易结垢，安全阀的弹簧会因此而导致工作失常时，要采用波纹管安全阀，但波纹管安全阀不适用于酚、蜡液、重石油馏分、含焦粉等介质以及往复式压缩机的场合，因为在这些应用工况下，波纹管有可能被堵塞或被损坏。

先导式安全阀，阀座密封性能好，当入口压力接近定压时，仍能保持密封；而一般的弹簧式安全阀当阀前压力超过 90% 定压时，就不能密闭。这就是说，同一容器使用先导式安全阀时，可允许比较高的工作压力，且泄漏量小，有利于安全生产和节省装置的运行费用，应优先考虑，流动式导阀由于在正常运行时，有少量介质需要连续排放，不宜用于有害介质的场合；而不流动式导阀适用于有害介质的场合。

液体膨胀用安全阀允许采用螺纹连接，但入口应为锥形管螺纹连接，一般采用入口 $DN20$，出口 $DN25$。

除液体膨胀泄压用安全阀外，石油化工生产装置一般只采用法兰连接的弹簧式安全阀或先导式安全阀。

除波纹管安全阀及用于排放水、水蒸气或空气的安全阀外，所有安全阀都要选用带封闭式弹簧罩结构。

只有介质是水蒸气或空气时，允许选用带扳手的安全阀。扳手有两种：一种是开放式扳手，扳手使用时介质会从扳手处流出；另一种是封闭式扳手，介质不会从扳手处流出。

扳手的作用主要是检查安全阀阀瓣的灵活程度，有时也可用作紧急泄压。

介质温度大于 300℃，安全阀要选用带散热片的弹簧式安全阀。

软密封安全阀，采用软密封可有效地减少安全阀开启前的泄漏，比常规的硬密封更耐用，更易维修，价格也较低。只要安全阀使用温度和介质允许，就选用软密封，常用软密封材料的适用温度范围如表 9-1 所示。

表 9-1　软密封材料适用温度

材料	丁腈橡胶	氟橡胶	聚氨基甲酸酯	聚三氟氯乙烯	聚四氟乙烯	环氧树脂
温度/℃	$-54\sim135$	$-54\sim149$	$-253\sim204$	$-54\sim204$	$-253\sim204$	$-54\sim163$

由于安全阀对保护化工和石化生产装置的安全性至关重要，而安全阀产品质量的出入又较大，故在采购前要对所选用的安全阀制造厂的产品质量进行考察，选用可靠的产品。

(2) 安全阀的最小尺寸

除液体膨胀泄压安全阀外，安全阀入口最小尺寸为 DN25，液体膨胀泄压安全阀的最小尺寸不小于 DN20。

(3) 安全阀的选材

安全阀的阀体、弹簧罩的材料应同安全阀入口的配管材料一致。对某些特殊系统，如排出的液体经安全阀阀孔的节流降压后会汽化，导致温度降低的自制冷系统，应考虑选用能满足低温要求的材料，安全阀的阀瓣和喷嘴应使用耐腐蚀的 Cr-Ni 或 Ni-Cr 阀，不允许使用碳钢。碳钢阀体的安全阀，其阀杆要用锻制铬钢；奥氏体钢阀体的安全阀，阀杆用 SS316 或相当的不锈钢。

9.3.2.4　安全阀的定压、积聚压力和背压的确定

(1) 定压

安全阀的定压应不大于被保护的容器或管道的设计压力。

(2) 积聚压力

非火灾工况时，压力容器允许的最大积聚压力为设计压力的 10%。火灾工况时，压力容器允许的最大积聚压力为设计压力的 20%，管道允许的最大积聚压力为设计压力的 33%。

(3) 背压

① 通用式安全阀的允许背压值　通用式安全阀在非火灾工况使用时，动背压的值不可超过定压的 10%，在火灾工况下使用时，动背压不可超过定压的 20%。

② 波纹管平衡式安全阀　波纹管平衡式安全阀在火灾及非火灾工况下总的背压（静背压＋动背压）不高于定压值的 30%。对于有背压的泄放系统，其安全阀的出口法兰、弹簧罩、波纹管的机械强度都应满足背压的要求。

(4) 安全阀的压力工况

液体用安全阀（渐开式）阀前压力达到定压时，阀瓣开始打开，阀前压力逐渐上升，直到超过定压的 10%～33%（视使用工况而定，非火工况下的压力容器为 10%，受火工况下的压力容器为 20%，管道为 33%）。在安全阀定压等于容器或管道的设计压力时，安全阀的超压值即为积聚压力。当超过定压 25% 时，安全阀达到额定排放量。

9.3.2.5　安全阀需要排放量的计算

《固定式压力容器安全技术监察规程》中对计算安全阀在不同工况下的排放量有明确规定。在规定以外的内容可参见美国石油学会 API RP520 和 API RP521 的有关部分。本节所介绍的方法是考虑了工程的处理和中国有关规定的推荐方法，总的来说，与 API RP520 和 API RP521 推荐的方法一致或更安全些，同时也满足了《固定式压力容器安全技术监察规程》的要求。

关于排放量的计算这里不做详述，可参见相关书籍。

9.3.3 爆破片的安全设计

在化工生产过程中为了防止因火灾烘烤或操作失误造成系统压力超过设计压力而发生爆炸事故，应设置爆破片等泄压设施，以保护设备或管道系统。选择爆破片时要考虑泄放面积、厚度等。具体可参考 GB/T 567.1~3—2012《爆破片安全装置》；GB/T 14566.1~4—2011《爆破片型式与参数》。

9.3.3.1 基本概念

① 爆破片装置　由爆破片（或爆破片组件）和夹持器（或支撑圈）等装配组成的压力泄放安全装置。当爆破片两侧压力差达到预定温度下的预定值时，爆破片立即动作（破裂或脱落）泄放出压力介质。

② 爆破片　在爆破片装置中，能够因超压而迅速动作的压力敏感元件，用以封闭压力，起到控制爆破压力的作用。

③ 爆破片组件（又称组合式爆破片）　由压力敏感元件、背压托架、加强环、保护膜等两种或两种以上零件组合成的爆破片。

④ 正拱形爆破片　压力敏感元件呈正拱形，在安装时，拱的凹面处于压力系统的高压侧，动作时该元件发生拉伸破裂；正拱普通型爆破片，即压力敏感元件无需其他加工，由坯片直接成型的正拱形爆破片。正拱开裂型爆破片，即压力敏感元件由有缝（孔）的拱形片与密封膜组成的正拱形爆破片。

⑤ 反拱形爆破片　压力敏感元件呈反拱形，在安装时，拱的凸面处于压力系统的高压侧，动作时该元件发生压缩失稳，导致破裂或脱落。反拱带刀架（或鳄齿）型爆破片，即压力敏感元件失稳翻转时因触及刀刃（或鳄齿）面破裂的反拱形爆破片；反拱脱落型爆破片，即压力敏感元件失稳翻转沿支承边缘脱落，并随高压侧介质冲出的反拱形爆破片。

⑥ 刻槽型爆破片　压力敏感元件的拱面（凸面或凹面）刻有减弱槽的拱形（正拱或反拱）爆破片。在爆破片装置中，爆破片应固定位置，保证爆破片准确动作。

⑦ 支承器　用机械方式或焊接固定反拱脱落型爆破片位置，保证爆破片准确动作的环圈。

⑧ 背压　存在于爆破片装置泄放侧的静压，在泄放侧若存在其他压力源或在入口侧存在真空状态均形成背压。泄放侧压力超过入口侧压力的差值称为背压差。

⑨ 加强膜　在组合式爆破片中，与压力敏感元件边缘紧密结合，起增强边缘强度作用的环圈。

⑩ 密封膜　在组合式爆破片中，对压力敏感元件起密封作用的薄膜。

⑪ 保护膜（层）　当压力敏感元件易受腐蚀影响时，用来防止腐蚀的覆盖薄膜，或者涂（镀）层。

⑫ 爆破压力　爆破片装置在相应的爆破温度下动作时，爆破片两侧的压力差值。设计爆破压力，是指爆破片设计时由需方提出的对应于爆破温度下的爆破压力；最大（最小）设计爆破压力，是指设计爆破压力加制造范围，再加爆破压力允差的总代数和；试验爆破压力，是指爆破试验时，爆破片在爆破瞬间所测量到的实际爆破压力，测量此爆破压力的同时应测量试验爆破温度；标定爆破压力，是指经过爆破试验标定符合设计要求的爆破压力，当爆破试验合格后，其值取该批次爆破片按规定抽样数量的试验爆破压力的算术平均值。同一

批次爆破片的标定爆破压力必须在商定的制造范围以内，当商定制造范围为零时，标定爆破的压力应是设计爆破压力。

⑬ 最大正常工作压力　在正常工作过程中，容器顶部可能达到的最大压力。

⑭ 最高压力　容器最大正常工作压力加上流程中工艺系统附加条件后，容器顶部可能达到的压力。

⑮ 爆破温度　与爆破压力相应的压力敏感元件壁的温度。

⑯ 爆破压力允差　爆破片实际爆破压力与标定爆破压力之间的最大允许偏差，通常表示为绝对值或百分比。确定了爆破片的型式、型号与爆破压力后，实际爆破压力必须在允差范围内。

⑰ 泄放面积　计算爆破片装置的理论泄放量。

⑱ 泄放量（又称泄放能力）　爆破片爆破后，通过泄放面积泄放出去的压力介质流量。

9.3.3.2　爆破片设置及选用

(1) 爆破片类型

爆破片分正拱形爆破片（拉伸型金属爆破片装置）和反拱形爆破片（压缩型金属爆破片装置）。按组件结构特征还可细分，见表 9-2，此外还有石墨和平板形爆破片。夹持器的夹持面型式有平面和锥面两种，外接密封面型式有平面、凹凸面和榫槽面三种。

表 9-2　金属爆破片分类

型式	名称	型式	名称
正拱形	普通型 开缝型 背压托架型 加强环型 软垫型 刻槽型	反拱形	卡圈型 背压托架型 刀架型 鳄齿型 刻槽型

(2) 爆破片的设置及选用

① 独立的压力容器和（或）压力管道系统设有安全阀、爆破片装置或这两者的结合装置。

② 满足下列情况之一应优先选用爆破片；压力有可能迅速上升的；泄放介质含有颗粒、易沉淀、易结晶、易聚合和介质黏度较大者；泄放介质有强腐蚀性，使用安全阀时其造价很高；工艺介质十分昂贵或有剧毒，在工作过程中不允许有任何泄漏，应与安全阀串联使用；工作压力很低或很高时，若选用安全阀，则其制造比较困难。

③ 对于一次性使用的管路系统（如开车吹扫的管路放空系统），爆破片的破裂不影响操作和生产的场合，设置爆破片。

④ 为减少爆破片破裂后的工艺介质的损失，可与安全阀串联使用。

⑤ 作为压力容器的附加安全设施，可与安全阀并联使用，例如，爆破片用于火灾情况下的超压泄放。

⑥ 为增加异常工况（如火灾）下的泄放面积，爆破片可并联使用。

⑦ 爆破片不适用于经常超压的场合。

⑧ 爆破片不适用于温度波动很大的场合。

(3) 爆破片的泄放量和泄放面积的计算及爆破压力

根据原劳动部颁发的《压力容器安全监察规程》（劳锅字〔1990〕8 号）附录 5 的规定来

计算压力容器的安全泄放量。这部分内容在此不做详述，可以参阅相关参考书。

（4）指定温度下的爆破片爆破压力确定

① 标定设计压力　每一爆破片装置应有指定温度下的标定爆破压力，其值不得超过容器的设计压力。当爆破试验合格后，其值取试验爆破压力的算术平均值，爆破压力允差见表 9-3。

表 9-3　爆破压力允差

爆破片型式	制定爆破压力（表压）/MPa	允许偏差
正拱形	<0.2 ≥0.2	±0.010MPa（表压） ±5%
反拱形	<0.3 ≥0.3	±0.015MPa（表压） ±5%

② 爆破片制造范围　爆破片的制造范围是设计爆破压力在制造时允许变动的压力幅度，须由供需双方协商确定。在制造范围内的标定爆破压力应符合规定的爆破压力允差（见表 9-4）。当商定制造范围为零时，则标定爆破压力应是设计爆破压力。

正拱形爆破片制造范围分为标准制造范围、1/2 标准制造范围、1/4 标准制造范围，亦可以是零。爆破片制造范围见表 9-4。

表 9-4　爆破片制造范围

设计爆破压力（表压）/MPa	标准制造范围		1/2 标准制造范围		1/4 标准制造范围	
	上限（正）/MPa	下限（负）/MPa	上限（正）/MPa	下限（负）/MPa	上限（正）/MPa	下限（负）/MPa
0.08～0.16	0.028	0.014	0.014	0.010	0.008	0.004
0.17～0.26	0.036	0.020	0.020	0.010	0.010	0.006
0.27～0.40	0.045	0.025	0.025	0.015	0.010	0.010
0.41～0.70	0.065	0.035	0.030	0.020	0.020	0.010
0.71～1.0	0.085	0.045	0.040	0.020	0.050	0.010
1.1～1.4	0.110	0.065	0.060	0.040	0.040	0.020
1.5～2.5	0.160	0.085	0.080	0.040	0.040	0.020
2.6～3.5	0.210	0.105	0.100	0.030	0.040	0.025
3.6 及以上	6%	3%	3%	1.5%	1.5%	0.8%

反拱刀架（或刻槽）型爆破片制造范围按设计爆破压力的百分数计算，分为 10%、5%、0。爆破片的制造范围与爆破压力允差不同，前者是制造时相对于设计爆破压力的一个变动范围，而后者是试验爆破压力相对于标定爆破压力的变动范围。

③ 爆破片的设计爆破压力　为了使爆破片获得最佳的寿命，对于每一类型的爆破片设定的设备最高压力与最小标定爆破压力之比见表 9-5。

对于新设计的压力容器，确定最高压力之后，根据所选择的爆破片型式和表 9-6 中的比值，确定爆破片的设计爆破压力。设计爆破压力 p_b＝最小标定爆破压力 p_a＋制造范围负偏差的绝对值。根据 GB 150.1～4—2011《压力容器》，容器的设计压力为大于等于设计爆破压力加上制造范围正偏差。旧设备新安装爆破片，容器的设计压力和最高压力已知时，按选定爆破片的制造范围确定设计爆破压力，再确定合适的爆破片型式。

表 9-5 爆破片设定的设备最高压力与最小标定爆破压力之比

型别名称及代号	设备最高压力(表压) /最小标定爆破压力/%	型别名称及代号	设备最高压力(表压) /最小标定爆破压力/%
正拱普通平面型 LPA	70	正拱开缝锥面型 LKB	80
正拱普通锥面型 LPA	70	反拱刀架型 YD	90
正拱普通平面托架型 LPTA	70	反拱卡圈型 YQ	90
正拱普通锥面托架型 LPTB	70	反拱托架型	80
正拱开缝平面型 LKA	80		

思考题

1. 压力容器可能的安全隐患是什么？
2. 压力容器常用的安全附件有哪些？安全附件的作用是什么？
3. 作为压力泄放装置，安全阀和爆破片有何区别？
4. 安全阀的选择原则是什么？

第10章 >>>
化工厂安全操作与维护

 学习要点

1. 化工厂安全管理制度
2. 利用可燃性图对化工厂开、停车中置换过程的安全考虑
3. 化工单元操作安全
4. 化工工艺变更的安全管理

化工生产过程涉及的危险化学品种类多、数量大，对工艺条件要求苛刻，火灾爆炸危险性大；且由于化工生产过程工艺特点不同，同一种产品往往有多种工艺路线，而每种工艺路线使用的原料和工艺条件也不尽相同。为了使学生初步认识和了解化工生产过程中的潜在危险性，实现化工生产过程中的安全操作，本章从规章制度、单元操作过程、反应过程热危险分析、典型的危险化学反应工艺、工艺变更管理等方面介绍化工操作安全方面的知识。

10.1 化工厂安全管理制度

10.1.1 制定并遵守安全生产管理制度

制定安全生产管理制度，开展安全文化建设，使大家认识到遵守规则的必要性，从而自觉遵守规则，并且每个人都应充分认识到各自所应负的安全责任范围，意识到安全是关乎你、我、他生命安全的重大事情，并予以足够的重视。危险化学品就如同猛虎野兽一般，而在人们观赏野生动物的时候有两种方式可以获得安全，一是把动物关进笼子中，另一个是把观赏者放入封闭空间中。类比来说，使化学品处于笼子中靠的是完好的设备，把操作人员放入封闭空间靠的是制度和规范。因此，我们要懂得，不遵守安全管理制度就等同于在野生动物园不把观赏者置于封闭空间，有可能会遭到动物的侵袭一样危险。

下面列举一些安全规则。

(1) 生产岗位安全操作

化工生产岗位安全操作对于保证生产安全是至关重要的。其要点如下：

① 必须严格执行工艺技术规程，遵守工艺纪律，做到"平稳运行"；

② 必须严格执行安全操作规程；

③ 控制溢料和漏料，严防"跑、冒、滴、漏"；

④ 不得随便拆除安全附件和安全联锁装置，不准随意切断声、光报警等信号；

⑤ 正确穿戴和使用个体防护用品。

（2）化工生产的十四不准

① 加强明火管理，厂区内不准吸烟；

② 生产区不准未成年人进入；

③ 上班时间不准睡觉、干私活、离岗和干与工作无关的事；

④ 在班前、班上不准喝酒；

⑤ 不准使用汽油等易燃液体擦洗设备、用具和衣物；

⑥ 不按规定穿戴劳动保护用品，不准进入生产岗位；

⑦ 安全装置不齐全的设备不准使用；

⑧ 不是自己分管的设备、工具不准动用；

⑨ 检修设备时安全措施不落实，不准开始检修；

⑩ 停机检修后的设备，未经彻底检查，不准使用；

⑪ 未办高处作业证，不带安全带，脚手架、跳板不牢，不准登高作业；

⑫ 石棉瓦上不固定好跳板，不准作业；

⑬ 未安装触电保安器的移动电动工具，不准使用；

⑭ 未取得安全作业证的职工，不准独立作业；特殊工种职工，未经取证，不准作业。

（3）生产要害岗位管理

① 凡是易燃、易爆、危险性较大的岗位，易燃、易爆、剧毒、放射性物品的仓库，贵重机械、精密仪器场所，以及生产过程中具有重大影响的关键岗位，都属于生产要害岗位。

② 要害岗位应由保卫（防火）、安全和生产技术部门共同认定，经厂长（经理）审批，并报上级有关部门备案。

③ 要害岗位人员必须具备较高的安全意识和较好的技术素质，并由企业劳资、保卫、安全部门与车间共同审定。

④ 编制要害岗位毒物周知卡和重大事故应急救援预案，并定期组织有关单位、人员演习，提高处置突发事故的能力。

⑤ 应建立、健全严格的要害岗位管理制度。凡外来人员，必须经厂主管部门审批，并在专人陪同下经登记后方可进入要害岗位。

⑥ 要害岗位施工、检修时必须编制严密的安全防范措施，并到保卫、安全部门备案。施工、检修现场要设监护人，做好安全保卫工作，认真做好详细记录。

⑦ 易燃、易爆生产区域内，禁止使用手机，禁止摄像拍照。

10.1.2 开、停车安全操作及管理

（1）开车安全操作及管理

① 正常开车执行岗位操作法。

② 较大系统开车必须编制开车方案（包括应急事故救援预案），并严格执行。

③ 开车前应严格检查下列各项内容：

a.确认水、电、汽（气）符合开车要求，各种原料、材料、辅助材料的供应齐备；

b.阀门开闭状态及盲板抽堵情况，保证装置流程畅通，各种机电设备及电器仪表等均处在完好状态；

c.保温、保压及清洗的设备要符合开车要求，必要时应重新置换、清洗和分析，使之合格；

d.确保安全、消防设施完好，通信联络畅通，并通知消防、医疗卫生等有关部门；

e.其他有关事项。

各项检查合格后，按规定办理开车操作票，投料前必须进行分析验证。

④ 危险性较大的生产装置开车，相关部门人员应到现场。消防车、救护车处于备防状态。

⑤ 开车过程中应严格按开车方案中的步骤进行，严格遵守升降温、升降压和加减负荷的幅度（速率）要求。

⑥ 开车过程中要严密注意工艺的变化和设备的运行，发现异常现象应及时处理，紧急时应终止开车，严禁强行开车。

⑦ 开车过程中应保持与有关岗位和部门之间的联络。

⑧ 必要时停止一切检修作业，无关人员不准进入开车现场。

(2) 停车安全操作及管理

① 正常停车按岗位操作法执行；

② 较大系统停车必须编制停车方案，并严格按停车方案中的步骤进行；

③ 系统降压、降温必须按要求的幅度（速率）并按先高压后低压的顺序进行，凡须保温、保压的设备（容器），停车后要按时记录压力、温度的变化；

④ 大型传动设备的停车，必须先停主机、后停辅机；

⑤ 设备（容器）卸压时，应对周围环境进行检查确认，要注意易燃、易爆、有毒等危险化学物品的排放和扩散，防止造成事故；

⑥ 冬季停车后，要采取防冻保温措施，注意低位、死角及水、蒸汽管线、阀门、流水器和保温伴管的情况，防止冻坏设备。

(3) 紧急处理

① 发现或发生紧急情况，必须先尽最大努力妥善处理，防止事态扩大，避免人员伤亡，并及时向有关方面报告；

② 工艺及机电设备等发生异常情况时，应迅速采取措施，并通知有关岗位协调处理；必要时，按步骤紧急停车；

③ 发生停电、停水、停气（汽）时，必须采取措施，防止系统超温、超压、跑料及机电设备的损坏；

④ 发生爆炸、着火、大量泄漏等事故时，应首先切断气（物料）源，同时迅速通知相关岗位采取措施，并立即向上级报告。

10.1.3 装置的安全停车与处理

化工装置在停车过程中，要进行降温、降压、降低进料量等工作，直至切断原料、燃料的进料，然后进行设备倒空、吹扫、置换等工作。各工序和各岗位之间联系密切，如果组织不好、指挥不当、联系不周或操作失误，都将比正常运转过程中更容易发生事故。

10.1.3.1 停车前的准备工作

① 编写停车方案　在装置停车过程中，操作人员要在较短的时间内开关很多阀门和仪表，密切注意各部位的温度、压力、流量、液位的变化，因此劳动强度大，精神紧张。虽然有操作规程，但为了避免差错，还应当结合停车检修的特点和要求，制定出"停车方案"，其主要内容应包括：停车时间、停车步骤、设备管线倒空及吹扫流程、抽堵盲板系统图，还要根据具体情况制定防堵、防冻措施；对每一步骤都要有时间要求、达到的指标，并有专人负责。

② 做好检修期间的劳动组织及分工　根据每次检修工作的内容，合理调配人员，分工明确。在检修期间，除派专人与施工单位配合检修外，各岗位、控制室均应有人坚守岗位。

③ 进行大修动员　在停车检修前要进行一次大检修的动员，使每个职工都明确检修的任务、进度，熟悉停车方案，重温有关安全制度和规定，可以提高认识，为安全检修打下扎实的思想基础。

10.1.3.2 停车操作注意事项

停车方案一经确定，应严格按照停车方案确定的时间、停车步骤、工艺变化幅度，以及确认的停车操作顺序表，有秩序地进行。停车操作应注意下列事项。

① 把握好降温、降量的速度。在停车过程中，降温降量的速度不宜过快。尤其在高温条件下，温度的骤变会引起设备和管道的变形、破裂和泄漏，而易燃易爆介质的泄漏会引起着火爆炸，有毒物质泄漏会引起中毒。

② 开关阀门的操作要缓慢。尤其是在开阀门时，打开头两扣后要停片刻，使物料少量通过，观察物料畅通情况（对热物料来说，可以有一个对设备和管道的预热过程），然后再逐渐开大，直至达到要求为止。开水蒸气阀门时，开阀前应先打开排凝阀，将设备或管道内的凝液排净，关闭排凝阀后再由小到大逐渐把蒸汽阀打开，以防止蒸汽遇水造成水锤现象，产生振动而损坏设备和管道。

③ 加热炉的停炉操作应按工艺规程中规定的降温曲线逐渐减少烧嘴，并考虑到各部位火嘴熄火对炉膛降温的均匀性。

加热炉未全部熄灭或炉膛温度很高时，有引燃可燃气体危险性。此时装置不得进行排空和低点排放凝液，以免可燃气体飘进炉膛引起爆炸。

④ 高温高真空设备的停车必须先破真空，待设备内的介质温度降到自燃点以下，方可与大气相通，以防空气进入引起介质的燃爆。

⑤ 装置停车时，设备及管道内的液体物料应尽可能倒空，送出装置，可燃、有毒气体应排至火炬烧掉。对残存物料的排放，应采取相应措施，不得就地排放或排入下水道中。

10.1.3.3 抽堵盲板

化工生产中，厂际之间、装置之间、设备与设备之间都有管道相连通。停车检修的设备必须与运行系统或有物料的系统进行隔离，而这种隔离只靠阀门是不行的，因为阀门经过长期的介质冲刷、腐蚀、结垢或杂质的积存，密封性差，一旦易燃易爆、有毒、腐蚀性、高温、窒息性介质窜入检修设备中，极易导致事故发生。最保险的办法是将与检修设备相连的管道用盲板相隔离，装置开车前再将盲板抽掉。

抽堵盲板工作既有很大的危险性，又有较复杂的技术性，必须由熟悉生产工艺的人员负责，严加管理。抽堵盲板应注意以下几点：

① 根据装置的检修计划，制定抽堵盲板流程图，对需要抽堵的盲板要统一编号，注明抽堵盲板的部位和盲板的规格，并指定专人负责作业和现场监护。对抽堵盲板的操作人和监护人要进行安全教育，交代安全措施。操作前要检查设备及管道内压力是否已降下，残液是否排净。

② 要根据管道的口径、系统压力及介质的特性，制造有足够强度的盲板。盲板应留有手柄，便于抽堵和检查。有的把盲板做成∞字形，一端为盲板，另一端是开孔的，抽堵操作方便，标志明显。8字盲板，形状像8字，一端是盲板，另一端是节流环，但直径与管道的管径相同，并不起节流的作用。8字盲板使用方便，需要隔离时使用盲板端，需要正常操作时使用节流环端，同时也可用于填补管路上盲板的安装间隙。另一个特点就是标识明显，易于辨认安装状态。

③ 加盲板的位置，应在有物料来源的阀门后部法兰处，盲板两侧均应有垫片，并用螺栓把紧，以保持其严密性。

④ 抽堵盲板时要采取必要的安全措施，高处作业要搭设脚手架，系安全带。当系统中存在有毒介质时要佩戴防毒面具。若系统中有易燃易爆介质，抽堵盲板作业时，周围不得动火；用照明灯时，必须用电压小于 36V 的防爆灯；应使用铜质或其他不产生火花的器具，防止作业时产生火花；拆卸法兰螺栓时，应小心操作，防止系统内介质喷出伤人。

⑤ 做好抽堵盲板的检查登记工作。应派专人对抽堵的盲板分别逐一进行登记；并对照抽堵盲板的流程图进行检查，防止漏堵或漏抽。

10.1.3.4 置换、吹扫和清洗

为了保证检修动火和罐内作业的安全，检修前要对设备内的易燃易爆、有毒气体进行置换；对易燃、有毒液体需要在倒空后用惰性气体吹扫；积附在器壁上的易燃、有毒介质的残渣、油垢或沉积物要进行认真的清理，必要时要人工刮铲、热水煮洗等；对酸碱等腐蚀性液体及经过酸洗或碱洗过的设备，则应进行中和处理。

(1) 置换

对易燃、有毒气体的置换，大多采用蒸汽、氮气等惰性气体为置换介质，也可采用注水排气法，将易燃、有毒气体排出。对用惰性气体置换过的设备，若需进罐作业，还必须用空气将惰性气体置换掉，以防止窒息。根据置换和被置换介质密度的不同，选择确定置换和被置换介质的进出口和取样部位。若置换介质的密度大于被置换介质的密度，应由设备和管道的最低点进入置换介质，由最高点排出被置换介质，取样点宜设置在顶部及易产生死角的部位。反之，则改变其方向，以免置换不彻底。

用注水排气法置换气体时，一定要保证设备内充满水，以确保将被置换气体全部排出。置换出的易燃、有毒气体，应排至火炬或安全场所。

置换后应对设备内的气体进行分析，检测易燃易爆气体浓度和含氧量，至合格为止，氧含量≥18%，可燃气体浓度≤0.2%为合格。

(2) 吹扫

对设备和管道内没有排净的易燃有毒液体，一般采用以蒸汽或惰性气体进行吹扫的方法来清除，这种方法也叫扫线。

吹扫作业时的注意事项如下：

① 吹扫时要注意选择吹扫介质。炼油装置的瓦斯线、高温管线以及闪点低于130℃的油管线和装置内物料爆炸下限的设备、管线，不得用压缩空气吹扫。空气容易与这类物料混合成为爆炸性混合物，吹扫过程中易产生静电火花或其他明火，发生着火爆炸事故。

② 吹扫时阀门开度应小，稍停片刻，使吹扫介质少量通过，注意观察畅通情况。采用蒸汽作为吹扫介质时，有时需用胶皮软管，胶皮软管要绑牢，同时要检查胶皮软管承受压力情况，禁止这类临时性吹扫作业使用的胶管用于中压蒸汽。

③ 设有流量计的管线，为防止吹扫蒸汽流速过大及管内带有铁渣、锈、垢，损坏计量仪表内部构件，一般经由副线吹扫。

④ 机泵出口管线上的压力表阀门要全部关闭，防止吹扫时发生水击把压力表震坏。压缩机系统倒空置换原则，以低压到中压再到高压的次序进行，先倒净一段，如未达到目的而压力不足时，可由二、三段补压倒空，然后依次倒空，最后将高压气体排入火炬。

⑤ 管壳式换热器、冷凝器在用蒸汽吹扫时，必须分段处理，并要放空泄压，防止液体汽化，造成设备超压损坏。

⑥ 吹扫时要按系统逐次进行，再把所有管线（包括支路）都吹到，不能留死角。吹扫完应先关闭吹扫管线阀门，后停汽，防止被吹扫介质倒流。

⑦ 精馏塔系统倒空吹扫，应先从塔顶回流罐、回流泵倒液、关阀，然后倒塔釜、再沸器、中间再沸器液体，保持塔压一段时间，待盘板积存的液体全部流净后，由塔釜再次倒空放压。塔、容器及冷换设备吹扫之后，还要通过蒸汽在最低点排空，直到蒸汽中不带油为止，最后停汽，打开低点放空阀排空，要保证设备打开后无油、无瓦斯，确保检修动火安全。

⑧ 对低温生产装置，考虑到复工开车系统内对露点指标控制很严格，所以不采用蒸汽吹扫，而要用氮气分片集中吹扫，最好用干燥后的氮气进行吹扫置换。

⑨ 吹扫采用本装置自产蒸汽，应首先检查蒸汽中是否带油。装置内油、汽、水等有互窜的可能，一旦发现互窜，蒸汽就不能用来灭火或吹扫。

⑩ 吹扫作业应该根据停车方案中规定的吹扫流程图，按管段号和设备位号逐一进行，并填写登记表。在登记表上注明管段号，设备位号、吹扫压力、进气点、排放点、负责人等。

⑪ 吹扫结束时应先关闭物料阀，再停气，以防止管路系统介质倒回。设备和管道吹扫完毕并分析合格后，应及时加盲板与运行系统隔离。

(3) 清洗

对置换和吹扫都无法清除的油垢和沉积物，应用蒸汽、热水、溶剂、洗涤剂或酸、碱来清洗，有的还需人工铲除。这些油垢和残渣若铲除不彻底，即使在动火前分析设备内可燃气体含量合格，然而动火时由于油垢、残渣受热分解出易燃气体，也可能导致着火爆炸。清洗的方法和注意事项如下：

① 水洗　水洗适用于对水溶性物质的清洗。常用的方法是将设备内灌满水，浸渍一段时间。如有搅拌或循环泵则更好，使水在设备内流动，这样既可节省时间，又能清洗彻底。

② 水煮　冷水难溶的物质可加满水后用蒸汽煮。此法可以把吸附在垫圈中的物料清洗干净，防止垫圈中的吸附物在动火时受热挥发，造成燃爆。有些不溶于水的油类物质，经热水煮后，可能化成小液滴而悬浮在热水中随水放出。此法可以重复多次，也可在水中放入适量的碱或洗涤剂，开动搅拌器加热清洗，但搪玻璃设备不可用碱液清洗，金属设备也应注意减少腐蚀。

③ 蒸汽冲　对不溶于水、常温下不易汽化的黏稠物料，可以用蒸汽冲的办法进行清洗。

要注意蒸汽压力不宜过高，喷射速度不宜太快，防止由于摩擦产生静电。需要注意蒸汽冲过的设备还应用热水煮洗。

④ 化学清洗 对设备、管道内不溶于水的油垢、水垢、铁锈及盐类沉积物，可用化学清洗的方法除去。常用的碱洗法，除了用氢氧化钠溶液外，还可以用磷酸氢钠、碳酸氢钠并加适量的表面活性剂，在适当的温度下进行清洗。

⑤ 酸洗 是用盐酸加缓蚀剂清洗，对不锈钢及其他合金钢则用柠檬酸等有机酸清洗。有些物料的残渣可用溶剂（例如乙醇、甲醇等）清洗。

10.1.3.5 装置环境安全标准

通过各种处理工作，生产车间在设备交付检修前，必须对装置环境进行分析，达到下列标准。

① 在设备内检修、动火时，氧含量应为19%～21%，燃烧爆炸物质浓度应低于安全值，有毒物质浓度应低于最高容许浓度；

② 设备外壁检修、动火时，设备内部的可燃气体含量应低于安全值；

③ 检修场地水井、沟，应清理干净，加盖砂封，设备管道内无余压、无灼烫物、无沉淀物；

④ 设备、管道物料排空后，加水冲洗、再用氮气、空气置换至设备内可燃物含量合格，氧含量在19%～21%。

10.1.4 开、停车中置换过程的安全考虑

在开车过程中，常常需要将装置内的空气置换为系统气体，此时如果直接用系统气体置换则有可能存在一定的安全隐患；而在停车过程中，则需要将装置内的物料置换为空气，此时若直接用空气转换也会有一定安全隐患，尤其是当系统中的气体为易燃气体时隐患更大。因此可采用惰性气体置换，这被称为惰化技术。惰化技术是工程上常采用的方法，即向体系里充入惰性气体（N_2、CO_2、水蒸气或雾等）的办法把氧的浓度稀释至临界氧浓度以下，以降低发生燃爆事故的可能性，提高安全性。常使用的惰性气体种类为：氮气、二氧化碳、水蒸气等。惰化技术的理论依据是可燃性图。

10.1.4.1 可燃性图

可燃性图是用燃料、氧气和惰性气体组成的三维图，可描述可燃物质的燃烧性。可燃区域是空气线、UFL（燃烧上限）线、（燃烧下限）LFL线、LOC（临界氧浓度）和化学计量线围成的区域。

化学计量线是$100z/(1+z)$在氧气轴上的交点与顶点之间相连的直线。其中z是1mol燃料完全燃烧需要氧气的物质的量。对于甲烷，$z=2$，则$100z/(1+z)=67$。

LOC值可以由实验测得或者通过一些经验式估算得到。表10-1列出了一些物质的LOC值。可见，引入不同的惰性气体介质，燃料的LOC值也不同，如甲烷的LOC值在引入N_2的情况下为12%，在引入CO_2的情况下为14.5%。

甲烷的可燃性图如图10-1所示。在开车过程中，通常需要将系统中的空气置换为纯甲烷，此时若直接通入甲烷气体，那么组成会沿着空气线变化直至甲烷组成为100%，这样的话会穿越可燃区域，有燃烧爆炸的危险。同样，在停车过程中，如果直接通入空气置换纯甲烷气体也会穿过可燃区域。因此，比较安全的做法是在开车过程中，先通入N_2将空气置换出来，再通入甲烷气体，这样即可不经过可燃区域；同理，停车过程中，先通入N_2置换其中的甲烷气体后，再通入空气。

表 10-1　一些物质的 LOC 值　　　　　　　　单位:%（体积分数）

气体或者蒸气	N₂/空气	CO₂/空气	气体或者蒸气	N₂/空气	CO₂/空气
甲烷	12	14.5	煤油	10(150℃)	13(150℃)
乙烷	11	13.5	JP-1 燃料	10.5(150℃)	14(150℃)
丙烷	11.5	14.5	JP-3 燃料	12	14.5
正丁烷	12	14.5	JP-4 燃料	11.5	14.5
异丁烷	12	15	天然气	12	14.5
正戊烷	12	14.5	氯代正丁烷	14	—
异戊烷	12	14.5		12(100℃)	—
正己烷	12	14.5	二氯甲烷	19(30℃)	—
正庚烷	11.5	14.5		17(100℃)	—
乙烯	10	11.5	二氯乙烷	13	—
丙烯	11.5	14		11.5(100℃)	—
1-丁烯	11.5	14	三氯乙烷	14	—
异丁烯	12	15	三氯乙烯	9(100℃)	—
丁二烯	10.5	13	丙酮	11.5	14
3-甲基-1-丁烯	11.5	14	叔丁醇	NA	16.5(150℃)
苯	11.4	14	二硫化碳	5	7.5
甲苯	9.5	—	一氧化碳	5.5	5.5
苯乙烯	9.0	—	乙醇	10.5	13
乙烯	9.0	—	2-乙基丁醇	9.5(150℃)	—
乙烯基甲苯	9.0	—	乙醚	10.5	13
二乙苯	8.5	—	氢气	5	5.2
环丙烷	11.5	14	硫化氢	7.5	11.5
汽油			甲酸异丁酯	12.5	15
(73/100)	12	15	甲醇	10	12
(100/130)	12	15	乙酸甲酯	11	13.5
(115/145)	12	14.5			

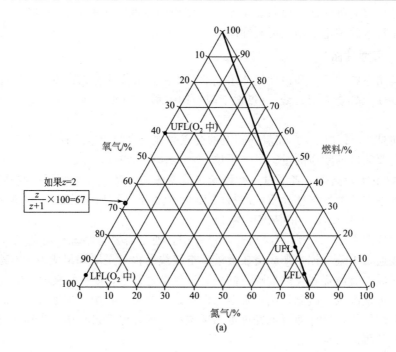

(a)

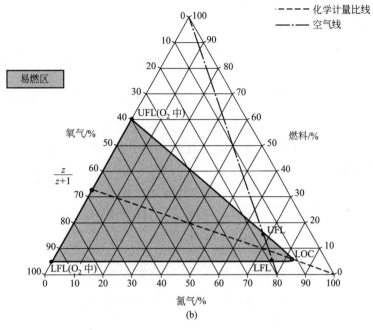

图 10-1　甲烷的可燃性图

10.1.4.2　惰化置换技术

惰化置换技术包括：真空惰化；高压惰化；真空-高压结合惰化；吹扫惰化；虹吸惰化技术。

(1) 真空惰化

如图 10-2 所示，一般是对可燃气体初始浓度为 y_0、初始压力为常压 p_H 的容器进行抽真空至压力 p_L，再充入惰性气体至压力恢复为 p_H，为一次循环；继续重复以上步骤至容器内可燃气体浓度达到预定值。置换 j 次以后，容器内的可燃气体浓度 y_j 和使用的 N_2 量为：

$$y_j = y_0 \left(\frac{n_L}{n_H} \right)^j = y_0 \left(\frac{p_L}{p_H} \right)^j$$

$$\Delta n_{N_2} = j(p_H - p_L) \frac{V}{R_g T}$$

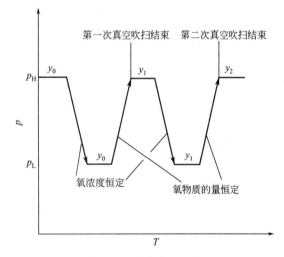

图 10-2　真空惰化示意

【例 10-1】 一个体积为 $1m^3$ 的常压储罐装满空气（25℃），采用抽真空的方法将系统压力降至 $20mmHg$，再充入 N_2 恢复至常压，反复多次后将其置换至氧气浓度低于 $1ppm$（10^{-6}）。计算至少需要多少次抽真空操作和 N_2 置换？需要的 N_2 量是多少？

解： $y_0 = 0.21$，$y_j = 1 \times 10^{-6}$，$p_H = 1atm$，

$p_L = 20/760 = 0.026atm$，那么 $y_j = y_0 (p_L/p_H)^j$，即

$$10^{-6}=0.21\times(0.026)^{j}$$

计算得到 $j=3.37$，也就是说需要 4 次即可。

$$\Delta n_{N_2}=4\times(1-0.026)\times\frac{1000}{0.08206\times298.15}=159.2mol=4.46kg$$

(2) 高压惰化

如图 10-3 所示，使用压力 p_H（绝压）的高压惰性气体，向可燃气体初始浓度为 y_0、初始压力为常压 p_L 的容器内充入高压惰性气体至压力为 p_H，再放空至常压 p_L 为一次循环；继续重复以上步骤至容器内可燃气体浓度达到预定值。置换 j 次以后，容器内的可燃气体浓度 y_j 和使用的 N_2 量为：

$$y_j=y_0\left(\frac{n_L}{n_H}\right)^{j}=y_0\left(\frac{p_L}{p_H}\right)^{j}$$

$$\Delta n_{N_2}=j(p_H-p_L)\frac{V}{R_gT}$$

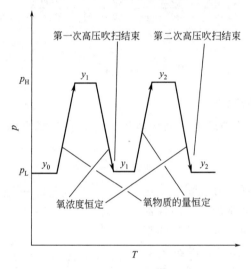

图 10-3 高压惰化示意

【例 10-2】 一个体积为 $1m^3$ 的常压储罐装满空气（25℃），采用绝压为 6.5atm 的 N_2 将其置换至氧气浓度低于 1ppm。计算至少需要多少次高压 N_2 置换操作？需要的 N_2 量是多少？与上述真空置换比较一下。

解：$y_j=10^{-6}=0.21\times(1/6.5)^{j}$，那么 $j=6.6$ 即至少需要 7 次高压 N_2 冲洗。

$$N_2\ 用量=7\times(6.5-1)\times\frac{1000}{0.08206\times298.15}=1573.6mol=44.06kg$$

与上述真空置换相比，高压 N_2 置换需要 44.06kg N_2，且需要置换的次数较多；而真空置换只需要 4.46kg N_2，置换次数仅为 4 次。尽管高压吹扫比真空置换需要更多次数和更多的 N_2，但是高压吹扫一般更快速，也更安全。真空置换需要的装置烦琐，且有时会出现将装置抽瘪的危险，所以可能的情况下，优先选择高压置换。

(3) 吹扫惰化

在不具备高压惰化和真空惰化的情况下或者设备不耐压的场合，可以采用吹扫惰化。吹扫惰化是将惰性气体在常压下以一定流量通过系统，将系统中的气体置换出来，通过分析气体组成，确定惰化过程何时完成。

惰化技术常用于以下场合：

① 易燃固体物质的粉碎、筛选处理及其粉末输送时，采用惰性气体进行覆盖保护；

② 处理可燃易爆的物料系统，在进料前，用惰性气体进行置换，以排除系统中原有的气体，防止形成爆炸性混合物；

③ 易燃液体利用惰性气体充压输送；

④ 在有爆炸性危险的生产场所，对有引起火灾危险的电器、仪表等采用充氮正压保护；

⑤ 含有易燃易爆系统的大型装置检修动火前，使用惰性气体进行吹扫置换。

10.1.5 化工装置检修

(1) 化工装置检修分类

化工装置和设备的检修可分为计划内检修和计划外检修。

① 计划内检修　计划内检修指企业根据设备管理、使用的经验以及设备状况，制定设备检修计划，对设备进行有组织、有准备、有安排的检修。根据检修内容、周期和要求的不同，计划检修又可分为大修、中修、小修。由于装置为设备、机器、公用工程的综合体，因此装置检修比单台设备（或机器）检修要复杂得多。

② 计划外检修　计划外检修又称故障检修或者事故检修，它是指在生产过程中突然发生故障或事故，必须进行不停车或停车检修。这种检修事先难以预料，无法安排检修计划，而且要求检修时间比较短，检修质量高，检修的环境及工况复杂，故难度相当大。当然计划外检修随着日常的保养、检测管理技术和预测技术的不断完善和发展，必然会日趋减少，但在目前的化工生产中，仍然是不可避免的。

(2) 化工装置检修的特点

化工生产装置检修与其他行业的检修相比，具有复杂性、频繁性、危险性大的特点。

化工检修的复杂性：由于化工生产装置中使用的化工设备、机械、仪表、管道、阀门等，种类多，数量大，结构和性能各异，而检修中由于受到环境、气候场地的限制，有些要在露天作业，有些要在设备内作业，有些要在地坑或井下作业，有时还要上、中、下立体交叉作业。并且检修内容多、工期紧、工种多，所有这些都意味着化工装置检修的复杂性。

化工检修的频繁性：所谓频繁是指计划检修、计划外检修的次数多；化工生产的复杂性，再加上数量繁多的化工生产装置，这就决定了化工检修的频繁性。

化工检修的危险性：化工生产的危险性决定了化工检修的危险性，再加上化工生产装置和设备复杂，化工设备和管道中的物质大多具有易燃、易爆、有毒等特点，检修作业又离不开动火、动土、限定空间等作业，客观上具备了发生火灾、爆炸、中毒、化学灼伤、高处坠落、物体打击等事故的条件。

为了确保检修人员在检修工作中的安全，要求从事检修作业的人员具有丰富的知识和技术，熟悉和掌握不同设备的结构、性能和特点。

(3) 检修前的安全要求

① 外来检修施工单位应具有国家规定的相应资质，并在其等级许可范围内开展检修施工业务。

② 在签订设备检修合同时，应同时签订安全管理协议。

③ 根据设备检修项目的要求，检修施工单位应制定设备检修方案，检修方案应经设备使用单位审核。检修方案中应有安全技术措施，并明确检修项目安全负责人。检修施工单位应指定专人负责整个检修作业过程的具体安全工作。

④ 检修前，设备使用单位应对参加检修作业的人员进行安全教育，安全教育主要包括以下内容：有关检修作业的安全规章制度；检修作业现场和检修过程中存在的危险因素和可能出现的问题及相应对策；检修作业过程中所使用的个体防护器具的使用方法及使用注意事项；相关事故案例和经验、教训。

⑤ 检修现场应根据 GB 2894 的规定设立相应的安全标志。

⑥ 检修项目负责人应组织检修作业人员到现场进行检修方案交底。

⑦ 检修前施工单位要做到检修组织落实、检修人员落实和检修安全措施落实。

⑧ 当设备检修涉及高处、动火、动土、断路、吊装、抽堵盲板、受限空间等作业时，须遵守以下规范：

GB 30871—2022《危险化学品企业特殊作业安全规范》。

⑨ 临时用电应办理用电手续，并按规定安装和架设。

⑩ 设备使用单位负责设备的隔绝、清洗、置换，合格后交出。

⑪ 检修项目负责人应与设备使用单位负责人共同检查，确认设备、工艺处理等满足检修安全要求。

⑫ 应对检修作业使用的脚手架、起重机械、电气焊用具、手持电动工具等各种工器具进行检查；手持式、移动式电气工器具应配有漏电保护装置。凡不符合作业安全要求的工器具不得使用。

⑬ 对检修设备上的电器电源，应采取可靠的断电措施，确认无电后在电源开关处设置安全警示标牌或加锁。

⑭ 对检修作业使用的气体防护器材、消防器材、通信设备、照明设备等应安排专人检查，并保证完好。

⑮ 对检修现场的梯子、栏杆、平台、箅子板、盖板等进行检查，确保安全。

⑯ 对有腐蚀性介质的检修场所应备有人员应急用冲洗水源和相应防护用品。

⑰ 对检修现场存在的可能危及安全的坑、井、沟、孔洞等应采取有效防护措施，设置警告标志，夜间应设警示红灯。

⑱ 应将检修现场影响检修安全的物品清理干净。

⑲ 应检查、清理检修现场的消防通道、行车通道，保证畅通。

⑳ 需夜间检修的作业场所，应设满足要求的照明装置。

㉑ 检修场所涉及的放射源，应事先采取相应的处置措施，使其处于安全状态。

(4) 检修作业中的安全要求

① 参加检修作业的人员应按规定正确穿戴劳动保护用品。

② 检修作业人员应遵守本工种安全技术操作规程。

③ 从事特种作业的检修人员应持有特种作业操作证。

④ 多工种、多层次交叉作业时，应统一协调，采取相应的防护措施。

⑤ 从事有放射性物质的检修作业时，应通知现场有关操作、检修人员避让，确认好安全防护间距，按照国家有关规定设置明显的警示标志，并设专人监护。

⑥ 夜间检修作业及特殊天气的检修作业，须安排专人进行安全监护。

⑦ 当生产装置出现异常情况可能危及检修人员安全时，设备使用单位应立即通知检修

人员停止作业，迅速撤离作业场所。经处理，异常情况排除且确认安全后，检修人员方可恢复作业。

（5）检修结束后的安全要求

① 因检修需要而拆移的盖板、箅子板、扶手、栏杆、防护罩等安全设施应恢复其安全使用功能；

② 检修所用的工器具、脚手架、临时电源、临时照明设备等应及时撤离现场；

③ 检修完工后所留下的废料、杂物、垃圾、油污等应清理干净。

在检修过程中，安全检查人员要到现场巡回检查，检查各检修现场是否认真执行安全检修的各项规定，发现问题要及时纠正、解决。如有严重违章者，安全检查人员有权令其停止作业，并用统计表的形式公布各单位安全工作的情况、违章次数，进行安全检修评比。

10.2 化工厂单元操作安全

化工厂中所有产品的生产过程均是由多个不同的单元操作（主要是化工生产过程中的物理过程）和化学反应过程组合而成，而单元操作的设备费和操作费一般可占到 $80\%\sim90\%$，可见单元操作在化工生产中占有多么重要的地位。因此，化工厂安全操作中单元操作的安全至关重要，下面简要介绍一下不同单元操作的安全技术措施。

10.2.1 物料输送

在化工生产过程中，经常需要将原材料、中间产品、最终产品以及副产品或废弃物从一个工序输送到另一个工序，这个过程就是物料输送。根据输送物料的形态不同（粉态、液态、气态等），要采取的输送设备也是不同的，所要求的安全技术也不同。其安全技术措施如下：

（1）固体物料和粉状物料输送

① 人的行为　对输送设备进行润滑加油和清扫工作，这是操作者致伤的主要机会。防止措施是按操作规程要求进行维护，规范劳保穿戴、女员工要避免长头发外露。

② 设备对操作者造成严重危险的部位　皮带与皮带轮、齿轮与齿轮、齿轮与链带相吻合的部位，对这些部位要按规范要求加装防护装置并严禁随意拆卸。

③ 防止堵塞　防止固体物料在供料处、转弯处、有位错或焊缝突起等障碍处黏附管壁，最终造成管路堵塞；输料管径突然扩大或物料在输送状态下突然停车时，也容易造成堵塞。

④ 防止静电和粉尘爆炸　固体物料与管壁或皮带发生摩擦会产生静电，因此管道和设备要有可靠的接地，注意除尘，防止静电引起燃烧或粉尘爆炸。

（2）液态物料输送

① 正确使用并开启输送所使用的泵，防止发生意外；

② 输送可燃液体时，管内流速不应大于安全流速，管道要有可靠的接地和跨接措施，

防止静电引起燃烧；

③ 填料函的松紧适度，运行系统轴承有良好的润滑，以免轴承过热燃烧；

④ 联轴节处要安装防护罩，防止电机的高速运转绞伤。

（3）气态物料输送

气体与液体的不同之处是，气体具有可压缩性，在其输送过程中有压力、体积和温度的变化，因此，安全上应主要考虑在操作条件下气体的燃烧爆炸危险性。

10.2.2　熔融和干燥

10.2.2.1　熔融

是指温度升高时，分子热运动的动能增大，导致结晶破坏，物质由晶相变为液相的过程。其安全技术措施有：

（1）熔融物料的危险性质

熔融过程的碱，可使蛋白质变为胶状碱蛋白的化合物，又可使脂肪变为胶状皂化物质，所以碱灼伤比酸具有更强的渗透能力，且深入组织较快，因此碱灼伤要比酸灼伤更为严重。

（2）熔融物的杂质

碱和硫酸盐中含有无机盐杂质，应尽量除去。否则，其无机盐杂质不熔融而呈块状残留于反应物内，块状杂质阻碍反应物质的混合，并能使局部过热、烧焦，致使熔融物喷出烧伤操作人员，因此必须经常去除杂质。

（3）物质的黏稠程度

为使熔融物具有较好的流动性，可用水将碱适当稀释，当氢氧化钠或氢氧化钾有水存在时，其熔点就显著降低，从而可以使熔融过程在危险性较小的低温下进行。

（4）碱熔设备

熔融过程是在 150～350℃下进行的，一般采用烟道气加热，也可采用油浴或金属浴加热，如果使用煤气加热，应注意煤气的泄漏可能会引起爆炸或中毒。对于加压熔融的操作设备，应安装压力表、安全阀和排放装置。

10.2.2.2　干燥

按加热方式分为对流干燥、传导干燥、辐射式干燥和介电加热式干燥，其安全技术措施如下：

（1）对流干燥

① 严格控制干燥温度　为防止出现局部过热造成物料分解以及易燃蒸气逸出或粉尘逸出，引起燃烧爆炸，干燥操作时要严格控制温度。

② 严格控制干燥气流速度　在对流干燥中，由于物料相互运动发生碰撞、摩擦易产生静电，容易引起干燥过程所产生的易燃气体和粉尘与空气混合发生爆炸。因此，干燥操作时应严格控制干燥气流速度，并安装设置良好的接地装置。

③ 严格控制有害杂质　对于干燥物料中可能含有自燃点很低或其他有害杂质，在干燥前应彻底清除，防止在干燥前发生危险。

④ 定期清理死角积料　为防止积料长时间受热发生变化引起事故，应定期对干燥设备中的死角进行清理；清理应在停车状态下进行，并按检修要求进行安全清理。

(2) 传导干燥

传导干燥设备主要有滚筒干燥器和真空干燥器。

1) 滚筒干燥器操作注意事项

① 要适当调整刮刀与筒壁间隙，牢牢固定刮刀，防止产生撞击火花；

② 用烟道气加热的干燥过程中，应注意加热均匀，不可断料，不可中途停止运转。

2) 真空干燥器注意事项

① 真空干燥适合干燥易燃、易爆的物料；

② 真空条件下，易燃液体蒸发速度快，干燥温度可适当控制低一些，防止由于高温引起物料局部过热和分解；

③ 真空条件下，一定要先降低温度才能通入空气，以免引起火灾爆炸。

10.2.3 蒸发和蒸馏

10.2.3.1 蒸发

借加热作用使溶液中所含溶剂不断汽化、不断被除去，以提高溶液中溶质浓度或使溶质析出，使挥发性溶剂与不挥发性溶质分离的物理操作过程。其安全技术措施为：

① 对腐蚀性溶液的蒸发处理　有的设备需要采用特种钢材制造。

② 对热敏性物质处理　防止热敏性物质分解，采用真空蒸发的方法，降低蒸发温度，或使溶液在蒸发器里停留时间和与加热面接触时间尽量短，可采用单程循环、高速蒸发。

③ 严格控制蒸发温度　操作中要按工艺要求严格控制蒸发温度，防止结晶、沉淀和污垢的产生，因此对加热部分需经常清洗。

④ 保证蒸发器内液位　一旦蒸发器内溶液被蒸干，应停止供热，待冷却后，再加料开始操作。

10.2.3.2 蒸馏

蒸馏是借液体混合物各组分挥发度的不同，使其分离为纯组分的操作，它广泛用于化工生产中。可分为真空蒸馏、常压蒸馏、加压蒸馏。

(1) 真空蒸馏 (减压蒸馏)

真空蒸馏是一种比较安全的蒸馏方法。对于沸点较高而在高温下蒸馏时又能引起分解、爆炸或聚合的物质，采用真空蒸馏较为合适。其安全技术措施：

① 保证系统密闭　蒸馏过程中，一旦吸入空气，很容易引起燃烧爆炸事故。因此，减压（真空）蒸馏系统所用的真空泵应安装单向阀，防止突然停泵造成空气倒吸入设备。

② 保证开车的安全　减压（真空）蒸馏系统开车时，应先开真空泵，然后开塔顶冷却水，最后开再沸蒸汽。否则，液体会被吸入真空泵，可能引起冲料，引起爆炸。

③ 保证停车的安全　减压（真空）蒸馏系统停车时，应先冷却，然后通入氮气吹扫置换，再停真空泵。

(2) 常压蒸馏

主要用于分离中等挥发度（沸点 100℃ 左右）的液体。其安全技术措施为：

① 正确选择再沸热源　蒸馏操作一般不采用明火作热源，应采用水蒸气或过热水蒸气较为安全。

② 注意防腐和密闭 为防止易燃液体或蒸气泄漏，引起火灾爆炸，应保证系统的密闭性；对于蒸馏有腐蚀性的液体，应防止塔壁、塔板等被腐蚀，以免引起泄漏。

③ 防止冷却水漏入塔内 对于高温蒸馏系统，一定要防止塔顶冷凝器的冷却水突然漏入蒸馏塔内。

④ 防止堵塔 常压蒸馏操作中，还应防止因液体所含高沸物或聚合物凝结造成塔塞，使塔压升高引起爆炸。

⑤ 保证塔顶冷凝 塔顶冷凝器中的冷却水不能中断。否则，未凝易燃蒸气逸出可能引起燃烧。

（3）加压蒸馏

对于常压下沸点低于30℃的液体，应采用加压蒸馏操作。常压操作的安全要求也适用于加压蒸馏。加压蒸馏的缺点是：气体或蒸气更容易从装置的不严密处泄漏，极易造成燃烧、中毒的危险。其安全技术措施：

① 严格地进行气密性和耐压试验检查，并应安装安全阀、温度和压力调节、控制装置。

② 防静电和雷。对不易导电液体，应将蒸馏设备、管道良好接地。室外蒸馏塔应安装避雷装置。

③ 在石油产品的蒸馏中，应将安全阀的排气管与火炬系统相接，安全阀起跳即可将物料排入火炬烧掉。

④ 保证系统密闭。加压操作中，气体或蒸气容易向外泄漏，设备必须保证很好的密闭性。

⑤ 严格控制压力和温度。为防止冲料等事故发生，必须严格控制蒸馏压力和温度，并应安装安全阀。

10.2.3.3 蒸发及蒸馏的热源

安全技术措施如下。

（1）直接火加热

直接火加热温度不易控制，可能造成局部过热烧坏设备，由于加热不均匀易引起易燃液体蒸气的燃烧爆炸。

（2）水蒸气、热水加热

对于易燃、易爆物质，采用水蒸气或热水加热是比较安全的。用水蒸气或热水加热时，应定期检查蒸汽夹套和管道的耐压强度，并应装设压力计和安全阀，以免容器或管道炸裂。

（3）载体加热

载体加热中所用载体种类很多，通常应用的有油类、联苯、二苯醚、无机盐等。使用有机载热体可使加热均匀，并能获得较高的温度。

加热的方法有：

① 用直接火通过充油夹套进行加热；

② 最有实用价值的是使用联苯和二苯醚的低熔点混合物，即二苯混合物（二苯醚73.5%，联苯26.5%）作为载热体进行加热；

③ 使用无机载热体加热；

④ 电加热：电加热比较安全，且易控制和调节温度，一旦发生事故，可迅速切断电源。采用电炉加热易燃物质时，应采用封闭式电炉，电炉丝与被加热的器壁应有良好的绝缘，以防短路击穿器壁，使设备内易燃物质漏出，从而产生气体或蒸气导致着火、爆炸。

10.2.4 冷却、冷凝和冷冻

10.2.4.1 冷却和冷凝

冷却与冷凝过程广泛应用于化工生产中反应产物后处理和分离过程。冷却与冷凝的区别仅在于有无相变，操作基本是一样的。其安全技术措施有：

① 根据被冷却物料的温度、压力、理化性质及工艺条件，正确选择冷却设备和冷却剂；

② 开车前必须首先清除冷凝器中的积液，再打开冷却水，然后才能通入高温物料；

③ 对于腐蚀性物料的冷却，要选用耐腐蚀材料的冷却设备；

④ 排空保护，为保证不凝性可燃气体安全排空，可充氮保护；

⑤ 严格注意冷却设备的密闭性，不允许物料窜入冷却剂中，也不允许冷却剂窜入被冷却的物料中（特别是酸性气体）；

⑥ 冷却冷凝介质不能中断，冷却冷凝过程中，冷却剂不能中断，以冷却水控制温度时，最好采用自动调节装置；

⑦ 检修冷凝、冷却器，应彻底清洗、置换，切勿带料焊接。

10.2.4.2 冷冻

冷冻操作的实质是不断地由低温物体（被冷冻物）取出热量并传给高温物质（水或空气），以使被冷冻的物料温度降低。热量由低温物体到高温物体这一传递过程由冷冻剂来实现。

(1) 冷冻剂使用安全技术措施

1）氨

适用范围：氨适用于温度范围为－65～10℃的大、中型制冷机中。

优点：①氨在大气压下沸点为－33.5℃，冷凝压力不高，它的汽化潜热和单位质量冷冻能力均远超过其他冷冻剂，因此所需氨的循环量小，操作压力低；②与润滑油不互溶，对铁、铜无腐蚀作用；③价格便宜，易得到；④一旦泄漏易觉察。

缺点：①氨有毒，有强烈的刺激性和可燃性，与空气混合时有爆炸危险；②当氨中有水时，对铜或铜合金有腐蚀作用。

注意：氨压缩机里不能使用铜及其合金的零件。

2）氟利昂

适用范围：过去一直使用在电冰箱一类的制冷装置。

优点：①氟利昂无味不燃，同空气混合无爆炸危险；②对金属无腐蚀。

缺点：①汽化潜热比氨小，用量大，循环量大，实际消耗大；②价格昂贵；③因对大气臭氧层的破坏作用而被国际社会禁用。

3）二氧化碳

适用范围：船舶冷冻装置中广泛使用。

优点：①单位体积制冷能力最大；②密度大、无毒、无腐蚀、使用安全。

缺点：二氧化碳冷凝时操作压力过高，一般为 6000～8000kPa；蒸气压力不能低于 30kPa，否则二氧化碳将固态化。

4）碳氢化合物

适用范围：在石油化学工业中，常用乙烯、丙烯为冷冻剂进行裂解气的深冷分离。

优点：①凝固点低；②无臭，丙烷无毒；③对金属不腐蚀，且蒸发温度范围较宽。

缺点：①具有可燃、易爆性；②乙烷、乙烯、丙烯有毒。

（2）载冷体

用来将制冷装置的蒸发器中所产生的冷量传递给被冷却物体的媒介物质或中间物质。

1）水

适用范围：在空调系统中被广泛应用。

优点：①比热容大；②腐蚀性小、不燃烧、不爆炸、化学性能稳定等。

缺点：水的凝固点为0℃，因而只能用作蒸发温度为0℃以上的制冷循环，故在空调系统中被广泛应用。

2）盐水溶液（冷冻盐水）

适用范围：用作中低温制冷系统的载冷体，其中用得最广的是氯化钠水溶液，氯化钠水溶液一般适用于食品工业的制冷操作中。冻结温度取决于其浓度，浓度增大则冻结温度下降。而当操作温度达到或接近冻结温度时，制冷系统的管道、设备将发生冻结现象，严重影响设备的正常运行。因此，需要合理选择盐水溶液浓度，以使冻结温度低于操作温度，一般使盐水溶液冻结温度比系统中制冷剂蒸发温度低10～13℃。

使用冷冻盐水作载冷体注意事项：

① 所用冷冻盐水的浓度应较所需的浓度大，否则有冻结现象产生，使蒸发器蛇管外壁结冰，严重影响冷冻机的正常操作；

② 一般采用封闭式盐水系统，并在盐水中加入少量的铬酸钠、重铬酸钠或其他缓蚀剂，以减缓腐蚀作用；

③ 使用时应尽量先除去盐水中的杂质（如硫酸钠等），这样也可大大减少盐水的腐蚀性。

3）有机溶液

适用范围：有机载冷体的凝固点都低，适用于低温装置。

有机溶液一般无腐蚀性、无毒，化学性质比较稳定。如乙二醇、丙三醇溶液，甲醇、乙醇、三氯乙烯、二氯甲烷等均可作为载冷体。

（3）冷冻机

一般常用的压缩冷冻机由压缩机、冷凝器、蒸发器与膨胀阀四个基本部分组成，在使用氨冷冻压缩机时应注意：

① 采用不发生火花的电气设备；

② 在压缩机出口方向，应在气缸与排气阀间设一个能使氨气通到吸入管的安全装置，以防压力超高；

③ 易于污染空气的油分离器应设于室外，压缩机要采用低温不冻结且不与氨发生化学反应的润滑油；

④ 制冷系统压缩机、冷凝器、蒸发器以及管路系统，应注意其耐压程度和气密性，防止设备、管路产生裂纹。同时要加强安全阀、压力表等安全装置的检查、维护；

⑤ 制冷系统因发生事故或停电而紧急停车时，应注意被冷物料的排空处理；

⑥ 装有冷料的设备及容器，应注意其低温材质的选择，防止低温脆裂。

10.2.5　筛分和过滤

10.2.5.1　筛分

在化工生产中，将固体原材料、产品进行颗粒分级，而这种分级一般是通过筛选办法实现的。筛选按其固体颗粒度（块度）分级，选取符合工艺要求的粒度，这个操作过程称为筛分。其安全技术措施有：

① 筛分过程中，粉尘如有可燃性，须注意因碰撞和静电而引起的粉尘燃烧爆炸；若粉尘具有毒性、吸水性或腐蚀性，须注意呼吸器官及皮肤的保护，以防引起中毒或皮肤伤害；

② 要加强检查，注意筛网的磨损和筛孔堵塞、卡料，以防筛网损坏和混料；

③ 筛分操作是大量扬尘过程，在不妨碍操作、检查的前提下，应将其筛分设备最大限度地进行密闭；

④ 筛分设备的运转部分应加防护罩以防绞伤人体；

⑤ 振动筛会产生大量噪声，应采用隔离等消声措施。

10.2.5.2　过滤

在生产中将悬浮液中的液体与悬浮固体颗粒有效地分离，一般采用过滤方法。过滤操作是使悬浮液在重力、真空、加压及离心力作用下，通过多孔物料层，而将固体截留下来的方法。其安全技术措施有：

(1) 加压过滤

最常用的是板框压滤机。操作时应注意几点：

① 当压滤机散发有害和爆炸性气体时，要采用密闭式过滤机，并以压缩空气或惰性气体保持压力；取滤渣时，应先放释放压力，否则会发生事故。

② 防静电　为防静电，压滤机应有良好的接地装置。

③ 做好个人防护　卸渣和装卸板框如需要人力操作，作业时应注意做好个人防护，避免发生接触伤害等。

(2) 真空过滤

① 防静电　抽滤开始时，滤速要慢，经过一段时间后，再慢慢提高滤速。真空过滤机应有良好的接地装置。

② 防止滤液蒸气进入真空系统　在真空泵前应设置蒸气冷凝回收装置。

(3) 离心过滤

最常用的是三足离心机。操作时应注意：

① 腐蚀性物料处理　不应采用铜制转鼓，而应采用钢质衬铝或衬硬橡胶的转鼓。

② 注意离心机选材与安装　转鼓、盖子、外壳及底座应使用韧性材料，对于负荷轻的（50kgf 以内）转鼓，可用铜制造。安装时应用工字钢或槽钢制成金属骨架，并注意内外壁间隙以及转鼓与刮刀的间隙。

③ 防止剧烈振动　离心机过滤操作中，当负荷不均匀时会发生剧烈振动，造成轴承磨损、转鼓撞击外壳而引发事故，因此设备应有减振装置。

④ 限制转鼓转速　以防止转鼓承受高压而引起爆炸。在有爆炸危险的生产中，最好不使用离心机而采用转鼓式、带式真空过滤机。

⑤ 防止杂物落入　当离心机无盖时，工具和其他杂物容易落入其中，并可能以高速飞

出，造成人员伤害；有盖时应与离心机启动联锁。

⑥ 严禁不停车清理　不停车或未停稳进行器壁清理，工具会脱手飞出，使人致伤。

（4）连续式过滤机

连续式过滤机循环周期短，能自动洗涤和自动卸料，其过滤速度较间歇式过滤机高，且操作人员脱离与有毒物料的接触，因而较为安全。故连续式过滤比间歇式过滤安全。

（5）间歇式过滤机

间歇式过滤机由于卸料、拆装过滤机、加料等各项辅助操作的经常重复，所以较连续式过滤周期长，且操作人员劳动强度大，直接接触毒物，因此不安全。

10.2.6　粉碎和混合

（1）粉碎

化工生产中，采用固体物料作反应原料或催化剂，为增大表面积，经常要进行固体粉碎或研磨操作。将大块物料变成小块物料的操作称为粉碎，将小块变成粉末的操作称为研磨。其安全技术措施有：

① 系统密闭、通风。粉碎研磨设备必须要做好密闭工作，同时操作环境要保持良好的通风，必要时可装设喷淋设备。

② 系统的惰性保护。为确保易燃易爆物质粉碎研磨过程的安全，密闭的研磨系统内应通入惰性气体进行保护。

③ 系统内摩擦。对于进行可燃、易燃物质粉碎研磨的设备，应有可靠的接地和防爆装置，要保持设备良好的润滑状态、防止摩擦生热和产生静电，引起粉尘燃烧爆炸。

④ 运转中的破碎机严禁检查、清理、调节、检修。

⑤ 破碎装置周围的过道宽度必须大于 1m；操作台必须坚固，操作台与地面高度 1.5～2.0m，台周边应设高 1m 安全护栏；破碎机加料口在与地面一般平齐或低于地面不到 1mm 的位置均应设安全格子。

⑥ 为防止金属物件落入破碎装置，必须装设磁性分离器。

⑦ 可燃物研磨后，应先冷却，再装桶，以防发热引起燃烧。

（2）混合

两种以上物料相互分散而达到温度、浓度以及组成一致的操作称为混合。混合分液态与液态物料混合、固态与液态物料混合和固态与固态物料的混合，而固态混合分为粉末、散粒的混合。其安全技术措施有：

① 根据物料性质（如腐蚀性、易燃易爆性、粒度、黏度等）正确选用设备。

② 桨叶强度与转速。桨叶强度要高，安装要牢固，桨叶的长度不能过长，搅拌转速不能随意提高，否则容易导致电机超负荷、桨叶折断以及物料飞溅等事故。

③ 设备密闭。对于混合能产生易燃易爆或有毒物质的过程，混合设备应保证很好的密闭，并充入惰性气体进行保护。

④ 防静电。对于混合易燃、可燃粉尘的设备，应有很好的接地装置，并应在设备上安装爆破片。

⑤ 搅拌突然停止。由于负荷过大导致电机烧坏或突然停电造成的搅拌停止，会导致物料局部过热，引发事故。

⑥ 混合设备不允许落入金属物件，以防卡住叶片，烧毁电机。

⑦ 设置超负荷停车装置。

⑧ 检修安全。机械搅拌设备检修时，应切断电源并在电闸处明示或派专人看守。

10.3 化学反应工艺操作安全

10.3.1 国家重点监管的 18 种化工工艺

化工工艺过程的根本目的和特点就是通过物质转化制备新的物质，一般包括原料处理、化学反应和产品精制过程。其中原料处理和产品精制过程一般需要一系列单元操作如物料粉碎与筛分、输送、精馏、萃取等来完成，这些过程均需要在特定的设备中、在一定的条件下完成所要求的化学的和物理的转变。处于不同单元、不同运行模式（间歇、半间歇、连续）以及不同内外部激励条件下的物料的行为是不一样的，其安全特点也是千差万别。但是，毫无疑问，这些过程大多是物理过程，即没有新物质的生成，而反应过程是所有化工单元中风险最大的单元之一。在反应过程中，存在着诸多潜在的危险源，可以引起中毒、火灾和爆炸等安全事故。国家安全生产监督管理总局分两批编制的《首批重点监管危险化工工艺目录》和《首批重点监管危险化工工艺安全控制要求、重点监管参数及推荐的控制方案》列出了光气及光气化工艺、电解工艺（氯碱）、氯化工艺、硝化工艺、合成氨工艺、裂解（裂化）工艺、氟化工艺、加氢工艺、重氮化工艺、氧化工艺、过氧化工艺、胺基化工艺、磺化工艺、聚合工艺、烷基化工艺共 15 类危险化工工艺；《第二批重点监管的危险化工工艺目录》和《第二批重点监管危险化工工艺重点监控参数、安全控制基本要求及推荐的控制方案》列出了新型煤化工工艺、电石生产工艺、偶氮化工艺 3 类危险化工工艺，针对每种工艺的安全控制要求、重点监控参数及推荐的控制方案等可以查阅相关书籍，本书 4.3 节对这 18 种工艺及其危险性进行了简要叙述。

10.3.2 化学反应过程危险分析

与上一节介绍的单元操作过程安全特点不同的是，反应过程中随着时间和空间位置的变化，可变化参数和因素更多，尤其对于放热反应，一些参数的变化可能导致温度上升和反应失控，从而使得化工设备因为超出其安全负荷而造成物料的泄漏，引发危险事故。本节针对反应过程的危险和评估进行如下分析。

10.3.2.1 化学反应过程热危险分析

化学反应过程的热危险分析不仅涉及热风险评估的理论、方法及实验技术，涉及目标反应（Desired Reactions）在不同类型反应器中按不同温度控制模式进行反应的热释放过程以及工业规模情况下使反应受控的技术，还涉及目标反应失控后导致物料体系的分解（称为二次分解反应）及其控制技术等。以下主要介绍化工过程热风险评估的基本概念、基本理论以及评估方法与程序。

（1）化学反应的热效应

1）反应热

精细化工行业中的大部分化学反应是放热的。一旦发生事故，能量的释放量与潜在的损失有着直接的关系。因此，反应热是其中的一个关键数据，这些数据是工业规模下进行化学反应热风险评估的依据。用于反应热的参数有：摩尔反应焓 ΔH_r（kJ/mol）、比反应热 Q_r'（kJ/kg）。比反应热是与安全有关的具有重要实用价值的参数。比反应热和摩尔反应焓的关系如下：

$$Q_r' = \rho^{-1} c(-\Delta H_r) \tag{10-1}$$

式中，ρ 为反应物的密度，kg/m³；c 为反应物的浓度，mol/m³；ΔH_r 为摩尔反应焓，kJ/mol。

反应热取决于反应物的浓度 c。反应焓随着操作条件的不同会在很大范围内变化。例如，根据磺化剂的种类和浓度的不同，磺化反应的反应焓是 $-60 \sim -150$kJ/mol。因此，建议尽可能根据实际条件测量反应热。

2）分解热

分解热通常比一般的反应热数值大，但比燃烧热低。

分解产物往往未知或者不易确定，这意味着很难由标准生成焓估算分解热。

3）热容与比热容

热容 c_p，J/K；比热容 c_p'，kJ/(kg·K)。

相对而言，水的比热容较高，无机化合物的比热容较低，有机化合物比较适中；混合物的比热容可以根据混合规则由不同化合物的比热容估算得到；比热容随着温度升高而增加。它的变化通常用多项式（维里方程，Virial Equation）来描述：

$$c_p'(T) = c_{p0}'(1 + aT + bT^2 + \cdots) \tag{10-2}$$

对于凝聚相物质，比热容随温度的变化较小。此外，当出现疑义或出于安全考虑，比热容应当取较低值，这样温度效应可以忽略。并且通常采用在较低工艺温度下的热容值进行绝热温升的计算。

4）绝热温升

绝热温升是指反应体系不与外界交换能量，此时，反应所释放的全部能量均用来提高体系自身的温度。因此，温升与释放的能量成正比。利用绝热温升来评估失控反应的严重度是一个比较直观的方法，也是比较常用的判据。

$$\Delta T_{ad} = \frac{(-\Delta H_r)c_{A0}}{\rho c_p'} = \frac{Q_r'}{c_p'} \tag{10-3}$$

式中　ΔT_{ad}——绝热温升，K；

　　　c_{A0}——物料 A 的初始浓度，mol/m³；

　　　Q_r'——比反应热，kJ/kg。

式（10-3）的中间项强调指出绝热温升是反应物浓度和摩尔反应焓的函数，因此，它取决于工艺条件，尤其是加料方式和物料浓度。而且式中右边项涉及比反应热，因此，对量热实验的结果进行解释时，必须考虑其工艺条件，尤其是物料浓度。

值得说明的是，很多情况下，目标反应的热效应远远低于产物热分解的热效应，这是放热反应的潜在危险。从表 10-2 可以清楚地看到，目标反应本身可能并没有多大危险，但产物的分解反应却可能产生显著后果。例如反应过程中温度过高，溶剂蒸发可能导致的二次效应使反应容器中的压力增加，随后有可能发生容器破裂并形成可以爆炸的蒸气云，如果蒸气云被点燃，会导致严重的室内爆炸，而对于这种情形的风险必须加以评估。

表 10-2　目标反应与分解反应的反应热及绝热温升

反　　应	目标反应	分解反应
比反应热	100kJ/kg	2000kJ/kg
绝热温升	50K	1000K
每千克反应混合物导致甲醇汽化的质量	0.1kg	1.8kg
转化为机械势能,相当于把 1kg 物体举起的高度	10km	200km
转化为机械动能,相当于把 1kg 物体加速到的速度	0.45km/s (1.5Ma)	2km/s (6.7Ma)

（2）压力效应

1）化学反应发生失控后的破坏作用常常与压力效应有关。导致反应器压力升高的因素主要有以下几个方面：

① 目标反应过程中产生的气体产物，例如脱羧反应形成的 CO_2 等。

② 二次分解反应常常产生小分子的分解产物，这些物质常呈气态，从而造成容器内的压力增加。分解反应常伴随高能量的释放，温度升高导致反应混合物的高温分解，在此情况下，热失控总是伴随着压力增长。

③ 反应（含目标反应及二次分解反应）过程中低沸点组分挥发形成的蒸气。这些低沸点组分可能是反应过程中的溶剂，也可能是反应物，例如甲苯磺化反应过程中的甲苯。

2）压力评估

① 气体释放　利用理想气体定律近似估算压力和气体量：

$$V = \frac{nRT}{p}$$

② 蒸气压　随着温度升高，反应物料的蒸气压也增加。压力可以通过 Clausius- Clapeyron 定律进行估算，该定律将压力与温度、蒸发焓联系了起来：

$$\ln \frac{p}{p_0} = \frac{-\Delta H_V}{R}\left(\frac{1}{T} - \frac{1}{T_0}\right) \tag{10-4}$$

经验法则（Rule of Thumb）：温度每升高 20K，蒸气压增加一倍。

③ 溶剂蒸发量　溶剂蒸发量可以由反应热或分解热来计算

$$M_V = \frac{Q_r}{-\Delta H_V'} = \frac{M_r Q_r'}{-\Delta H_V'} \tag{10-5}$$

冷却系统失效后，反应释放能量的一部分用来将反应物料加热到沸点，其余部分的能量将用于物料蒸发。溶剂蒸发量可以由到沸点 T_b 的温差来计算：

$$M_V = \left(1 - \frac{T_b - T_0}{\Delta T_{ad}}\right)\frac{Q_r}{\Delta H_V'} \tag{10-6}$$

式中采用的蒸发热（焓）就是蒸发的比焓 $\Delta H_V'$(kJ/kg)。这些方程只给出了静态参数——溶剂蒸发量的计算，并没有给出蒸气流量的信息，而这关系到工艺的动力学参数，即反应速率。这方面的计算内容在此不做详述，需参考相关书籍。

(3) 热平衡方面的基本概念

化工热力学中规定放热为负、吸热为正。这里从实用性及安全原因出发考虑热平衡，规定所有导致温度升高的影响因素都为正。下面首先介绍反应器热平衡中的不同表达项，然后介绍热平衡的简化表达式。

1) 热生成

放热速率 q_{rx} 与摩尔反应焓和反应速率 r_A 成正比：

$$q_{rx} = (-r_A)V(-\Delta H_r) \tag{10-7}$$

对反应器安全来说，热生成非常重要，因为控制反应放热是反应器安全的关键。对于简单的 n 级反应，反应速率可以表示成：

$$-r_A = k_0 e^{-E/(RT)} c_{A0}^n (1-X)^n \tag{10-8}$$

式中，X 为反应转化率。

所以，放热速率为：

$$q_{rx} = k_0 e^{-E/(RT)} c_{A0}^n (1-X)^n V(-\Delta H_r) \tag{10-9}$$

由式（10-9）可以看出：

① 反应的放热速率是温度的指数函数。

② 放热速率与体积成正比，故随含反应物质容器的线尺寸的立方值（L^3）而变化。

③ 放热速率是转化率的函数。在连续反应器中，放热速率不随时间而变化。在连续搅拌釜（槽）式反应器（Continuous Stirred Tank Reactor，CSTR）中，放热速率为常数，不随位置变化而变化；在连续管式反应器（Tubular Reactor）中，放热速率随位置变化而变化。在非连续反应器（间歇反应）中，放热速率会随时间发生变化。

2) 热移出

反应介质和载热体之间的热交换，存在几种可能的途径：热辐射、热传导、强制或自然热对流。这里只考虑对流，通过强制对流中载热体通过反应器壁面的热交换量 q_{ex} 与传热面积 A 及传热驱动力（载热体与反应介质的温差）成正比，比例系数就是综合传热系数 U。如果反应混合物的物理化学性质发生显著变化，综合传热系数 U 也将发生变化，将会成为时间的函数；另外，热传递特性通常是温度的函数，反应物料的黏度变化将起主导作用。

$$q_{ex} = UA(T_c - T_r) \tag{10-10}$$

式中，T_c 为冷却温度；T_r 为反应温度。由式（10-10）可以看出，热移出是温度（差）的线性函数，且与热交换面积成正比，因此它正比于设备线尺寸的平方值（L^2），这意味着当反应器尺寸必须改变时（如工艺放大），热移出能力的增加（L^2）远不及热生成速率（L^3）。因此，对于较大的反应器来说，热平衡问题是比较严重的问题。

比表面积即热交换面积/反应器体积；比冷却能力定义为反应器内物料与冷却介质温差为1℃时，冷却系统对单位质量物料的冷却能力。表 10-3 列出了不同规模反应器的比表面积和比冷却能力，可见，从实验室规模按比例放大到生产规模时，反应器的比冷却能力（Specific Cooling Capacity）大约相差两个数量级，这对实际应用很重要，因为在实验室规模中没有发现放热效应，并不意味着在更大规模的情况下反应是安全的。实验室规模情况下，冷却能力可能高达 1000W/kg，而生产规模时大约只有 $20 \sim 50$W/kg。这也意味着反应热只能由量热设备测试获得，而不能仅仅根据反应介质和冷却介质的温差来推算得到。

容器比冷却能力的计算条件：将容器承装介质至公称容积，其综合传热系数为 $300W/(m^2 \cdot K)$，密度为 $1000kg/m^3$，反应器内物料与冷却介质的温差为 $50K$。

表 10-3　不同规模反应器的比表面积和比冷却能力

规模	反应器体积 /m³	热交换面积 /m²	比表面积(热交换面积/反应器体积)/m⁻¹	比冷却能力 /[W/(kg·K)]	典型的冷却能力 /(W/kg)
研究实验	0.0001	0.01	100	30	1500
实验室规模	0.001	0.03	30	9	450
中试规模	0.1	1	10	3	150
生产规模 1	1	3	3	0.9	45
生产规模 2	10	13.5	1.35	0.4	20

3）热累积

热累积体现了体系能量随温度的变化：

$$q_{ac} = \frac{d \sum_i (M_i c_p' T_i)}{dt} = \sum_i \left(\frac{dM_i}{dt} c_p' T_i \right) + \sum_i \left(M_i c_p' \frac{dT_i}{dt} \right) \tag{10-11}$$

计算总的热累积时，要考虑到体系每一个组成部分，既要考虑反应物料也要考虑设备。因此，至少反应器或容器这些与反应体系直接接触部分的比热容是必须要考虑的。实际计算中分以下几种情况考虑：

对于非连续反应器，热积累可以用如下考虑质量或容积的表达式来表述：

$$q_{ac} = M_r c_p' \frac{dT_r}{dt} = \rho V c_p' \frac{dT_r}{dt} \tag{10-12}$$

由于热累积源于产热速率和移热速率的不同（前者大于后者），导致反应器内物料温度的变化。因此，如果热交换不能精确平衡反应的放热速率，温度将发生如下变化：

$$\frac{dT_r}{dt} = \frac{q_{rx} - q_{ex}}{\sum_i M_i c_p'} \tag{10-13}$$

式（10-12）及式（10-13）中，i 表示反应物料的各组分和反应器本身。

然而实际过程中，相比于反应物料的热容，搅拌釜式反应器的比热容常常可以忽略。例如，对于一个 $10m^3$ 的反应器，其比热容大约为总热容的 1%。另外，忽略反应器的比热容会导致更保守的评估结果，这对安全评估而言是个好的做法。然而，对于某些特定的应用场合，容器的比热容是必须要考虑的，如连续反应器，尤其是管式反应器，反应器本身的比热容被有意识地用来增加总热容，并通过这样的设计来实现反应器操作安全。

4）物料流动引起的对流热交换

在连续体系中，加料时原料的入口温度并不总是和反应器出口温度相同，反应器进料温度（T_0）和出料温度（T_f）之间的温差会导致物料间的对流热交换。热流与比热容、体积流率（$\dot{v}$）成正比：

$$q_{ex} = \rho \dot{v} c_p' \Delta T = \rho \dot{v} c_p' (T_f - T_0) \tag{10-14}$$

5）加料引起的显热

如果原料入口温度（T_{fd}）与反应器内物料温度（T_r）不同，那么进料的热效应必须在热平衡的计算中予以考虑。这个效应被称为"加料显热（Sensible Heat）"。此效应在半间歇反应器中尤其重要。如果反应器和原料之间温差大，且/或加料速率很高，加料引起的显热可能会起主导作用，而显热明显有助于反应器冷却。在这种情况下，一旦停止进料可能导致反应器内温度的突然升高，这一点对量热测试也很重要，必须进行适当的修正。

$$q_{fd} = \dot{m}_{fd} c'_{p\,fd}(T_{fd} - T_r) \tag{10-15}$$

6）搅拌装置

搅拌器产生的机械能耗散转变成黏性摩擦能，最终转变为热能。大多数情况下，相对于化学反应释放的热量，这可忽略不计。然而，对于黏性较大的反应物料（如聚合反应），这点必须在热平衡中考虑。当反应物料存放在一个带搅拌的容器中时，搅拌器的能耗（转变为体系的热能）可能会很重要。它可以由式（10-16）估算：

$$q_s = Ne \rho n^3 d_s^5 \tag{10-16}$$

计算搅拌器产生的热能，必须知道其功率数（湍流数、牛顿数，Power Number，Ne）、搅拌器的几何形状和参数。

7）热散失

出于安全原因（如设备的热表面）和经济原因（如设备的热散失），工业反应器都是隔热的。然而，在温度较高时，热散失（Heat Loss）可能变得比较重要。热散失的计算可能很烦琐枯燥，因为热散失通常要考虑辐射热散失和自然对流热散失。如果需要对其进行估算，可用比热散失系数的简化表达式进行计算：

$$q_{loss} = \alpha(T_{amb} - T_r) \tag{10-17}$$

式中，T_{amb} 为环境温度。

由表 10-4 中数据可见，工业反应器和实验室设备的热散失可能相差 2 个数量级，这就解释了为什么放热化学反应在小规模实验中发现不了其热效应，而在大规模设备中却可能变得很危险。

表 10-4　工业反应器和实验室设备的典型热散失比较

设备名称	比热散失系数 α /[W/(kg·K)]	冷却半衰期 $t_{1/2}$/h	设备名称	比热散失系数 α /[W/(kg·K)]	冷却半衰期 $t_{1/2}$/h
2.5m² 反应器	0.054	14.7	10mL 试管	5.91	0.117
5m² 反应器	0.027	30.1	100mL 玻璃烧杯	3.68	0.188
12.7m² 反应器	0.020	40.8	DSC-DTA	0.5~5	—
25m² 反应器	0.005	161.2	1L 杜瓦瓶	0.018	43.3

考虑到上述所有因素，可建立如下的热平衡方程：

$$q_{ac} = q_{rx} + q_{ex} + q_{fd} + q_s + q_{loss} \tag{10-18}$$

然而，在大多数情况下，只包括上式右边前两项的简化热平衡表达式对于安全问题来说已经足够了。考虑一种简化热平衡，忽略如搅拌器带来的热输入或热散失之类的因素，则间歇反应器的热平衡可写成：

$$q_{ac} = q_{rx} + q_{ex} \Rightarrow \rho V c'_p \frac{dT_r}{dt} = (-r_A)V(-\Delta H_r) - UA(T_r - T_c) \tag{10-19}$$

对一个 n 级反应，着重考虑温度随时间的变化，于是：

$$\frac{dT_r}{dt} = \Delta T_{ad} \frac{-r_A}{c_{A0}} - \frac{UA}{\rho V c'_p}(T_r - T_c) \tag{10-20}$$

式中，对应于一定转化率的绝热温升为：

$$\Delta T_{\text{ad}} = \frac{(-\Delta H_{\text{r}})c_{A0}X_A}{\rho c'_p} \tag{10-21}$$

$\dfrac{UA}{\rho V c'_p}$ 为反应器热时间常数的倒数，利用该时间常数可以方便地估算出反应器从室温升温到工艺温度（加热时间）以及从工艺温度降温到室温（冷却时间）所需要的时间。

（4）反应失控

反应失控即反应系统因反应放热而使温度升高，在经过一个"放热反应加速-温度再升高"，以至超过了反应器冷却能力的控制极限、形成恶性循环后，反应物或产物分解、生成大量气体、压力急剧升高，最后导致喷料、反应器破坏、甚至燃烧和爆炸的现象。这种反应失控的危险不仅可以发生在反应器里，而且也可能发生在其他的操作单元、甚至储存过程中。

1）热爆炸

若冷却系统的冷却能力低于反应的热生成速率，反应体系的温度将升高。温度越高，反应速率越大，使热生成速率进一步加大。因为放热反应的放热量随温度呈指数增加，而反应器的冷却能力随着温度只是线性增加，于是冷却能力不足，温度进一步升高，最终发展成反应失控或热爆炸。

2）Semenov 热温图（强放热、零级反应假设）

图 10-4 中，S 和 I 代表平衡点。交点 S 是一个稳定工作点，而 I 代表一个不稳定的工作点。C 点对应于临界热平衡。冷却系统温度称作临界温度 $T_{\text{c,crit}}$。当冷却介质温度大于 $T_{\text{c,crit}}$ 时，冷却线与放热曲线没有交点，热平衡方程无解，失控无可避免。

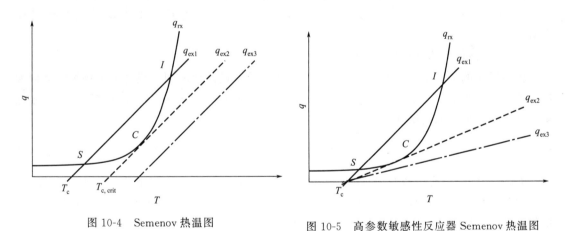

图 10-4　Semenov 热温图　　　　图 10-5　高参数敏感性反应器 Semenov 热温图

3）参数敏感性

参数敏感性，即操作参数的一个小的变化导致状态由受控变为失控。例如，若反应器在临界温度 $T_{\text{c,crit}}$ 下运行，临界温度的微小增量就会导致失控状态；综合传热系数 U 的变化（热交换系统存在污垢、反应器内壁结皮或固体物沉淀的情况下）也会产生类似的结果；同样，传热面积 A 也会出现类似的变化。即使在操作参数如 U、A 和 T_c 发生很小变化时，也有可能产生由稳定状态到不稳定状态的"切换"。如图 10-5 所示，其后果就是反应器稳定性对这些参数具有潜在的高敏感性，实际操作时反应器很难控制。

化学反应器的稳定性评估需要了解反应器的热平衡知识，从这个角度来说，临界温度的概念很有用。

4) 临界温度 $T_{c,crit}$

如果反应器运行时的冷却介质温度接近其临界温度，冷却介质温度的微小变化就有可能会导致超过临界（Over-Critical）的热平衡，从而发展为失控状态。因此，为了评估操作条件的稳定性，了解反应器运行时冷却介质温度是否远离或接近临界温度是很重要的。

零级反应的情形，其放热速率表示为温度的函数，见图 10-6。

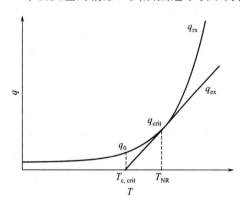

图 10-6　Semenov 热温图——临界温度 $T_{c,crit}$

经过推导，可以得到临界温度的差值（即临界温差 ΔT_{crit}）

$$\Delta T_{crit} = T_{NR} - T_{c,crit} = \frac{RT_{NR}^2}{E} \quad (10\text{-}22)$$

临界温差实际上是保证反应器稳定所需的最低温度差（反应体系温度与冷却介质温度之间的差值）。所以，在一个给定的反应器（指该反应器的热交换系数 U 与 A、冷却介质温度 T_0 等参数已知）中进行特定的反应（指该反应的热力学参数 Q_r 及动力学参数 k_0、E 已知），只有当反应体系温度与冷却介质温度之间的差值大于临界温差时，才能保持反应体系（由化学反应与反应器构成的体系）稳定。反之，如果需要对反应体系的稳定性进行评估，必须知道两方面的参数：反应的热力学、动力学参数和反应器冷却系统的热交换参数。

5) 绝热条件下热爆炸形成时间

失控反应的另一个重要参数就是绝热条件下热爆炸的形成时间，或称为绝热条件下最大反应速率到达时间（Time to Maximum Rate under Adiabatic Conditions，TMR_{ad}）。考虑绝热条件下零级反应的热爆炸形成时间为：

$$TMR_{ad} = \frac{c_p' RT_0^2}{q_0' E} \quad (10\text{-}23)$$

TMR_{ad} 是一个反应动力学参数的函数，如果初始条件 T_0 下反应的比放热速率 q_0' 已知，且知道反应物料的比热容 c_p' 和反应活化能 E，那么 TMR_{ad} 可以计算得到。由于 q_0' 是温度的指数函数，所以 TMR_{ad} 随温度呈指数关系降低，且随活化能的增加而降低。

$$TMR_{ad} = \frac{c_p' RT^2}{q_0' \exp\left[-\dfrac{E}{R}\left(\dfrac{1}{T} - \dfrac{1}{T_0}\right)\right] E} \quad (10\text{-}24)$$

6) 绝热诱导期为 24h 时引发温度

进行工艺热风险评估时，还需要用到一个很重要的参数即绝热诱导期为 24h 时的引发温度 T_{D24}，该参数常常作为制定工艺温度的一个重要依据。在式（10-24）中，绝热诱导期随温度呈指数关系降低（见图 10-7）。一旦通过实验测试等方法得到绝热诱导期与温度的关系，可以由图解或求解有关方程获得。

10.3.2.2 化学反应热风险的评估方法

(1) 热风险

① 从传统意义上说,风险被定义为潜在事故的严重度和发生可能性的乘积。因此,风险评估必须既评估其严重度又评估其可能性。问题是:"对于特定的化学反应或工艺,其固有热风险的严重度和可能性到底是什么含义?"

② 化学反应的热风险就是由反应失控及其相关后果(如引发失控反应)带来的风险。为此,必须搞清楚一个反应怎样由正常过程"切换"到失控状态。

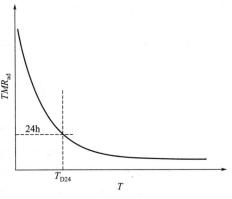

图 10-7 TMR_{ad} 与温度的变化关系

③ 进行化学反应热风险评估,需要掌握热爆炸理论和风险评估的概念。这意味着为了进行严重度和发生可能性的评估,必须对事故情形包括其触发条件及导致的后果进行辨识、描述。通过定义和描述事故的引发条件和导致结果,来对其严重度和发生可能性进行评估。

④ 对于热风险,最糟糕的情况是发生反应器冷却失效,或通常认为的反应物料或物质处于绝热状态。这里考虑冷却失效的情形。

(2) 冷却失效模型

下面以一个放热间歇反应为例来说明失控情形时化学反应体系的行为(如图 10-8 所示)。经典的评估程序如下:在室温下将反应物加入反应器,在搅拌状态下加热到反应温度,然后使其保持在反应停留时间和产率都经过优化的水平上。反应完成后,冷却并清空反应器(图 10-8 中虚线)。

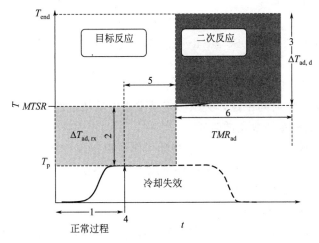

图 10-8 合成反应过程中反应温度变化图

此模型由 R. Gygax 提出。假定反应器处于反应温度 T_p 时发生冷却失效(图 10-8 中点 4)。在发生故障的瞬间,如果未反应的物料仍存在于反应器中,则继续进行的反应将导致温度升高。此温升取决于未反应物料的量,即取决于工艺操作条件。当温度达到合成反应的最高温度 MTSR(Maximum Temperature of the Synthesis Reaction)时,有可能引发反应物料的分解(称为二次分解反应),而二次分解反应放热会导致温度的进一步上升(图 10-8 中阶段6），到达最终温度 T_{end}。

从这里可以看到，由于目标反应的失控，有可能会引发一个二次反应，而目标反应与二次反应之间存在的这种差别可以使评估工作简化，因为两个反应事实上是分开的，允许分别进行研究，但需要注意这两个反应又是由 MTSR 联系在一起的。因此需要考虑以下六个关键问题，这些关键问题有助于建立失控模型，并对确定风险评估所需的参数提供指导。

① 通过冷却系统是否能控制工艺温度？

正常操作时，必须保证足够的冷却能力来控制反应器的温度，从而控制反应历程，工艺研发阶段必须考虑到这个问题。为了确保反应的热量控制，冷却系统必须具有足够的冷却能力，以移出反应器内释放的能量。需特别注意反应物料可能出现的黏性变化问题（如聚合反应），以及反应器壁面可能出现的积垢问题。另一个必须满足的条件是反应器应于动态稳定性区内运行。所需数据：反应的放热速率 q_{rx} 和反应器的冷却能力 q_{ex}，可以通过反应量热得到这些数据。

② 目标反应失控后体系温度会达到什么样的水平？

这个问题需要研究反应物的转化率和时间的函数关系，以确定未转化反应物的累积度。由此可以得到合成反应的最高温度 MTSR：

$$MTSR = T_p + X_{ac}\Delta T_{ad,rx} \tag{10-25}$$

解决方法：反应量热仪测试目标反应的反应热，并确定绝热温升。对放热速率进行积分确定热转化率和热累积 X_{ac}，累积度也可以通过相关数据的分析得到。

③ 二次反应失控后温度将达到什么样的水平？

MTSR 高于设定的工艺温度，有可能触发二次反应。而不受控制的二次反应将导致进一步的失控。由二次反应的热数据可计算绝热温升，并确定从 MTSR 开始到达的最终温度 T_{end}（表示失控的可能后果）：

$$T_{end} = MTSR + \Delta T_{ad,d} \tag{10-26}$$

解决方法：由量热法（如 DSC、Calvet 量热和绝热量热等）获得二次反应的热数据并进行热稳定性的研究。

④ 什么时刻发生冷却失效会导致最严重的后果？

因为发生冷却失效的时间不定，必须假定其发生在最糟糕的瞬间，即物料累积达到最大和/或反应混合物的热稳定性最差的时候。

解决方法：对合成反应和二次反应有充分了解。通过反应量热获取物料累积方面的信息，同时组合采用 DSC、Calvet 量热和绝热量热来研究热稳定性问题。

⑤ 目标反应发生失控有多快？

从工艺温度开始到达 MTSR 需要经过一定的时间，但是，工业反应器常常在目标反应速率很快的温度下运行。因此，高于正常工艺温度之后，温度升高将导致反应的明显加速。故大多数情况下，使目标反应失控的时间很短。目标反应失控的持续时间可通过反应的初始放热速率来估算：

$$TMR_{ad,rx} = \frac{c'_p R T_p^2}{q'_{T_p} E_{rx}} \tag{10-27}$$

⑥ 从 MTSR 开始，分解反应失控有多快？

运用绝热条件下最大反应速率到达时间可以进行估算：

$$TMR_{\text{ad,d}}=\frac{c_p'RT_{MTSR}^2}{q_{T_{MTSR}}'E_{\text{d}}} \tag{10-28}$$

以上六个关键问题说明了了解工艺热风险知识的重要性。从某种意义上说，它体现了工艺热风险分析和建立冷却失效模型的系统方法。一旦模型建立，即可对工艺热风险进行实际评估，这需要评估准则。下面介绍严重度和可能性的评估准则。

（3）严重度评估准则

精细化工行业的大多数反应是放热的。反应失控的后果与释放的能量（反应热）有关，而绝热温升与反应热成正比。所以，可以用绝热温升来作为评估严重度的判据。

绝热温升可以用目标反应（或分解反应）的比反应热 Q' 除以比热容得到：

$$\Delta T_{\text{ad}}=\frac{Q'}{c_p'}$$

作为初步近似，可以采用下列比热容参数进行估算：水，4.2；有机液体，1.8；无机酸，1.3；通常也可以采用很易记住的值 2.0 进行初步估算。单位：kJ/(kg·K)。

如果温升很高，反应混合物中一些组分可能蒸发或分解产生气态化合物，因此，体系压力将会增加。这可能导致容器破裂和其他严重破坏。

精细化工行业中，通常使用苏黎世保险公司提出的四等级判据（见表 10-5）来判断严重度（苏黎世危险性分析法 Zurich Hazard Analysis，ZHA）。

表 10-5　失控反应严重度的评估准则

简化的三等级分类	扩展的四等级分类	$\Delta T/\text{K}$	Q'的数量级/(kJ/kg)
高的（high）	灾难性的（catastrophic）	>400	>800
	危险的（critical）	200~400	400~800
中等的（medium）	中等的（medium）	50~200	100~400
低的（low）	可忽略的（negligible）	<50 且无压力	<100

（4）可能性评估准则

目前还没有可以对事故发生可能性进行直接定量的方法，或者说还没有能直接对工艺热风险领域中的失控反应发生可能性进行定量的方法。

如图 10-9 所示为两个案例的失控曲线，从中可以发现这两个案例中失控反应发生可能性的差别还是很大的，显然案例 2 比案例 1 引发二次分解失控的可能性更大。因此，尽管不

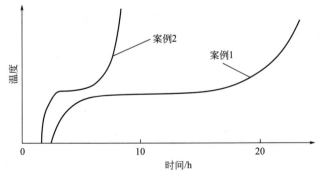

图 10-9　评价可能性的时间尺度示例

容易对可能性进行定量，但至少可以半定量化地对其进行比较。如表 10-6 所示，可以利用时间尺度（Time-Scale）对事故发生的可能性进行评估，根据 TMR_{ad} 将事故发生分为三级，如果在冷却失效后有足够的时间在失控变得剧烈之前采取应急措施，则发生失控的可能性就降低了。

表 10-6　失控反应发生可能性评估——ZHA 法提出的六等级判据

简化的三等级分类	扩展的六等级分类	TMR_{ad}/h
高的（high）	频繁发生的（frequent）	<1
	很可能发生的（probable）	1～8
中等的（medium）	偶尔发生的（occasional）	8～24
低的（low）	很少发生的（seldom）	24～50
	极少发生的（remote）	50～100
	几乎不可能发生的（almost impossible）	>100

需要注意的是，这种分级评价准则仅适合于反应过程，而不适用于储存过程。

10.3.2.3　评估参数的实验获取

(1) 量热仪的运行模式

大多数量热仪都可以在不同的温度控制模式下运行。常用的温控模式有：

① 等温模式（Isothermal Mode），采用适当的方法调节环境温度从而使样品温度保持恒定。这种模式的优点是可以在测试过程中消除温度效应，不出现反应速率的指数变化，直接获得反应的转化率。缺点是如果只单独进行一个实验不能得到有关温度效应的信息，如果需要得到这样的信息，必须在不同的温度下进行一系列的实验。

② 动态模式（Dynamic Mode），样品温度在给定温度范围内呈线性（扫描）变化。这类实验能够在较宽的温度范围内显示热量变化情况，且可以缩短测试时间。这种方法非常适合反应放热情况的初步测试。对于动力学研究，温度和转化率的影响是重叠的。因此，对于动力学问题的研究还需要采用更复杂的评估技术。

③ 绝热模式（Adiabatic Mode），样品温度源于自身的热效应。这种方法可直接得到热失控曲线，但是测试结果必须利用热修正系数进行修正，因为样品释放的热量有一部分用来升高样品池温度。

(2) 几种常用的量热设备

1）反应量热仪

以 Mettler Toledo 公司的反应量热仪（RC1）为例，说明反应量热仪的工作原理。该型量热仪（见图 10-10）以实际工艺生产的间歇、半间歇反应釜为真实模型，可在实际工艺条件的基础上模拟化学工艺过程的具体过程及详细步骤，并能准确地监控和测量化学反应的过程参量，例如温度、压力、加料速率、混合过程、反应热流、热传递数据等。所得出的结果可较好地放大至实际工厂的生产条件。其工作原理见图 10-10。

2）绝热量热仪

① 加速度量热仪是一种绝热量热仪，其绝热性不是通过隔热而是通过调整炉膛温度，使其始终与所测得的样品池（也称样品球）外表面热电偶的温度一致来控制热散失。因此，在样品池与环境间不存在温度梯度，也就没有热流动。测试时，样品置于 $10cm^3$ 的钛质球

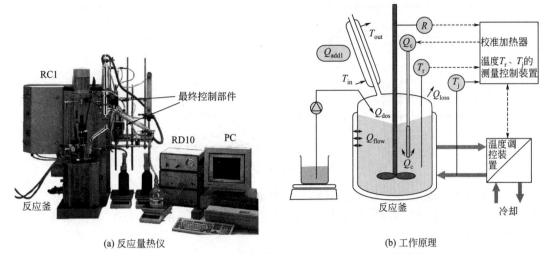

(a) 反应量热仪　　　　　　　　(b) 工作原理

图 10-10　Mettler Toledo 公司的反应量热仪及其工作原理

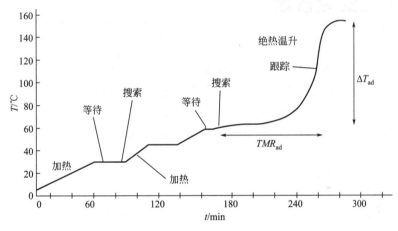

图 10-11　HWS 模式的加速度量热仪获得的典型温度曲线

形样品池 S 中，试样量为 $1\sim10\text{g}$。

② 两种工作模式为加热-等待-搜索（Heating-Waiting-Seeking，HWS）模式（见图 10-11）和等温老化（Thermal Aging）模式（样品被直接加热到预定的初始温度，在此温度下仪器检测如上所述的热效应）。

③ 观察其自反应放热速度是否超过设定值（通常为 $0.02\text{℃}/\text{min}$）。

3）差示扫描量热仪（DSC）

① 差示扫描量热仪原理及典型图例见图 10-12。测量原理是：不采用加热补偿的方法（老原理），而允许样品坩埚和参比坩埚之间存在温度差，记录温度差，并以温度差-时间或温度差-温度关系作图。

② 长期以来，DSC 一直应用于工艺安全领域。其优点在于：筛选实验；多功能性；样品量少（$3\sim20\text{mg}$，微量热仪技术），接近理想流；能获得定量数据。

③ 通过校准来确定放热速率和温差之间的关系。通常利用标准物质（如铟）的熔化焓进行校准，包括温度校准和量热校准。

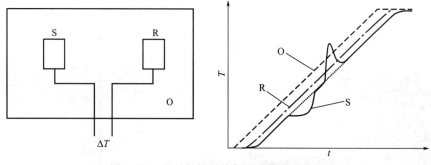

图 10-12　差示扫描量热仪原理及典型图例

④ 需要注意的是，由于 DSC 测试样品量为毫克量级，温度控制大多采用非等温、非绝热的动态模式，样品池、升温速率等因素对测试结果影响大，所以，DSC 的测试结果不能直接应用于工程实际。

10.4　工艺变更管理

在实际生产中，应该严格按照工艺设计条件进行操作。不管因为何种原因需要变更工艺条件如改变工艺操作参数或工艺步骤时，必须充分论证变更后的工艺安全性，不能随意增加进料量或者改变操作程序，否则易导致较大的安全隐患。据统计，化工和石化行业的不少灾难性事故都是由于不恰当地改变工艺技术或设施而造成的，大约 80% 的过程安全事故都可以追溯到"不适当的变更"。

一般来说变更的种类有：

① 工艺变更；　　　　　　　　　⑤ 人员变更；

② 设备变更；　　　　　　　　　⑥ 组织变更；

③ 规程变更；　　　　　　　　　⑦ 法律、法规变更。

④ 基础设施变更；

以上所有的变更在执行之前都需要进行正确评估和论证，以确保变更引入的危险都能够被识别、分析并得到控制，以确保过程工业安全。经过论证后的变更确定后，需要对员工进行培训。

10.4.1　工艺和设备变更管理规定

工艺和设备变更范围主要包括：

① 生产能力的改变；

② 物料的改变（包括成分比例的变化）；

③ 化学药剂和催化剂的改变；

④ 设备、设施负荷的改变；

⑤ 工艺设备设计依据的改变；

⑥ 设备和工具的改变或改进；

⑦ 工艺参数的改变（如温度、流量、压力等）；

⑧ 安全报警设定值的改变；

⑨ 仪表控制系统及逻辑的改变；

⑩ 软件系统的改变；

⑪ 安全装置及安全联锁的改变；

⑫ 非标准的（或临时性的）维修；

⑬ 操作规程的改变；

⑭ 试验及测试操作；

⑮ 设备、原材料供货商的改变；

⑯ 运输路线的改变；

⑰ 装置布局改变；

⑱ 产品质量改变；

⑲ 设计和安装过程的改变；

⑳ 其他。

10.4.2 工艺和设备变更类型

① 新、改、扩建项目实施过程中的变更管理。

② 变更应实施分类管理，基本类型包括工艺设备变更、同类替换和微小变更。

a. 工艺设备变更是指涉及工艺技术、设备设施、工艺参数等超出现有设计范围的改变（如压力等级改变、压力报警值改变等）。

b. 同类替换是指符合原设计规格的更换。

c. 微小变更是指影响较小，不造成任何工艺参数、设计参数等的改变，但又不是同类替换的变更，即"在现有设计范围内的改变"。

10.4.3 变更申请、审批

① 变更申请人应初步判断变更类型、影响因素、范围等情况，按分类做好实施变更前的各项准备工作，提出变更申请；

② 变更申请人应充分考虑健康安全环境影响，并确认是否需要工艺危害分析。对需要做工艺危害分析的，分析结果应经过审核批准；

③ 变更应实施分级管理。应根据变更影响范围的大小以及所需调配资源的多少，决定变更审批权限。在满足所有相关工艺安全管理要求的情况下批准人或授权批准人方能批准；

④ 公司专业部门组织的工艺设备变更由公司业务主管部门审批。二级单位组织的工艺设备变更由二级单位审批，微小变更由三级单位负责审批；

⑤ 变更申请审批内容：

a. 变更目的；

b. 变更涉及的相关技术资料；

c. 变更内容；

d. 健康安全环境的影响（确认是否需要工艺危害分析，如需要，应提交符合工艺危害分析管理要求且经批准的工艺危害分析报告）；

e. 涉及操作规程修改的，审批时应提交修改后的操作规程；

f. 对人员培训和沟通的要求；

g. 变更的限制条件（如时间期限、物料数量等）；

h. 强制性批准和授权要求。

⑥ 变更申请应经相关的工艺技术、安全环保人员审查通过后，由技术负责人审核和变更批准人批准。

10.4.4　变更实施

① 变更应严格按照变更审批确定的内容和范围实施，主管部门应对变更过程实施跟踪。

② 变更实施若涉及作业许可，应办理安全作业许可票，具体执行《作业许可管理规定》。

③ 变更实施若涉及启动前安全检查，应进行启动前安全检查，具体执行《启动前安全检查管理规定》。

④ 相关部门和单位应确保变更涉及的所有工艺安全相关资料以及操作规程都得到适当的审查、修改或更新。

⑤ 完成变更的工艺、设备在运行前，应对变更影响或涉及的如下人员进行培训或沟通。

a. 变更所在区域的人员，如维修人员、操作人员等；

b. 变更管理涉及的人员，如设备管理人员、培训人员等；

c. 承包商和（或）供应商；

d. 外来人员；

e. 相邻装置（单位）或社区的人员；

f. 其他相关的人员。

⑥ 必要时，主管部门和单位应针对变更制定培训计划，培训内容包括变更目的、作用、程序、变更内容，变更中可能的风险和影响，以及同类事故案例。

⑦ 变更所在区域或单位应建立变更工作文件、记录，以便做好变更过程的信息沟通。典型的工作文件和记录包括变更管理程序、变更申请审批表、风险评估记录、变更登记表以及工艺设备变更验收报告等。

10.4.5　变更结束

变更实施完成后，主管部门和单位应对变更是否符合规定内容，以及是否达到预期目的进行验证，提交工艺设备变更验收报告，并完成以下工作：

① 所有与变更相关的工艺技术信息都已更新；

② 规定了期限的变更，期满后应恢复变更前状况；

③ 试验结果已记录在案；

④ 确认变更结果；

⑤ 变更实施过程的相关文件归档。

思考题

1. 减压蒸馏和加压蒸馏时应注意哪些安全问题？减压蒸馏时应遵循怎样的操作程序？
2. 熔融和干燥过程应分别注意哪些问题？其潜在的危险性有哪些？
3. 破碎和混合作业中分别存在哪些潜在危险？
4. 氨氧化生产硝酸工艺过程的潜在危险是什么？如何对这些危险进行控制？
5. 简述硝化反应过程的危险性及防范措施。
6. 氯化工艺过程的潜在危险性有哪些？如何防范？
7. 氧化过程具有哪些潜在的危险性？相应的安全措施是什么？

第11章

化工事故调查及案例分析与应急管理

 学习要点

1. 化工事故调查的目的和意义
2. 化工事故调查程序及调查报告
3. 化工事故案例分析
4. 化工事故应急管理

本章的目的是了解化工事故调查的程序和步骤，通过一些具体事故案例加强化工安全方面的管理经验和技术技能。

11.1　化工事故调查的目的和意义

生命是宝贵的，健康是重要的，不可能也不希望每个员工都去亲身体验事故之后才去重视安全，那样做不仅要付出代价，而且可能是很惨痛的代价。希望能够通过对化工事故的调查与分析，获得事故发生的原因，从中得到启发，使员工间接体验事故，获得安全生产常识。这对预防类似事故的发生、保护生命财产的安全有很大意义。

化工事故中燃烧、爆炸和中毒事故的危害较大。在燃烧和爆炸的工艺技术领域，人们的认识往往滞后于灾难性事件。例如 1880 年在英国伦敦，一条地下污水管道沼气泄漏引发火灾，使人类首次观察到了燃烧波的作用。在这之前，人们普遍认为燃烧的传播并不比在本生灯的内焰中观察到的快多少。随后不久提出的在 20 世纪才得到验证的一种理论阐明了燃烧波的本质。在之后的 70 年中，虽然有往复内燃机、喷气发动机和火箭的开发，加之两次世界大战的促进，但人们对燃烧过程的认识仍然停留在对无约束的蒸气云爆炸知之甚少的阶段。比如，对于 1967 年发生在美国 Louisiana 州、1968 年发生在荷兰 Rotterdam 港附近、1974 年发生在英国 Flixborough 地区的蒸气云爆炸，至今还没有令人满意的解释。

对于燃烧和爆炸的本质和机理可以通过实验获得，但是燃烧和爆炸实验是破坏性试验，这种实验不仅耗资巨大，也有很多安全问题要充分考虑，况且燃烧和爆炸事故属于不可控过程，因此，可控的燃烧和爆炸实验与燃烧爆炸事故之间也不能等同。尤其是规模很大的燃烧和爆炸事故，其再生实验耗费巨大，所以，必须从已发生事故的调查中尽可能得到最大量的有价值的信息。即使是对不很严重的事故，也提倡进行详尽调查，形成调研报告并对其经验进行广泛推广。而人们往往倾向于重视较大灾难中显现出来的教训，而忽视从小事故中得到的教训，对那些基于实验事实或实验数据的纯理论预测，人们的反应则更加冷淡，这种态度是不可取的。

第一次世界大战时，人们已经熟知硝酸铵的爆炸性质，但那时对于硝酸铵储存和应用中的许多严重问题，并没有人给予足够的关注。1922年在德国，6000t硝酸铵炸药爆炸，毁灭了Oppau镇，使1100人丧生。这次事件之后人们才发现，大量的硝酸铵化肥在室外堆垛存放，硝酸铵暴露在风雨中，会结成一层固体硬壳，在装运前就转化成了采石惯用的炸药。这些事故的发生引起了人们对于硝酸铵储存和应用中安全问题的重视，尽管如此，后来硝酸铵爆炸事故还是屡有发生，这说明仅仅思想上重视是不够的，必须有合理的措施保证其安全。

对于缺乏经验的人来说，所有事故都似乎是梦幻般地一刹那发生的。这造成了生命和财产的巨大损失。人们通过分析事故和反思认识到，事故的发生是有其必然性和偶然性的。婴儿在不断跌倒中学会了走路，类似的，化学加工工业在经历了过去的许多灾难后，如今已经变得更加安全了一些，这是基于从经验中不断学习，增加安全知识和技能的结果。无疑通过对事故进行调查，获得经验教训并对此加以广泛推广，发挥了重要作用。从这个角度上说，对事故调查的意义远远超越了事故本身，它不但可以避免同类事故的发生，而且可以提供燃烧和爆炸作用的许多有价值的信息，有助于人类对于燃烧和爆炸本质的探索和认识。正所谓吃一堑，长一智，通过对事故的调查可以了解燃烧和爆炸过程及原因，从事故中汲取经验教训，学习和增长安全知识和技能。

11.2 化工事故调查程序

对于任何事故的调查，在确定事故致因之前，都必须尽可能多地收集证据。人们常根据过去的经验推测事故的致因，但这种推测不能作为事故调查的结论。仍然需要广泛地收集证据，包括一些特别容易被忽略的证据，通过对证据的分析对推测进行严格检验，尽可能恰如其分地还原事实经过。一般来说，正规的调查程序必须包括以下七个步骤：

（1）调查授权

调查授权是指调查者从上一级领导那里接受调查任务，在这一阶段，调查者得到的只是事故调查的总体指令和笼统的事故描述，还不会涉及事故发生的细节调查。但调查授权是后续调查的第一步，须由被授权的部门进行调查，这样做的好处是：

① 可尽量避免发生的次生灾害危及调查人员；

② 可最大程度保护现场并力求还原现场；

③ 避免在调查结果明了之前出现一些不合实际的报道，有时新闻部门第一时间赶赴现场采访但被拒绝，这是正确的，应该是获得授权的专业人员到现场勘查，待调查结果明确后再召集新闻部门介入进行报道。

（2）事故初步了解

这一阶段的主要工作是了解事故的全貌、大致经过和缘由等。在这一阶段，调查者是从高远处观察事故，对事故还不会有中肯和恰当的评价。这一阶段只需很短的时间就能完成。

（3）事故前实际情况调查

对于调查者来说，工程设计图纸是很有价值的信息源，发生事故前的值班记录和照片影像也是重要的信息源。从以上信息可以了解到设备和物料的状况。这一阶段需要了解工厂的设备、工程设计图纸、工艺过程和有关物料的情况。

（4）事故损坏检查

事故损坏检查的最初目的是找到事故的原发区。对于一些重大灾害事故，也需要考虑次生作用。对于爆炸事故，爆炸断片区和远离爆炸源的冲击波的作用，都有可能成为事故有价值的证据。因此在没有发生任何扰动的时候，应该把这些证据拍照记录下来。有些其他的存疑项，要做标记后存放起来，留作以后核查。应该仔细考察爆炸废墟以确定损坏的程度，不能心存侥幸忽略暂时还无法解释的任何现象。

（5）证人探访

目击者的证据很有价值。除现场人员外，目睹事发的公众人物的证据也很重要。应该尽量在证人间还没有议论事故之前完成对证人的探访。尽管有时目击者的证据是矛盾的，仍然需要记录下来，留待借助技术资料分析鉴定。

（6）研究和分析

1）燃烧分析

损坏分布可以提供火源区域的有力证据。木器燃烧持续的时间最长，炭化的程度也最深。假如火焰是连带燃烧的经典扩散型的，经验指出，木材炭化2.5cm需要40min。如果从救火者那里了解到灭火的时间，就可以尝试从炭化的测定确定火源区域。对于气体或蒸气迅速释放的火炬火焰的情形，木器的炭化速率要更快一些。

火灾后容器的状况可以提供燃烧时间长短的有价值的证据。任何容器暴露在火焰中，液面之上的容器壁涂层都会爆皮，所装载的液体则可以防止容器壁油漆涂层的损坏。如果容器内原来的液面是已知的，火灾后的液面结合容器的上述特征可以检查出来，从而不难确定液体的蒸发量和蒸发热。对于重灾非火炬燃烧的情形，如果容器是直立的并被火焰所包围，容器壁润湿面单位面积的最大传热速率确定为$17W/cm^2$。这样，根据热平衡就可以近似估算出燃烧的最小可能暴露时间。

化工厂的多数火灾火温不超过1000℃，易燃液体和易燃固体的燃烧温度相近。除去高扰动火焰刷排逸出的射流气体或蒸气的燃烧，很少遇到特别高的燃烧温度。纯铜的熔点是1080℃，虽然铜导线由于表面氧化会被损耗掉，但是在一般情况下纯铜能够承受燃烧的作用。铜合金，如黄铜和青铜，其熔点在800～1000℃之间，通常在火灾中会熔化，火灾后会有铜合金液滴不引人注目地黏附在其他金属表面上。如果在导体上发现纯铜液滴，这表明在火灾中有电流通过，强化了燃烧的热量。仅有火焰作用时，即使局部温度超过了纯铜的熔点，纯铜通常会被损耗掉而不会产生液滴。纯铜液滴以及纯铜导体由于在电弧焰中蒸发而产生凹痕。这些证据与火灾或爆炸的原始火源之间不一定有密切联系。但是如果有电流通过，电流在燃烧的早期由于电缆熔断而被切断，这时，纯铜液滴和纯铜导体上的电弧焰凹痕，则成为火源区的有力证据。

铁和钢的熔点在 1300～1500℃ 之间，在火灾中一般不会熔化。但结构钢制件的熔点在 550～600℃ 之间，强度会严重恶化，产生惊人的扭曲变形。结构钢制件扭曲变形现象在火灾中随处可见，在火灾调查中意义不大。

2）爆炸分析

① 爆炸作用表现模式　多种因素影响着内压增加容器破裂的方式。除去与静负荷有关的强度因素外，容器壁的状况甚至比内压增加速率起更重要的作用。在静负荷超量的极限情形，压力下凝聚相的爆轰会产生脆性破裂。对于气体爆燃比较缓慢的情形，断裂的方式则是纯粹弹性的，与物理过压产生静负荷的破裂方式类似。然而，在爆燃断裂瞬间之后，压力仍继续上升，所以爆燃往往比静负荷的情形产生更多的碎片。容器内缓慢的加压过程，最初会产生经典的弹性断裂，继而会裂口，最后会加速至脆性断裂。所以，找到初始断裂点是重要的。对于脆性破裂的情形，容器断片的断口标记会指回到初始点。对于绝大多数弹性破裂的情形，初始点通常都是在容器最薄的地方附近。

② 物理过压　有些容器，如锅炉或被火焰包围的其他密封容器，由于物理过压而破裂是常见的事情。过压中的压力指的是气压或者是液压。液压过压产生的发射物比气压过压产生的发射物要少。对于物理过压，破裂的起始点往往在容器潜在的薄弱点处。

③ 单一容积系统气相爆炸　如果易燃气体混合物在一个加工容器中，如一个罐或室中燃烧，燃烧过程会使压力不断升高，最后会引起器壁爆裂。对于单一的容器，火焰扩散通常是亚声速的。爆炸应力总是均匀分布的，而破裂模式则与物理过压产生的破裂模式类似。容器会在其薄弱点破裂，这可能是由于容器中某处的砂眼或夹层中的燃烧所致，但是从破裂模式无法推断出砂眼或火源的位置。这个原则同样适用于单一容器内的爆炸。

④ 复合容积系统气相爆炸　当气相爆炸在互相连通的容器内扩散时，最严重的损坏总是发生在远离火源处。火焰从一个容器传播至下一个容器时被加速，从而压力升高的速率和破坏强度会相应增加。类似地，复合容积系统中的粉尘爆炸，最严重的损坏也是发生在远离初始火源处。在气体爆炸中，压力的堆积造成连通容积系统惊人地破坏，甚至会导致爆轰；依据上述机理，容器承受的压力会突然增至通常过程压力的 100 倍以上。而单一容器的爆炸，压力很少超过初始压力的 10 倍。在有多个明显分隔间的建筑物中发生的爆炸，会非常剧烈，主要原因是爆炸的复合容积作用。如果分隔间起火导致爆炸，火焰会在建筑物内迅速传播，由于叠加作用，压力会很快达到超乎人们想象的极大值。

⑤ 气体爆轰　气体爆轰通常发生在管道或高径比较大的容器内，最大损坏也发生在远离火源处。化工厂气体爆轰最显著的特征是，爆轰本身会突然改变方向。在沿着爆轰波传播线的许多孤立点上，会发现爆裂和普通过压的证据。爆轰产生爆裂是纵向的，所以管道的断片往往是长条形的。爆轰破裂会延伸到很远的距离。而简单的过压或爆燃产生的破裂，长度很少超过几倍管径的距离。

⑥ 爆炸性凝聚相反应　气体爆轰就局部作用而言，很难与凝聚相爆轰区别开来。一般来说，后者能够产生更加局域化的作用，破损的方位反映出凝聚相爆炸物在较低水平累积的倾向。可能发生的凝聚相爆炸可以通过过程考虑消除。然而必须牢记，许多种类的氧化剂，如硝酸、硝酸盐、氯酸盐、液氧、氮氧化物等，与有机物质混合，都会生成敏感的、强烈的凝聚相爆炸物。

⑦ 无约束蒸气云爆炸　近些年来，有多宗无约束的蒸气-空气云燃烧导致压力效应的事故。这些巨大爆炸损害的分析，对于确定蒸气释放源或火源位置没有直接的意义。目前，还

没有把爆炸量级与燃烧类型或程度关联起来的统一的理论。因为这种规模的实验工作耗费惊人，所以必须从偶发事故中尽可能多地得到实际信息，把这些信息与现有的知识联系，做出一些假想或推测。

3）火源分析

如果燃烧或爆炸的始发区被证实，最先起火的物质也就显而易见了，这可以提供火源特征的某些启示。如果木制品、纺织品、隔板或其他某些固体物质最先起火，因为小电火花只能点燃气体或蒸气与空气的混合物，火源必然比小电火花携带更多的能量。对于上述情况，引发一场火灾的初始点火源的识别比气相起火要容易得多。一般来说，固体物质起火，需要点火源持续一些时间，而能够点燃气体混合物的静电释放只有几分之一秒。电动机或电缆的电力故障、隔板上的易燃液体沾污液以及人员的活动，是化工厂火灾的普通原因。虽然已经证明，除非高于空气的氧浓度，燃着的香烟一般不能点燃汽油蒸气，但是如果把未熄火的香烟头丢在能够阴燃的垫托上，却能引发燃烧。随着阴燃过程的加速，稍后物质就会迸发出火焰。焊接和切割的火花，其引火能力超过了人们的想象，如果这些火花被怀疑是火灾或爆炸的起因，应该考虑模拟实验，而且不应该忽略高浓度氧的作用可能。

初始火源的确定常被认为是所有调查的最终目的。对于火灾的情形，很可能是这样的。但对于偶发的气相爆炸事故，通常无法确认点火源。空气突然进入蒸馏装置常引发爆炸，这表明杂质或金属表面长期对烃类物质暴露而处于还原态，一旦对大气中的氧暴露就会形成局部热点，易于起火。

(7) 调查分析和报告准备

随着证据的收集，必须考虑进一步的研究。如果试样需要化学分析，则应该尽快进行。另外，对于某些特定的试验，为了保证试验的真实性，只有证据收集全后才能进行。对于需要长期试验的情形，调查者需等至试验完成后才能得到工作结论。

报告的形式因写作模式而异。但所有的报告都应该做到，让读者能够从事前情况逐步深入事故，从事故证据逐步过渡到逻辑结论。正文内容过多会分散读者对主要问题的注意力，次要内容应该归入附录中。对于大型事故的调查报告，推荐采用主件和附件的正式呈文形式撰写。

步骤（1）、步骤（2）和步骤（3）应该循序进行。步骤（4）、步骤（5）和步骤（6）不需要排定任何特别的顺序，可以同时分别进行。随着调查的进展，就可以开始步骤（7）的工作。前面步骤的进一步信息，应该不断补充进去。

11.3 化工事故调查报告内容

化工事故调查报告内容包括主件和附件，具体包括如下内容：

① 工厂地形图；
② 厂房配置图；
③ 主要产品、产量；
④ 工序、工艺流程图；

⑤ 平时和事故当天的操作状况；
⑥ 当天的气象条件、状况；
⑦ 事故发生前状况、经过、事故概要；
⑧ 目击者提供的证言；

⑨ 当事者的服装、携带的工具；
⑫ 有关设备的设计图纸和配置；
⑩ 事故后的紧急处置和灾害情况；
⑬ 原材料、产品的危险特性和检测
⑪ 现场的照片和示意图；
报告。

11.4 化工事故案例分析

为了能够从一些以鲜血和生命为代价的事故中汲取教训，使这些事故成为前车之鉴，预防类似的事故重复发生，在此列举了一些事故案例，对案例的事故经过、事故原因、责任分析、教训及防范措施进行介绍。希望能够以科学的态度，从理论上探讨事故起因，提出防止类似事故发生的对策。

11.4.1 火灾事故案例

【案例1】山东赫达股份有限公司"9·12"爆燃事故

2010年9月12日，山东赫达股份有限公司发生爆燃事故，造成2人重伤，2人轻伤，直接经济损失230余万元。

(1) 事故经过

山东赫达股份有限公司位于淄博市周村区王村镇王村，主要从事纤维素醚系列产品、PAC精制棉、压力容器制造等产品的生产和销售，其中纤维素醚系列产品，产量为6000t/a，纤维素醚项目始建于2000年。

2010年9月12日11时10分左右，山东赫达股份有限公司化工厂纤维素醚生产装置一车间南厂房在脱绒作业开始约1h后，脱绒釜罐体下部封头焊缝处突然开裂（开裂长度120cm，宽度1cm），造成物料（含有易燃溶剂异丙醇、甲苯、环氧丙烷等）泄漏，车间人员闻到刺鼻臭味后立即撤离并通过电话向生产厂长报告了事故情况，由于泄漏过程中产生静电，引起车间爆燃。南厂房爆燃物击碎北厂房窗户，落入北厂房东侧可燃物（纤维素醚及其包装物）上引发火灾，北厂房员工迅速撤离并组织救援，10min后发现火势无法控制，救援人员全部撤离北厂房，北厂房东侧发生火灾爆炸，2h后消防车赶到将火扑灭。事故造成2人重伤，2人轻伤。

(2) 事故原因

① 据调查分析，事故发生的直接原因是：纤维素醚生产装置无正规设计，脱绒釜罐体选用不锈钢材质，在长期高温环境、酸性条件和氯离子的作用下发生晶间腐蚀，造成罐体下部封头焊缝强度降低，发生焊缝开裂，物料喷出，产生静电，引起爆燃。

② 事故发生的间接原因是：企业未对脱绒釜罐体的检验检测做出明确规定，罐体外包有保温材料，检验检测方法不当，未能及时发现脱绒釜晶间腐蚀现象，也未能从工艺技术角度分析出不锈钢材质的脱绒釜发生晶间腐蚀的可能性；生产装置设计图纸不符合国家规定，图纸载明的设计单位无公章和设计人员签字，未注明脱绒釜材质要求，存在设计缺陷；脱绒釜操作工在脱绒过程中升气阀门开度不足，存在超过工艺规程允许范围（0.05MPa以下）的现象，致使釜内压力上升，加速了脱绒釜下部封头焊缝的开裂。安全现状评价报告中对脱

绒工序危险有害分析不到位，未提及脱绒釜存在晶间腐蚀的危险因素。

（3）防范措施

① 进一步完善建设项目安全许可工作，严格按照"三同时"要求，落实各项规范要求，设计、施工、试生产等各个阶段应严格按规范执行。

② 严格按照规范、标准要求开展日常设备的监督检验工作，及时发现设备腐蚀等隐患。

③ 严格按照技术规范进行操作，严禁超过工艺规程允许范围运行。

④ 进一步规范安全评价单位的评价工作，提高安全评价报告质量，切实为企业提供安全保障。

【案例 2】淄博中轩生化有限公司"6·16"火灾事故

2008 年 6 月 16 日 16 时 30 分左右，淄博中轩生化有限公司黄原胶技改项目提取岗位一台离心机在试车过程中发生闪爆，并引起火灾，造成 7 人受伤，直接经济损失 12 万元。

（1）事故经过

淄博中轩生化有限公司位于临淄区东外环路中段，主要产品黄原胶。该公司 6000t/a 黄原胶技改项目于 2007 年 7 月 5 日取得设立和安全设施设计审查手续，2007 年 12 月 21 日取得试生产方案备案告知书。事发时正处于试生产阶段。

（2）事故原因

① 离心机供货技术人员违反离心机操作规程，对检修的离心机各进出口没有加装盲板隔开，也没有进行二氧化碳置换，造成离心机内的乙醇可燃气体聚集，且对检修的离心机搅笼与外包筒筒壁间隙没有调整到位，违规开动离心机进行单机试车，致使离心机搅笼与外包筒筒壁摩擦起火，是导致事故发生的直接原因。

② 淄博中轩生化有限公司存在以下问题：未设置安全生产管理机构；未落实设备检修管理规定、未制定检修方案、未执行检修操作规程、未落实对外来人员入厂安全培训教育；主要负责人未履行安全生产管理职责，未督促、检查本单位的安全生产工作，这是导致事故发生的间接原因。

（3）防范措施

① 企业应严格按照《山东省化工建设项目安全试车工作规范》，规范试生产环节的工作程序，落实试生产前和试生产过程中的各项安全措施，确保试生产环节的安全。

② 企业主体应责任落实，企业内部严格开展培训教育；严格执行化工安全生产 41 条禁令；认真组织学习《化工企业安全生产禁令》和《化工企业安全生产禁令教育读本》，提高员工的安全意识，不断提高安全管理水平。

③ 借鉴国外大公司的先进经验，积极探索应用危险与可操作性分析（HAZOP）等技术，提高化工生产装置潜在风险辨识能力。

④ 逐步拓展行业的专业技术培训。建立企业异常活动报告制度，突出异常活动（检、维修作业、停复产、开停车、试生产、废弃物料处理和废旧装置拆除）等重点环节监管制度。

【案例 3】中石油兰州石化爆炸事故

（1）事故经过

2010 年 1 月 7 日，兰州石化公司石油化工厂 316 罐区发生爆炸燃烧事故，事故造成 5 人失踪、1 人重伤、5 人轻伤，均为兰州石化公司员工，未造成次生事故和环境污染。

事故发生后，甘肃省消防总队迅速调集两个消防支队赶赴现场，会同兰州石化公司消防支队对火场实施警戒，确保现场起火的四个罐体稳定燃烧，不再发生爆炸，4 个燃烧罐体经过平稳燃烧，8 日凌晨一个已经熄灭。爆炸发生后，现场抢险人员在甘肃省消防总队队长指挥下，增设水炮对罐体进行持续冷却。8 日凌晨，火场附近风力加强，气温骤然降低，喷洒在附近其他罐体上的消防水很快凝结成几十厘米长的冰凌，在外围警戒的救援人员只能蜷缩在驾驶室内，相互依偎取暖，而靠近火场的救援人员遭受猛火灼烤，穿着隔热服大汗淋漓，每次换班，从火场换下的救援人员汗水很快就结冰，然而救援人员在当晚几经冰火考验，冒着生命危险继续与大火鏖战。截至 8 日凌晨 3 时，经过救援人员严密布控，爆炸现场的火势渐渐减弱。在救援人员的持续监控下，现场附近没有再次发生爆炸，8 日凌晨 5 时许，现场四个着火点已有一个熄灭，剩余三个着火区域已形成稳定燃烧。据监测，现场没有有毒气体排出，所有消防水已进入污水防控系统。

（2）事故原因

① 该公司所属兰州石化公司一厂区发生爆炸着火事故的原因，是由于罐体泄漏，致使现场可燃气体浓度达到爆炸极限，喷出的可燃气体产生静电，引发爆炸着火。

② 直接原因是设备缺陷：由于 316 罐体 R202 球罐出料弯头木材焊缝热影响区存在组织缺陷，致使该弯头局部脆性开裂，导致碳四物料大量泄漏，泄漏汽化后的碳四物料蔓延至罐区东北侧丙烯腈装置焚烧炉，遇焚烧炉明火引燃爆炸。

间接原因：特种设备安全监督管理不到位，包括未按规程规定对事故管线进行定期检验和未按规定落实管线更换计划；设备管理人员没有认真履行设备管理职责；安全应急处置设施不完善，未按《石油化工企业设计防火标准（2018 年版）》（GB 50160—2008）规定，对进出物料管道设置自动连锁切断装置，致使事故状态下无法紧急切断泄漏源，导致泄漏扩大并引发事故。

11.4.2 爆炸事故案例

【案例 4】河北省赵县克尔公司"2·28"爆炸事故

河北省赵县克尔化工有限公司（以下简称克尔公司）成立于 2005 年 2 月，位于石家庄市赵县工业区（生物产业园）内，该公司年产 10000t 噁二嗪、1500t 2-氯-5-氯甲基吡啶、1500t 西林钠、1000t N-氰基乙亚胺酸乙酯。项目分三期建设，一期工程建设一车间（硝酸胍）、二车间（硝基胍）及相应配套设施。一期工程分别于 2009 年 7 月 13 日、2010 年 1 月 15 日、2010 年 7 月 13 日通过安全审查、安全设施设计审查、竣工验收。2010 年 9 月取得危险化学品生产企业安全生产许可证，未取得工业产品生产许可证。自投产以来，公司经营状况良好，2011 年实现销售收入 2.6 亿元，利润 1.07 亿元，上缴税金 815 万元。

（1）事故经过

2012 年 2 月 28 日 8 时 40 分左右，1 号反应釜底部保温放料球阀的伴热导热油软管连接处发生泄漏自燃着火，当班工人使用灭火器紧急扑灭火情。其后 20 多分钟内，又发生 3～4 次同样火情，均被当班工人扑灭。9 时 4 分许，1 号反应釜突然爆炸，爆炸所产生的高强度冲击波以及高温、高速飞行的金属碎片瞬间引爆堆放在 1 号反应釜附近的硝酸胍，引起次生爆炸，造成 25 人死亡、4 人失踪、46 人受伤，直接经济损失 4459 万元。经计算，事故爆炸当量相当于 6.05t TNT。

(2) 生产工艺流程

硝酸胍生产为釜式间歇操作，生产原料为硝酸铵和双氰胺，其生产工艺为：硝酸铵和双氰胺以一定配比在反应釜内混合加热熔融，在常压、175～210℃条件下，经反应生成硝酸胍熔融物，再经冷却、切片，制得产品硝酸胍。反应分两步进行，反应方程式为：

① $(NH_2CN)_2 + NH_4NO_3 \rightleftharpoons NH_2C(NH)NHC(NH)NH_2 \cdot HNO_3 - Q$

② $NH_2C(NH)NHC(NH)NH_2 \cdot HNO_3 + NH_4NO_3 \rightleftharpoons 2NHC(NH_2)_2 \cdot HNO_3 + Q$

总反应为：$(NH_2CN)_2 + 2NH_4NO_3 \rightleftharpoons 2NHC(NH_2)_2 \cdot HNO_3 + Q$

(3) 事故原因

硝酸铵、硝酸胍均属强氧化剂。硝酸铵是原国家安全生产监督管理总局公布的首批重点监管的危险化学品，遇火时能助长火势；与可燃物粉末混合，能发生激烈反应而爆炸；受强烈振动或急剧加热时，可发生爆炸。硝酸胍受热、接触明火或受到摩擦、振动、撞击时可发生爆炸；加热至150℃时，发生分解并爆炸。

经初步调查分析，事故直接原因是：河北克尔公司一车间的1号反应釜底部放料阀（用导热油伴热）处导热油泄漏着火，造成釜内反应产物硝酸胍和未反应的硝酸铵局部受热，急剧分解发生爆炸，继而引发存放在周边的硝酸胍和硝酸铵爆炸。另外，河北克尔公司在没有进行安全风险评估的情况下，擅自改变生产原料、改造导热油系统，将导热油最高控制系统温度从210℃提高到255℃，车间管理人员和操作人员的专业水平较低，包括车间主任在内的绝大部分员工对化工生产的特点认识不足、理解不透，处理异常情况能力低，不能适应化工安全生产的需要。这些都是导致事故发生的间接原因。

(4) 防范措施

① 提高装置的本质安全水平，如增加装置的自动化程度，对反应温度这一主要参数进行有效、快捷的检测和控制；加料、出料、冷却等作业尽量以机械化取代人工操作，减少现场操作人员。

② 工厂布局要合理，车间之间的厂房有足够的安全间距，避免某一车间爆炸后波及另一车间，减少损失。

③ 严格企业安全管理制度和实施，变更管理按照规定进行。未经安全论证的情况下不能轻易变更工艺参数。

④ 提高车间管理人员、操作人员的专业水平。定期对员工改进技术和安全培训。

⑤ 提高企业的安全文化建设和管理水平，对安全隐患进行排查治理，消除安全隐患。

【案例5】山东德齐龙化工集团有限公司"7·11"爆炸事故

(1) 事故经过

2007年7月11日23时50分，山东省德州市平原县德齐龙化工集团有限公司一分厂16万吨/年氨醇、25万吨/年尿素改扩建项目试车过程中发生爆炸事故，造成9人死亡、1人受伤。

事故发生在一分厂16万吨/年氨醇改扩建生产线试车过程中，该生产线由造气、脱硫、脱碳、净化、压缩、合成等工艺单元组成，发生爆炸的是压缩工序2号压缩机七段出口管线。该公司一分厂16万吨/年氨醇、25万吨/年尿素生产线，于2007年6月开始单机试车，7月5日单机调试完毕，由企业内部组织项目验收。7月10日2号压缩机单机调试、空气试压（试压至18MPa）、二氧化碳置换完毕。7月11日15时30分，开始正式投料，先开2号压缩机组，引入工艺气体（N_2、H_2 混合气体），逐级向2号压缩机七段（工作压力24MPa）

送气试车。23 时 50 分，2 号压缩机七段出口管线突然发生爆炸，气体泄漏引发大火，造成 8 人当场死亡，一人因大面积烧伤抢救无效于 14 日凌晨 0 时 10 分死亡，一人轻伤。事故还造成部分厂房顶棚坍塌和仪表盘烧毁。

经调查，事故发生时先后发生两次爆炸。经对事故现场进行勘查和分析，一处爆炸点是在 2 号压缩机七段出口油水分离器之后、第一角阀前 1m 处的管线，另一处爆炸点是在 2 号压缩机七段出口两个角阀之间的管线（第一角阀处于关闭状态，第二角阀处于开启状态）。

(2) 事故原因

1) 事故发生的直接原因

经初步分析判断，排除了化学爆炸和压缩机出口超压的可能，爆炸为物理爆炸。事故发生的直接原因是 2 号压缩机七段出口管线存在强度不够、焊接质量差、管线使用前没有试压等严重问题，导致事故的发生。

2) 事故发生的间接原因

① 建设项目未经安全审查。该公司将 16 万吨/年氨醇、25 万吨/年尿素改扩建项目（总投资 9724 万元），拆分为"化肥一厂造气、压缩工序技术改造项目（投资 4868 万元）"和"化肥一厂合成氨及尿素生产技术改造项目（投资 4856 万元）"两个项目，分别于 2006 年 4 月 26 日和 5 月 30 日向山东省德州市经济委员会备案后即开工建设，未向当地安全监管部门申请建设项目设立安全审查，属违规建设项目。

② 建设项目工程管理混乱。该项目无统一设计，仅根据可行性研究报告就组织项目建设，有的单元采取设计、制造、安装整体招标，有的单元采取企业自行设计、市场采购、委托施工方式，有的直接按旧图纸组织施工。与事故有关的 2 号压缩机没有按照《建设工程质量管理条例》有关规定选择具有资质的施工、安装单位进行施工和安装。试车前没有制定周密的试车方案，高压管线投用前没有经过水压试验。

③ 拒不执行安全监管部门停止施工和停止试车的监管指令。2007 年 1 月，德州市和平原县安全监管部门发现该公司未经建设项目安全设立许可后，责令其停止项目建设，该公司才开始补办危险化学品建设项目安全许可手续，但没有停止项目建设。7 月 7 日，由德州市安全监管局组织专家组对该项目进行了安全设立许可审查，明确提出该项目的平面布置和部分装置之间距离不符合要求，责令企业抓紧整改，但企业在未进行整改、未经允许的情况下，擅自进行试车，试车过程中发生了爆炸。

(3) 防范措施

① 汲取事故教训，建立和健全工程管理、物资供应、材料出入库、特种设备管理、工艺管理等各项管理制度。

② 基础建设要按程序进行，接受国家监督，杜绝无证设计、无证施工。

③ 对本次事故所在的改扩建项目中的压力管道，要由有资质的设计单位对其重新进行复核；对所有焊口进行射线探伤检查，对不合格焊口由具备相应资质的施工单位进行返修；对所有使用旧管线的部位拆除更换；要查清管线、弯头的来源，对来源不清的管线、弯头应更换；对所有钢管、弯头进行硬度检验，发现硬度异常的管件应更换；分段进行水压试验以校验其强度。

④ 新建、改建、扩建危险化学品生产、储存装置和设施等建设项目，其安全设施应严格执行"三同时"的规定，依法向发改、经贸、环保、建设、消防、安监、质监等部门申报

有关情况，办理有关手续，手续不全或环评、安评中提出的隐患、问题没整改的，不得开工建设。

⑤ 新的生产装置建成后，要制定周密细致的开车试生产方案，开车试生产方案要报安监部门备案。同时，制定应急救援预案，采取有效救援措施，尽量减少现场无关作业人员，一旦发生意外，最大限度地降低各种损失。

【案例 6】大连输油管道爆炸事故

(1) 事故经过

2010 年 7 月 16 日晚 18 时 50 分，中石油大连大孤山新港码头一储油罐输油管线发生起火爆炸事故。处于储油罐与输油管线之间阀门被烧化，油路无法切断，10 万立方米石油从油罐中流出。经过 2000 多名消防官兵彻夜奋斗，截至 17 日上午，火势已基本扑灭。事故造成作业人员 1 人轻伤、1 人失踪；在灭火过程中，消防战士 1 人牺牲、1 人重伤，大连附近海域至少 50km² 的海面被原油污染。

事故发生时，一艘 30 万吨级油轮正在进行卸油作业。起火后，这艘油轮已经安全离开。不过，由于输油管道的爆炸点距离油罐群很近，现场情况相当复杂、危险。所幸爆炸点附近没有居民区，降低了人员伤亡的危险。7 月 16 日 23 时 30 分，火势得到初步控制。至 17 日 6 时，大火已持续燃烧近 12h，灭火仍在进行。大连市先后出动 2000 多名消防官兵和近 300 辆消防车，发生爆炸的一条直径 900mm 管道大火全部扑灭。但爆炸引发的另一条直径 700mm 管道发生的大火，因油泵被损坏而无法切断油路，大火没有扑灭。由于火场后续又发生六七次爆炸，使火情出现反复。

(2) 事故原因

① 直接原因：将含有强氧化剂过氧化氢的"脱硫化氢剂"，违规在原油库输油管道上进行加注"脱硫化氢剂"作业，并在油轮停止卸油的情况下继续加注，造成"脱硫化氢剂"在输油管道内局部富集，发生强氧化反应，导致输油管道发生爆炸，引发火灾和原油泄漏。

② 间接原因：安全生产管理制度不健全，安全生产工作监督检查不到位，未认真执行承包商施工作业安全审核制度，未认真分析硫化氢脱除作业存在的安全隐患。

11.4.3 中毒事故案例

【案例 7】河南濮阳中原大化集团有限责任公司中毒窒息事故

(1) 事故经过

大化集团有限责任公司前身是河南省中原化肥厂，主要产品为：合成氨 30 万吨/年、尿素 52 万吨/年、复合肥 30 万吨/年、三聚氰胺 6 万吨/年等。

其中，年产 30 万吨甲醇项目的施工建设由中国化学工程第十一建设公司、中国石化集团第四建设公司和河南省第二建设公司共同承包。中国化学工程第十一建设公司又将该工程气化装置 15 单元设备内件安装转包给山东华显安装建设有限公司。

2008 年 2 月 23 日上午 8 时左右，山东华显安装建设有限公司安排对气化装置的煤灰过滤器（S1504）内部进行除锈作业。在没有对作业设备进行有效隔离、没有对作业容器内氧含量进行分析、没有办理进入受限空间作业许可证的情况下，作业人员进入煤灰过滤器进行作业，约 10 时 30 分，1 名作业人员窒息晕倒坠落作业容器底部，在施救过程中另外 3 名作业人员相继窒息晕倒在作业容器内。随后赶来的救援人员在向该煤灰过滤器中注入空气后，将4名受伤人员救出，其中3人经抢救无效死亡，1人经抢救脱离生命危险。

（2）事故原因

事故发生的直接原因是，煤灰过滤器（S1504）下部与煤灰储罐（V1505）连接管线上有一膨胀节，膨胀节设有吹扫氮气管线。2月22日装置外购液氮汽化用于磨煤机单机试车。液氮用完后，氮气储罐（V3052，容积为200m³）中仍有0.9MPa的压力。2月23日在调试氮气储罐（V3052）的控制系统时，连接管线上的电磁阀误动作打开，使氮气储罐内氮气串入煤灰过滤器（S1504）下部膨胀节吹扫氮气管线，由于该吹扫氮气管线的两个阀门中的一个没有关闭，另一个因阀内存有施工遗留杂物而关闭不严，氮气窜入煤灰过滤器中，导致煤灰过滤器内氧含量迅速减少，造成正在进行除锈作业的人员窒息晕倒。由于盲目施救，导致伤亡扩大。

事故暴露出的问题：

这是一起典型的危险化学品建设项目因试车过程安全管理不严，严重违反安全作业规程引发的较大事故，暴露出当前危险化学品建设项目施工和生产准备过程中安全管理还存在明显的管理不到位的问题。

① 施工单位山东华显安装建设有限公司安全意识淡薄，安全管理松弛，严重违章作业。该公司对装置引入氮气后进入设备作业的风险认识不够，在安排煤灰过滤器（S1504）内部除锈作业前，没有对作业设备进行有效隔离，没有对作业容器内氧含量进行分析，没有办理进入受限空间作业许可证，没有制定应急预案。在作业人员遇险后，盲目施救，使事故进一步扩大。

② 大化集团有限责任公司安全管理制度和安全管理责任不落实。大化集团有限责任公司在年产30万吨甲醇建设项目试车引入氮气后，防止氮气窒息的安全管理措施不落实，没有严格界定引入氮气的范围，采取可靠的措施与周围系统隔离；装置引入氮气后对施工单位进入设备内部作业要求和安全把关不严，试车调试组织不严密、不科学，仪表调试安全措施不落实。

③ 从业人员安全意识淡薄的现象仍然十分严重。作业人员严重违章作业、施救人员在没有佩戴防护用具情况下冒险施救，导致事故发生及人员伤亡扩大。

另外，事故还暴露出危险化学品建设项目施工层层转包的问题。

（3）防范措施

① 制定完善的安全生产责任制、安全生产管理制度、安全操作规程，并严格落实和执行；

② 深入开展作业过程的风险分析工作，加强现场安全管理；

③ 作业现场配备必要的检测仪器和救援防护设备，对有危害的场所要检测，查明真相，正确选择、带好个人防护用具并加强监护；

④ 加强员工的安全教育培训，全面提高员工的安全意识和技术水平；

⑤ 制定事故应急救援预案，并定期培训和演练。

【案例8】山东阿斯德化工有限公司"8·6"一氧化碳中毒事故

（1）事故经过

2007年8月6日上午9时许，肥城市新世纪建筑安装工程公司2名工人在对肥城阿斯德化工有限公司煤气车间5♯造气炉进行修补作业时，由于煤气炉四周炉壁内积存的煤气

（一氧化碳）释出，导致 2 人一氧化碳中毒，造成 1 人死亡，1 人受伤。肥城市新世纪建筑安装工程有限公司成立于 1986 年 12 月，2003 年改制为民营企业，公司注册资金 600 万元，具有房屋建筑工程三级施工资质。可承担防腐保温工程施工。肥城阿斯德化工有限公司是综合化工企业，成立于 1994 年 3 月，主导产品是甲酸、甲胺、甲醇、甲酸钙等。当日，施工队在未办理任何安全作业手续、未通知设备所在车间的情况下，安排施工人员进入 5♯ 造气炉底部耐火段进行修补作业，作业过程中，由于煤气炉四周炉壁渗透的一氧化碳释放，导致事故发生。

（2）事故原因

肥城市新世纪建筑安装工程有限公司施工队，未办理任何安全作业手续、未通知设备所在车间，安排施工人员进入肥城阿斯德化工有限公司煤气车间 5♯ 造气炉底部耐火段进行修补作业，作业过程中，由于煤气炉四周炉壁渗透的一氧化碳释放，导致一氧化碳中毒，是该起事故的直接原因。企业未与外来施工队伍签订安全协议，对外来施工队伍管理不严，是事故发生的间接原因。

（3）防范措施

① 深入开展检维修作业过程的风险分析工作，严格执行检维修作业的票证管理制度，加强现场安全管理；

② 制定完善的安全生产责任制、安全生产管理制度、安全操作规程，并严格落实和执行；

③ 加强员工的安全教育培训，全面提高员工的安全意识和技术水平；

④ 制定事故应急救援预案，并定期培训和演练；

⑤ 检维修现场配备必要的检测仪器和救援防护设备，对有危害的场所要检测，查明真相，正确选择、带好个人防护用具并加强监护。

【案例 9】苯中毒事故案例

（1）事故经过

2001 年 7 月 12 日 17 时左右，某建筑工地防水工史某（男，29 岁）与班长（男，46 岁）2 人在未佩戴任何防护用品的情况下进入一个 7m×4m×8m 的地下坑内，在坑的东侧底部 2m，面积约为 2m×2m 的小池进行防水作业，另一名工人马某在地面守候。约 19 时许，班长晕倒在防水作业池内，史某奋力将班长推到池口后便失去知觉倒在池底。马某见状，迅速报告公司负责人。约 20 时，经向坑内吹氧，抢救人员陆续将 2 名中毒人员救至地面。经急救中心医生现场诊断，史某已死亡。班长经救治脱离危险。

（2）事故原因

对该地下坑防水池底部、中部、池口空气进行监测分析，并对施工现场使用的 L-401 胶黏剂和 JS 复合防水涂料进行了定性定量分析。发现 L-401 胶黏剂桶口饱和气中，苯占 58.5%、甲苯占 8.3%。JS 复合防水涂料中醋酸乙烯酯占 78.1%。事故现场经吹氧后 2h，防水池底部空气中苯浓度范围仍达 17.9～36.8mg/m³，平均 23.9mg/m³，其他部位均可检出一定量的苯。估计事发时现场空气中苯的浓度可能会更高。

（3）防范措施

① 作为企业，在使用含苯（包括甲苯、二甲苯）化学品时，应通过下列方法，消除、减少和控制工作场所化学品产生的危害：

a. 选用无毒或低毒的化学替代品。

b. 选用可将危害消除或减少到最低程度的技术。

c. 采用能消除或降低危害的工程控制措施（如隔离、密封等）。

d. 采用能减少或消除危害的作业制度和作业时间。

e. 采取其他的劳动安全卫生措施。

② 对接触苯（甲苯、二甲苯）的工作场所应定期进行检测和评估，对检测和评估结果应建立档案。作业人员接触的化学品浓度不得高于国家规定的标准；暂时没有规定的，使用车间应在保证安全作业的情况下使用。

③ 在工作场所应设有急救设施，并提供应急处理的方法。

④ 使用单位应将化学品的有关安全卫生资料向职工公开，教育职工识别安全标签、了解安全技术说明书、掌握必要的应急处理方法和自救措施，并经常对职工进行工作场所安全使用化学品的教育和培训。

以上安全事故案例分析可为化工安全生产提供经验。美国化工安全署对于所发生的化工事故进行了详细的调查与分析，并模拟还原事故的现场和过程，是非常生动的化工安全方面的反面教材，具体可在其网站 http：//www.csb.gov 上查阅。

11.5　应急管理

应急管理是指政府及其他公共机构在突发事件的事前预防、事发应对、事中处置和善后恢复过程中，通过建立必要的应对机制，采取一系列必要措施，应用科学、技术、规划与管理等手段，保障公众生命、健康和财产安全；促进社会和谐健康发展的有关活动。危险包括人的危险、物的危险和责任危险三大类。首先，人的危险可分为生命危险和健康危险；物的危险指威胁财产安全的火灾、雷电、台风、洪水等事故灾难；责任危险是产生于法律上的损害赔偿责任，一般又称为第三者责任险。其中，危险是由意外事故、意外事故发生的可能性及蕴藏意外事故发生可能性的危险状态构成。事故应急管理的内涵，包括预防、准备、响应和恢复四个阶段。尽管在实际情况中，这些阶段往往是重叠的，但它们中的每一部分都有自己单独的目标，并且成为下个阶段内容的一部分。

"居安思危，预防为主"是应急管理的指导方针。预防在应急管理中有着重要的地位。古代的先哲们在总结历史经验的基础上，提出了许多精辟的思想。《诗经》里有"未雨绸缪"的告诫；《周易》中有"安而不忘危，存而不忘亡，治而不忘乱"的思想；《左传》里有"居安思危，思则有备"的警句。《孙子兵法》讲得更明白：认为"百战百胜，非善之善也，不战而屈人之兵，善之善也。"所以孙子提出："上兵伐谋，其次伐交，其次伐兵，其下攻城，攻城者，不得已而为之。"应急管理也是同样的道理，最理想的境界是少发生不发生突发事件，不得已发生了那就要有力有序有效地加以处置。做到平时重预防，事发少损失，坚持和贯彻好这个方针是十分重要的。

应急管理包括"一案三制"。"一案"是指应急预案，就是根据发生和可能发生的突发事件，事先研究制定的应对计划和方案。应急预案包括各级政府总体预案、专项预案和部门预案，以及基层单位的预案和大型活动的单项预案。建立健全和完善应急预案体系，就是要建立"纵向到底，横向到边"的预案体系。所谓"纵"，就是按垂直管理的要求，从国家到省到市、县、乡镇各级政府和基层单位都要制定应急预案，不可断层；所谓"横"，就是所有种类的突发公共事件都要有部门管，都要制定专项预案和部门预案，不可或缺。相关预案之间要做到互相衔接，逐级细化。预案的层级越低，各项规定就要越明确、越具体，避免出现"上下一般粗"现象，防止照搬照套。"三制"是指应急工作的管理体制、运行机制和法制。一要建立健全和完善应急管理体制，即建立健全集中统一、坚强有力的组织指挥机构，发挥我们国家的政治优势和组织优势，形成强大的社会动员体系。建立健全以事发地党委、政府为主、有关部门和相关地区协调配合的领导责任制，建立健全应急处置的专业队伍、专家队伍。充分发挥人民解放军、武警和预备役民兵的重要作用。二要建立健全和完善应急运行机制，即建立健全监测预警机制、信息报告机制、应急决策和协调机制、分级负责和响应机制、公众的沟通与动员机制、资源的配置与征用机制、奖惩机制和城乡社区管理机制等等。三要建立健全和完善应急法制，即加强应急管理的法制化建设，把整个应急管理工作建设纳入法制和制度的轨道，按照有关的法律法规来建立健全预案，依法行政，依法实施应急处置工作，要把法治精神贯穿于应急管理工作的全过程。

中华人民共和国应急管理部令［2019年］第2号，《生产安全事故应急预案管理办法》，于2019年9月1日起实施。

针对化工事故的应急管理应制定必要的应急救援体系包括消防计划。应急救援体系是通过系统的训练，掌握基本的灾害现场侦查与搜索技能、救援队伍的架构、安全防护装备及安全策略、现场风险管控、搜索与救援、验伤分类技术、基础急救技能等相关技能。可以在灾害、爆炸等突发情况下执行有组织、有计划的安全救援工作。应急救援的实施主要是为了减少突发事件造成的后果，当灾害发生时，能够及时展开自救互救，稳定人心，避免恐慌，防止出现混乱场面，减少不必要的伤害，将各种损失降到最低限度。救援计划应该预先制定并定期训练，以便迅速和高效发挥应急救援作用。

消防计划是应急救援体系中的主要部分，要遵循预防为主、防消结合方针，制定完善的防火计划，以便火灾发生时能够恰当应对，对消防器材应经常检查维护，紧急情况时能及时投入使用。火灾发生后，在许多情形下火灾规模随时间呈指数级扩大。如果能在火灾扩大之前的初期迅速灭火，则可以达到事半功倍的效果。火灾初期，一个人用少量的灭火剂就能扑灭火灾，初期火灾的灭火活动称为初期灭火。对于可燃液体引发的火灾，其灭火工作难易取决于燃烧表面积的大小。一般把 $1m^2$ 可燃液体表面着火视为初期灭火范围。通常建筑物起火 3min 后，就会有约 $10\ m^2$ 的地板、$7\ m^2$ 的墙壁和 $5\ m^2$ 的天花板着火，火灾温度可达 700℃ 左右，此时已超出了初期灭火范围。为了做到初期灭火，应彻底清查、消除能引起火灾扩大的条件。因此，针对化工事故的消防计划，需要结合化学品的危险性和化学品数量选择适宜的灭火剂和用量，切记不能用水做灭火剂的火灾类型如下：①与水不互溶且密度比水轻的物质引发的火灾；②遇水能够发生反应并释放出易燃气体的物质如电石、碱金属及其化合物引发的火灾；③烧红的金属表面；④高压电气装备或带电火灾；⑤三酸（硫酸、盐酸、硝酸）火灾；⑥熔化的铁水、钢水等、金属类火灾等。这些火灾情况下，如果用水灭火，不仅不能及时灭火，还会助纣为虐，错失灭火良机。

中华人民共和国主席令［2021］第81号，《中华人民共和国消防法》(2021年修正)，于2021年4月29日起实施。

1.为什么要进行安全事故调查？事故调查的目的是责任追究还是寻求原因？

2.查阅近 10 年国内某一个化工事故案例，分析事故发生的原因并提出防范措施。

3.从网站 www.csb.gov 查阅近 10 年某一个事故案例，分析事故发生的原因并提出防范措施。

4.你认为事故责任追究有何利与弊？

参考文献

[1] 全国危险化学品管理标准化技术委员会，中国标准出版社.危险化学品标准汇编：安全生产卷.北京：中国标准出版社，2016.

[2] 蒋军成.危险化学品安全技术与管理.北京：化学工业出版社，2009.

[3] 方文林.危险化学品基础管理.北京：中国石化出版社，2015.

[4] 陈会明，张静.化学品安全管理战略与政策.北京：化学工业出版社，2012.

[5] 程春生，魏振云，秦福涛.化工风险控制与安全生产.北京：化学工业出版社，2014.

[6] 赵劲松，陈网桦，鲁毅.化工过程安全.北京：化学工业出版社，2015.

[7] 葛晓军，周厚云，梁缙.化工生产安全技术.北京：化学工业出版社，2008.

[8] 陈美宝，王文和.危险化学品安全基础知识.北京：中国劳动社会保障出版社，2010.

[9] 崔政斌，赵海波.危险化学品企业隐患排查治理.北京：化学工业出版社，2016.

[10] 张金钟，关永臣.化肥企业安全技术管理.北京：化学工业出版社，1991.

[11] 冯肇瑞，杨有启.化工安全技术手册.北京：化学工业出版社，1993.

[12] 道化学公司火灾、爆炸危险指数评价方法.7版.北京：中国化工安全卫生技术协会，1997.

[13] 蒋军成.化工安全.北京：中国劳动社会保障出版社，2008.

[14] 毕明树.化工安全工程.北京：化学工业出版社，2014.

[15] 蔡凤英.化工安全工程.北京：科学出版社，2009.

[16] 王凯全.化工安全工程学.北京：中国石化出版社，2007.

[17] 崔克清，张礼敬，陶刚.化工安全设计.北京：化学工业出版社，2004.

[18] 崔克清.化工安全技术.北京：化学工业出版社，1983.

[19] 王志文，高忠白，邱清宇.压力容器安全技术及事故分析.北京：中国劳动出版社，1993.

[20] 袁渭康，朱开宏.化学反应过程分析.上海：华东理工大学出版社，1985.

[21] 陈卫航，钟委，梁天水.化工安全概论.北京：化学工业出版社，2016.

[22] 卫宏远，郝琳，白文帅.化工安全.北京：高等教育出版社，2020.

[23] 李晓丽，庄玉伟，王军.危险化学品安全管理.成都：西南财经大学出版社，2016.

[24] ［美］保罗 T 阿纳斯塔斯，戴维 G 哈蒙德.化工装置的本质安全.天津开发区（南港工业区）管委会译.北京：中国石化出版社，2017.

[25] 王小辉，赵淑楠.危险化学品安全技术与管理.北京：化学工业出版社，2016.

[26] 龚敏，余祖孝，陈琳.金属腐蚀理论及腐蚀控制.北京：化学工业出版社，2009.

[27] 张宝宏，丛文博，杨萍.金属电化学腐蚀与防护.北京：化学工业出版社，2005.

[28] 赵金垣.临床职业病学.3版.北京：北京大学出版社，2017.

[29] 刘德培，李立明，孙贵范，等.中华医学百科全书·职业卫生与职业医学.北京：中国协和医科大学出版社，2019.

[30] ［美］Daniel A Crowl，Joseph F Louvar.化工过程安全基本原理与应用.赵东风，梦亦飞，刘义，等译.东营：中国石油大学出版社，2017.

[31] 刘茂.事故风险分析理论与方法.北京：北京大学出版社，2011.

[32] 罗云，裴晶晶.风险分析与安全评价.北京：化学工业出版社，2016.